现代产业园
规划及建筑设计

MODERN INDUSTRIAL PARK
PLANNING AND ARCHITECTURAL DESIGN

陈竹　陈日飙　林毅　著

香港华艺设计顾问（深圳）有限公司　组织编写

中国建筑工业出版社

图书在版编目（CIP）数据

现代产业园规划及建筑设计 = MODERN INDUSTRIAL
PARK: PLANNING AND ARCHITECTURAL DESIGN / 陈竹，陈
日飙，林毅著；香港华艺设计顾问（深圳）有限公司组
织编写. —北京：中国建筑工业出版社，2021.12（2023.3重印）
ISBN 978-7-112-26994-5

Ⅰ．①现… Ⅱ．①陈… ②陈… ③林… ④香… Ⅲ．
①工业园区—城市规划②工业园区—建筑设计 Ⅳ．
①TU984.13 ②TU27

中国版本图书馆CIP数据核字（2021）第263348号

责任编辑：李　东　陈夕涛
版式设计：锋尚设计
责任校对：王　烨

现代产业园规划及建筑设计
MODERN INDUSTRIAL PARK
PLANNING AND ARCHITECTURAL DESIGN
陈竹　陈日飙　林毅　著
香港华艺设计顾问（深圳）有限公司　组织编写

*

中国建筑工业出版社出版、发行（北京海淀三里河路9号）
各地新华书店、建筑书店经销
北京锋尚制版有限公司制版
北京富诚彩色印刷有限公司印刷

*

开本：965毫米×1270毫米　1/16　印张：23¼　字数：759千字
2022年1月第一版　　2023年3月第三次印刷
定价：**168.00**元
ISBN 978-7-112-26994-5
（38004）

编 委 会

香港华艺设计顾问（深圳）有限公司

编委会主任： 陈 竹　陈日飙　林 毅

编　　委： 尚 慧　孙 千　张 欣　曹亚静　高雅丽　马驰骋　张胜涛
解 准　张康生　刘宏科　魏子恒　曹 力　李佳程　黄 源
罗希夷　孙雨泉　李秀文　金 远　于 鑫　赵 旭　柯暖云
陈臻梓　秦 浩　徐 姗　曾 锐　武士清　黄 伟
（现代产业园产品中心）
夏 熙　衷 悦　胡 斌　张 蕾　周新欣　邓珊丹

进入新时代，我国正处在从要素驱动迈向创新驱动的新时期，新一轮的科技革命和产业变革，促使各新兴产业不断涌现新思维、新技术和新业态。产业园作为国家产业经济转型提升的空间载体，在经历了早期的粗放式建设阶段后，近年来愈来愈朝向专业化、精细化、高质量的方向发展。在此背景下，结合当下建设实践的需求，对产业园规划与建筑设计理论与方法开展研究和经验总结，对产业园区的设计和建设质量水平的提升而言尤为必要。

由此，《现代产业园规划及建筑设计》的出版正当其时。本书通过对产业园建设相关知识体系的梳理，针对当前产业园量大面广的主要建设类型，结合建设实践中的实际需求与重点问题，提出了产业园规划建筑设计系统性建设的理论和方法。本书相对于一般建筑设计类书籍，在内容上有以下几个突出特点：

一是具有很强的系统性。区别于目前建筑设计主要关注物质空间本身，本书较为系统性地梳理了产业园规划与建筑设计的全过程，涵盖理论基础、产业策划、空间规划及建筑设计原则与方法等内容，构建了一套产业园规划及建筑设计方法体系。

二是理论与实践相结合。本书结合国内外大量产业园建设的理论及案例研究，从中梳理了产业园空间架构的底层逻辑和原则要素，提炼和实证了产业园规划与建筑设计的方法策略，使得本书兼具理论和实践指导意义。

三是普遍性与特殊性相结合。本书不仅综合总结产业园建设的一般原则、要素及设计方法，同时创新性地提出了基于产业聚集理论的产业园类型分类方法，基本覆盖了目前国内建设中最主要的产业园建设实践；对每一类型的分析均涵盖理论、空间要素及策略，以及案例讨论，兼具共性与特性，具有较强的专业性。

四是适用性与前瞻性相结合。本书涵盖了产业园规划与建筑设计的关键要点，对指导设计实践具有适用性；同时，基于近年来产业和技术的发展新动向，以及节能低碳智慧化等国家政策新要求，探讨了产业园建设的未来趋势及发展方向，有较强的前瞻性。

《现代产业园规划及建筑设计》这部著作产生于长期从事设计实践、并致力于理论研究与科技创新的建筑师从业者，也产生于深圳这座改革开放前沿城市所处的产业园区建设发展大环境。书中呈现的理论研究和方法体系，对于丰富我国产业园的设计研究成果，提升产业园设计实践与建设水平，具有一定的指导和借鉴意义。

在本书即将出版之际，让我们共同期待未来更多设计实践领域的研究者，能在经验总结与技术积累的基础上持续提升，躬耕科学研究，共同促进建筑设计行业的创新发展！

孟建民

2021 年 11 月 15 日

前言

"产业园"作为"产业"在特定区域的空间聚集，它的产生首先源于工业化与市场发展的内在需求，并伴随着经济环境变化与精细化分工的发展，在世界迅速普及。国内外实践表明，产业园区的建设可以在区域经济与产业经济之间搭建桥梁，在我国，产业园建设是国家经济政策与目标实施的重要途径，在推动区域经济发展、促进科技创新、产业升级中起到重要作用。产业的发展和演变具有特定规律，产业在空间上的积聚能够对产业经济产生积极的作用，已经被经济、政策、建设等相关领域的研究充分证实。产业园作为承载产业活动的空间载体，其建设同样需要遵循产业自身的发展逻辑。对于产业园的设计，不仅要满足园区建筑作为物质空间的需求特性，还要符合地方政策、社会经济条件与产业发展的内在规律，符合可持续发展的长远目标。

近年我国产业园区建设正围绕国家新时期发展理念和深化供给侧结构性改革，从追求速度规模向追求质量效益，朝向全面创新、生态引领、集约高效方向加快转型。在活跃的建设环境和快速迭代的市场需求面前，建筑领域针对产业园规划与建筑设计实践有直接指导作用的研究成果仍然欠缺。究其原因至少可归纳出三方面的因素。一方面，"产业园"概念的复杂性，在不同领域存在不同的定义和内涵。从传统建筑学角度，设计的关注主要集中在对厂房、办公等不同单体建筑的讨论，"产业园"并没有如"居住区"一样被当成一类特定的建筑空间类型。另一方面，围绕产业园的研究还需要跨越学科差异形成的藩篱。当下多数研究从管理学、产业经济学的角度对产业园区的开发和建设提出政策和管理措施方面的建议，往往缺乏与产业园建筑空间规划建设的合理与可实施性相结合；而从规划和建筑学角度的研究却往往只关注物质空间本身，把产业园的设计等同于其他类型的城市功能性建筑，忽视产业园建设深受外部社会经济条件及产业经济自身规律性中的特定需求的影响。此外，产业园的建设随着社会经济、政策环境和技术的不断更迭，呈现出持续发展的复杂性。这三方面因素都导致当下对于产业园规划与建筑设计研究，跟不上实践发展的需求。因此，立足现阶段我国产业园区的多样性现实和未来产业园区发展的趋势，有系统地、有针对性地对产业园的规划设计展开研究，无论从学术发展抑或是指导空间建设的方面来说都十分必要。

本书针对目前国内量大面广的产业园区建设的实践需求，结合产业发展的时代特性和趋势，围绕产业园区开发模式、空间规划、建筑设计中的重点问题展开系统阐述，在内容上分成四个篇章。第一篇为产业园建设基础理论及发展研究，从"产业园"的概念解析到相关基础理论的梳理，以及对产业园的建设和发展趋势进行概述。面对目前我国产业园多样性的现实，运用类型学分析方法归纳出主要产业园类型，为后面针对不同类型产业园的研究建立理论基础。第二篇对产业园开发前期策划及产业规划展开讨论。提出产业园开发模式对园区的开发影响因素，以及产业规划体系及策略。第三篇重点讨论产业园空间规划及建筑设计的原则和方法。首先是从共性层面构建了产业园规划和建筑设计的要素体系。其次依据理论研究，将最量大面广的产业园建设类型归纳出生态工业园、物流产业园、专业展销园、高新科技园、总部基地园、文化创意园六个主要类别，并分别阐述其发展历程、影响建设的上位因素、规划与设计的重点方法和策略，以及面对未来的设计发展方向。第四篇从绿色建筑、装配式、智慧化的角度探讨面向未来的产业园规划与建筑设计的趋势，最后以几个实际设计案例进一步分析及展示前述形成的产业园规划设计方法的实践运用及其建成效果。

本书内容主要基于建筑学领域，但与相对强调功能技术或形态艺术的传统建筑学角度有所不同，在内容组织上具有以下两个主要特点。首先，并不局限于就空间谈空间，而是从产业园建设的前期策划、规划设计、建筑设计展开系统研讨。旨在为读者呈现一套较为完整的规划及建筑设计方法。其次，本书注重理论与实践的结合：一方面，基于对国内外学术理论的文献研究，对于产业园规划与建筑技术在理论、原理层面展开讨论，结合当下的行业发展研究与分析，以将产业园技术策略体系建构在符合未来发展的脉络上。另一方面，本书搜集了国内外近 20 年近 500 个产业园项目建设情况进行比较，对近百个典型案例进行了解析。通过理论结合案例的研究方法，本书最终构建了一套面向实操管控的，集合理论研究、产业策划、空间规划、建筑设计、案例实证为一体的产业园规划及建筑设计方法体系。

本书基础内容基于 2018 年笔者负责的研究团队完成的中国建筑集团研究课题"产业园规划及建筑设计专业集成技术研究"。近两年，随着国家经济发展目标的调整，产业园建设呈现出新的趋势。对此，本书内容在原研究成果基础上重新梳理，拓展了以绿色智慧为主的近年研究内容。对于"产业园"这个紧随社会经济发展而变化的城市空间类型而言，对于其规划设计的研究显然需要不断拓展、与时俱进。本书的出版希望对当下我国产业园研究、建设的产业规划、园区规划、建筑设计提供一个有价值的参考，同时也可作为广大年轻建筑设计师及建筑院校学生的辅助学习资料。

由于研究时间的不足，本书对产业园的规划设计未能从产业园运营管理角度充分阐释。除此之外，由于水平经验有限，错漏之处在所难免，敬请方家雅正。

香港大学博士

香港华艺设计顾问（深圳）有限公司执行总建筑师

Foreword　　　"Industrial Park", as the spatial aggregation of an "industry" in a specific area, first originated from the inherent needs of industrialization and market development, and was rapidly popularized in the world along with changes in the economic environment and the development of refined division of labor. Practices at home and abroad show that the construction of industrial parks can build a bridge between the regional economy and the industrial economy. In China, the construction of industrial parks is an important way to implement national economic policies and goals, and plays an important role in promoting regional economic development, driving scientific and technological innovation, and pushing industrial upgrading. The development and evolution of an industry has its specific rules, and the accumulation of the industry in space can have a positive effect on the industrial economy, which has been fully confirmed by researches in related fields such as economy, policy, and construction. As a space carrying industrial activities, the construction of an industrial park also needs to follow the development logic of the industry itself. The design of the industrial park should not only meet the demand characteristics of the park buildings as a substantial space, but also conform to local policies, social and economic conditions and the inherent laws of industrial development, as well as the long-term goal of sustainable development.

　　　In recent years, focusing on the national development concept in the new era and deepening the structural reform of the supply side, the construction of industrial parks has transformed from the pursuit of speed and scale to the pursuit of quality and efficiency, aiming at the direction of comprehensive innovation, ecological concernment, high intensiveness and efficiency. Facing the development and the rapid iteration of market demand, there is still a lack of the research in architecture that has a direct guiding effect on industrial park planning and architectural design practice. At least three factors can be summed up as the reason. On the one hand, the complexity of the concept of "industrial park" has different definitions and connotations in different fields. From the perspective of traditional architecture, the design focus is mainly on the discussion of different individual buildings such as factory and office. "Industrial park" is not treated as a specific type of architectural space like "residential area". On the other hand, research around industrial parks also needs to cross the barriers formed by disciplinary differences. At present, most of the research puts forward suggestions on policies and management measures for the development and construction of industrial parks from the perspective of management and industrial economics, which often lack the rationality and practicability of implementation of the planning and construction of industrial parks; while the research from the perspective of planning and architecture often focuses on the substantial space itself, and ignores the specific needs of industrial park that are deeply affected by external social and economic conditions. In addition, the construction of industrial parks has shown the complexity of sustainable development with the continuous change of social economy, policy environment and technology. These three factors have led to the fact that the current research on industrial park planning and architectural design cannot keep up with the needs of practical development. Therefore, based on the diversity of China's industrial parks at this stage and the trend of future industrial park development, it is necessary to conduct a systematical research for the planning and design of industrial parks.

Aiming at the practical needs of industrial parks development in China with a large amount and wide range, combined with the characteristics and trends of the times, this book systematically expounds the key issues in the development mode, spatial planning and architectural design of industrial parks. There are four parts in this book. The first part is a study on the basic theory and development of industrial park construction, from the analysis of the concept of "industrial park" to the combing of related basic theories, as well as an overview of development trend of industrial parks. Facing the current reality of the diversity in China, the main types of industrial park are summarized by using typological analysis methods to establish a theoretical basis for the subsequent research on different types of industrial parks. The second part discusses the preliminary planning and industrial planning of industrial park development. The influencing factors of development model on the development of the park, as well as the industrial planning system and strategy are proposed. The third part focuses on the principles and methods of spatial planning and architectural design of industrial parks. The fourth part discusses the trend of future-oriented industrial park planning and architectural design from the perspective of green building, prefabricated and intelligent, and finally uses several practical design cases to further analyze and show the aforementioned industrial park planning and design parties.

The content of this book is mainly based on the field of architecture, however, it is different from the traditional architectural perspective that emphasizes functional technology or morphological art. The content organization has the following two main characteristics. First of all, it is not limited to talking about space, but a systematic discussion from the preliminary planning,

planning and design, to architectural design of industrial park construction. It aims to present a relative complete set of planning and architectural design methods to readers. Secondly, this book emphasizes the combination of theory and practice: on the one hand, based on the literature research on academic theories at home and abroad, the theoretical and principle level of industrial park planning and construction technology is discussed, combined with the current industry development research and analysis, so as to construct the industrial park technology strategy system in line with the context of future development. On the other hand, this book collects and compares the construction of nearly 500 industrial park projects at home and abroad in the past 20 years, and analyzes nearly 100 typical cases. After combining theory with case research methods, this book finally constructs a set of practical control-oriented industrial park planning and architectural design method system, integrating theoretical research, industrial planning, spatial planning, architectural design, and case demonstration.

The basic content of this book is based on the research project of China State Construction Group "Research on the Integration Technology of Industrial Park Planning and Architectural Design", which is completed by the research team in charge of the author in 2018, In the past two years, with the adjustment of the national economic development goals, the construction of industrial parks has shown a new trend. In this regard, the content of this book is reorganized on the basis of the original research results, and the research content of recent years, mainly based on "Green" and "Smart", has been expanded. For the "industrial park", a type of urban space that changes closely with social and economic development, the research on its planning and design obviously needs to be continuously expanded and kept pace with the times. By the publication of this book, we hope to provide a valuable reference for the current industrial park research, construction of industrial planning, park planning, and architectural design in China, and to serve as an auxiliary learning material for young architects and students of architectural colleges.

It is worth to mention that this book cannot fully explain the planning and design of the industrial park from the perspective of operation and management of the industrial park due to the inadequate research on that aspect. In addition, omissions, mistakes are inevitable due to the limitation of current knowledge and experience, so readers are welcome to provide information and feedbacks at any time.

——Chen Zhu
PHD. HKU
Executiive Chief Arechitect of
Hongkong HuaYi Design (S. Z.) Ltd.

目录

2

第二篇
产业园开发
前期策划及
产业规划

3

第三篇
产业园空间
规划及建筑
设计

4
第四篇
面向未来的
绿色智慧产业
园规划与建筑
设计策略与
实践

第一篇
产业园建设基础理论及发展研究

第1章 产业园建设理论概述

1.1 "产业园"概念

"产业"是随着工业社会的发展而形成的社会分工，也被称为具有某种同类属性的经济活动的集合或系统[1]。世界各国对于各类产业的划分不尽相同，一般的划分是分为三大产业：第一产业是指提供生产资料的产业，包括各类直接以自然物为对象的生产部门。第二产业是指加工产业，利用基本的生产资料进行加工并发售。第三产业又称服务业。在我国，按照国民经济行业分类，三大产业分别为第一产业：包括农、林、牧、渔业；第二产业：包括制造业、采掘业、电力、燃气及水的生产和供应业和建筑业；第三产业：交通运输、仓储和邮政业、信息传输、计算机服务和软件业、批发和零售业、住宿和餐饮业、金融、保险、不动产业、租赁和商务服务业、科学研究、技术服务、教育、卫生、文化体育和娱乐业、公共管理和社会组织等其他非物质生产部门。随着社会经济的发展，"产业"作为一个经济学概念，其内涵不断在扩展延伸。

"产业园"作为"产业"在特定区域的空间聚集，它的产生首先可以追溯到19世纪末，随着工业化与市场发展的需求，最早产生于美国和英国。伴随着经济生产的不断专业化分工与发展，产业园建设作为政府或企业为实现特定产业发展目标，促进产业规划和管理其发展的一种手段，在世界迅速遍及。我国的产业园发展较晚，始于20世纪80年代，国家在14个沿海开放城市成立了经济技术开发区，之后随着市场经济的发展而在各地逐步形成了以工业园、科技园、农业园等园区命名的产业园区。到20世纪90年代末，以不同行业主体集聚形成的各类专业园区得到从政府到社会企业的重视而迅速发展[2]。

国外相关实践已经证明，产业园区的建设能够很大程度地促进地区产业经济之间形成产业联动的桥梁。同济大学发展研究院2018年的研究中指出，中国改革开放始于产业园建设[3]。产业园区不仅往往成为地方区域经济发展政策与目标落地对象，也是地方政府招商引资、对外开放、管理创新的重要载体，以及促进科技创新、产业升级的重要平台。随着经济社会的发展，因其对区域经济的巨大推动作用，产业园不仅被国家、社会和各级政府、企业所重视，也吸引了研究者对"产业园"这一特定范畴进行经济、政策、管理等方面展开多领域的探讨。

梳理当下"产业园"的相关研究发现，国内外的"产业园"最初多以工业企业集中为主要形式，其产业类型也以发展工业制造为主。为此，从狭义上定义"产业园"，似乎与"工业园"的概念相近。事实上，随着产业园建设的持续发展和进化，宏观意义上的产业园不仅包括工业园，还涵盖各种精细划分的各类园区，例如大量建设的高新技术开发区、科技园、文化创意园区、物流园区、农产品园区等，以及规模尺度上更加宏观的产业新城、科技新

---

1. 李悦. 产业经济学 [M]. 北京：中国人民大学出版社，2008.
2. 产业园的发展建设详见本书第3章讨论。
3. 同济大学发展研究院. 2018中国产业园区持续发展蓝皮书 [R]. 同济大学出版社，2018.

城、经济开发区等。为此，由于"产业"的概念内涵丰富、外延宽广，目前关于"产业园"的概念，不同角度的主体往往根据论述的角度和关注点不同形成不同的解释，并没有形成统一的定义。

在阐述"产业园"这一概念时，国内一些学者关注其产生的目标。如聂帅认为产业园区是一种人为规划的，特别是在政府主导之下规划的，为了发展经济、实现经济目标而形成的特殊的经济活动空间，是区域开发政策的工具[1]。梁启东、李天舒认为，产业园一般是指一个国家或者地区的政府根据经济发展要求，划出一定的区域，制定发展规划与政策，由政府或政府委托其他部门进行统一规划、建设、管理和经营的产业区域[2]。一些定义关注产业园的作用，如吴维海、葛占雷认为产业园是由政府或企业为实现产业发展目标而创立的特殊区位环境。它是区域经济发展、产业调整和升级的重要空间聚集形式，担负着聚集创新资源培育新兴产业、推动城市化建设等一系列的重要使命[3]。一些学者关注产业园作为一种空间现象，如周春山认为，产业园区是产业在特定地域集聚的一种空间组织形式，是城市规划区范围内一类特殊的空间地域，在规划建设上有不同于城市的特殊要求[4]。

联合国环境规划署（UNEP）对"Industrial Park"给出的定义是：产业园区是在一大片的土地上聚集若干企业的区域。它具有如下特征：开发较大面积的土地；大面积的土地上有多个建筑物、企业以及各种公共设施和娱乐设施；对常驻企业、土地利用率和建筑物类型实施限制；详细的区域规划对园区环境规定了执行标准和限制条件[5]。

UNEP的这个定义反映了跨越不同国家政策背景的差异，也归纳了产业园具有的几项核心特点。参考这一定义，同时结合目前我国产业园现有研究，以及产业园建设的实际情况，本书把产业园定义为："产业园"是指政府或企业为实现产业发展目标而在一定区域中聚集若干产业的空间聚集形式。它具有以下主要特征：①通常占据较大面积土地；②建设以产业为主的建筑物和相关配套设施；③通过整体规划对园区空间环境、建筑使用和管理等提出限制和发展要求；④最终服务于政府或企业的产业发展目标。

这一定义不仅能涵盖"产业园"作为一类特定的、与国家社会经济发展政策密切相关的、以产业经济活动为主的空间场所的主要特点，同时表明，"产业园"作为一个空间实体，对于园区空间的规划和设计，不仅要依循规划和建筑设计专业领域的要求，同时还需要符合园区建设背后国家及地方政府或企业的产业发展目标、产业规划与策划的要求。

1.2 产业园相关基础理论

产业园空间开发建设的最终目的是促进产业发展。伴随着近代工业化的进程，自19世纪末产业园区出现，国外学者便已开始了产业经济及其产业空间的相关研究。来自经济学、地理学、规划学、建筑学、景观学、社会学、生态学等不同学科背景的学者，在对产业园产生发展内在机理和空间作用的研究中形成了一系列研究成果，奠定了西方国家产业规划、建设、发展的理论基础。

基于对国内外相关理论的梳理发现，产业园开发建设相关的基础理论有几个主要学科来源，分别为产业经济学理论、城市社会学和地理学理论、城市规划与建筑学理论。主要相关理论包括以弗朗索瓦·佩鲁（Fransois Perroux）的增长极理论等为代表的产业结构发展理论，以马克斯·韦伯（Max Weber）和奥古斯特·廖什（August Losch）为代表人物的工业（市场）区位理论，以阿尔弗雷德·马歇尔（Alfred Marshall）为代表人物的产业集聚理论、关注产业经济和空间关系的"经济空间结构理论"与"空间发展战略理论"，和强调生态环境循环利用等要素

1. 聂帅. 产业园区循环经济发展模式的实证研究 [D]. 济南: 山东师范大学, 2009.
2. 梁启东, 李天舒. 产业园区建设发展模式的现实特征和创新途径———以辽宁省为例 [J]. 经济研究参考, 2014（53）: 67-69.
3. 吴维海, 葛占雷. 产业园规划 [M]. 北京: 中国金融出版社, 2015.
4. 周春山. 产业园区的规划与布局理论与实务 [R]. 中山大学地理科学与规划学院, 2011.
5. 联合国环境规划署. https://www.unep.org/.

的"可持续发展理论"与"生态工业理论"等。近年来随着经济形态的变化，产业经济理论往强调高新科技、创新企业、生态系统理念方向发展，出现包括创新集群理论、创业生态系统等新的理论概念。其中，创新集群理论强调园区内科学与工业之间的协同作用，关注产业园区基于由企业、研究机构、大学、服务组织等构成，通过产业链、价值链和知识链形成战略联盟或各种合作，形成集聚经济和知识特征的技术—经济网络[1]。创业生态系统概念强调由创业主体和所处的外部支持环境共同构成的统一整体[2,3]及其运作机制[4]。创业生态系统是影响创业者日常经营的制度、机构、资源的组合，这一理念对于新型产业园的建设和构成都产生了较大的影响。

这些西方学术研究为我国产业园区的发展提供了重要的理论支撑，亦引领并推动了我国产业园区理论的研究发展（表1-1）。

国外产业园相关主要基础理论　　　　　　　　　　　　表1-1

理论	时间	代表人物	主要贡献
相对优势理论	1817	大卫·李嘉图（David Ricardo）	以劳动价值论为基础，用两个国家、两种产品的模型，提出和阐述了相对优势理论。代表著作《政治经济学及赋税原理》
发展阶段理论	1969	霍利斯·钱纳里（Hollis Chenery）	将不发达经济到成熟工业经济的整个变化过程分为三个阶段六个时期：第一阶段是初级产品生产阶段（或称农业经济阶段）；第二阶段是工业化阶段；第三阶段为发达经济阶段。代表著作《工业化和经济增长的比较研究》
工业区位理论	1909	马克斯·韦伯（Max Weber）	选择工业区位时，要降低生产成本，尤其要把运费降到最低限度。代表著作《工业区位理论：区位的纯粹理论》
	1940	奥古斯特·廖什（August Losch）	引入空间经济思想，认为区位的最终目标是寻求最大利润地点。代表著作《经济的空间秩序》
产业集聚理论	1890	阿尔弗雷德·马歇尔（Alfred Marshall）	指出"专门工业集中于特定的地方"，提出了企业发展的"外部经济"和"内部经济"两个重要概念。代表著作《经济学原理》
空间发展战略理论	1967	约翰·弗里德曼（John Friedmann）	将增长极理论和经济发展阶段理论结合，建立了与技术进步相关联的空间组织演化模型。代表著作《极化发展理论》
竞争优势理论	1980-1990	迈克尔·波特（Michael Porter）	提出影响产业竞争态势的主要因素，构建"竞争钻石"模型来解释主要要素之间相互影响的动态机制。代表著作《国家的竞争优势》
点—轴理论	1986	彼得·萨伦巴（Piotr Zaremba）	阐明了经济发展过程中采取空间线性推进方式，是增长极理论聚点突破与梯度转移理论线性推进的结合。代表著作《区域与城市规划》
可持续发展理论	1987	联合国世界与环境发展委员会（WCED）	定义可持续发展为：既能满足当代人的需要，又不对后代人满足其需要的能力构成危害的发展
生态工业理论	1989	罗伯特·弗罗斯彻（Robert Frosch），尼古拉斯·格罗皮乌斯（Nicolas Gallopoulos）	提出了工业生态学理论，把整个工业系统看作一个生态系统，工业系统中的物质、能源和信息的流动与储存不是孤立的叠加关系，是可以循环的。代表著作《可持续工业发展战略》
产业共生理论	1989	—	把产业之间的相互关系作为完整的产业生态系统，各产业的企业之间，因同类资源共享或异类资源互补形成共生体
创新集群理论	1993	曼纽尔·卡斯特（Manuel Castells），彼得·霍尔（Peter Hall）	判断规划的高技术中心是否真正达到发展高技术的目标，以及发展到了什么程度的主要标志，是科学与工业之间的协同作用和公司之间的协同作用
创业生态系统	2010	艾森伯格（D. J. Isenberg）	在创业生态系统中，企业家有机会获得所需要的人力、财力和专业资源，并在企业运营中得到政府的政策激励和保护。代表著作《如何开始一场创业革命》

1. 钟书华. 创新集群：概念、特征及理论意义［J］. 科学学研究，2008，26（1）：178-184.
2. 蔡莉，彭秀青，Satish Nambisan，王玲. 创业生态系统研究回顾与展望［J］. 吉林大学社会科学学报，2016，56（01）：5-16+187.
3. 庞静静. 创业生态系统研究进展与展望［J］. 四川理工学院学报（社会科学版），2016，31（02）：53-64.
4. 彼得·霍尔. 城市和区域规划（第4版）［M］. 邹德慈，李浩，陈煜莎，译. 北京：中国建筑工业出版社，2008.

1.2.1 产业结构发展理论

产业结构发展理论研究产业与经济发展的相互关系，解释产业不断由低级向高级、由简单化向复杂化演进的规律，以及这些演进推动产业结构向合理化方向发展。比较重要的理论包括：

1．比较优势理论

比较优势理论是城市规划过程中产业定位比较常用的理论之一，主要包括绝对优势理论和相对优势理论。

（1）绝对优势理论：1776年，亚当·斯密（Adam Smith）在其著作《国富论》中，阐述了国际分工与经济发展的相互关系，得出绝对优势理论。他提出不同国家或地区在不同产品或不同产业生产上拥有优势，对于相同产业，各国存在着生产成本差异，而贸易可促使各国按生产成本最低原则安排生产，从而达到贸易得益的目的。

（2）相对优势理论：1817年，大卫·李嘉图（David Ricardo）在其论著《政治经济学及赋税原理》中，以劳动价值论为基础，用两个国家、两种产品的模型，提出了相对优势理论[1]。他指出，两国或地区劳动生产率的差距在各商品间是不均等的，因此，在所有产品或生产上处于优势的国家和地区只需生产并出口有最大优势的商品；而处于劣势的国家或地区可以生产劣势较小的产品。这样，两者都可以在国际分工和贸易中增加自身的利益。长期以来，相对优势理论成为指导国家或地区参与分工的基本原则，用来指导根据区域内产业发展的比较优势，适当选择发展的产业。

2．发展阶段理论

美国经济学家霍利斯·钱纳里（Hollis Chenery）运用投入产出分析方法、一般均衡分析方法和计量经济模型[2]，充分考察、比较、研究发展中国家的发展，尤其关注第二次世界大战后以工业化作为主线的发展历程，提出具有普适性的经济发展的"标准结构"，认为根据国内人均生产总值水平，可以将经济发展整个变化过程分为三个阶段和六个时期[3]，并指出，从任何一个发展阶段向更高一个阶段的跃进都是通过产业结构转化来推动的。

3．佩鲁的增长极理论

增长极是西方区域经济发展的重要概念，最初用于经济增长学说。首先提出增长极概念的是法国经济学家佩鲁，他认为经济活动是在不同部门、行业或地区按不同速度增长，发展并不平衡[4]。某些主导部门和有创新能力的行业集中于一些地区或大城市，以较快速度优先得到发展，形成"增长极"，再通过其吸引力和扩散力不断地增大自身的规模并对所在部门和地区发生支配影响，从而带动其他部门和地区的发展。增长极具有正、负效应，即"扩散效应"与"回波效应"，一般产业集群的有效性就在于其扩散效应压倒回波效应从而刺激经济增长。增长极的形成关键取决于推动型产业即主导产业的形成。地区的主导产业形成之后，源于产业间的自然联系，必定会在主导产业周围形成前后关联产业，从而形成正向扩散效应。

1.2.2 产业集聚相关理论

1．韦伯的工业区位理论

德国经济学家韦伯在1909年出版的《工业区位论》一书中，把区位因素分为区域因素和集聚因素[5]。他认为，集聚因素可分为两个阶段，第一阶段是各个企业的规模扩张，引起产业集中化，这是产业集聚的低级阶段。第二阶段

---

1. 大卫·李嘉图. 政治经济学及赋税原理 [M]. 北京：华夏出版社，2005.
2. 霍利斯·钱纳里. 工业化和经济增长的比较研究 [M]. 上海：格致出版社，1969.
3. 三个阶段分别是：初级产业阶段、中期产业阶段、后期产业阶段；六个时期分别是：不发达经济时期、工业化初期时期、工业化中期时期、工业化后期时期、后工业化社会时期、现代化社会时期。
4. 弗朗索瓦·佩鲁. 略论增长极概念 [J]. 经济学译丛，1988（9）：112-115..
5. 马克斯·韦伯. 工业区位论 [M]. 北京：商务印书馆，1909.

主要是靠大企业以完善的组织方式集中于某一地方，并引导更多的同类企业出现，大规模生产的显著经济优势就是有效的地方性集聚效应。韦伯在其区位理论中探讨了促使工业在一定地区集聚的原因，并将之归结为两类，分别是包括交通条件和资源指向的特殊原因，以及因共享辅助性服务和公共设施所带来的成本节约等一般原因。他认为，运输费用对工业布局起到决定性作用，而工业的最优区位一般选择运费最低点。韦伯还重点考虑了其他两个影响工业布局的因素（劳动费、运费）。

2．马歇尔的产业集聚理论

英国经济学家马歇尔最早关注产业集聚这一现象。在其1890年的著作《经济学原理》中，马歇尔阐述了外部规模经济和产业集群之间的密切关系，指出产业集群因外部规模经济发展所致。产业集中在特定的地区增长时，会出现熟练劳工的市场和优秀的附属产业，产生专门化的服务性行业，并且带来基础设施的提升。马歇尔同时关注到产业规模扩大将引起知识量的增加和技术信息的传播。此后经济学家们就将劳动市场共享、专业性附属行业的创造和技术外溢三个因素解释为马歇尔关于产业集聚理论的关键因素[1]。

3．胡佛的产业集聚规模经济理论

埃德加·胡佛（Edgar Hoover）在1937年提出了集聚的规模经济理论。他总结了规模经济的三种基本形式：①单个经济体的规模经济；②公司的规模经济；③集聚体的规模经济，即同一产业的不同企业集中在同一个地理空间范围内而带来的经济效应，并解释了由于集聚带来运输成本、交易成本、广告、研发以及劳动力培训等费用的节省，单个企业在规模并不扩张的情况下能够降低产品的平均成本[2]。

4．波特的竞争优势理论与"竞争钻石"模型

传统的产业聚集理论重点放在产业内部的关联与合作上，而从竞争优势角度对产业聚集现象进行详细研究的是美国哈佛商学院的迈克尔·波特（Michael Porter）。他在1980年出版的《竞争战略》中提出了影响产业竞争态势的主要因素[3]。1990年他在《国家竞争优势》中把竞争理论延伸到国际竞争上，从需求状况、生产要素、企业战略结构和竞争对手以及相关产业和支持产业四个方面探讨国家间产业竞争的规律，并提出了"竞争钻石"结构模型（图1-1），来解释主要要素之间相互影响的动态机制[4]。竞争压力能够促进其他竞争者创新能力的提升，而地理集中可以使得四个基本因素整合为一个整体，从而更加容易相互作用和协同提高。

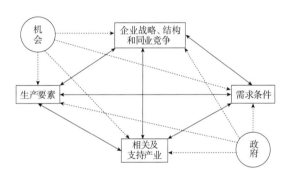

图1-1 波特的"竞争钻石"结构模型

1.2.3 空间结构和空间发展战略理论

20世纪60年代之前，城市研究注重城市空间结构及其形成机制，产生了一系列理论，包括埃比尼泽·霍华德（Ebenezer Howard）于1898年提出的田园城市空间设想、托尼·戈涅（Tony Carnier）的工业城市构想等。随着工业城市发展，相关研究对城市空间格局的形成机制提出了不同的原型理论，例如欧尼斯特·伯吉斯（Ernest Burgess）的一系列同心圆、霍默·霍伊特（Homer Hoyt）的扇形结构[5]、麦克肯兹（R. D. Mckerzie）及后来的哈里斯（C. D.

1. 吴向鹏. 产业集群理论及其进展 [J]. 四川行政学院学报, 2003（02）: 51-54.
2. 鲍丽洁. 基于产业生态系统的产业园区建设与发展研究 [D]. 武汉: 武汉理工大学, 2012.
3. 迈克尔·波特. 竞争战略 [M]. 北京: 华夏出版社, 2005.
4. 迈克尔·波特. 国家竞争优势 [M]. 北京: 中信出版社, 2007.
5. Homer Hoyt. *The structure and growth of residential neighborhoods in American cities* [M]. Washington: Federal Housing Administration, 1939.

Harris）和乌尔曼（E. L. Ullman）[1]等提出的多核心城市空间格局。这一时期，城市理论研究主要关注城市静态物质空间的形态和结构。

20世纪60～80年代，西方大城市进入快速工业化阶段，城市的功能日益复杂，城市功能逐渐外溢，空间规划也开始从城市扩展到区域背景中[2]。相关研究开始从关注城市内部发展到对城市群和区域空间结构的研究。比较有影响力的理论包括：法国经济学家布德维尔（J. Boudeville）把增长极概念引入地理空间，丰富了增长极的内涵，维尔纳·松巴特（Werner Sombart）等人提出的发展轴理论，萨伦巴、马利士等人提出的点—轴开发理论，约翰·弗里德曼（John Friedmann）提出的核心—边缘理论等。

1. 萨伦巴和马利士的点—轴理论

点—轴理论是波兰经济学家萨伦巴和马利士在增长极理论的基础上发展提出的[3]。他们认为，从区域经济发展的空间过程看，产业会优先集中在少数条件较好的区位，呈斑点状分布，这些区域即为增长极。随着工业增多，点与点之间由于经济联系逐渐加强，必然会建设各种交通线路、动力供应线与水源供应线使之相联系，这一线路即为轴。轴线形成之后，对人口和产业就有极大的吸引力，引导企业和人口向轴线两侧聚集，并产生新的增长点，从而由点到轴、由轴带面，最终促进整个区域经济的发展。

2. 弗里德曼的核心—边缘理论

核心—边缘理论是解释区域空间演变模式的理论，该理论试图解释一个区域如何由互不关联、孤立发展，变成彼此联系、相互关联、平衡发展的区域系统。弗里德曼认为，任何区域都是由一个或若干个核心区域和边缘区域组成的。核心地区是由一个城市或城市集群及其周围地区所组成，边缘的界线由核心与外围的关系来确定。他认为区域经济增长在其空间结构演化上，始终存在着扩散效应与极化效应两种相互矛盾的过程。两种力量相互作用的结果，使经济空间不断扩大，产业的空间组合日益多样化和复杂化。

近年来，随着城市地理学、城市经济学等学科领域的发展，城市研究理论界对城市空间结构与经济的研究拓展到更宏观的层面，为揭示产业经济运行与城市空间结构形态，以及城市群区域间的相互作用机制建立了全面的理论体系。

1.2.4 可持续发展的相关理论

1. 城市规划的可持续发展理论

可持续城市发展是20世纪80年代出现的城市发展观念。1987年世界环境发展委员会的主旨报告《我们共同的未来》最早提出了"可持续发展"概念，把可持续发展定义为"既满足当代人的需要，又不对后代人满足其需要的能力构成危害的发展"，这一定义被广泛接受。1989年第15届联合国环境署理事会上，《关于可持续发展的声明》获得通过，可持续发展理念在1992年联合国环境与发展大会上获得了与会各国的共识。

虽然可持续发展概念在20世纪80年代才出现，而对于城市发展与生态环境的关系、人与自然的和谐发展的关系思辨由来已久，且伴随着城市规划理论进展而持续发展。19世纪末，城市研究学者就开始从社会、经济、环境、城市有机体、城市功能等不同的角度探讨城市空间与环境的关联性。田园城市、新城理论、广亩城市理论和有机疏散理论等关注城市分散化发展的思想，认为城市在空间与地域上应保持低密度，生活上以绿色自然为主；而"明日城市"、紧凑城市等注重集中主义城市发展思想，认为城市应适合行人步行，具有高效的公共交通系统，人们相互交往以紧凑的形态和规模为主；现代城市发展理论更加注重人与环境的关系，认为城市应该与自然环境和生态相结

1. Harris CD, Ullman EL. *The Nature of Cities* [J]. The ANNALS of the American Academy of Political and Social Science. 1945，242（1）：7-17.
2. 翟俊生，丁君风，孙伟. 区域转型中的空间发展战略：国际趋势与苏州模式 [J]. 江海学刊，2013（03）：79-84.
3. 彼得·萨伦巴等. 区域与城市规划：波兰科学院院士萨伦巴教授等讲稿及文选 [M]. 城乡建设环境保护部城市规划局，1986.

合，使其对环境的影响最小，同时把历史人文因素纳入城市发展的理论框架中，注重城市文化的可持续性。这些城市发展的理论精髓共同形成了城市可持续发展理论的基础（表1-2）。

城市规划可持续发展观主要发展历程　　　　　　　　　　表1-2

时间	提出者	主要理论或著作	主要思想
1898	埃比尼泽·霍华德（Ebenezer Howard）	田园城市	城市与乡村融合
1904	托尼·戈涅（Tony Carnier）	工业城市	城市功能分区思想
1922	勒·柯布西耶（Le Corbusier）	明日城市	城市集中主义和阳光城市
1932	弗兰克·劳埃德·赖特（Frank Lloyd Wright）	广亩城理论——消失中的城市	城市分散主义
1933	国际现代建筑协会（CIAM）	雅典宪章	城市四大功能：居住、工作、游憩、交通，科学制定城市总体发展
1939	西萨·佩里（César Pelli）	邻里单位理论	社区居民环境
1942	埃罗·沙里宁（Eero Saarinen）	城市：它的发展、衰败与未来	有机疏散理论
1977	国际现代建筑协会（CIAM）	马丘比丘宪章	城市发展与文化遗产保护
1981	国际建筑师联合会第十四届世界会议	华沙宣言	建筑—人—环境作为一个整体，并考虑人的发展
1987	世界环境与发展委员会（WCED）	我们共同未来	可持续发展城市观
1992		里约宣言 21世纪议程	
1995	维柯尼特（R·Vknight）	以知识为基础的发展：城市政策与规划之含义	整体的城市观、知识社会里城市发展的若干原则

2．生态工业理论

生态工业的理论基础是工业生态学，是一门研究人类工业系统和自然环境之间的相互作用和关系的学科。1989年，罗伯特·弗罗斯彻（Robert Frosch）和尼古拉斯·格罗皮乌斯（Nicolas Gallopoulos）正式提出了工业生态学的概念[1]。工业生态学认为工业系统同时也是一个生态系统，工业系统内的物质、能源和信息的流动与储存不是简单叠加的关系，而是如同自然生态系统循环运行，它们之间相互依赖、作用、影响，形成相互连接的复杂网络系统。工业生态学的思想包括"从摇篮到坟墓"的全过程管理系统观，即在产品的全生命周期内，不应该对环境和生态系统造成危害，产品生命周期分为原材料采掘、原材料生产、产品制造、产品使用以及产品用后处理等阶段。20世纪90年代开始，关于生态工业园区的研究逐渐增多。

目前，有关生态工业园区的理论研究主要围绕生态工业园区的概念、运转机制、系统结构、功能及调控机制、系统优化以及评价指标体系和方法等多个方面展开，主要集中在：研究用于减轻工业对环境影响的具体技术措施，例如废物零排放系统、物质替代、非物质化和功能经济；研究对整个工业生态过程分析、监测和评价的方法；研究可促使生态工业实现的制度，使得生态工业思想贯穿整个生产和生活过程等方面[2]。

3．产业共生理论

20世纪80年代末产业生态学诞生，产业共生理论也由此兴起，并随着丹麦卡伦堡生态工业园区的成功经验而受到广泛关注。共生是对自然界生物体之间以相互获益关系生活在一起的复杂关联关系的借喻。产业共生是指通过不同企业间的合作，可以同时提高企业的生存能力和获利能力，并实现对资源的节约和环境保护[3]。产业共生理论把产业之间的相互关系作为完整的产业生态系统，各产业的企业之间，因同类资源共享或异类资源互补形成共生体，

1. Frosch, R.A., Gallopoulos, N.E. *Strategies for Manufacturing* [J]. Scientific American, 1989, 261（3）, 144-152.
2. 生态工业园区相关理论将在本书第7章展开介绍。
3. Ehrenfeld J. *Putting a spotlight on metaphors and analogies in industrial ecology* [J]. Journal of Industrial Ecology, 2010, 7（1）: 1-4.

该共生体促进了内部或外部、直接或间接的资源配置效率的改进，在带来了企业效益增加的同时，又推进了该产业的发展。

产业共生的理论认为，产业集聚具有网络特性，即集聚区内的企业互相合作形成网络。在特定的区域有着从事某一产业或相关产业的关联（互补、竞争）企业或机构，通过劳动分工以及基于长远关系的紧密合作，实现产业链上下游结构完整和产业体系健全的有机产业体系。产业聚集的经济个体通过彼此间的社会交往和产业联系结成关系网络体系。国内学者总结产业聚集形成的生态系统关系如图1-2所示：

产业共生既有经济特征，又有生态特征。主要特征表现为：①产业共生首先以废弃物的资源化为核心。生产者、消费者、分解者三类企业组成生态产业链，在生产中可以通过废弃物交换，实现资源循环利用；②产业共生以分工不断细化为前提。具有经济联系的业务模块进行相互融合、互动和协调。③产业共生以企业之间的竞争合作关系为条件。企业之间既有物质流、能量流之间的副产品利用，更有信息流与人才的交换。从这个角度而言，产业共生理论既融合了产业集聚理论对产业链的关注，又包含了生态工业理论对环境资源循环利用的核心概念。

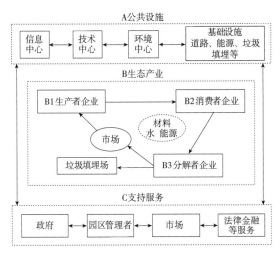

图1-2 产业生态系统结构

（图片来源：鲍丽洁. 基于产业生态系统的产业园区建设与发展研究［D］. 武汉：武汉理工大学，2012）

1.3 国内产业园研究发展

我国的产业园理论研究开始较晚。通过中国知网平台对我国产业园相关研究成果进行搜索和统计，发现最早的"产业园"概念出现在1983年，从1997年始，随着国内产业园建设迅猛发展，相关研究也呈现逐年上升趋势（图1-3）。截至2020年4月，知网可查阅以"产业园"为关键词的各类相关文献总共5146篇，其中硕博士论文120篇。虽然数量上

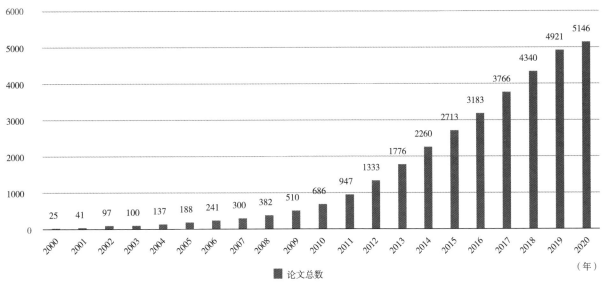

图1-3 "产业园"相关研究成果统计

（数据来源：根据中国知网数据整理，截至2020年4月）

显著增长，但研究大部分集中在管理学、区域产业经济学和其他相关学科上，涉及空间建设领域的建筑学、规划学、景观学等的占比仅为25%（图1-4）。

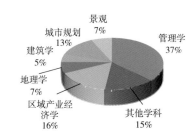

图1-4　国内"产业园"研究成果学科背景统计

（数据来源：根据中国知网数据整理，截至2020年4月）

总体而言，国内产业园相关研究大都以西方研究理论为基础，结合我国经济发展的宏观环境和社会现实，探讨适宜我国产业园发展借鉴的经验和路径，相关主要研究成果可以归纳为以下几个主要领域。

1.3.1　经济学领域研究

我国学者对产业集聚现象进行研究始于20世纪80年代中后期，而系统性研究始于20世纪90年代。在产业聚集理论方面的研究首先包括对国外相关理论的综述性分析，如王缉慈从韦伯的工业区位理论入手，阐述了基于纯经济学和传统经济地理学的集聚理论，介绍了新产业区理论，并分析比较了多种代表性的产业集聚理论[1]；陈剑锋、唐振鹏总结了国外学者对产业集群的定义和分类，从技术创新、组织创新、社会资本、经济增长等多个方面论述了国外产业集群的研究进展等[2]。基于对西方产业经济基础理论的研究，我国学者重点关注在中国产业经济政策背景下产业集群的发展动力和内在机理。李靖、魏后凯从产业链的角度出发，提出我国工业园区建设现阶段应实施以产业链为基础的集群化战略[3]。陆蓉从理论与现实案例的角度分析我国工业园区产业集群的竞争优势，并深入研究工业园区集群发展的影响要素[4]。

此外，研究者对产业集群形成的政策和策略进行了研究，例如张润丽、王文从产业集群的角度探讨了科技工业园区的演化过程和典型特征，提出科技工业园区产业集群发展的几点思考[5]。吴神赋认为，我国的科技工业园目前大都还处在增长极发展的初期阶段——能量的积累阶段，因此产业园建设当前的主要任务是创造各种有利条件吸引国内外公司在此建立研发或生产基地，规划建设好宜人的科研、生产、学习和生活环境，以促使集聚过程的加速完成[6]。李金华对构建创新型产业集群发展的现代服务支撑体系构建了策略体系[7]。战洪飞等人以产业集群数据资源为基础，运用聚类算法和文本挖掘技术构建产品设计决策模型，为产业集群产品的布局设计提供相应的辅助决策[8]。黄林对产业集群产业聚集度的测度进行了研究，推进产业结构优化升级[9]。

1.3.2　空间结构相关研究

国内一些学者从经济地理学角度，试图在西方经典理论基础上结合中国区域经济情况拓展对城市区域产业发展与空间结构拓展的规律性探讨。陆大道系统化研究了"点—轴"空间结构理论及实践应用问题，提出了较为完整的点轴系统理论体系[10]。魏后凯在点轴系统理论的基础之上进行拓展，构建了网络开发理论，关注均衡发展，而实现区域整体推进[11]。赵旭在增长极理论、协同发展理论和空间相互作用理论的基础上，提出"三角增长极理论"，阐述以往对增长极理论的研究和实践运用在系统上缺乏考虑相互间的协同效应，因此需建立"由不同规模和不同职能的增

1. 王缉慈. 地方产业群战略 [J]. 中国工业经济, 2002（03）: 47-54.
2. 陈剑锋, 唐振鹏. 国外产业集群研究综述 [J]. 外国经济与管理, 2002（08）: 22-27.
3. 李靖, 魏后凯. 基于产业链的中国工业园区集群化战略 [J]. 经济纬, 2007（02）: 68-71.
4. 陆蓉. 我国工业园区集群优势及集群发展研究 [D]. 上海: 东华大学, 2005.
5. 张润丽, 王文. 对科技工业园区产业集群发展的思考 [J]. 科技管理研究, 2006（10）: 65-68.
6. 吴神赋. 科技工业园的基础理论及其意义探讨 [J]. 中国科技产业, 2004（05）: 39-42.
7. 李金华. 我国创新型产业集群的分布及其培育策略 [J]. 改革, 2020, 313（03）: 98-110.
8. 战洪飞, 邬益男, 林园园 等. 数据驱动的产业集群产品布局设计方法研究 [J]. 科研管理, 2020, 41（06）: 98-108.
9. 黄林, 佟艳芬, 王盛连. 产业集群的产业集聚度测度: 理论与实践——以我国南部海洋产业集群为例 [J]. 企业经济, 2020（03）: 123-131.
10. 陆大道. 区域发展及其空间结构 [M]. 北京: 科学出版社, 1995.
11. 魏后凯. 区域开发理论研究 [J]. 地域研究与开发, 1988（01）: 16-19.

现代产业园规划及建筑设计

长极组成的综合城镇系统"（即"三角增长极"），可带动区域经济的发展[1]。同国外研究相似，空间结构相关研究主要关注城市宏观层面的产业经济与城市空间结构的作用机制，对中微观层面的研究较少。

1.3.3 可持续发展相关研究

一直以来，我国高度关注并积极参与国际社会可持续发展的相关进程。我国于1992年在巴西里约热内卢世界首脑会议上签署了环境与发展宣言，并于1994年通过了《中国世纪议程》，即《中国世纪人口、资源、环境与发展白皮书》，首次在国家经济和社会发展的长远规划中涵盖了可持续发展战略，为实施可持续发展战略奠定了基础。2007年党的十七大会议提出了"坚持以人为本，树立全面、协调、可持续的发展观，统筹城乡发展、统筹区域发展、统筹经济社会发展、统筹人与自然和谐发展、统筹国内发展和对外开放，促进经济社会和人的全面发展"的目标，可持续发展进一步深化成为科学发展观，成为我国城市与经济发展的重要指导思想。

国家可持续发展战略为国民经济和产业建设发展提供了明确的方向。在此方向指引下，一些学者围绕可持续发展的产业园发展策略展开研究，例如，龙涛认为工业园区的可持续发展主要是处理好几种关系：一是产业发展的规模速度与质量效益的关系，园区决策者必须在速度与效益之间寻求一个平衡点；二是投入与产出的关系，园区发展需要做好发展规划，适度投入，自身"造血"，良性循环；三是产业发展和环境承载之间的关系，园区产业发展应该优先考虑环保问题，走具有自身特色的新型工业化道路[2]。王少华以浙江为例，从网络的视角研究了工业园区的持续发展[3]。谢奉军、龚国平等构建了工业园区企业网络的共生模型，探讨园区中多种企业稳定共生的必需条件[4]。王艳华等阐述了工业集聚与工业污染排放的关系，提出需提高集聚产业的多样化水平，强调产业间的内在关联，应针对不同区域、不同污染型产业、不同工业污染物制定差异化的防治措施[5]。王博等总结了不同区域地方政府干预对碳排放的影响差异，制定碳减排差别化政策，协调区域可持续发展[6]。

1.3.4 产业园区发展策略研究

在中微观层面，一些学者从城市规划管理的角度关注产业园区建设问题，探讨产业园建设要获得成功需要具备的条件。胡德巧等通过将硅谷与筑波的成功经验进行对比研究，分析得出影响高新区发展的本质问题是体制问题，并指出我国高新区的发展方向[7]。程工等就中国工业园区发展战略进行了研究[8]。张卫东从产业集群视角对工业园区的总体规划理论进行研究[9]。房静坤等归纳总结出两种创新与园区相结合的转型模式，分别从产业和空间入手对传统产业园区的转型模式进行阐释[10]。胡亮指出园区规划管理目前存在的问题，认为未来可从技术方法在境外产业园区的应用转化、规划内容与投资回报分析的衔接和规划指标体系向服务业的扩展三个方面，深化研究产业园区规划的技术方法[11]。朱宁针对产业园转型升级，提出应从资源整合与产业升级、园区运营改革、园区布局优化和本土企业培育四个

1. 赵旭. 区域开发中"三角增长极"初步探讨［J］. 国土开发与整治, 1994, 04（03）: 30-36.
2. 龙涛. 产业集群导向的工业园区产业可持续发展对策研究［D］. 长沙: 中南大学, 2011.
3. 王少华. 基于网络的工业园区持续发展研究——以浙江为例［D］. 杭州: 浙江大学, 2004.
4. 谢奉军, 龚国平. 工业园区企业网络的共生模型研究［J］. 江西社会科学, 2006（11）: 165-168.
5. 王艳华, 苗长虹, 胡志强等. 专业化、多样性与中国省域工业污染排放的关系［J］. 自然资源学报, 2019, 34（03）: 586-599.
6. 王博, 吴天航, 冯淑怡. 地方政府土地出让干预对区域工业碳排放影响的对比分析——以中国8大经济区为例［J］. 地理科学进展, 2020, 39（09）: 1436-1446.
7. 胡德巧. 政府主导还是市场主导——硅谷与筑波成败启示录［J］. 中国统计, 2001（06）: 16-18.
8. 程工, 张秋云, 李前程. 中国工业园区发展战略［M］. 北京: 社会科学文献出版社, 2006.
9. 张卫东. 基于企业集群的工业园区总体规划理论研究西安［D］. 西安: 西安建筑科技大学, 2006.
10. 房静坤, 曹春. "创新城区"背景下的传统产业园区转型模式探索［J］. 城市规划学刊, 2019（S1）: 47-56.
11. 胡亮, 李茜, 杨一帆. 我国产业园区及其规划技术方法的发展与转变——基于改革开放以来的文献综述［J］. 城市规划, 2020, 44（07）: 81-90.

方面，因地制宜制定转型发展规划[1]。

1.4　产业园理论研究述评

随着宏观经济环境的变化和产业结构的不断升级，产业园的种类和类型不断增多，特色和重点发展方向也不断突出。为了解决产业园区建设和发展过程中存在的问题，结合中国的现实情况，与时俱进地拓展产业园区相关理论和实践的研究显得尤为必要。

一些研究显示，国内产业园区建设研究存在几方面的普遍问题：

首先是产业规划相关理论的缺失。许多产业园区在开发之初缺乏系统的产业发展规划，在管理上也缺少对其开发与运营全过程的把控，产业自身难以形成循环生产。产业分类混淆，空间需求一刀切，生产空间不足和空间浪费现象并存。区内产业关联度不高，产业发展"孤岛经济"问题突出。产学研合作机制缺乏，同时缺少健全的支撑体系，园区产业集聚效应不强、同质性现象较为严重等。公共资源的综合配套水平较低，部分生产、生活活动甚至危害生态环境。

其次是产业园规划与建筑理论的欠缺。这导致不少园区规划定位不清，与城市总体规划、土地利用规划没有相应衔接；产业园区规划与水、电、路、气、通信、环保、物流等基础设施规划不紧密；产城割裂，盲目追求布局的外观性，空间布局缺乏人文关怀；以及由于建设管理水平不足导致的建造水平低下、建筑质量低劣等。这些问题制约了国内产业园的建设和发展。

此外，目前我国针对产业园规划与建筑设计实践有直接指导作用的相关研究仍然欠缺。多数研究关注产业园相关理论的定性分析，从管理学、经济学的角度仅对产业园区的开发和建设提出政策和措施方面的建议，而缺乏从空间规划的角度对产业园落地实操性的研究，研究成果往往无法直接指导设计生产和规划落地。而从规划和建筑学角度的研究却往往只关注空间本身，把产业园的设计等同于其他类型的城市功能或建筑来考虑，忽视产业园在经济管理和社会性上的系统性和特殊需求。虽然国内外均不乏优秀的实践案例，但对国外经验采取"拿来主义"，往往存在水土不服的情况。国内学者对案例的剖析和经验借鉴，往往缺乏立足于时代背景和我国国情的系统全面的整理与研究，大多是针对某个具体项目或者某项具体的设计，比如景观、市政、交通组织、产业规划等进行研究，或是某一个项目的技术总结，较少能够结合对产业园建设全过程的开发经验和模式研究，已有的建设开发经验难以得到推广。

因此，对产业园区的理论研究必须立足现阶段我国产业园区的多样性现实，把握未来产业园区发展的趋势，找准产业园区发展、建设过程中实际存在的问题，因地制宜、分门别类地对其进行研究和梳理。针对产业园建设实践的问题，从规划学和建筑学角度出发，系统地、有针对性地研究产业园区开发模式、空间规划、建筑设计及其实施保障策略，无论从科学研究抑或是指导生产的方面来说都十分必要。

为此，本书依托产业园研究课题[2]，针对目前国内量大面广的产业园区建设的实践需求，在国内外产业园发展建设的理论基础上，结合产业发展的时代特性和趋势，对产业园区的规划和建筑设计的相关重点展开系统研究，最终形成一套面向实操管控的、规划及建筑设计集成的研究成果，以期为我国产业园区建设过程中的产业规划、园区规划、建筑设计等决策提供参考。

---

1. 朱宁，丁志刚. 江苏沿江地区化工园转型思考——基于德国莱茵河流域化工园发展的启示 [J]. 现代城市研究，2020（09）：93-100+108.
2. 本书基于中国建筑集团科研课题："产业园规划及建筑设计专业集成技术研究"（CSCEC-2015-Z-26）。

产业园类型研究 | 第2章

2.1 现有产业园分类方式

作为产业聚集的空间，"产业园"定义的核心由"产业"+"园（区）"两个概念构成。这两个概念中，首先"产业"的内容就十分复杂，至今并无统一严谨的定义，导致"产业园"的概念在理论与建设实践中也呈现出纷繁复杂的状况。目前国内被称作"产业园"的不仅包括各种工业园区，还包括不同专业划分的各类园区，以及各种专业经营为主体的园区，如：工业园、制造园、经济开发区、高新技术产业园区、科技（新）城、产业（新）城、智慧园区、大学城、软件园、总部基地、农业园区、物流园、各类专业产品的产销园、创意产业园等，都可算是产业园的范畴。近年随着信息化技术的发展，一些与产业相关的非实体组织或机构也常被称作"产业园"，比如信息港、创新城等。此外，"产业园"的概念除了按照不同"产业"的划分而种类繁多外，按照其产业规模大小、产业区域辐射的范围不同，其概念可以包含大到占地数平方公里的城市级、城市区域级的经济开发区，各类科技"城"、大学"城"等，小到占地几万平方米的或建筑组合而成的"园区"。往往一个大型的产业"园"或"城"又包括多个各自独立的园区。

鉴于当下无论是理论还是建设实践领域或社会媒体中，"产业园"概念涉及范畴的复杂性，有必要对产业园的类型进行分析，才能探讨不同"产业"的"园区"在空间发展建设上的共性与个性的需求。通过对有关文献的梳理可知，对于目前国内的产业园区，有以下几种常见的分类方式。

2.1.1 以开发主体分类

根据开发主体不同，将各种产业园的开发模式分为政府主导开发模式、主体企业引导模式、专业产业运营商模式、综合开发运营模式四种[1]。这一分类方式主要用于研究和描述不同主体对产业园开发的政策、制度、运营、服务管理等因素的影响，尤其对于从制度经济学角度分析政府与企业在园区开发上的相互作用非常有用。

2.1.2 以主导产业分类

以主导产业区分产业园，是当下产业园相关研究的主要方式，通常涉及以下一些类型名称：

---

1. 不同开发主体对产业园区开发建设的影响的详细讨论见第4章。

1．工业园区

工业园区是国内外产业园区研究中最通常提到的一个概念。由于"Industry"可以被翻译成"工业、产业、行业"，所以西方文献中的Industrial Park与国内的"产业园"概念类似，泛指创建在固定地域范围内，由制造企业和服务企业共同组成的企业社区，涉及内容十分广泛。国内相关论述中，"工业园区"的定义有不同维度，分为广义和狭义。广义定义参考西方概念，与"产业园"相近，狭义范围仅指工业企业聚集的园区。

2．经济技术开发区

我国经济技术开发区（简称"经开区"）始于1984年，国家在沿海开放城市设立的以发展知识技术密集型工业为主的特定区域，后来在全国内推广设立。通过采取特殊优惠政策和措施，营造优良环境，以吸引国外资金和技术、发展外向型经济，具有"企业结构以外商投资为主、产业结构以现代工业为主、产品结构以出口为主、致力于发展高新技术"[1]的特点。1984年的创业起步大量设立经开区后，进入1992年后的高速发展阶段，而在2002年后进入到平稳增长阶段。据统计，到2019年我国国家经开区数量为218个[2]。

3．高新技术产业开发区

1988年8月，中国国家高新技术产业化发展计划——火炬计划开始实施，创办高新技术产业开发区是其中重要内容。当时定义的高新技术产业开发区（简称"高新区"）是指以智力密集和开放环境条件为依托，主要依靠我国自己的科技和经济实力，通过软硬环境的局部优化，最大限度地把科技成果转化为现实生产力而建立起来的、面向国内外市场、发展我国高新技术产业的集中区域。自此之后，高新区建设受到国家政策层面的重视。国务院在1991年批复26家，2010年批复27家，2012年批复17家，2015年批复16家。截至2018年12月，我国国家高新区总数已达168家[3]。

4．出口加工园区

出口加工园区是指经国家批准设立的，在港口、机场附近或其他交通便利的地方开辟一定的区域，以优惠政策吸引外商直接投资，发展在国际上具有竞争力的出口加工工业。

5．保税区

保税区是指以海关保税政策为基础，经国务院批准设立、海关实施特殊监管，以发展国际贸易、加工以及仓储、商品展示等服务行业为主的特殊经济区域。

6．物流园区

随着现代物流业的发展，专业化物流企业、设施逐渐形成，并在一些地区形成聚集，组成物流园区。

7．文化创意产业园区

一系列与文化相关的不同业态的产业、企业在某一地理空间集聚，从而进行生产、交易、消费各种文化产品和服务的多功能综合性园区。

8．特色工业园区

特色工业园区在我国一般指各地政府根据城镇发展规划和区域特色经济，以本地特色资源或特色产业为主导产业，构成具有一定规模的行业、企业、产品、原材料市场、专业营销队伍等产业链积聚地，同时带动相关产业发展，从而加快本地经济发展的产业园区。

2.1.3　以区域范围或管理层级分类

根据产业园覆盖的地理范围大小或者位置不同，有的研究将产业园分为国家级、城市级、城区级以及区域

---

1. 陈益升. 经济技术开发区在中国的发展［J］. 科技管理研究，2000（06）：1-4.
2. http://www.mofcom.gov.cn/xwfbh//202001172.shtml. 中华人民共和国商务部.
3. http://www.most.gov.cn/gxjscykfq/index.htm. 中华人民共和国科学技术部.

级。这一分类方式在我国以政府主导的大型产业园项目中，常常用来区分产业园所涉及的政策制度和管理主体的层级。例如，经济技术开发区和高新技术产业园区都分国家级和地方级，分别由国家和地方管辖。其中，针对国家级产业园，按照其所受管辖的行政主体类型来分，又可分为经济技术开发、高新技术产业开发区、海关特殊监管区、边境/跨境经济合作区与其他类型开发区。

国家级经开区是所在城市及周围地区发展对外经济贸易的重点区域，由商务部管理。根据2018年国家级经济技术开发区综合发展水平考核评价结果可知，国家经开区的考核围绕产业基础、科技创新、利用外资和对外贸易等方面展开[1]。

国家高新区由科学技术部管理。根据科学技术部于2008年5月7日更新的《国家高新技术产业开发区评价指标体系》，国家高新区评价指标体系由知识创造和孕育创新能力、产业化和规模经济能力、国际化和参与全球竞争能力、高新区可持续发展能力4个一级指标构成，下设44个二级指标[2]。

此外，国家级产业园区相关概念还包括海关特殊监管区，是由国务院批准，赋予承接国际产业转移、连接国内国际两个市场的特殊功能和政策，由海关为主实施封闭监管的特定经济功能区域，包括保税区、出口加工区、保税物流园区、跨境工业区、保税港区和综合保税区[3]。边境/跨境经济合作区，是中国沿边开放城市发展边境贸易和加工出口的区域。自1992年以来，我国累计批准设立了包括云南河口、内蒙古满洲里、辽宁丹东、新疆伊宁等19个边境经济合作区。

2.2 基于产业集聚理论的产业园类型分类

在以上分类方式中，以主导产业差别分类的方式是最常被采用的方式，也比较容易理解和接受。然而，这一分类方式对于探索产业园区建设的规律性的指导意义不明显，主要基于以下因素：

（1）随着现代工业的发展，产业正呈现出分工专业化和精细化发展的趋势。因功能差别而分类，类型繁多，且产业内涵之间多有重叠，导致产业园概念定界不清。

（2）产业功能之间的差异未必等同于不同产业园区之间的差异。换句话说，产业功能的差别并不能揭示产业园区空间组织上的核心规律。

本书关注城市区域的产业园，即在一定地域内集聚的产业空间规划和建筑的特性，以及对实体空间环境开发建设有重要影响的因素。对现有产业园进行分类及类型研究的意义是找出共同的基本特征，以便揭示其空间组成的规律性。

基于前述对国内外产业园相关理论的比较研究和对"产业园"的定义，本书提出一个基于产业集聚理论的，以构成产业集聚的最重要的循环主体（或生产要素）作为产业园类型分类的方式，以此作为产业园类型研究的基础。

从前述文献综述中可以看到，产业集聚相关理论是最系统地揭示产业组织与空间集合规律的经济学理论。在城市规划与产业规划中，产业集群理论也受到越来越多的重视，产业集群形态发展的理论已经很好地解释了诸如英国剑桥工业园区、美国硅谷、印度班加罗尔等世界上知名工业园区是如何取得很强的市场竞争优势以及迅速发展的。

根据产业集聚理论，产业集群主要指以相关的企业为主体，政府服务组织、研究机构、行业协会等产生集聚的经济现象。产业集聚可以归纳出以下特性：

1. http://www.mofcom.gov.cn/article/i/jyjl/m/201901/20190102825649.shtml. 中华人民共和国商务部.
2. http://www.most.gov.cn/kjbgz/200805/t20080505_61107.htm. 中华人民共和国科学技术部.
3. http://zms.customs.gov.cn/zms/hgtsjgqy0/hgtsjgqyndqk/3500869/index.html. 中国海关总署.

1．产业集聚的基本特征是基于分工基础上的资源共享与合作

产业集聚是行为主体的一种结网与互动，同时又是一种市场化行为催生的产业组织模式。产业因为聚集而具有交易成本低、内部专业化分工细、人才集中和公共服务、配套服务便利等优势，因而具有突出的竞争力。

2．集聚的产业具有共生性

"产业共生"可以看成"产业集聚"最理想的形式。产业共生理论把产业之间的相互关系视为一个完整的产业生态系统。各产业的不同企业之间因同类资源共享或异类资源互补而形成共生体。该共生体提高了内部或外部、直接或间接的资源配置效率，在增加了企业效益的同时，又推动了该产业的发展。

3．集聚产业以循环交换构成相互关系

把集聚的企业相互关系比拟成生态系统中物种间的共生关系，更形象地揭示出产业集聚的三个核心意义：资源最大化循环利用；产业分工细化促进产业互动协调发展；产业循环的本质是物质和能量信息等的共享与交换。

4．产业集聚具有网络特性

产业集聚也就意味着，在特定的区域从事某一产业或相互关联（互补、竞争）的企业或机构（生产性和服务性的），通过劳动分工和基于长远发展的紧密合作，铸造从原料供应商到销售渠道甚至最终用户的产业链，以及形成外围（包括集群代理机构、公共服务机构及科研机构）的灵活机动的有机产业体系。产业集聚的经济个体通过彼此间的社会交往和产业联系结成关系网络体系，可以说，联系都是通过这个网络发生和传递的。有学者归纳出产业集聚的网络结构，如图2-1所示[1]。

基于以上对于产业集聚核心特征的分析可以得出，集聚产业之间的关联性主要是由其循环、交换或共享的主体构成。为此，按照循环主体（关键生产要素）来划分更能够从根本上对不同产业园产业组与空间集合规律的不同特征加以区分界定。

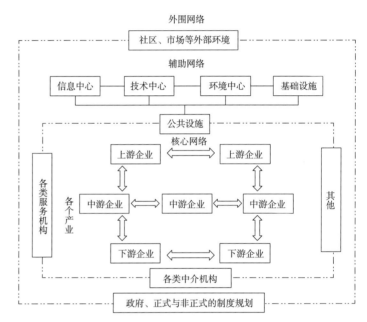

图2-1 产业集聚的网络结构图

（图片来源：鲍丽洁. 基于产业生态系统的产业园区建设与发展研究［D］. 武汉：武汉理工大学，2012.）

2.3 以循环要素划分的产业园类型及其理论模型

本书主要研究对象是目前在城市中进行的、量大面广的产业园区建设项目，试图针对"产业园"建设有别于一般住宅、商业或其他城市功能类型的核心特征——即产业聚集与产业空间组织之间的内在关联性——来探求符合产业园区最优发展的规划和建筑设计规律，形成能有助于指导产业园区空间规划和建筑设计的方法和策略体系。

为了便于对各类园区空间规划和建筑设计方法和策略的梳理，有必要将本次"产业园"研究对象范围加以限定：首先是不包括大部分位于非城市区域或城乡交接的农业园，其次不包括城市级或者城区级的产业城、经济开发区

---

1. 鲍丽洁. 基于产业生态系统的产业园区建设与发展研究［D］. 武汉：武汉理工大学，2012.

等。针对后者，此类"产业园"的产生主要源自政府的地方经济发展政策或规划。除了产业功能外，这类城市空间由于区域面积大，还承担综合城市功能，规划与建筑的内容涉及面过于庞杂，园区"产业聚集"的规律性不显著，因此不作为此次研究的对象。此外，本书所研究的"产业园"也不包括保税区、进出口加工区、自贸区等。这类产业园也主要是政府在特定时期为特定的经济政策目标而设定的、享受特殊政策的经济区域。这类区域在空间规律性有其特殊性，也不作为本书研究的对象。

根据上文提出的以循环主体（生产要素）划分产业园类型的方法，结合当前国内产业园建设的实际情况，可以将除了以上几类之外的，位于城市区域的、由政府或企业建设的、量大面广的产业园划分为以下六类主要类型：生态工业园、专业产业园、物流产业园、高新技术产业园、总部基地产业园、文化创意产业园（表2-1）。

六类主要产业园类型分类特征　　　　　　　　　　　　　　表 2-1

产业园类型	核心产业	循环主体（生产要素）	定义
生态工业园	第二产业（工业制造业）	生产资料（原材料和能源）	依据循环经济理念、工业生态学原理和清洁生产要求而建设建立的新型工业园
物流产业园	第三产业（物流与仓储）	物流品	物流企业和设施的集结区
专业产业园	第二产业（轻工业）+第三产业（批发零售、服务业等）	特色产品	同类特色产品积聚于某一空间领域进行集中交易、流通和配送的园区
高新技术产业园	第三产业（高新技术研发及服务）	高新技术与信息	研究、开发和生产高新科技与产品的企业集聚
总部基地产业园	第三产业（总部经济）	信息与服务	企业总部在城市特定区域的集群
文化创意产业园	第三产业（文化及服务）	创意文化与服务	文化产品和服务的多功能综合性园区

2.3.1　生态工业园

狭义定义的工业园区是指工业企业聚集的园区。国家统计局定义重工业为为国民经济各部门提供物质技术基础的主要生产资料的工业，定义轻工业为主要提供生活消费品的工业。无论重工业还是轻工业，都是直接对自然资源以及原材料进行加工或装配。

近年随着全球对环境污染和可持续发展问题的日益关注，传统工业正向更加注重环保节能、技术更新的方向提升转型。世界各国开始根据循环经济理论和工业生态学原理来定义一种新型工业组织形态，即"生态工业园"。1996年10月，美国总统可持续发展委员会提出了关于生态工业园的两个重要特性：

（1）生态工业园是指各企业相互协作于某一社区范围内，共同高效率分享社区内的各种资源（信息、原料、水、能量、基础设施和自然居所），从而促进经济效益和环境质量的提高，最终实现社区内的人、经济和环境均衡发展；

（2）生态工业园是一个对原材料和能量交换进行系统规划过的工业系统。

根据《国家生态工业示范园区标准》HJ 274—2015，生态工业园是指依据循环经济理念、工业生态学原理和清洁生产要求而建立的一种新型工业园区。它通过物流或能流传递等方式把不同工厂或企业连接起来，形成共享资源和互换副产品的产业共生组合，建立"生产者—消费者—分解者"的物质循环方式，使一家工厂的废物或副产品成为另一家工厂的原料或能源，寻求物质闭环循环、能量多级利用和废物产生最小化。

结合以上定义，本书将"生态工业园"定义为在一定地区范围内集聚的企业依据循环经济理念、工业生态学原理和清洁生产要求建设的新型工业园[1]。

---

1. 有关生态工业园的概念及相关论述，详见本书第7章。

生态产业园中，企业按照生态产业链分为生产型企业、消费型企业、分解型企业和补链型企业。生态工业园的产业聚集主要是以"原材料和能量"为循环主体，以能源和材料的最有效利用为目标进行组织。依据相关理论可得出生态产业园的产业聚集网络模型，如图2-2所示。必须指出的是，按照循环物质（核心聚集的生产要素）来分类的方式并不能理解为一种绝对化的差别定义。正如"生态工业园"用生态的意义并不表示其他类都不具备生态特征。以"生态工业园"而不是仅以"工业园"为分类名称，是为了更符合现代工业园区向可持续发展的总体趋势。

2.3.2 专业产业园

我国产业被划分为第一产业、第二产业和第三产业。伴随专业化发展，一些生产同类产品的企业逐渐聚集，并吸引同类产品的原材料供应、流通和专业营销等企业的集聚，从而整合同类产品生产、交易、流通、配送和销售、服务，这一类产业园区往往跨越了第二产业中轻工业或消费品的生产制造，以及第三产业中的仓储、批发销售及服务的内容。常见的此类园区包括家居建材城、汽车城、轻纺城、五金机电、服装城、家电城等，也包括由多类专业化产品集合形成的、主导产业突出的产业园区。

目前国内对于这一类量大面广的、围绕特定专业化产品的生产、流通、销售及服务，跨越第二产业与第三产业的产业园还没有明确定义。与此相似的概念包括："特色工业园区"，一般是由各地政府为发展区域特色经济，以本地特色资源或特色产业为主导产业而形成的产业园区，以区别于一般工业区的概念。另一相似概念是"专业市场"，这类园区一般由市场主导，由专类企业发展形成，特色优势是以展示、销售为主要功能。

综合以上概念，本书把这类在城市建设中大量存在的，无法用工业园、科技园、物流园等其他概念涵盖的产业园统称为"专业产业园"，特指围绕同类产品的生产、交易、流通、配送和销售、服务的多个环节聚集形成的产业园区。

一个系统完整的专业产业园，可能涉及组装包装、仓储、货运代理、分装配送、长短途交通、展览等多个基本环节，同时还需要银行、酒店、餐饮、工商税务、报关、网上交易平台等相关配套服务。随着这类产业园的发展演进，其产业功能呈现出向销售服务等第三产业拓展的趋势，带动其他如旅游业、酒店业、餐饮业等服务的发展[1]。专业产业园的产业聚集网络模型如图2-3所示。

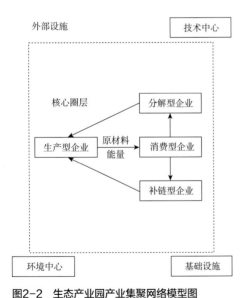

图2-2 生态产业园产业集聚网络模型图

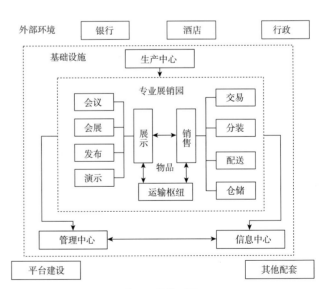

图2-3 专业产业园产业集聚网络模型图

---

1. 关于专业产业园的概念及发展的详细讨论，详见本书第8章。

2.3.3 物流产业园

我国在2006年修订的《物流术语》中，将物流园区定义为：为了实现物流设施集约化和物流运作共同化，或是为了实现城市物流设施空间布局合理化的目的而在城市周边等区域，集中建设的物流设施群与众多物流业者在地域上的物理集结地[1]。

结合本书对产业园的定义，物流园的概念可以进一步精简为：为了实现物流设施集约化和物流运作共同集中建设，提供物流基础设施和公共服务的物流产业集聚区[2]。

相对于本书中其他类型的产业园而言，物流园区的产业聚集并不是围绕某一类生产资料或者生产的产品，而是以物流品作为循环主体，围绕物流品的流通聚集基础设施和服务。将物流园作为本书六类产业园之一，一方面是由于其产业功能的特定性：物流园从功能组成到空间组成都有与其他产业园不同的一套特殊需求。另一方面，自2009年国务院发布《物流业调整和振兴规划》以来，全国各地的物流园区规划建设如雨后春笋般涌现出来，尤其近年随着互联网经济的发展，物流园的建设呈现出迅猛上升的势头，成为拉动地方经济的重要引擎，值得加以专门研究。

物流园区聚集各类物流企业，可以实行专业化和规模化经营，促进物流技术和服务水平的提高，共享相关设施，降低运营成本，提高规模效益。它由相对集中分布的物流组织设施和不同的专业化物流企业构成。物流园区的功能包括综合功能、集约功能、信息交易、集中仓储、物流加工、多式联运、配套服务等。物流园区的生产企业包括物流中心、配送中心、运输枢纽设施、运输组织及管理中心以及物流信息管理中心等适应城市物流管理与运作需要的物流基础设施。

物流园以物流品为循环主体，围绕最高效共享资源设施、降低成本和提高规模效益来对物流品进行储存、包装、装载卸货、流通加工、配送等作业方式和交换形成的产业链。物流园的产业聚集网络模型，如图2-4所示。

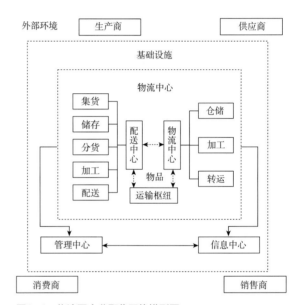

图2-4 物流园产业聚集网络模型图

2.3.4 高新技术产业园

与其他产业概念一样，不同国家和不同时期对于"高新技术产业"的定义和分类不尽相同。比如经济合作与发展组织（OECD）基于研究与开发的强度定义，于1994年将高新技术产业主要分成四类：航空航天制造业、计算机与办公设备制造业、电子与通信设备制造业和医药品制造业。这一分类被世界多数国家接受。美国商务部提出高新技术产业的判定指标主要有两个：一是研发与开发强度，即研究与开发费用在销售收入中所占比重；二是研发人员（包括科学家、工程师、技术工人）占总员工数的比重。根据该判定标准，高新技术产业主要包括信息技术、生物技术、新材料技术三大领域。

在我国，高新技术一般以产业的技术密集度和复杂程度作为衡量标准。产业产品的主导技术必须归属确定的高技术领域，而且必须包括高技术领域中技术前沿的工艺或技术突破，并具有高于一般技术的经济效益和社会效益。

---

1. 《物流术语》GB/T 18354-2006.
2. 有关物流产业园的研究，详见本书第9章。

1991年，国家科技部规定高新科技包括电子、信息、材料、能源等领域的11项技术，基本涵盖了知识密集型、技术密集型和在传统产业基础上创造了新工艺和新技术的各类技术产业。2002年7月，在国家统计局印发的《高技术产业统计分类目录的通知》中，中国高技术产业的统计范围包括航天航空器制造业、电子及通信设备制造业、电子计算机及办公设备制造业、医药制造业和医疗设备及仪器仪表制造业等行业。根据国家统计局2017年的行业分类定义，我国的高新技术产业又可分为高新技术制造业和高新技术服务业两大门类[1]。

1988年8月，中国国家高新技术产业化发展计划——火炬计划开始实施，创办高新技术产业开发区和高新技术创业服务中心被明确列入火炬计划的重要内容。自此我国高新技术园区受到国家政策层面的全方位的激励而得到快速发展。我国高新技术园区不仅包括国务院批准成立的APEC科技工业园区，国家级高新技术产品出口基地、火炬软件产业基地和各类高科技产业开发区，还有各种区域性的、政府和企业合作创立的高科技产业园区和产业基地。

基于产业聚集理论，本书定义高新技术产业园区的概念为：研究、开发和生产高新科技产品的高新技术企业在特定区域的聚集。

随着时代的发展和科技的进步，现代产业园区与传统的工业区不同，企业之间的频繁联系促进产业发展，技术和信息的流通替代原来的物质流通，成为最重要的共享和循环要素。高新技术产业园的企业聚集是以技术与信息的流通为主，同时共享智力支持、政策支持、经济管理、空间环境等公共资源。园区的产业企业包括研发设计、生产运营的企业，也包括对技术、智力等资源进行培训支持、展示交易与促进转化的各种机构。高新技术产业园区的产业聚集网络模型如图2-5所示。

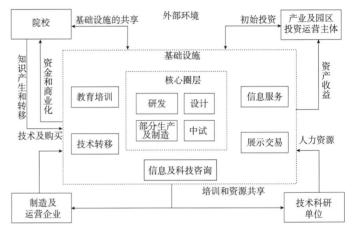

图2-5　高新技术产业园产业聚集网络模型图

2.3.5　总部基地产业园

随着我国产业结构的升级，一些企业在转型升级过程中出现了制造部门与企业管理总部分离的趋势。这一趋势背后的原因是，一方面往往是出于企业发展过程中资源配置的考虑——企业总部向城市中心集聚，而其生产制造基地布局在成本较低的周边区域，能降低成本并获得更大增长空间；另一方面也是现代科技的发展，尤其通信及信息技术手段的普及很大程度地为企业总部与生产部门之间的信息交流、物质流转提供了便利，使得分离成为可能。

针对这种形式，国内学者提出了"总部经济"的概念。北京市社会科学院赵弘在2002年提出"总部经济"的概念，指某区域以特有的资源优势吸引总部基地集群布局，而将生产制造基地布局在具有比较优势的其他地区[2]。在这样的布局条件下，企业价值链与区域资源可以实现最优空间耦合，并通过"总部—制造"功能链条辐射，带动所在区域发展，由此实现各区域分工协作、资源优化配置的经济形态。其他一些定义强调总部经济聚集的是企业的核心决策机构，如中国科学院张鹏定义总部经济就是"在单一产业价值观念中的现代人类高端智能的大规模极化与聚合"[3]。

根据产业聚集理论，本书将总部基地定义为：承载首脑决策办公、核心研发功能的企业总部机构在特定城市区域的集群。

---

1. 有关高新技术产业的进一步分类定义，详见本书第10章。
2. 赵弘，总部经济 [M]. 北京: 中国经济出版社, 2004.
3. 张鹏. 总部经济时代 [M]. 北京: 社会科学文献出版社, 2011.

现代产业园规划及建筑设计

相对前述高新技术产业园，总部基地企业的集聚核心不是围绕高新技术产品和服务，而是企业顶层决策管理核心资源。企业集群的核心构成要素是园区内聚集的众多企业的内脑（企业内部从事管理、研发、办公、决策等高智力活动部门），它们是企业内部起重要作用的高端管理决策部门，是园区产业集群核心竞争力的体现。总部基地产业园聚集的不仅包括各企业总部，还有提供资源沟通、技术交流、金融管理等服务的公共设施，主要包括技术研发、信息中心、培训机构、仲裁组织、行业协会、咨询公司等在产业集群中起着桥梁纽带作用的服务机构；金融机构、法律援助机构以及为企业引进人才的人才服务机构；以及物业管理、后勤等提供园区服务的机构。根据产业聚集理论可归纳总部基地的产业聚集网络模型，如图2-6所示。

2.3.6 文化创意产业园

随着全球经济以及文化产业的快速发展，文化产业逐渐成为各国经济重要的组成部分。联合国教科文组织曾将文化产业定义为生产、再生产、储存以及分配文化产品和服务的一系列活动，认为文化产业具有系列化、标准化、生产过程分工精细化和消费的大众化四个特征。1998年出台的《英国创意产业路径文件》明确提出"创意产业"这一概念："所谓'创意产业'是指那些从个人的创造力、技能和天分中获取发展动力的企业，以及那些通过对知识产权的开发可创造潜在财富和就业机会的活动。"英国创意产业特别工作组认为13个行业为创意产业，包括：广播电视、广告、出版、电影、软件、建筑、艺术和文物交易、工艺品、休闲软件、时装、设计、音乐、表演[1]。

结合国内外相关研究，本书将文化创意产业园区定义为：与文化相关的产业、企业在特定城市区域集聚形成的，从事生产、交易、消费文化产品和服务的园区。文化创意产业园是文化创意产业发展的园区化、规模化的空间集合形式，在地理空间上高度聚集，能充分共享管理系统和公共服务设施，塑造鲜明的文化形象和吸引力，进而形成一个适宜文创企业发展、政策落地、文化创意激发、信息共享、运营服务等多种功能的综合服务的产业园区。

文化创意产业聚集的主要要素集中在四类非物质要素：创意人才、文化资源、政策优势和创意环境。文创园的产业企业构成，除了从事创意研发制造（设计）的各类文创企业，还包括文化产品展示、流通、消费的各类场所、服务支持设施，和被文创产业带动的文化消费、旅游消费，以及相关城市配套功能。可将文化创意产业园区的产业聚集网络模型提炼而出，如图2-7所示。

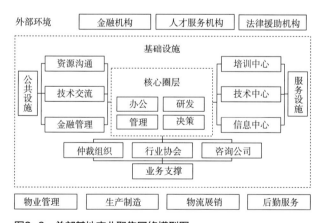

图2-6 总部基地产业聚集网络模型图

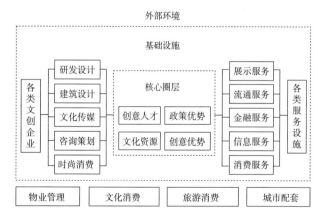

图2-7 文化创意园产业聚集网络模型图

---

1. http://www.creativitycultureeducation.org/creative-industries-mapping-document-1998 Department for Culture，Media and Sport（1998）Creative Industries Mapping Document.

第3章 | 产业园建设现状及发展趋势

3.1 国外产业园建设发展概况

3.1.1 发展历程

　　西方国家的产业园伴随着工业革命产生和发展，经历了从传统产业园区向多类型产业园的发展历程，产业园区建设愈发成熟。通过文献研究，本书大致将国外产业园的发展归纳为四个阶段：20世纪40年代前的探索阶段、20世纪40年代到60年代的理性起步期、20世纪七八十年代的转型发展期，以及20世纪80年代后的多元发展期（表3-1）。

国外产业园发展历程　　　　　　　　　　　　　　表 3-1

	先驱探索	理性起步	转型发展	多元发展
时期	20世纪40年代前	20世纪40年代至20世纪60年代	20世纪70年代至20世纪80年代	20世纪80年代后
时代背景	工业村、公司城	"国际分工"和"国际合作"	高新技术产业发展	产业结构调整，转型高科技
园区特点	田园城市、工业城市和带形城市	出口加工区工业园区	高科技工业中心的兴起	加工工业型工业园区、高新科技产业园区蓬勃发展
理论发展	工业区位论、市场区位论、产业集聚理论、地域生产综合体	卫星城理论、工业区的郊区化	生产组合理论、弹性专业化理论、新产业空间理论、区域创新体系理论、竞争力钻石理论	可持续发展理论、工业生态学、循环经济理论、景观生态学、系统工程学

　　1. 先驱探索：第二次世界大战前的工业园区

　　国外工业园区建设源于18世纪欧洲的"工厂制"，为追求利润最大化，大量的工厂聚集形成了工厂区（Factories Cluster）。这些工厂区由于缺乏统一规划、合理控制，造成了严重的社会、生态矛盾和问题。工厂主和企业家们纷纷建设工业村（Industrial Village）或公司城（Company Town）来解决由工业居住功能混杂带来的问题。这些带有个人理想主义色彩的实践揭开了工业园区发展的序幕，是工业园区的早期探索。

　　2. 理性起步：第二次世界大战后至20世纪60年代的工业园区

　　历经两次产业革命与两次世界大战之后，世界的政治经济格局发生新的改变，发达国家和发展中国家之间产生广泛的"国际分工"和"国际合作"，进而带动了工业园区的建设。20世纪50年代末，在一些发展中国家和地区兴起了出口加工区工业园区，其作为一种发展手段被广泛采用。1959年爱尔兰兴建了既可进行转口贸易、储存，又可进行加工的香农国际机场自由贸易区，区内企业享受财政上的优惠政策，这种产业区形式的出现标志着出口加工区的正式诞生。

随着欧美日等国家和地区产业结构的升级，一些劳动密集型和技术密集型产业被陆续转移到亚太地区的发展中国家，进一步带动了这些国家工业园区的建设，促使一些发展中国家向工业化国家转型，成为新兴工业化国家。这一时期产生的工业园区包括：新加坡裕廊工业区、硅岛高新科学园区、日本筑波科学园和丰田技术城等。中国台湾是亚洲最早兴办出口加工区的地区，分别在高雄、新竹、台中等地建立了出口加工区，并于1965年制定了《出口加工区设置管理条例》。这些出口加工区作为早期工业园区的典范，吸引了韩国、新加坡等国争相效仿，依托工业园区的形态发展各类制造业。

西方国家在第二次世界大战之后，欧文和帕克基于田园城市中分散主义思想的发展提出了卫星城理论，促进了城郊工业园及工业卫星城的产生和发展。"适度分散"成为当时的规划共识。同时，科学技术在经济发展中的主导作用和先导地位越发突出，工业园区建设不仅有出口加工区、工业卫星城、城郊工业园，还出现了科技工业园。这一时期兴建的著名工业园区包括：德国鲁尔传统工业区、意大利都灵工业园、英国伯明翰—曼彻斯特工业区等。美国是高新技术产业园发展的典型代表，早在1951年就建立了斯坦福工业园，即硅谷。其后在1951—1970年间又相继建立了300多个高科技工业园区，约占这一时期全世界总量的1/3，产生了施乐硅谷研发中心（PRAC）、肖克利晶体管工业园等著名高新技术园区。

3. 转型发展：20世纪70年代—80年代的工业园区

20世纪70年代后期，由于能源危机与全球竞争局势的影响，西方国家间激烈的竞争以及各国国内消费市场饱和而导致的生产下降、经济衰退促使各国通过已经起步的工业园区来全面振兴经济。发展中国家或地区为了发展经济，进一步加大吸引外国资本和技术的力度，快速建设以出口加工为代表的工业园区。80年代后，随着新技术的发展，国家和地区对产业结构进行调整，发展重点逐步转向高新技术产业，一些经过精心规划、环境优美的高新技术产业园区在城市郊区发展起来。例如英国的曼彻斯特工业区于20世纪七八十年代在经济大衰退后，被迫走上从制造业向服务业的结构转型之路，开展城市规划运动改善环境，通过科技创新增加竞争力，并以其创意产业重获世界瞩目。

4. 多元发展：20世纪90年代以来的工业园区

20世纪90年代以来，各国产业园区快速发展，呈现功能综合、形式各异、发展加速的趋势。在这个阶段，发展中国家和发达国家的工业园区由于区域经济水平和资源优势的差异，呈现出各自的发展特点和趋向。因发展中国家拥有价格相对低廉的劳动力，西方发达国家的加工制造业逐渐向发展中国家转移，加工型工业园区在发展中国家的建设蓬勃发展。同时，为摆脱劳动密集型工业占主导地位的落后局面，发展中国家也在不断加速产业结构调整，引导区域产业向高科技化方向发展，逐步减小与发达国家工业化水平的差距。另外，高新技术产业园区在发达国家得到持续发展，与高校、研究机构等进行密切合作的科学园、技术城成为发达国家促进区域经济增长的重点，高技术区的形式逐渐从单纯的研发或生产区域，发展到集研究、生产、居住为一体的技术城、科学城。

同时，产业园区的蓬勃发展带来了日益扩大的资源开发量以及废弃物排放量。随着"生态工业""可持续发展"等理念的提出，可持续发展理论、工业生态学、循环经济理论等新一轮理论研究成为产业园区发展建设的重要理论基础[1]，同时生态工业园区的规划建设受到日益关注。

3.1.2　建设现状及特点

经济发达国家和地区，如美国、欧洲与日本等，已经出台了不同的支撑政策，形成各自较系统的产业园发展体

---

1. 徐澄栋. 城市工业园区实践发展与理论演进概述 [J]. 城市建设理论研究（电子版）. 2012（33）.

系。例如，美国总统科技顾问委员会[1]注重对高新科技园的政策扶持，欧洲的产业园区兼有规划建设与自发形成的类型，而日本则是以社会自主投资、自主经营为主，在园区建设上也各具有特点。

3.1.2.1 美国

1．发展政策

美国对产业的调整和对新兴产业的促进政策大多是隐含在众多经济政策中进行的，主要有技术创新、劳动力转移及人力资源开发、进口与贸易保护等几个方面。首先，美国尤其重视科技创新。20世纪70年代以来，美国制定和颁布了20多部科学技术创新法律，通过机构设立、知识产权许可、鼓励合作研发、税收优惠等方式不断激励技术创新和促进技术转移。进入21世纪，面对新一轮国际科技、产业竞争机遇和挑战，美国为重振"美国制造"，重点推动关键技术领域创新，如能源、网络、信息技术等制造业，以此来刺激经济，创造新的经济增长点。其次，美国长期注重对国内市场秩序管制及进出口贸易促进。对于国内贸易市场，美国进行的市场秩序管制包括国内市场管制和贸易保护。近年来，美国的贸易保护由之前主要关注农产品、纺织等领域，扩展到具有较高国际竞争力的高新技术等产业，并将其贸易保护政策融进了外交政策之中，设立进口配额、高关税等保护措施，运用非关税壁垒等贸易保护策略。同时推进一系列促进出口的政策，试图保持其高科技技术产品的国际竞争力和技术领先，抢占全球市场。其他产业促进政策还包括援助衰退产业劳动力转移与人力资源再开发，和促进中小企业发展等方面。

2．园区建设

美国高技术产业园区大都是在20世纪70年代中期，世界新技术革命在全球范围蓬勃兴起之时，开始出现、形成并逐步发展起来的[2]。美国现有各种类型的高技术产业园区几十个，从区域环境特点来看，美国高技术产业园区中世界闻名的案例都有一个共同特点——位于著名的大学和国家实验室附近。从形成机制来看，可分为两大类，一类是自发形成并发展起来的，如硅谷、"128号公路"，一类是在政府直接支持和合理规划下发展壮大起来的，如三角研究园、马里兰科学院。硅谷被公认为世界上最成功的高科技园区之一。硅谷的公司主要特色是专业化，不同公司吸引了大量来自斯坦福大学、加州大学伯克利分校等高校的人才。"128号公路"位于美国波士顿，大批从麻省理工学院的研究实验室分化出去的高科技公司沿着长90公里的高速公路两侧呈线状分布，形成了科技工业园。1959年创办的北卡罗来纳州的三角研究园位于由美国北卡罗来纳州三所名校所构成的一个三角形区域，作为州政府的一项经济发展计划，是州政府规划并建设的。同样作为振兴地区经济的手段还有马里兰科学园。当地政府通过发行债券征集了大片土地，修建了科研和生产用房，并吸引马里兰大学和霍普金斯大学在此设立分校。20世纪90年代，房地产开发商介入美国高技术园区的开发中，例如由TCCI房地产开发公司开发的"达拉斯通信走廊"已成为全美第三大高技术园区，园区经过合理且具有创意的规划设计和智慧楼宇设计，融研发、商贸、展览、培训、会议、休闲于一体。近年来，许多美国高科技公司选择在城市中心建设总部大楼，例如美国加利福尼亚州库比蒂诺市的苹果公司新总部大楼Apple Park、西雅图市中心的亚马逊新总部Spheres等。另外，新产业园在原有的高科技园区基础之上进行建设，例如创新曲线科技园（Innovation Curve Technology Park）位于美国旧金山硅谷的斯坦福研究园区，为电子游戏、翻译软件和数码开发等领域的初创企业提供创新空间，新产业园区与旧园区共同发展。

3.1.2.2 欧洲

1．发展政策

作为工业革命的摇篮，欧洲产业园区在其经济发展历程中扮演了重要的角色。其中，英国、法国和德国工业园

---

1. https://obamawhitehouse.archives.gov/administration/eop/ostp/pcast/about. 美国总统科技顾问委员会（PCAST）是向总统提供科技战略和科技政策方面咨询意见的机构，并是私营企业与美国政府中科技方面最高决策机构国家科技委员会（NSTC）沟通的渠道。
2. 崔冠杰. 美国高技术产业园区成功的经验［J］. 中国软科学，1993（03）：28-31.

区地位特别突出，分别以伯明翰—曼彻斯特工业园区、里昂工业园区和鲁尔工业区为典型代表。20世纪五六十年代以后，欧洲各国主要工业园区尝试培植有竞争力的新兴替代产业带动产业结构转型，走可持续发展路径。

欧洲各国政府重视为产业发展提供政策支持和自由发展空间，主要通过出口推广、教育及技能培训、协助企业融资、税务和规章监管、保护知识产权和推动地方自主权等方面的政策来鼓励市场发展。同时制定一系列配套政策和法律法规，通过资金、税收、培训以及市场准入手段等，加强对各类产业的引导、培育和扶持，使基于个人的创造性商业活动逐步纳入到国家经济社会发展的产业轨道上。

2. 园区建设

欧洲国家产业园区建设包括政府规划建设和社会企业自发形成两大类。采用政府规划建设工业园区的国家有荷兰、芬兰、法国、德国、英国等。法国索菲亚·安蒂波里斯技术城建立于1969年，是法国创办最早、规模最大、最有影响力的一个科技园区；德国慕尼黑高科技工业园区始创于1984年，是德国最为突出的、鼓励高科技创业发展的科技园区；荷兰埃因霍温高科技产业园采用"三螺旋模式"，通过政府、企业、学术界在资源、技术、成果等领域多重互助，推动创新科技发展。欧盟社会企业也逐渐成为工业园区发展的主要力量，产业园规划中，政府与非政府公共部门只承担间接管理、协调和咨询服务等职责。世界上最早的生态工业园区——丹麦卡伦堡工业共生体系建于20世纪60年代初，是社会企业自发形成的典型案例。此外，还有德国鲁尔工业区、意大利都灵工业遗址改建公园、阿姆斯特丹科技公园、伦敦西区文化创意园、法国巴黎左岸地区、都柏林机场物流园、伦敦门户物流园、格林威治总部基地等优秀案例。近年来，随着国际化企业产品的创新和经营模式的优化，集中式总部基地和产业园发展迅速，通过统一规划、分期开发、优化资源、统筹设计将经济数据同产业结构进行最大程度的融合，并经济有效地利用所有资源。同时，通过超前的节能构想和技术手段，创造生态节能的产业园区。德国柏林Adlershof产业园、杜塞尔多夫媒体港都是新型产业园区的代表。

3.1.2.3　日本

日本的产业园区被称作"工业团地"或"产业团地"。早期日本产业园的开发建设，主要借鉴了英国产业园区建设的经验。第二次世界大战后的日本，为了恢复国内生产，缩小与世界主要发达国家和地区间的差距，积极制定并实施了多项国土开发计划和产业政策。在这一背景下，日本产业园区的建设经历了一段与英国不同的发展过程，并实现了长达十余年的高速增长。

1. 发展政策

日本战后实施的产业政策主要关注：①财政税收手段，选择性政府投资、补助金、租税特别措施、外汇分配；②金融政策手段，通过政府系统的金融机构进行选择性融资或低息融资；③外贸政策手段：汇率的变更、关税、进口数量限制、非关税壁垒、限制外资；④通过行政手段指导；⑤提供信息、通过远景规划引导；⑥制度的变更，垄断法的修正、企业的分割与民营化[1]。

2. 园区建设

日本的产业园区主要是根据中央政府的区域开发政策，由都道府县、市町村一级政府或公有开发团体主导开发建设而成。即使是依靠民间力量开发的产业园区，从产业定位到园区规划，也是在中央、县、市级开发规划的框架下进行建设的。日本将产业园区的建设作为国家区域开发和地方财政收入强化的重要手段。通过产业园区的开发，不光可以解决已有的城市问题、优化城市结构，还可以在不发达地区建设产业园区以实现区域振兴或区域开发。早期以京滨、阪神、名古屋、北九州等四大重点工业地带进行建设，随着日本国内五次"全国综合开发计划"的施

---

1. 黄斌，黄少锐. 战后日本产业政策的发展 [J]. 国际关系学院学报，1998（02）：7-11.

行，产业园区的开发建设逐渐成为实现国家经济政策、产业结构调整政策的重要手段[1]。建成了一批如：硅岛高新科学园区、日本筑波科学园、丰田技术总部、九州加工区、阪神产业带等优秀的产业园。在这些园区中，采取了"科学园模式"（机构聚集，医院博物馆配套齐全）、"科学城模式"（与大学进行配合）、"技术城模式"（人才长期聚居效应）、"加工区模式"（生产高新技术产品）、"产业带模式"（若干规模较大的各类科技园区）等多种方式。

3.2 我国产业园发展概况

3.2.1 发展背景

1. 政府宏观产业政策促进产业转型提升

为了实现特定的经济和社会目标，国家对产业构成和发展进行引导而出台各类产业政策，主要涉及产业组织、结构、技术和产业规划等方面的政策和法规。可以分为行业准入政策、淘汰落后产能政策和产业培育政策等三大类：①行业准入类政策，主要是国家为针对一些行业在快速发展中出现的低程度反复建设、产能过剩等问题而出台的一系列行业准入条件，以推进产业结构优化调整。政策的重点主要针对焦化、电石、铁合金等部分高耗能、高净化和资源性行业，从产业技术、产质量、消费安全、节能环保等方面制定准入条件，抑制盲目低程度扩张，促进产业结构优化晋级。此外，还有针对关系人们生命安全的消费企业及产品制定强制性准入管理。②淘汰落后产能类政策，主要集中在钢铁、水泥等重点行业，以引导、激励和保障落后产能加入市场，鼓励产业结构调整为重点。③产业培育类政策，重点在扶持和引导战略性新兴产业尽快成为国民经济的先导产业和支柱产业，以应对国际国内经济环境的变化。主要的政策走向包括加快实施产业创新发展工程、加强政策引导和支持、健全产业发展的体制和机制保障等方面（表3-2）。

2000—2020 年国家主要产业经济政策摘录 　　　　　　表 3-2

时间	发布主体	政策/发文	相关指引
2004年7月	国务院	《国务院关于投资体制改革的决定》	对属于《政府核准的投资项目目录》中严重项目和限制类项目实行核准
2006年8月	信息产业部	《支持国家电子信息产业基地和产业园发展政策》	设立专项资金，为重点项目建设和国家项目配套提供支持
2007年11月	国家发展改革委	《国家发展改革委关于促进产业集群发展的若干意见》	促进特征产业集聚发展。选择若干试点，建立物质能量循环利用网络，发展生态型工业和生态型工业园区
2009年9月	国家发展改革委	《关于抑制部分行业产能过剩和反复建设引导产业健康发展的通知》	严厉产能过剩和反复建设产业的市场准入，进一步提高产业能源耗费、环境保护、资源综合利用等方面的准入门槛
2011年6月	国家发展改革委	产业结构调整指点目录（2011年版）	对全行业从鼓励类、限制类、淘汰类进行了划分规定。在限制类条目设置上加强了对产能过剩和低程度反复建设产业的限制
2011年12月	国务院	《工业转型晋级规划（2011—2015年）》	加强对工业园区发展的规划引导，提升基础设备能力，土地集约利用，促进各类产业集聚区有序发展
2012年3月	国家发展改革委、财政部	《国家发展改革委、财政部关于推进园区循环化改造的意见》	加大对园区循环化改造重点项目的支持力度，完善促进园区循环化改造的综合配套政策措施
2014年10月	国务院办公厅	《国务院办公厅关于促进国家级经济技术开发区转型升级创新发展的若干意见》	对新形势下做好开发区工作作出全面部署，对开发区的功能定位做出明确要求

---

1. 毛汉英. 日本第五次全国综合开发规划的基本思路及对我国的借鉴意义［J］. 世界地理研究，2000（01）：105-112.

时间	发布主体	政策/发文	相关指引
2016年12月	工业和信息化部	《环保装备制造行业（大气治理）规范条件》	从企业基本要求、技术创新能力、产品要求、管理体系和安全生产、环境保护和社会责任、人员培训、产品销售和售后服务、监督管理等八个方面提出了要求
2017年3月	国务院办公厅	《关于进一步激发社会领域投资活力的意见》	深化社会领域供给侧结构性改革，进一步激发医疗、养老、教育、文化、体育等社会领域投资活力
2017年6月	国家发展改革委	《关于支持"飞地经济"发展的指导意见》	鼓励上海、江苏、浙江到长江中上游地区共建产业园区，共同拓展市场和发展空间。完善"飞地经济"合作机制。鼓励按照市场化原则和方式开展"飞地经济"合作
2017年9月	国务院办公厅	《关于进一步激发民间有效投资活力促进经济持续健康发展的指导意见》	深化推进"放管服"改革，不断优化营商环境，同时促进基础设施和公用事业建设
2019年5月	国务院	《关于推进国家级经济技术开发区创新提升打造改革开放新高地的意见》	支持符合条件的国家级经济开发区申请设立综合保税区，支持地方政府对有条件的国家级经济开发区建设主体进行资产重组、股权结构调整优化，积极支持符合条件的国家级经开区开发建设主体申请IPO上市
2019年11月	国家发展改革委	《产业结构调整指导目录（2019年版）》	自2020年1月1日起施行。引导投资方向、政府管理投资项目，制定实施财税、信贷、土地、进出口等政策的重要依据

2. 城市经济发展促进工业用地开发

作为产业发展的集聚区，产业园区是我国国民经济和地区经济发展的重要载体。为有效引导园区调整产业结构，培育战略性新兴产业和新的经济增长点，提升产业园区综合竞争力和可持续发展能力，国家近年逐步加大了对产业园区建设相关的政策引导，相继出台了一系列政策以支持产业园区发展。相关政策可以分为土地开发政策和园区建设政策两个主要方面。

首先是土地开发政策。在城市各类开发建设活动中，产业园区土地属性主要属于工业用地，因此产业园区建设与国家、地方对工业用地开发的政策引导密切相关。自2003年起，国家先后密集出台了一系列政策规范工业园区建设发展，相关政策重点集中在：规范土地供应与管理；充分发挥市场在资源配置中的作用以提升工业土地的利用效率；加强产业规划引导以淘汰落后产业，促进产业升级（表3-3）。

其次在园区建设政策方面，我国产业园区建设经历了调整土地出让年限、重视土地节约集约利用、盘活存量土地、引导经济技术开发区转型升级、自贸区试点拓展扩容等一系列政策发展演进过程。在持续探索产业调整及转型发展的路径上，各地方政府根据国家政策导向纷纷探索出台适应于本地的产业园区土地利用政策，探索创新产业园开发模式。在土地利用政策方面探索较为成功的案例如苏州工业园、天津新技术产业园区和上海浦东开发区[1]。其中，苏州工业园采用中外合作加政企运行的综合开发运营模式；天津新技术产业园区采用立法管理加一区三制的开发模式；上海浦东开发区采用统筹规划加土地批租模式。在土地政策的协助下，注重土地产权机制的创新，实现土地资源的优化配置，并调控土地资源利用方向，对我国产业园区发展有重要影响。近年来各地方政府加速出台优惠政策，如推出产业用地、改善营商环境、促进产业园区的招商引资和产业升级，来支持各地产业园加速发展。例如，2020年1月，江苏省南京市发布了一号文件《关于进一步深化创新名城建设 加快提升产业基础能力和产业链水平的若干政策措施》，以鼓励企业聚焦发展主导产业和产业集群，给予土地、资金等"一区一策"支持，引导产业链上下游企业向园区集聚[2]。广州市政府于2020年1月通过《广州市工业产业区块划定成果》，明确了全市工业产业区块布局，并划定工业产业区块共669个，这些产业区将成为广州市先进制造业、战略性新兴产业发展的核心载体[3]。

---

1. 张丽君. 产业园区土地利用政策模式的比较分析及改革建议［J］. 广东土地科学，2005，04（02）：18-23.
2. https://www.plancn.cn/. 经略中国产业研习社-趋势观察.
3. http://www.gz.gov.cn/xw/tzgg/content/post_5684353.html 广州市人民政府《广州市工业产业区块划定成果》文件.

时间	发布主体	政策/发文	相关指引
2003年2月	国土资源部	《关于清理各类园区用地　加强土地供应调控的紧急通知》	清理违规设立的园区、严禁违法下放土地审批权、严禁运用农民集体土地进行商品房开发
2003年2月	国土资源部	《进一步管理整理土地市场秩序工作方案》	针对违犯土地利用总体规划和城市规划设立各种园区用地中存在的非法占地、越权批地、违法供地等
2004年10月	国务院	《国务院关于深化改革严厉土地管理的决定》	禁止非法压低地价招商。工业用地要创造条件逐渐实行招标、拍卖、挂牌出让
2005年3月	商务部、国土资源部、建设部	《关于促进国家级经济技术开发区进一步进步发展程度的若干意见》	工业用地不得私自改变土地用途，不得用于大规模的商业零售，不得用于房地产开发
2006年4月	国土资源部、国家工商行政管理总局	《国有土地运用权出让合同补充协议》	对出让土地的竣工时间、投资总额、投资强度、宗地容积率、建筑系数、工业项目用地中非生产性设施用地比例、闲置土地认定、终止履行合同、改变合同约定的用地条件等合同条件及违约责任进行明确约定
2006年8月	国土资源部	《招标拍卖挂牌出让国有土地运用权规范》《协议出让国有土地运用权规范》	六类情形必须纳入招标拍卖挂牌出让国有土地范围：供应商业、旅行、文娱和商品住宅等各类运营性用地以及有竞争要求的工业用地；依法应该招标拍卖挂牌出让的其他情形
2006年8月	国土资源部	国土资源部推出土地运用五大价格与税收措施	一是进一步提高征地成本。二是规范土地出让收支管理。三是进步新增建设用地土地有偿运用费缴纳标准。四是一致制定并公布各地工业用地出让最低标准。五是加大建设用地取得和保有环节的税收调理力度
2006年8月	国务院	《国务院关于加强土地调控有关成绩的通知》	建立工业用地出让最低价标准一致公布制度，国家根据土地等级、区域土地利用政策等，一致制定并公布各地工业用地出让最低价标准
2006年12月	国土资源部	《全国工业用地出让最低价标准》	工业用地出让最低价标准总共为15个等级，同时还要求"工业用地必须采用招标拍卖挂牌方式出让，其出让底价和成交价格均不得低于所在地土地等别绝对应的最低价标准"
2007年4月	国土资源部	《关于落实工业用地招标拍卖挂牌出让制度有关成绩的通知》	各级人民政府和市、县相关主管部门必须加强监管，确保已出让的工业用地用于原批准项目，不得用于建设标准厂房出租、变相搞工业房地产开发
2008年1月	国土资源部	《工业项目建设用地控制指标》	对投资强度、容积率、建筑系数、行政办公及生活服务设施用地所占比重、绿地率进行控制
2009年8月	国土资源部、监察部	《关于进一步落实工业用地出让制度的通知》	合理选择工业用地招标拍卖挂牌出让方式；严格限定协议范围，规范工业用地协议出让；明确约定工业用地出让各方的权利义务，加强合同履约管理；强化执法监察，严格执行工业用地出让制度
2011年12月	环境保护部、商务部、科学技术部	《关于加强国家生态工业示范园区建设的指点意见》	加大对国家生态工业示范园区的扶持力度，引导和鼓励社会资金、外商投资更多地投入
2012年3月	国家发展改革委、财政部	《国家发展改革委、财政部关于推进园区循环化改造的意见》	加大对园区循环化改造重点项目的支持力度，完善促进园区循环化改造的综合配套政策措施
2014年10月	国务院办公厅	《国务院办公厅关于促进国家级经济技术开发区转型升级创新发展的若干意见》	对新形势下做好开发区工作作出全面部署，对开发区的功能定位做出明确要求
2017年1月	国务院办公厅	《关于促进开发区改革和创新发展的若干意见》	优化开发区形态和布局、加快开发区转型升级、全面深化开发区体制、改革完善开发区土地利用机制、完善开发区管理制度
2019年5月	自然资源部	《产业用地政策实施工作指引（2019版）》	系统梳理了目前现行各项支持新经济、新产业、新业态、新模式发展的用地政策，为新产业用地提供了"政策工具包"和使用说明书

3.2.2　发展历程

我国的产业园区是改革开放的产物。1979年，深圳创立我国首个外向型工业区——蛇口工业区。为进一步借鉴特区成功经验，探索对外开放与充分利用国内工业基础相结合的经济发展道路，1984年，我国成立了14个经开区。由此，我国经济开发区和产业园区发展迅速，成为推动我国工业化、城镇化快速发展和对外开放的重要平台。随着产业的逐步升级，我国产业园区数量和规模持续增长，从以粗放型产业为主体的产业园，到20世纪90年代形成各类专业化园区全面发展的局面。国家层面主要通过建设国家经开区和国家高新区来推动产业园发展。

我国国家经开区的发展大致可分为四个阶段：1984—1990年是艰难创业和摸索发展时期，开发区发展基础薄弱，建设资金短缺；1992—1998年是国家级开发区高速发展时期，特区、经开区、保税区、高新区、边境自由贸易区、沿江沿边开放地带、省会城市等构成了多层次、全方位的开放格局；1999—2002年步入稳定发展时期，国家批准了中西部地区省会、首府城市设立国家级开发区；2003年后，随着中央提出科学发展观以来，中国经济社会发展进入了一个新阶段，国家经开区开始步入科学发展时期。

国家高新区是主要依靠国内的科技和经济实力，通过实施高新技术产业的优惠政策和各项改革措施，最大限度地把科技成果转化为现实生产力而建立起来的集中区域[1]。由国务院授权国家科委负责审定各国家高新区的区域范围、面积，并进行归口管理和具体指导[2]。1988年，国务院批准我国首个国家高新区——北京市新技术产业开发试验区后，1991年3月6日，国务院发出《关于批准国家高新技术产业开发区和有关政策规定的通知》，批准了武汉东湖新技术开发区等26个开发区成为国家高新区；至今共批复了168家国家高新区[3]（注：含苏州工业园合计169家，其中苏州工业园享受国家高新区同等政策）。在2020年7月13日《国务院关于促进国家高新技术产业开发区高质量发展的若干意见》中，提出了着力提升自主创新能力、推进产业迈向中高端、加大开放创新力度、营造高质量发展环境等具体要求，进一步促进国家高新区高质量发展，发挥好示范引领和辐射带动作用[4]。

开发区作为国家层面推动产业经济的重要载体，其发展很大程度反映了过去四十年产业园区建设的发展历程。根据2018年国家发展改革委、科技部、国土资源部、住房城乡建设部、商务部、海关总署联合发布的《中国开发区审核公告目录（2018年版）》[5]，截至2018年，全国共有552家国家级开发区（经济技术开发区219家、高新技术产业开发区156家、海关特殊监管区135家、边境/跨境经济合作区19家，其他类型开发区23家）和1991家省级开发区（河北、山东、河南、四川、湖南、江苏和广东等7个省份超过100家），比2006年版的目录增加了1032家，各类产业园更是数以万计。在总体数量上，经开区和高新区的数量最多，国家级经开区和高新区占国家级开发区总数的近70%。因此，下文重点介绍国家经开区和国家高新区的分布情况和经济作用（图3-1）。

从国家经开区的地理分布上看，华东地区数量遥遥领先，共100家；其中江苏、浙江、山东和安徽四个地区的经

（单位：个）

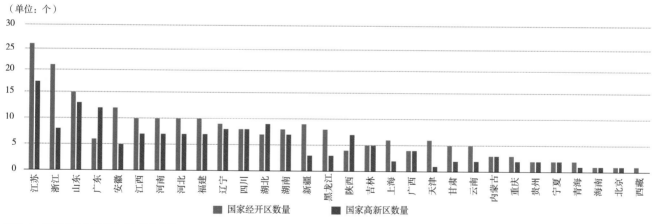

图3-1 国家级主要开发区地理分布情况

[数据来源：中国开发区审核公告目录（2018年版）]

1. http://www.most.gov.cn/. 中华人民共和国科学技术部.
2. http://www.gov.cn/xxgk/pub/govpublic/mrlm/201012/t20101231_63518.html. 中华人民共和国国务院办公厅.《国务院关于批准国家高新技术产业开发区和有关政策规定的通知》文件.
3. http://www.most.gov.cn/gxjscykfq/. 中华人民共和国科学技术部.
4. http://www.gov.cn/zhengce/content/2020-07/17/content_5527765.htm. 中华人民共和国国务院.《国务院关于促进国家高新技术产业开发区高质量发展的若干意见》文件.
5. http://www.gov.cn/xinwen/2018-03/03/content_5270330.htm. 中华人民共和国中央人民政府.《中国开发区审核公告目录（2018年版）》文件.

开区数量最多，分别为26家、21家、15家和12家，合计占比达1/3。从经济作用上看，2019年，218家[1]国家级经开区实现地区生产总值10.5万亿元，较上年增长10.3%，增速高于全国平均增速4.2个百分点，占国内生产总值比重10.6%[2,3]。

国家高新区的地理分布情况是主要分布在东部地区（70家），其余地区的分布情况是中部地区44家、西部地区39家、东北地区16家。从经济作用来看，2019年，国家高新区的GDP占全国GDP的12.3%、税收占全国的11.8%，已成为国家整体经济重要战略支撑和新的增长点[4]。

我国产业园区发展与国家政策及社会经济发展进程密切相关。基于对相关文献资料研究，总体上可以将我国产业园的发展分为以下几个主要阶段：

1．试验探索阶段（1984—1991年）

这一时期产业基础相对薄弱，宏观的发展条件较差，园区建设大多白手起家，建设资金短缺，只能依靠国家的各项优惠政策来完成产业园建设早期的资金、信息、人才等方面"原始积累"的过程；并且园区产业类型以劳动密集型产业为主，技术含量低，企业之间的交流与合作也很少。

这一阶段建设的产业园主要是国家批准成立的经济技术开发区，以生产加工单一产品为主的制造型工业园为主，且大多集中于东部沿海地区，主要利用外资发展出口外向型工业。产业聚集主要围绕生产要素和共享基础设施及政府给予一定优惠政策而进行。这一时期典型的产业园有1979年建成的深圳蛇口工业区、1989年获批的厦门海沧台商投资区、1990年获批的上海浦东金桥出口加工区和1991年获批的天津滨海高新技术产业开发区。

2．成长阶段（1992—2001年）

1992年，随着邓小平南方谈话，我国改革开放进入新的历史时期，我国迎来对外开放和引进外资的一个增长期，产业园建设也进入迅速成长阶段。从地域上看，国家批准在温州、武汉、芜湖、重庆、昆山、乌鲁木齐等内陆和中西部地区省会城市区域设立18个国家级经济技术开发区。产业园不再仅集中于东部沿海地区，开始向内陆推进，遍及全国。同时，产业园区建设从层次、等级上都逐步完善，构建了从国家级到省市级和地方级的多层次共建体系。类型也从生产制造、加工类产业园，发展成不同行业聚集的软件园、高新园、农业园等各类专业化园区，如1993年获批的现代化港区和临港能源石化基地——宁波大榭开发区，以及1994年获批的中国和新加坡两国政府间的重要合作项目——苏州工业园区。各类产业园同时在数量、规模和多样性上迅速增长。这一时期在全国形成了产业园区的建设热潮，一些地方也出现盲目扩张导致土地利用率低和资源浪费的现象。

3．调整成熟阶段（2002—2015年）

2002年开始，国家连续发布了《关于暂停审批各类开发区的紧急通知》《关于清理整顿各类开发区加强建设用地管理的通知》等多项文件，提出对产业园区的审批建设进行清理整顿。尤其是自党的十六大提出全面协调的科学发展观以来，中国社会经济进入新的发展阶段，我国产业园区的建设逐步走向成熟。2006年，国家环保局颁布《静脉产业类生态工业园区标准》[5]，加强了对工业园区在资源循环与利用、污染控制、园区管理和发展等方面的引导。同时，国家高新区得到国家层面的高度重视。国家科技部于2013年发布的《国家高新技术产业开发区"十二五"发展规划纲要》[6]指出，高新技术产业园区发展应围绕科学发展主题和加快转变经济发展方式主线，实施创新驱动发展战略，培育和发展战略性新兴产业，壮大高新技术产业集群，探索经济发展新模式和辐射带动周边区域新机制。以科学发展观为指导，国家对经济开发区发展政策做出了调整，2014年《国务院办公厅关于促进国家级经济技术开发区转型升级创新

---

1. 由于酒泉经开区在国家级经开区综合发展水平考核评价中连续两年排在倒数5名中，按相关考核办法规定，经报国务院批准，退出国家级经开区序列。因此，自2020年起，国家经开区总数由219家减至218家。
2. http://www.gov.cn/xinwen/2021-02/01/content_5584035.htm. 中国政府网.
3. https://www.chinanews.com/gn/2019/05-29/8850404.shtml. 中国新闻网.
4. http://www.gov.cn/xinwen/2020-07/24/content_5529638.htm. 中国政府网.
5. http://www.craes.cn/zt/gjstgysfyq/xgbz/201809/t20180907_549745.shtml. 中国环境科学研究院.《静脉产业类生态工业园区标准》文件.
6. http://www.gov.cn/gzdt/2013-02/06/content_2328278.htm.《国家高新技术产业开发区"十二五"发展规划纲要》《国家高新技术产业开发区十二五发展规划纲要解读》文件.

发展的若干意见》[1]中提出了"以提高吸收外资质量为主,以发展现代制造业为主,以优化结构为主,致力于发展高新技术产业,致力于发展高附加值服务业,促进园区向多功能综合性产业园转变"的"三为主,两致力"的发展方针。

这一政策导向为我国产业园区建设从早期的粗放型逐步走向转型升级、科学发展的阶段。园区产业进一步提升,尤其是高新技术园区获得了稳步发展。截至2018年,全国共有168家国家级高新区,遍布全国除西藏外的30个省、直辖市和自治区[2]。其中,江苏、广东、山东、湖北的高新区数量占据了国家高新区的1/3。此外,专业化产业园区得到进一步发展,汽车、生物医药等成为新的经济驱动型产业,物流、金融、总部基地等商务服务类园区也得到迅速发展,例如,2010年获批的东莞松山湖高新技术开发区以打造信息产业国家高技术产业基地为目标,同年获批的济宁国家高新技术产业开发区形成了光电信息、装备制造、生物医药、软件及服务外包等特色主导产业。

4.创新发展阶段(2016年至今)

2016年,我国进入"十三五"规划阶段。宏观政策上,国家持续推进创新驱动的发展战略,推动传统产业升级和高质量发展;同时拓展网络经济空间,推进实施互联网经济发展,鼓励基于互联网的产业模式和产业链的各类创新。在新型城镇化建设的浪潮下,我国各类产业园与城市的联系变得更加紧密,在对产业园的建设和发展中,除了延续产业园的基本产业职能外,随着对发展创新业务和高附加值服务的需求加深,产业专业化分工和科技服务业分化不断升级。围绕专业化的产品,产业园区建设促进企业在产业聚集、产业链完善以及产城一体化方面获得持续的发展,形成逐步走向功能复合的发展路径。总体上,在科技进步、城镇化发展、产业结构调整和互联网+精细化管理等因素的推动下,我国产业园建设进入了一个创新引领多元发展的历史阶段。另外,国家对于房地产调控政策的持续和升级,房地产企业纷纷寻求转型,产业地产迎来快速发展的机遇。近年来产业地产以产业为依托、以地产为载体,与园区产业、区域产业、城市服务业协同发展,实现产业聚集,促使城市功能提升,最终形成产城融合的整体格局。我国进入"新常态"以来,产业结构开始慢慢优化变革,"以产立城,以业兴市",通过城市更新盘活存量土地,为新兴产业的培育提供空间和特色产业的升级提供平台。

3.2.3 建设特点及现状问题

产业园区在我国经济发展中一直担任重要的角色,是我国实现工业化、城镇化发展的重要载体。通过产业园区建设,形成产业、技术、资金、人才在空间上的聚集,带动资源共享和流动,促进关联产业发展,激发科技创新,实现规模经济,支撑我国经济40年以来的强劲增长。

相比国外,我国产业园建设总体上有两个方面的突出特点:首先,我国产业园建设发展迅速,在数量和规模上都堪称全球领先。其次,我国现阶段产业园区规划建设主要由政府主导,主要通过产业政策、土地政策、开发管控等方式促进产业园建设,而国外产业园市场作用更加显著。此外,我国产业园是依托我国产业经济和城市建设的现实条件而发展的,受到产业经济发展状况、区域经济政策环境等因素的影响,我国城市发展的情况千差万别,产业园区建设也呈现出复杂多样性。通过相关研究,可以梳理出我国当下产业园建设仍然存在以下几方面的问题。

1.从宏观发展角度看:发展不均衡

我国产业园发展不均衡首先表现在地理区域上。当下我国区域经济发展存在东部、中部和西部发展程度不同,发达城市和欠发达城市发展不均衡现象。产业园建设在产业经济发达的省份,如长三角和珠三角城市数量多、经济指标和社会效益整体较好;而在欠发达的中西部省份和边疆地区产业园区建设较为落后,在规模和管理水平上不高。

其次是园区发展条件和资源供应不均衡。国内不同产业园之间的产业政策和优势资源的供应不均衡,我国东部

---

1. http://www.gov.cn/zhengce/content/2014-11/21/content_9231.htm,中华人民共和国中央人民政府.《国务院办公厅关于促进国家级经济技术开发区转型升级创新发展的若干意见》文件.
2. http://www.xinhuanet.com/politics/2018-07/16/c_1123134417.htm,新华网.

地区、环渤海地区、京津冀地区等地区产业基础好、产业链完整。这些地区主要面临土地供应紧张等发展制约，而西部和东北等欠发达的二、三线城市和经济欠发达地区的土地资源富足，但产业结构和运营模式不健全。资源与政策的不同导致产业园区开发建设的前提条件、目标策略等存在显著差距。

2．从规划建设角度看：产业规划与空间规划协同性不够

对于园区的持续发展而言，不仅要对园区的物质空间，如产业用房、配套用房、基础设施等科学规划，更重要的是做好产业规划。产业规划是空间规划的前提和基础，需要基于对当地经济和资源条件的分析，构建主导产业、优势产业、特色产业和产业配套的产业链体系，从空间和时间两个维度对园区的发展做出合理和可操作性强的产业规划。

目前我国产业园数量多，产业园在产业、项目、招商等存在同质化现象，产业同质容易分散核心资源，难以形成规模效应，加剧同质竞争；发展模式相对单一和粗放，高能耗等传统工业产业的比例较高，高端服务业和高技术产业总体比重相对较低，产业升级缺乏持续支撑。在地方城市层面，一些区域缺乏总体发展策略，许多产业园区产业种类多、总体产业定位不清，产业优势不明显，不利于资源的集中配置。

在中微观层面，目前我国产业园园区规划专业化有待提高。现阶段，我国多数园区的规划还普遍存在重建设、轻产业的倾向。产业园区规划很大程度上被等同于一般建设，导致空间规划与产业规划衔接度不高。在空间规划上，一些产业园区盲目追求园区的建筑外观，不注重空间实用性。园区规划与城镇建设规划、土地利用规划不相衔接，产业配套支撑不足，公共资源的综合配套水平较低，导致园区空间缺乏持续发展的条件，以上都是国内产业园区建设中普遍存在的问题。

3．园区发展配套机制不够健全

近年来，国家从宏观政策层面相继制定了一些措施扶持社会经济和产业发展，但各地针对不同产业经济发展的定点扶持政策调控仍然都处在摸索和调整阶段。在园区层面，很多新建产业园基础设施薄弱，难以形成园区管理、企业咨询、融资配套等综合服务平台。产城融合不够，外围环境上也缺少行业协会指导、专业人才培育和科技创新能力建设的衔接服务，影响园区人才和创新发展。

3.3　产业园建设发展趋势：面向未来的新型产业园

历经30多年的发展历程，我国的产业园从最初的摸索阶段经历成长、调整和发展三个阶段，总体上逐步走向成熟。在日新月异的知识经济时代，未来我国无论是新建产业园还是已有产业园，在吸取和借鉴国内外优秀经验的同时，还需要适应新时期新常态下我国供给侧结构改革和产业结构转型升级的时代要求并不断完善。

20世纪90年代以来，随着经济全球化与信息技术发展，园区生产日趋信息化、创意化和复合化。园区不仅具有生产与贸易功能，还兼具金融、旅游、地产等用途，并且通过专业人才的培养在产品研发和成果转化上更加成熟，形成了现代园区文化。2012年，联合国工业发展组织（UNIDO）提出，随着技术的进步、园区服务水平和管理模式的变化，当前欧洲和中亚地区产业园已经开始向新型园区迈进[1]。依据联合国工业发展组织的分析，未来产业园区将以高附加值新兴产业为主，强调对自然生态要素的保护，减少对环境的污染；强调在园区建设和经营中政府与非政府部门的合作，实现多方的共赢[2]。

结合国内外产业园建设的相关理论和建设历程的回顾和分析，本书参考联合国工业发展组织对产业园区的发展预测和国内的条件，将我国面向未来的新一代产业园称为第五代新型产业园，对其发展概括为四大趋势：发展观

---

1. https://www.unido.org/international-conference-industrial-parks-inclusive-and-sustainable-industrial-development. 联合国工业发展组织官方网站.
2. 杜宁睿，郑新. 第四代产业园内涵的剖析与思考 [J]. 城市建筑，2015（05）：279-279+281.

上，低碳循环、健康宜业；产业发展上，智慧互联、创新发展；功能发展上，产城融合、集约发展；经济发展上，多元互动、开放共享。

1．发展观上：低碳循环，健康宜业

随着可持续发展理念在全球社会和经济环境中的持续发展，未来产业园区建设将把实现经济发展与生态平衡，减少废物和资源消耗，形成低碳循环、绿色永续的产业生态系统作为重要方向。在空间建设上推行绿色节能建筑，持续强调低耗能规划和长效能源管理；在资源利用循环上以"减量化、再利用、资源化"为基本原则；在产业发展模式上以"低冲击、低消耗、低排放、高效率"为基本特征，打造以资源为纽带的循环经济体系。

此外，随着近年社会对于环境健康的要求逐步提升，尤其是2020年新冠肺炎疫情暴发以来，社会对于健康防疫的重视迅速上升。2020年2月4日，中国建筑学会发布了《办公建筑应对"新型冠状病毒"运行管理应急措施指南》，以保障室内人员的健康、安全为第一要务，并应兼顾节能、环保的要求。可以预见，未来对于产业园的健康标准将不断提高，对园区的整体规划设计、空间环境以及运营管理等方面都会提出更高的要求。产业园区内建立系统的健康管理体系，将成为新一代产业园区的特征。

2．产业发展上：智慧互联，创新发展

传统产业园区的发展主要围绕资源要素的集聚共享，而未来信息、人才及创新创业资源等将愈发成为推动产业园区发展的力量。未来产业园区将更加关注在智慧生产、研发和管理上实现智慧协同，产业构建上将更加注重以信息技术和新产业更迭为契机搭建园区资源共享交流平台，集聚各种创新要素，使人才智力与创新创业协同驱动。

同时，园区信息化建设是现代信息社会发展的必然趋势。未来园区建设将更加重视新一代信息技术的运用。智慧化将贯穿开发策划、规划设计、建设运营的全过程；将实现数据管理平台、事故预警系统、能耗管控、环境监测、应急与安防等智慧管理一体化；将运用大数据分析、智能识别分析等智慧化设备平台系统，对园区的可持续运营维护提供支撑。

3．功能发展上：产城融合，集约发展

根据产业园区建设发展历程可以看出，随着产业逐步提升转型，园区产业发展策略存在从以制造加工聚集为主，向具有高附加值、规模化发展的高新技术产业和现代服务业整合发展的趋势。产业园发展模式也从早期的产业与城市功能分散布局，逐步朝向有机整合的产城融合的趋势发展；将更加注重土地的集约化利用、产业链的区域化整合、城市产业配套功能的完善、经济与社会价值的统一。产业园区的发展也将带动相邻城区发展，围绕产业集群的城乡地域空间结构开始向一体化协调发展，区域经济的协同性和差异性将对产业园区提出新的发展要求[1]。

同时，未来产业园建设也将更加注重实现产业生产与生活的均衡布置，将实现产业发展与空间环境、人文环境的融合。园区的建设和发展将遵循人本导向，配套服务与城市功能结构协调。园区内部更加注重员工生活条件的改善，园区生产生活的各项配套设施更趋智慧化、人性化。园区规划建设也将朝向不断提升园的运营环境，使主导产业和支撑产业与城市结合愈加紧密，形成"以产促城、以城兴产、产城融合"的空间发展。

4．经济发展上：多元互动，开放共享

从经济发展模式上，未来产业园将从资本和物质要素驱动模式朝向更加依赖创新平台服务驱动的智慧型和现代服务型融合方式转变。从管理模式上，近年随着专业产业投资平台和产业地产运营的发展，市场对于产业园区的城市和园区基础设施的投资加大，未来产业园区投资主体日益多元化，将由过去的政府主导朝向政府引导、政企合作、专业公司主导、各方共同投资等多种主体共生共存的模式发展。

同时，未来的产业园区将更多依赖市场化运行机制，更深入搭建网络平台，促进区域间信息、资金、人才合理流动，在多赢互利基础上实现既开放又兼容的发展。总体上，伴随着产业经济的发展，未来产业园建设将以创新活力为驱动，智慧制造与现代服务相结合，实现产业发展、环境和谐、生态永续的发展目标。

---

1. 向乔玉，吕斌. 产城融合背景下产业园区模块空间建设体系规划引导 [J]. 规划师，2014，30（06）：17-24.

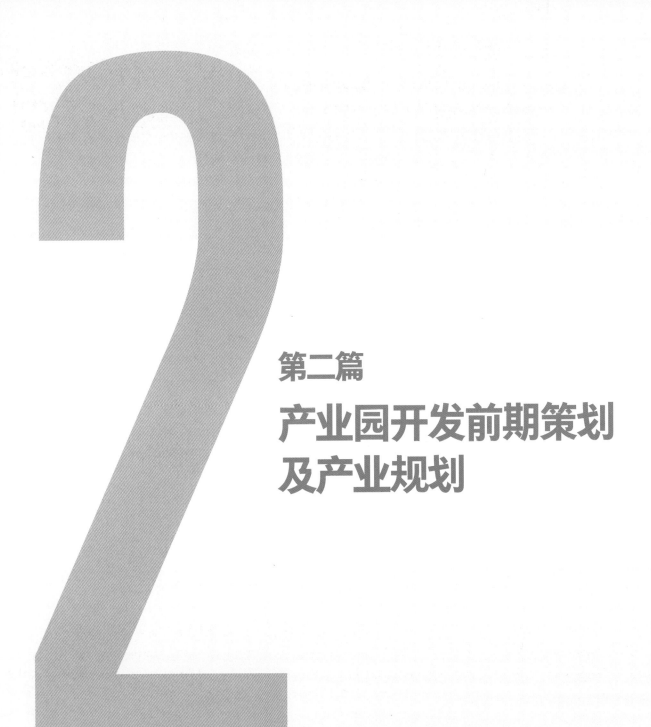

第二篇

产业园开发前期策划及产业规划

产业园开发模式及 | 第4章
对园区开发影响研究

产业园开发模式主要围绕产业园开发主体——包括地方政府、开发企业、专业产业运营商等，在园区开发与运营过程中所扮演的角色与地位，以及各利益主体之间的责权利关系等问题展开。

在国内宏观市场环境不断完善的背景下，产业园开发呈现出主体多元化、模式融合化发展趋势。但总体而言，全国产业园的开发模式、发展水平差异很大，形成的效果也各不相同。本章综合整理国内产业园的发展情况、趋势和特征以及所面临的问题和挑战，分析了大批产业园发展的经典案例和实践经验，在此基础上，提出了三类符合我国国情的、对地区协调发展具有促进性的、在开发过程中应用比较普遍的园区发展模式，分别为政府主导开发模式、主体企业主导模式和综合开发运营模式；同时研究和分析目前城市更新模式下的产业园区建设模式，重点针对产业园开发过程涉及的，诸如政策资源利用、开发用地属性、开发强度以及开发模式等问题展开讨论，旨在为产业园区开发规划和建筑设计模式以及工程实施提供相关参考。

4.1 政府主导类

4.1.1 开发主体

政府主导类开发模式的开发主体通常是园区所在区域的政府或政府派出机构，一般包括由政府设立的园区管委会等，主要负责园区的前期土地整理、规划布局、设计批准、项目可行性研究审核、征地拆迁土地收储、项目资金筹备以及园区的基础设施建设等工作，既承担园区后期开发所需面临的管理风险和经营风险，又享受产业园开发带来的经济、社会、生态等所有收益。

4.1.2 模式特点

一般来说，地方政府在产业园开发中拥有相对较多的政策、资源、土地、财政等行政优势，因此，我国早期的产业园开发多以政府主导型为主。

在这一模式中，园区管理委员会主要负责协调和衔接园区发展运营中重要事项的决策和处理多方关系，并行使经济管理权限，包括项目审核批准、规划定点设计审批等。一般而言，园区管理委员会主要成立党工委和管委会两个领导小组，通过建立一个相对完善的社会服务系统，为园区内的企业提供各类行政管理和企业运营服务。

在政府主导模式下，园区管委会既是政府，又是企业，承担着行政管理和开发运营的双重功能，可以充分发挥由政府在政策层面上的宏观调控作用，通常在开发园区建设初期具有集中统一、权威性强、规划执行力高、行政审批效率高等特征，能够利用多重行政手段迅速带动园区开发建设和产业快速发展。为了实现园区发展需要，当地政府可利用行政方式为园区进行系统全面的规划布局，为园区争取更多产业优惠政策、财务资金、税收经营补贴，使园区的发展基础和资金成本在开发建设初期得到充分的保障；管委会可以在协调外部单位与部门之间的关系，在土地征用和项目批准等工作中，通过行政方式疏通通道，提高办事效率；同时，当地政府的信誉保障，可以在园区招商引资方面强化投资者以及意向入园企业的信心，促进项目落地，政企合作的一站式服务体系可以为企业在初期发展阶段提供更多便利。

尽管如此，政府主导模式也存在相应的开发不足与弊端。园区管理体制一般实行的是园区管委会统一领导下的多部门负责制，其中最主要的弊端是园区土地资源配置职能与园区开发职能分离。开发部门以企业的形式存在，行使资金筹集和园区开发的职能，但无权决定土地供给内容和方式。土地资源配置职能由以招商部门为代表的职能部门履行，但不必对园区开发投资回报负责。各自的目标和价值差异，往往导致各部门行为上的差异，例如招商部门更注重招商的数量，采用更好的激励政策，弱化对企业的约束，但开发部门需要平衡经营和管理风险，往往对园区设置一些限制。在园区竞争激烈的环境中，由于经济增长和绩效的压力，招商部门的意见更容易得到尊重。

4.1.3 典型案例——上海漕河泾新兴技术开发区

1．项目概况

上海漕河泾新兴技术开发区是政府主导产业园开发建设的典型代表。漕河泾开发区位于上海徐汇区与上海闵行区东部交界处，规划用地总面积约14.28平方公里。漕河泾开发区在1986年1月正式成立，于1988年经国务院批准为国家经济技术开发区。开发区目前已经进驻的高科技企业共计有2500多家，其中外资直接投资企业约500余家[1]。

2．开发模式

1990年，上海市颁布了《漕河泾新兴技术开发区暂行条例》，提出政府对开发区行使管理职权的开发模式，上海市人民政府直接成为开发区领导机构。区内不设立园区管委会，只指定区以外的主要行政管理部门进行协调管理。

漕河泾开发区发展总公司负责园区基础设施建设、开发资金筹集运用、园区所在土地的获取和园区的运营管理等相关重大事项。开发区发展总公司还可行使部分区域政府项目管理权，包括对入园境外资产项目的方案初审、区域规划工程计划建设方案的项目预审、区域环保工程计划建设方案的项目初审、区域政府认定外资企业的方案初审和专业人才培养引进等相关工作。

漕河泾开发区的发展用地通过行政划拨的方式取得。1991年，园区被认定为国家高新技术产业开发区，上海市政府为园区提供了1亿元的开发资金贷款作为启动资金。政府的行政管理优势在园区建设初期起着重要作用，漕河泾开发区和徐汇、闵行区政府建立了战略联合关系，建立起高效和健全的公共服务平台，在行政审批体制改革、工程开发、招商引资和环境保护等方面，推动了开发区经济和地方经济的融合发展。

4.2 主体企业主导类

4.2.1 开发主体

主体企业引导模式的园区发展是由企业进行主导，政府以土地招拍挂、大型产业项目招标等方式选择园区开

---

1. http://www.360doc.com/content/17/1028/21/33479191_699015499.shtml.

发企业为项目的一级开发主体，并由园区的主导开发企业负责完成园区建设资金筹款、规划建设计划报审、园区用地的征地拆迁和市政配套建设等开发流程，并负责园区发展完成后具体的运营管理。政府只负责园区所在地的规划编制、控制规划指标的制定审核、园区产业优惠政策制定、园区运营企业监管等事务。

4.2.2　模式特点

企业主导型开发模式主要得益于市场经济体制的日益完善。政府职能转变、探索市场化管理机制的需求日益迫切，在此背景下，越来越多的企业开始介入产业园开发，并迅速发展成园区开发主体。

此类模式的园区主导企业从企业特点和运营模式上一般可以分为四种类型：

第一类是国有大中型企业主导型：这种本土成长壮大的开发园区往往资源丰富，拥有更多的经营权限，在园区经营管理方面起到主导作用，虽然一般也会设有管委会等政府管理机构，但其作用通常与国有企业党委相似。典型案例如深圳招商蛇口工业区。

第二类是大型民营企业主导型：园区的内部空间以大型企业自用或其产业链的上下游配套企业为主，在经营管理上以主导企业为主。这类园区一般不设有管委会，只指定区外的主要管理部门进行协调，或政府只设有办事处。典型案例如华为科技城。

第三类是多元企业主导型：这种园区以产业关联性紧密的多个大型企业联合为主，园区的开发建设及经营管理由各大型企业联合参股的开发运营公司负责。典型案例如浦东金桥出口加工区。

第四类是专业产业园区运营商主导型：这类开发者往往专注于特定产业的门类，具备系统的产业园区运营管理经验，形成具有高度模块化、可复制性的产业园区产品品牌。这些专业园区运营商通过开发建设、产业园区招商运营、系统搭建企业管理平台等途径，实现园区的开发和运营。此外还可以通过管理模式输出的方式对其他园区进行服务、提升品牌影响力，由于更贴近市场、更具备服务意识，这类企业往往与互联网、大数据、创新运营相结合，易于被新兴产业及创新型小微企业认可。

采用主体企业主导型开发模式，一般不需要改变原区域行政管理体制，而是通过招标或委托等形式吸引专业化的企业进行园区的开发建设、管理运营。这类模式使得园区的开发运营管理更加专业化、市场化，使园区企业发展方向更贴近市场需求，提升园区整体运作效率；还可以运用市场经济的杠杆作用实现资源的有效配置，有利于提高园区开发建设的整体效益。

主体企业主导型的园区开发公司缺乏必要的政府行政权力，管理权限偏弱，获取政策支持的能力相对有限。开发公司的运营管理决策属于企业行为，容易在实际决策中偏重中短期的经济效益，忽略对腹地城市社会人文环境以及长远经济发展的影响，不利于园区的可持续发展。

整体而言，主体企业主导型开发模式更适合于产业功能与定位相对单一、集中化的小规模开发，相对于跨行政区域的综合型园区开发来说，操作难度和可行性相对要低。

4.2.3　典型案例——深圳天安云谷

深圳天安云谷是具有一定示范作用的创新产业综合体，是深圳市天安集团整体规划开发的新一代产业园区。项目主要定位于服务"云计算""互联网""大数据""物联网"等新型互联网企业、信息技术企业，注重发展与上述产业相关联的服务配套功能，并取得良好的开发运营成效。

天安云谷通过与华为、IBM（中国）、深圳超算中心、顺丰快递等开展广泛合作，通过创建创业发展服务体系、人才关爱服务体系、云计算应用等定制化的服务功能吸引创新性企业入园。让天安云谷的建设从传统的产业园区成为具备智慧要素、契合创新企业发展的产城社区。

在产业服务创新方面主要包含智慧空间与设施、运营与管理、服务与应用、规划与建设等思想内容。

在智慧空间与设施方面，云平台整合了园区企业需要的人才服务和共享空间，包括电影院、书吧、健身房等多种设施。"SMAC创新中心"是一个交流中心，支持产业的创新与升级，也是企业创新成果展示发布与体验交流的平台。云计算中心，包含了全套的SaaS、PaaS、IaaS全体系资源，链接深圳国家超算中心，为园区小微企业提供专业服务。智能化建筑将物业使用中的各类数据在云端汇总统计，企业可随时调取与分析，从而提升园区的管理运营和服务能力。

在智慧运营与管理方面。iCard智慧通、易招商、办事一站通等系统的建立将大量活动的应用、操作、通行、付款从线下转为线上，为入园企业带来管理运营的便捷性，提高了效率。

在智慧的服务与应用方面，天安云谷建立了一个基于SaaS的企业社会化协同工作平台，能够适配于知识型中小微企业需求。它包括类似于企业微信的沟通功能，同时也涵盖了工作任务、申请与审批、公司一站通、智慧通讯录等多样化功能。天安云谷还和金融创投机构合作为园区的企业提供本地化的金融产品，包括创业融资、金融贷款、金融顾问及融资租赁业务，金融机构也可以通过这个平台进行贷款发放。

在智慧规划与建设方面，天安云谷建立了设计管理平台、在线工程档案、社工管理平台、机电设备管理等，这些功能数据园区管理企业也将提供给入园企业共享。

4.3 综合开发运营类

4.3.1 开发主体

综合开发类运营模式的特点是由政府或其下属国有企业与其他产业园区开发企业以合资的形式组建园区开发运营主体。此类模式中的园区管委会职能相对弱化，主要负责与当地政府的行政对接，以及处理一般性的行政事务。

综合开发运营模式一方面能充分利用政府税收、土地、规划管控等行政资源，另一方面也可以最大限度地吸引优质社会资金进驻，加强园区专业化、市场化管理与运营，有利于园区整体开发建设的良性推进。

4.3.2 模式特点

综合开发管理模式的产业园区兼具了政府管控及企业运作的特点。相对一般园区，此类园区模式将园区与行政区的资源与创新优势进一步融合，形成优势互补，既能给园区带来更多发展机遇和动力，又兼顾了园区所在行政区域的全面发展。

尽管如此，综合开发运营模式也存在一定的开发弊端。比如，双重管理之下，如果不能很好地平衡和协调好园区管委会与开发企业之间的责、权、利关系，可能会影响园区整体开发进度及各项日常工作的有序推进，造成园区发展目标偏移，责权模糊，不利于园区的可持续发展。

整体而言，综合开发运营模式融合了政府行政管理与企业专业化市场运作的双重功能，有利于引入多元投资主体实施多元化综合性区域开发，从而更高效地引导区域产业结构的转型与升级，创新产业开发模式，带动区域整体经济水平的提升。

4.3.3 典型案例——上海紫竹高新技术产业开发区

综合开发运营模式，对园区开发公司与政府的开发建设经验、资金实力、招商运营、管理服务能力以及综合协调能力都提出了较高的要求，此模式较常应用于国家重点培育产业的园区，位于上海市闵行区的紫竹高新技术产业开发区，是此类模式的典型园区。

1. 项目概况

上海紫竹高新技术产业开发区设在上海闵行区东南片区，始建于2002年6月，规划一期用地总面积达1300万平方米左右。自建成至今，上海市政府、国家商务部和科技部分别授予园区"国家级发展区""省级发展区""国家科技兴贸创新基地（生物医药）"等多项称号。

2. 开发模式

园区开发企业目前的主要股东成员有上海紫江集团（占50.25%股权比重）、上海联和投资有限公司（占20%股权比重）、上海市闵行资产投资管理（集团）有限公司（占10%股权比重）、上海吴泾经济发展有限公司（占10%股权比重）、上海紫江企业集团股份有限公司（占4.75%股权比重）、上海交大产业投资基金管理（集团）有限公司（占2.5%股权比重）及上海交通大学高等教育发展基金会（占2.5%股权比重）等7家单位，企业初始注册资金为人民币25亿元。

上海紫竹高新技术产业开发区管理委员会在2003年成立，管委会代表区政府对紫竹高新区的重大问题、重大项目和专项资金等进行研究、推进和监督，并统筹编制了紫竹高新区总体发展战略、年度工作计划和专项发展资金预算。

紫竹高新区管委会由闵行区区长担任管委会主任；上海紫竹高新区（集团）有限公司董事长、总经理担任常务副主任；闵行区副区长担任上海紫竹高新区（集团）有限公司副董事长；上海紫竹高新区（集团）有限公司常务副总经理担任管委会副主任。管委会成员单位由闵行区发改委、区经贸委、区科委、区财政局及上海紫竹高新区（集团）有限公司组成。紫竹高新区开发企业主要负责开发区的开发建设和产业发展。双方约定每隔五年闵行区政府与紫竹科技园公司重新签订双方的合作框架协议，对园区重要事项根据园区发展再行约定。

紫竹高新区采用的综合开发运营模式既具备了政府在政策制定、规划管控、项目审批中的管理特点，又兼具民营企业的市场运作优势，为产业园的转型发展提供了新的参考思路。

4.4 不同开发模式对园区的影响对比分析

整体而言，政府主导、主体企业主导及综合开发三类开发模式反映了不同时期国内外经济形势、政策制度环境、要素市场化程度、市场组织体系以及区域产业集聚经济发展的特点。随着市场经济体制的日益完善，各类开发模式在政策享受上的差异已经越来越小。因此，在进行具体产业园开发时，应充分考虑上述特点与要求，选择既有利于园区开发建设，又能充分满足产业市场需求的园区开发模式。各开发模式对比分析见表4-1。

三类产业园开发模式对比分析　　　　　　　　　　　　　　表4-1

模式	特点	优势	劣势	典型案例
政府主导开发模式	政企一体，管委会直接管理运营	1. 在开发初期，事权集中统一、规划性强，对园区初期发展有积极的作用； 2. 政府便于协调各方关系，主导园区土地开发建设所受阻力小于企业； 3. 园区可以利用国有控股集团的财力和资源集中进行土地开发建设	政府对市场信息往往缺乏敏感度，易降低对土地的开发效率	上海漕河泾新兴技术开发区等

模式	特点	优势	劣势	典型案例
主体企业引导模式	市场化操作，土地招拍挂、企业完全控制	1. 通过市场机制进行资金有效配置； 2. 以企业机制运作园区开发，可以使得开发建设的管理体制更贴近市场需求； 3. 专业化的企业主导园区开发建设，可平衡政府和市场的信息不对称，利于园区后期招商	1. 园区开发建设以企业为主导对企业的资金实力要求高，其运营风险较大； 2. 企业往往注重短期利益的实现而忽视长期可持续发展	联东集团、天安数码城、亿达集团、光谷联合等
综合开发运营模式	兼具政府与企业的特点，相对市场化运作	1. 包含多方园区开发建设、产业发展的企业，易于园区开发建设的推进； 2. 有利于吸引多元化的社会资本，可缓解政府的财政压力，推进产业园区的开发建设与产业引入，便于实施综合性、大规模成片开发	政府和企业在成本投入、管理决策以及收益分配等方面容易形成不对等的现象，从而发生管理分歧，导致开发建设进程受阻	苏州工业园区、张江高科技园区等

政府主导类开发模式主要适用于占地规模较大、场地环境复杂、建设周期较长以及跨区域开发的产业园区，可以很好地发挥政府主体在区域协调、综合调控、规划引导以及土地、税收、政策利用等方面的优势。一般来说，这类开发模式多出现在产业面临急需转型升级的二、三线城市，以及部分一线城市跨区域的重大产业园开发项目。

主体企业主导类开发模式受市场机制的作用与影响大，公开、透明的市场环境有助于企业更高效、快捷地推动园区整体开发运营。同时，受益于政府行政管理水平的提升，企业在自主开发的同时也能获取足够的政策支撑，加速了区域产业集聚与规模效应。因此，这类开发模式常见于经济发达、全球化水平较高的一线开放城市，以及市场体制相对完善的省会城市。

综合开发类开发模式由于叠加了政府行政管理与企业市场操作的双重优势，一方面可以通过政府手段解决跨区域地理条件的限制，帮助主体企业扫除前期开发中的地域制约；另一方面可以更好地发挥主体企业在融资开发、运营管理、效益产出上的市场化操作模式，成为众多跨区域重大产业园项目的首选，国内一些大城市的高新技术产业园多采取这类开发模式。

4.5 城市更新模式下的产业园区开发建设

产业园开发与建设空间主要包括新区与现状建成区两类。不同于新区开发条件的明确性，现状建成区产业园建设存在土地权属、用地性质、开发强度、产业定位以及运营管理等一系列相对复杂的发展制约，成为这类型产业园开发的难点与限制，尤其是在城市建成区基本饱和、土地资源稀缺的北京、上海、广州、深圳等一线大城市更加明显。

在倡导城市土地复合、高效利用的宏观政策背景下，城市发展方式从粗放扩张开始向集约存量改变，通过对城市存量土地的更新活化，为新兴产业的培育提供空间和特色产业的升级提供平台将是未来建成区产业园开发建设的重点方向。从产业升级的角度开展与城市更新相关的产业园区要素研究具有现实的意义。本节通过对深圳、广州、上海等城市相关政策背景的梳理，探讨城市更新对于这类产业园区开发建设的影响。

4.5.1 都市建成区产业更新发展背景

城市更新概念的产生出于应对社会经济发展过程中大城市因为社会经济转型而面临的城市衰落、发展失序等社会危机。因之，城市更新可谓现代城市化进程的必然产物。就我国而言，为实现资源、人口和环境的平衡，城市管理者一方面希望通过城建扩张来满足空间发展的需求，另一方面希望通过再开发市区高密度地块土地以摆脱中心城区的拥挤不堪。因此，城市更新是增强城市综合承载能力和可持续发展的城市化必由之路。城市更新牵涉多方面法律关系：在主体上涉及政府、土地和房屋权利人、开发商等多方面主体；在程序上囊括更新区域划定、启动条件设定、申请、批准、规划和容积率调整、土地征收或征用、土地开发、建造等若干环节；且在用地的权利义务内容上，涉及民法和行政行为对财产权保护和处置。因此，建立并完善城市更新相关立法，已成为当前我国新型城市化进程中亟待解决的问题。

1. 深圳：存量空间优化与"工改工"

过去十余年来，深圳市的经济保持了高效增长态势，推动了全面、快速的城市化，在飞速建设的同时深圳土地资源短缺问题也逐步显露。到目前，土地空间的匮乏，已经对城市的未来发展和产业结构的转型升级形成一定制约。从2013年到2020年间，深圳新增建设用地仅有59平方公里左右，深圳未来可供建设的增量建设用地已逼近发展"红线"。而在目前深圳用地紧张的情况下，旧有的产业链条能级低、单位土地面积产出低的工业用地仍大量的存在，新兴企业较难通过市场行为走一般招拍挂的土地流转程序获得土地使用权，一些新增工业、产业项目陷入无地建设的困境。另一方面，政府主导发展的战略性新兴产业对资本投入、政策支持、配套服务等产业发展要素条件依存度较高，其产业发展也需要充裕的用地空间支持。从增量空间建设向存量空间优化进行转变成为深圳的城市发展新契机，城市更新成为城市土地二次开发的新常态。

深圳市2009年出台的《深圳市城市更新办法》明确了城市更新是指由符合办法规定的主体对特定城市建成区内的特定区域，根据城市规划和本办法规定程序进行综合整治、功能改变或拆除重建的活动，旧工业区改造正式成为深圳城市更新工作中的重要组成部分。其后，深圳市"十三五"规划进一步强调在全市范围划定工业区块控制线，规定位于控制线范围内现状旧工业区均可申报"工改工"。

深圳市在改革开放初期作为改革开放的窗口，大力发展"三来一补"加工业，成功实现了从传统农业到现代工业的生产方式转变，并为深圳引进了先进技术和现代管理理念与管理方式。经过几十年的发展和多次产业发展方向的调整，目前已将建设创新型城市作为深圳市未来发展的主导战略。而与之相悖的是，目前存量土地的工矿仓储用地占比达到存量建设用地面积的30%以上，远高于目前世界发达地区10%左右的比例，从这个数字来看，"工改工"将为未来深圳存量建设用地释放大量的建设空间。

2007年，深圳的城市更新进行"工改工"的探索，并成为全国首个对城市更新立法的城市，在发展探索中逐渐总结了城市更新项目的操作路径，城市更新的管理审核路径向规范化发展。2018年深圳市政府发布了一系列严控政策，表明要严控"工改工"用途以及实施"工改工"全流程产业审核监管，"工改工"项目占已批城市更新单元计划比例达到50%以上。这些举措让"工改工"城市更新项目的开发切实成为城市产业升级的助推器。近年来，深圳的城市更新更关注更新项目的实施性和社会、政府、企业之间的分配原则，在更新进程中，影响产业更新区域开发的关键因子有合法用地比例、容积率、城市更新项目用地贡献率、配建创新型产业用房等几个方面。

2. 广州：三旧改造

广州市城市更新政策从20世纪80年代以来的危破厂房改造与城市环境污染整治开始，期间经历了"退二进三"[1]、旧城区改造复兴、城中村改造试点等政策尝试。2009年，广州市发布了《关于加快推进"三旧"改造工作的意见》（穗府〔2009〕56号文），自此，广州市进入"三旧"改造时期，将旧城、旧村、旧工厂作为广州市城市更新的重点区域。

广州市在城市建设发展中，很多企业遗留下大量废旧厂房，主要集中在市中心、白云区和番禺区。随着城市生态建设、产业转型，有效对这些闲置旧厂房进行更新改造是广州市持续健康发展的一项重要问题。广州市的废旧工

---

1. "退二进三"通常是指在产业结构调整中，缩小第二产业，发展第三产业，是为加快经济结构调整，鼓励濒于破产的中小型国有企业从第二产业中退出来，从事第三产业的一种做法。

业区用地具有"总量大、地块小、分布散、产权复杂"的特点，与此同时，产业发展也遭遇了"分散同构、进程缓慢、违法违规、落地困难"等一系列困境，研究如何基于产业转型进行旧厂更新对广州市的城市更新具有重要意义。

在2009—2012年期间，广州市的城市更新在政策上明确了"三旧"改造的范围。广州市政府在2012年出台《关于加快推进"三旧"改造工作的补充意见》（穗府〔2012〕20号文），明确了"政府主导、规划先行、成片改造、配套优先、分类处理、节约集约"的实施原则，要求"属于城市基础设施、公共设施建设或实施城市规划进行旧城区改建需要使用土地的，应按照'应储尽储'的原则，由政府依法收回、收购土地使用权，优先用于市政配套设施的建设"[1]。在政策中强调政府在"三旧"改造政策中的主导作用，社会资本不允许直接参与城市更新改造，自主改造需经广州市城市更新改造领导小组审批。

2015年，广州市发布了《广州市农村集体资产交易管理办法》，规定农村集体资产原则上应采取公开竞投方式在市场中开展交易，同年广州市城市更新局成立。次年广州市城市更新局出台了《城市更新办法》和旧城镇、旧厂房、旧村庄更新等"三旧"改造的实施配套文件，文件指出"在继续强调政府土地储备的前提下"，城市更新项目中的更新主体可以是政府部门、单个土地权属人或多个土地权属人的联合，自主更新要求在市公共资源交易中心以"招拍挂"的方式确定合作企业，此外在土地收益分配方面的规定则更细致严格，"在全面改造的基础上，积极探索微改造方式"，在更新内容和更新方式上呈现多元化和综合化的发展趋势。2017年，在国土资源部和广东省政府对城市土地集约利用的政策背景下，广州市政府出台了《关于提升城市更新水平促进节约集约用地的实施意见》，在此政策文件中，放开了城市更新单元的业主方自行改造的更新机制，这项转变促进了产业转型升级，积极推动了城市有机更新的实施[2]。

广州市的城市更新政策经过多年的探索，目前已形成了以《城市更新项目实施方案报批管理规定》为代表的20多个城市更新配套实施细则和技术指引规范，建立了包含更新规划体系、片区改造策划、土地政策、资金筹措、利益分配方式、监督管理在内的全流程政策框架，从城市空间优化、传统产业升级、人居环境改善、历史文化保护等多个方面系统地确立了城市更新的管控体系。

3. 上海市：有机更新和"留改拆"

上海市的城市更新起源于20世纪80年代的旧区改造，后来又将城市产业升级的发展诉求容纳进来。上海市在发展过程中，也面临着城市转型压力和土地资源紧缺的双重挑战。2014年，上海市政府颁布了《关于进一步提高本市土地节约集约利用水平的若干意见》（沪府发〔2014〕14号），意见中指出"本市建设用地规模接近极限，土地供需矛盾突出，并存在建设用地布局分散、结构不合理、用地效率不高等问题"[3]，要求对城市用地总规模严格控制、逐步减少增量城市建设用地，有序推进存量建设用地优化利用。该意见为上海市从增量扩张转向存量优化确定了建设用地控制总体思路。

2017年，《关于坚持留改拆并举深化城市有机更新　进一步改善市民群众居住条件的若干意见》提出了上海市城市更新工作的主要内容有保留保护建筑管理、旧房修缮改造、旧区改造三大类的城市更新举措。

上海市政府在城市有机更新的政策背景下，提出了"留改拆并举、以保留保护为主，保障基本、体现公平、持续发展"的指导思想，来推进优秀历史建筑、文物建筑、历史文化风貌区内以及规划明确需保留保护的各类里弄房屋修缮改造，政策兼顾了群众居住条件改善和历史建筑保留保护的需求。

在随后几年间，上海市"留改拆"政策实践在各区项目的推广过程中，也面临项目进展缓慢，成本高昂，模式难以可持续推广的问题。与此相伴的是，经统计上海的中心城区大约还有700多万平方米的各类里弄房屋及历史建

---

1. 《关于加快推进"三旧"改造工作的补充意见》（穗府〔2012〕20号文）.

2. 广州市人民政府关于提升城市更新水平促进节约集约用地的实施意见 [Z]. 广州市人民政府公报，2017（18）：1-11.

3. 上海市人民政府印发关于进一步提高本市土地节约集约利用水平若干意见的通知 [Z]. 上海市人民政府公报，2014（06）：10-13.

筑有保留保护的需求，在"十三五"期间，上海市需要进行修缮完成的各类里弄房屋达到250万平方米左右。

4.5.2 深圳产业园区更新相关政策梳理解读

1．深圳城市更新类型

在《深圳市城市更新办法》中，深圳市城市更新分为综合整治类、功能改变类、拆除重建类三种类型。

（1）综合整治类城市更新：主要包括改善消防设施、改善基础设施和公共服务设施、改善沿街立面、环境整治和既有建筑节能改造等内容，但不改变建筑主体结构和使用功能。

（2）功能改变类城市更新：是指改变部分或者全部建筑物使用功能，但不改变土地使用权的权利主体和使用期限，保留建筑物的原主体结构。

（3）拆除重建类城市更新：具备城市更新条件，且通过综合整治、功能改变等方式难以有效改善或者消除的，可以通过拆除重建方式实施城市更新。

综合整治类和功能改变类以自发为主，拆除重建类目前是市场热点，但更新周期较长、程序复杂、成本较高，对参与企业的要求较高。

2．深圳"工改工"类城市更新项目操作流程

城市更新项目在土地一级运营实施过程主要包括前期准备、拆迁实施、开发实施三个阶段。而针对"工改工"类城市更新项目的重点则主要包括确定申报主体、资金筹措、规划设计、建设实施、项目经营运作等方面，其中项目前期管理工作是申报过程的重要环节。

根据深圳以往的旧改项目看，在深圳市城市更新类工改工项目从计划报批到项目正式开展规划建设实施流程需要2～3年的时间，如在申报过程中，某一申报环节存在报规审批、方案方向调整等问题，时间还需延长，需3～5年的时间。

3．深圳"工改工"方向政策

深圳市及各区城市更新在"十三五"规划期间的导向是鼓励二类、三类工业用地改变为普通工业用地M1用地类型，严控工改新型产业用地M0类型的比例。

2016年深圳出台《关于加强和改进城市更新实施工作的暂行措施》规定："符合深圳产业发展导向，因企业技术改造、扩大产能等发展需要且通过综合整治、局部拆建等方式无法满足产业空间需求可申请拆除重建，更新改造方向应为普通工业用地（M1）"[1]。

在《深圳市城市更新"十三五"规划》基础上，各区工改M0比例被严格限制在40%～60%。例如《宝安区关于加快城市更新工作的若干措施》明确指出，"对位于工业区块线范围内的'工改工'类城市更新项目，原则上改造方向为M1，用地规模超过5万平方米的项目，才可配置不超过20%的用地为M0功能"[2]。

4．拆除重建类城市更新合法用地比例

2014年深圳市政府出台的《城市更新实施工作暂行措施》，规定了城市更新地块拆除范围内权属清晰的合法土地面积占拆除范围用地面积比例应当不低于60%。但在实施过程中，深圳市有很多历史用地由于历史原因并无合法的产权登记，合法用地比例成了横亘在项目上的一只拦路虎。为了解决这一问题，2017年，深圳市人民政府出台了《关于加强和改进城市更新实施工作的暂行措施》，对于历史遗留的无合法产权登记的土地进行城市更新立项给出了新的路径，即非法历史用地可以用简易办法处理，以解决合法用地比例不足的问题。

具体来说就是，原农村集体经济组织在对无合法产权登记的拟更新项目进行拆除重建申报，应当对地上建筑

1．深圳市人民政府关于加强和改进城市更新实施工作的暂行措施［Z］．深圳市人民政府办公厅，2016年12月29日．
2．深圳市宝安区人民政府关于加快城市更新工作的若干措施［Z］．深圳市宝安区政府办公室，2018年4月20日．

物、构筑物及附着物等进行自行拆除清理。政府把处置土地一定用地比例的面积交由城市更新项目的继受单位进行城市更新，剩余部分土地面积则纳入政府土地储备（表4-2）。在政府交由继受单位进行城市更新的土地面积中，要求继受单位的更新方案中有不少于15%的土地无偿移交给政府纳入土地储备，该用地应优先用于建设城市基础设施、公共服务设施、城市公共利益项目等。

拆除重建类城市更新项目历史用地处置比例表 表4-2

拆除重建类城市更新项目		处置土地中交由继受单位进行城市更新的比例	处置土地中纳入政府土地储备的比例
一般更新单元		80%	20%
重点更新单元	合法用地比例≥60%	80%	20%
	60%>合法用地比例≥50%	75%	25%
	50%>合法用地比例≥40%	65%	35%
	合法用地比例<40%	55%	45%

（数据来源：谢浩俊．深圳城市更新中的土地贡献率制度实践研究［A］．持续发展 理性规划——2017中国城市规划年会论文集（02城市更新）［C］．2017年）

对于符合条件的历史用地，可以通过向政府移交一定比例的土地并且缴纳地价的方式换取合法用地的认定。由于合法用地比例将直接影响着城市更新项目立项的审批，进而在专规阶段影响整个项目的规划设计，因此在项目前期研判和确定合法用地比例时至关重要。

5．从容积率核算规则上提升"工改工"项目开发强度

深圳城市更新项目中规划容积率的指标核算主要由基础容积率、转移容积率、奖励容积率三部分组成。基础容积是指开发建设用地各地块基础容积之和；转移容积是指城市更新单元内按规定可转移至开发建设用地范围内的容积；奖励容积是指为保障公共利益目的的实现，依据规定给予奖励的容积。

地块基础容积按照《深圳市城市规划标准与准则》中关于密度分区与容积率的有关规定进行测算。2014版的《深圳市城市规划标准与准则》未规定工业用地地块基准容积率，但设置了地块容积率上限，其规定如下：普通工业用地M1上限为4.0，新兴产业用地上限为6.0。2018版的《深圳市城市规划标准与准则》（局部修订稿）则取消了容积率上限的限制，将深圳市工业用地按照密度分区的方式设置了各密度分区工业地块基准容积率，普遍提高工业用地密度分区等级，从核算规则上提升"工改工"项目开发强度（表4-3）。

2018《深圳市城市规划标准与准则》工业用地地块容积率指引 表4-3

分级	密度分区	新型产业用地基准容积率	普通工业用地基准容积率
1	密度一、二、三区	4.0	3.5
2	密度四区	2.5	2.0
3	密度五区	2.0	1.5

《深圳市城市更新单元规划容积率审查规定》（深规划资源规〔2019〕1号）明确规定"因产业转型升级需要，市政府明确支持提高容积率的可申请调整规划容积调整"。如按照2018版《深圳市城市规划标准与准则》和容积率测算规定的规则测算，"工改工"项目规划容积率将普遍大幅提高。

6．城市更新项目用地贡献率的确定

《深圳市城市更新办法实施细则》对城市更新项目的用地贡献率有明确的规定："城市更新单元内可供无偿移交给政府，用于建设城市基础设施、公共服务设施或者公共利益项目等的独立用地应当大于3000平方米且不小于拆除

　　　　　　　　　　　　　　　　　　　　　　　　　　　　　现代产业园规划及建筑设计

范围用地面积的15%。城市规划或者其他相关规定有更高要求的，从其规定。"

《实施细则》规定的用于建设城市基础设施、公共服务设施或者公共利益项目等的3000平方米用地面积是城市更新项目需无偿移交给政府使用面积的下限，如未达到此项面积指标将不适合进行城市更新立项。但如果出现拟申报的城市更新项目用地过小、更新单元面积达不到3000平方米的情况，在保证落实城市公共基础设施的前提下，其余部分允许企业回购。这有效地解决了小型城市更新项目贡献后建设面积过小以及贡献面积太少、土地利用率较低、土地价值受损的问题，体现政策在实际操作中的灵活度。

7．配建创新型产业用房规定

根据《深圳市城市更新项目创新型产业用房配建规定》的内容："城市更新项目配建的创新型产业用房，建成后由政府回购的，产权归政府所有，免缴地价；建成后政府不回购的，产权归项目实施主体所有，地价按《深圳市城市更新办法实施细则》第五十七条研发用地的基准地价标准的50%计收。"[1]创新型产业用房可以通过政策性的补贴以低于市场的价格租售给创新型企业。通过该项措施鼓励生产研发类企业由跟随创新向引领创新转变。按规定创新型产业用房需占项目研发用房总建筑面积的比例为12%以上。研发用房的建筑面积占新兴产业用地项目计容建筑总面积的70%以上，可以通过计算得出，创新型产业用房占项目计容总建筑面积的8.4%以上。城市更新项目的配建创新型产业用房在规划上应集中布局；项目分期建设的，创新型产业用房原则上应布局在首期。

4.5.3 拆除重建类产业园区城市更新案例

坂雪岗科技城是深圳近年拆除重建类产业园区城市更新的典型案例，该项目位于深圳市坂田片区。坂雪岗科技城规划定位为建设以高新技术产业为主导功能的城市复合型片区，将打造成公共配套完善、企业总部与研发办公于一体、居住条件优质且环境优美的复合型社区，将成为深圳市"工改工"项目的典范。其中本案例所属的15号更新单元位于坂雪岗科技城的中部，是港深南北发展轴带上的重要节点，在区位上北临平南铁路，南侧为区域主干道路吉华路，东靠雪岗南路，西与深圳市江灏工业区用地交界。目前现状用地大多为已建成的一类工业用地及二类工业用地，局部另行布局少量的四类居住用地及商业用地。该项目更新方向为"工改M0"，即更新后主要用地性质以M0新兴产业用地为主，含有少量二类住宅用地，平均容积率将上调至5.5。

项目周边现状主要以产业区及生活功能片区为主。产业片区主要有东侧的金鹏工业区和上雪科技园，主要以电子技术、汽配维修为主；西侧主要为华为下雪物流中心；南侧为大丹工业园区。总体上说，项目周边大部分建筑质量不高，同时存在配套设施不完善的情况，急需通过单元的更新改造来提高区域的城市化水平和产业升级诉求。

根据2014版《深圳市城市规划标准与准则》及城市更新容积率指引中的相关规定，该项目进行更新后容积率指标为5.5，计容积率总建筑面积将达到约35.3万平方米，其中产业研发用房24万平方米，产业配套用房8.3万平方米，住宅建筑面积为2.22万平方米，公共配套设施0.78万平方米。《创新型产业用房配建比例》明确深圳市更新单元规划的创新型产业用房配建比例应为8%，《深圳市城市更新项目保障性住房配建》规定保障性住房配建比例应为10%。

该片区通过自身产业的转型升级对接坂田地区的区域发展要求，通过规划设计营造特色化的公共活动空间以缓解周边市民公共活动的需求。通过对功能结构、道路交通、公共空间、城市景观等各方面要素的分析在深圳市城市更新政策框架下建立了多方利益共融的发展模式。

---

1. 深圳市人民政府《深圳市城市更新办法实施细则》(深府〔2012〕1号).

第 5 章 产业园建设规划体系

产业园规划体系是针对产业园长远发展计划的系统规划，包括产业资源与环境分析、产业定位与发展战略、产业规划策略、空间规划以及运营管理策略等五大部分内容，是指导产业园长远发展的行动纲领。

5.1 产业园系统规划

一般来说，产业园建设规划是一个由经济、社会、文化、生态与环境等多因素交织而成的复杂系统，系统内部各要素之间存在既相互联系，又各自独立的关系。产业园系统规划是提升园区开发价值和引领园区智慧发展的一种规划模式，通常将经济社会规划（定位及战略规划）与园区工程规划设计（空间规划）相结合，将开发规划（招商规划）与资金规划（投融资规划）相结合，将资源配置规划（空间规划）与市场引爆路径（重大项目策划）相结合[1,2]，统筹园区战略规划、产业规划，落实园区总体规划、控制性详细规划等空间法定规划，融合重大项目规划和投融资规划，打通城市设计和景观规划等工程建设规划，对接土地利用规划，实现项目落地，从而实现通过规划融资融智，引领园区的智慧发展[3]（图5-1）。

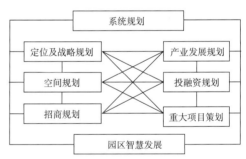

图5-1 产业园系统规划模式示意图

5.2 产业资源与环境分析

5.2.1 基础资源分析

产业园基础资源分析主要涉及地方政府、产业园开发主体等经济组织或特定行政区域的土地、交通、地质条件、能源等，以及产业基础与现有资源禀赋的分析与描述，包括自然资源、历史文化资源、宏观经济条件以及产业

---

1. 温锋华，沈体雁. 园区系统规划：转型时期的产业园区智慧发展之道 [J]. 规划师，2011（09）：15-19.
2. 王缉慈. 关于中国产业集群研究的若干概念辨析 [J]. 地理学报，2004，（S1）：47-52.
3. 范晓屏. 特色工业园区与区域经济发展：基于根植性网络化与社会资本的研究 [M]. 北京：航空工业出版社，2005.

现代产业园规划及建筑设计

支撑因素等。

1．自然资源分析

对自然资源的研究与分析是产业园规划编制的重点工作，是确定未来规划目标和发展方向的基础。自然资源的分析一般包括但不限于：地理位置、气候条件、地质条件、园林绿地、矿产资源、能源储备、道路交通条件等。自然资源条件在很大程度上影响着一个产业园的产业选择和招商引资规划。

2．历史文化资源分析

主要针对都市中心区产业更新类项目，比如文化创意类产业园，重点梳理腹地城市历史文化脉络、产业演变与发展历程，重要工业文化遗存及其保存状态等。一方面展示历史文化资源优势，培育和塑造支柱产业；另一方面加速区域产业集聚，吸引优质企业参与投资建设。

3．宏观经济环境分析

宏观经济环境分析是产业园区规划中"外部环境分析"的工作重点。在经济全球化、一体化发展的大背景下，国际形势与产业园发展紧密相连。国际政治经济形势的变化，对具有外贸业务的产业园定位产生较大影响，国内经济政策调整对产业园的直接影响更加显著。比如，2020年的新冠疫情使世界大部分国家及经济体的经济发展陷入举步维艰的境地，国际经济形势日益严峻与恶化，产业经济及进出口贸易格局发生翻天覆地的变化，必将影响全球产业园发展布局。

4．产业支撑因素分析

产业支撑是研究一个地区产业园规划的主要内容，主要从交通、绿化、矿产、能源、人才等方面予以分析。产业支撑体系建设需要政府主导、部门参与，进行系统规划与综合设计。通过具体的服务项目和日常工作的一些措施持续推动，不断完善与优化，形成对一个地区产业园的有利推动，助力产业提升。

5.2.2 产业环境分析

产业园建设的产业环境分析必须建立在科学的分析方法基础之上。科学的分析方法有助于全面、准确摸底前期产业演变与发展历程，为未来产业园空间规划与运营管理扫清障碍。一般来说，产业园规划体系中，以PEST分析模型、SWOT分析模型、PMD分析（波特钻石模型）三种分析方法最为常见和通用[1]。

1．PEST分析

所谓PEST，即政治（Politics）、经济（Economic）、社会（Society），技术（Technology）四大因素，是针对企业战略制定的一种宏观环境分析方法。PEST分析法同样适用于产业园开发建设，在产业园开发当中，通过针对四个层面的全面分析与评判，客观了解与评判产业园开发及运营管理过程中的各种外部宏观环境变化，有助于整体战略规划的制定与运营实施（表5-1）。

PEST 分析法分析产业园区外部宏观环境 　　　　　　　表 5-1

经济环境	技术环境	政治法律环境	社会与自然环境
■ 国内生产总值 ■ 经济增长率 ■ 产业结构及主导产业 ■ 利率、货币和财政政策等	■ 宏观科技体制 ■ 产品生命周期 ■ 未来科技发展趋势等	■ 法律法规 ■ 政策规范 ■ 行业规范 ■ 地方标准等	■ 人口基础 ■ 地理位置 ■ 交通布局 ■ 社会文化等

---

1. 王启魁. 产业园区规划思路及方法——基于国内外典型案例的经验研究. 中国投资咨询——城镇化研究系列, 2013.5.

2．SWOT分析

SWOT分析法最早是由美国旧金山大学的管理学教授韦里克所提出的，又名道斯矩阵和TOWS分析法。所谓SWOT，即S（Strength）-优势、W（Weakness）-劣势、O（Opportunity）-机遇、T（Threat）-挑战。该方法的基础分析思路是：充分发挥自身优势，避免劣势和不足，紧紧抓住各种机会，成功避免和化解各种威胁和挑战。SWOT分析方法适用范围非常广泛，在产业园的开发建设中也经常被用到。一般来说，产业园SWOT分析主要从两个层面入手，产业园自身内部及外部环境。针对优劣势的分析主要从产业园自身的维度出发，寻求产业园可以突破和重点发展的方向。机遇与挑战分析主要集中在区域及腹地城市外部环境影响的维度。通过整体SWOT分析，实现产业园开发扬长避短，趋利避害，为整体开发提供基础分析支撑（表5-2）。

SWOT 分析法分析产业园区内部资源环境　　　　　　　表 5-2

S-优势（Strength）	W-劣势（Weakness）
经济层面：经济状况、可投入资源、产业基础、资金实力等； 开发层面：区位属性、道路交通、基础设施、用地条件、区域环境等； 其他层面：信息技术水平、人才资源、政策支撑等	涉及开发主体规模、信息技术、人才管理、市场机制、土地资源等产业园开发相关的各种劣势与不足
O-机遇（Opportunity）	T-挑战（Threat）
宏观层面：国际/国内整治经济形势、重大战略规划与布局等； 规划层面：区域及腹地城市上位规划，重大基础设施建设工程、重点建设项目引进等	从国际、国内、区域三个维度，明确区域竞合态势，理性分析园区开发所面临的各种挑战

3．PMD分析

1990年美国哈佛商学院著名的产业竞争力研究专家麦可尔·波特（Michael E. Porter）提出了波特钻石模型（PMD），又称波特菱形理论及国家竞争优势理论等。该模型涉及具有双向作用的四大要素，即生产要素、需求条件、相关支持产业及市场结构和同业竞争，以及机构、政府两大要素。在产业园开发建设中，波特钻石模型主要从中观维度分析产业开发环境，以求突破传统局限，立足国际视野，明确园区主导产业，构建具有较强国际竞争力的产业链体系等。

作为产业园产业环境分析中最经常使用的三种分析方法，PEST分析、SWOT分析和PMD分析分别从宏观、微观、中观层面，面向产业园开发进行了科学、合理、全面的产业环境梳理与分析，其各自的特点与适用性如下（表5-3）：

三种分析方法的特点与适用性对比　　　　　　　表 5-3

分析方法	特点	适用性分析
PEST分析法	从政治、经济、社会、技术四个层面分析产业园发展所面临的外部宏观环境	宏观层面的规划环境梳理，合理制定产业发展战略、产业政策等
SWOT分析法	包括优势、劣势、机遇、威胁。发挥优势因素、克服劣势因素、利用机会因素、化解威胁因素	通过SWOT分析实现产业园开发扬长避短，趋利避害，为整体开发提供基础分析支撑
PMD分析法	从要素条件、需求条件、支持性产业、市场结构和同业竞争、机会、政府等6大因素，评判特定产业是否具有国际竞争力	在产业园开发建设中，波特钻石模型主要从中观维度分析产业开发环境，以求突破传统局限，立足国际视野，明确园区主导产业，构建具有较强国际竞争力的产业链体系等

5.2.3　典型案例分析——南京溧水永阳街道产业园

1．项目概况

随着南京快速城市化进程，城市可利用土地资源日益紧缺，重视存量土地的"二次开发"，提高土地资源综合利用效益成为南京实现创新驱动目标的重要实施路径之一。

溧水永阳街道产业园位于溧水新城中部，中心城区东侧，用地面积8.86平方公里。作为苏南战略性新兴产业基地，南京空港经济区的重要组成部分，是南京南拓发展、存量开发的重要区域之一。

规划立足项目复杂建设现状，聚焦产业园产业规划与城市设计的相互影响与促进，以"产业活化"为基础，以"城市空间再设计"为方式，实现产业园区表与里的多元升级。

项目产业资源与环境分析主要从基地内部自然与人文资源入手，通过对园区产业发展环境的梳理，进行园区产业发展的优劣势分析，为后续产业定位及开发策略提供解决思路。

2．基础资源分析

1）自然资源分析

（1）中心城区被环状自然资源包围，景观资源丰富，生态环境优越。

（2）城区内形成"点、线、面"绿地公园系统，城市与自然融合。

（3）"山为郭，水为脉"的山水格局。

2）人文资源分析

人文资源分析主要基于南京、溧水区、永阳镇三个层面，分别针对资源特色、历史遗迹、文化底蕴、特色建筑进行分析（表5-4、表5-5）：

南京溧水永阳街道产业园人文资源分析　　　　表5-4

区位分布	南京	溧水区	永阳镇
资源特色	首批国家历史文化名城 首批全国重点风景旅游城市 6000多年文明史 近2600年建城史 近500年建都史 中国四大古都之一	1400多年建县历史 众多文物古迹 多项非物质文化遗产 南京白马如意文化艺术中心 承办乡村旅游节 秦淮源头	1500多年建县历史 山水天然组合 东庐山——秦淮河发源地之一 历史文物古迹众多

南京溧水永阳街道产业园人文资源分析　　　　表5-5

资源分类	资源价值
历史遗迹	永阳镇距今有1500多年历史，是一个历史文化悠久的古镇； 东庐山是秦淮河发源地之一，源头名为一眼泉； "洞壁琴音、东庐叠山献"被称为清代"中山八景"； 胭脂河是秦淮河的源头，对溧水乃至于南京的历史文化脉络都有着其重要的影响 基地周边10公里范围内名胜古迹众多
文化底蕴	溧水区包含各级非物质文化遗产26处，其中： 国家级、省级非物质文化遗产——骆山大龙 省级非物质文化遗产——打社火 省级非物质文化遗产——跳当当 省级非物质文化遗产——打五件 市级非物质文化遗产——明觉铁画 市级非物质文化遗产——蒲塘桥庙会
特色建筑	典型徽派建筑，白墙黛瓦、马头墙、颜色素雅， 古宗祠众多，芮氏宗祠、邱氏宗祠、樊氏宗祠等

3．产业环境分析

1）南京市层面——地区服务中心职能的综合性城镇

（1）地处南京市域构建"两带一轴"的城镇空间布局结构南北轴上。

（2）永阳新城规划定位：溧水县的政治、经济、文化中心，宁杭城市带具有地区服务中心职能的综合性城镇。

（3）依托禄口机场、宁杭高速、宁高高速等区域性交通设施，以及优越的自然山水条件，重点发展先进制造业、商贸服务、旅游休闲和农业科研服务等产业。

2）溧水区层面——重点发展生产性服务业、高新技术、战略性新兴产业

承担主要城市职能：苏南战略性新兴产业基地，南京空港经济区的重要组成部分，全国农业科技示范基地。

4．产业发展优劣势（SWOT分析法）

通过项目优劣势分析，项目发展驱动力是以外部城市拓展为核心要素，内部产业发展为支撑要素，需平衡城市与产业关系，走产城融合的发展路线（表5-6）。

南京溧水永阳街道产业园产业发展优劣势分析　　　　　　　　　　表5-6

S-优势（Strength）分析	W-劣势（Weakness）分析
南京主城南拓的重要区域，有较好的发展机遇； 区域交通快捷方便，能快速到机场、高铁站和南京主城区； 永阳镇相对周边城镇人口最多、经济实力最强； 地块毗邻主城区，位于城市东向蔓延的发展轴线上，有强劲的发展动力	永阳镇工业园相对南京和周边城镇工业园区没有明显优势，不能形成支撑地块发展的主要动力

5.3 产业定位及战略规划

5.3.1 产业定位

产业定位是在产业园基础资源与环境分析的基础之下，全面解析园区周边区域产业、经济、社会发展状况等因素，针对园区未来产业发展方向及产业定位、产业体系、主导产业、产业链条构建等一系列问题的规划与布局，以此实现园区产业规模集聚效应，构建现代化智慧产业体系。

综合而言，产业园产业定位主要基于宏观战略导向、先天资源禀赋、区域产业基础、产业分工协作因素的考虑（表5-7）：

产业园产业定位分析　　　　　　　　　　表5-7

宏观战略导向	先天资源禀赋	区域产业基础	产业分工协作
■ 国家宏观发展战略 ■ 区域宏观发展战略 ■ 地方政府宏观发展战略	■ 自然/人文资源等基础资源环境 ■ 信息/技术/资金/人才/政策等产业环境 ■ 多元立体交通网络区位条件	■ 产业转型与升级 ■ 产业竞争发展策略	■ 产业协同发展 ■ 产业一体化

1．基于宏观战略导向的产业定位

国家、区域以及地方政府的宏观发展战略导向是园区产业定位的重要决定因素之一。随着世界经济一体化与全球化发展速度的加快，国家产业发展环境正发生巨大变化，"世界工厂"优势减弱，国际竞争格局日趋激烈，迫切要求产业从高速度发展到高质量发展、实现从中国制造到中国智造的转变。中国智造成为国家宏观层面产业发展的重要战略导向，通过优化产业结构，构建现代产业体系，提升科技水准和国际竞争力，推动以珠三角为核心的世界

制造业中心的产业转型与升级。

相关案例如依据国家宏观层面产业发展导向的松山湖高新技术产业园。

【案例分析】

松山湖高新技术产业园

松山湖高新技术产业园地处珠三角核心城市东莞市的几何中心，广深港科技创新走廊黄金地段，南临香港、深圳，北靠广州，区位条件十分优越。依托国家制造业产业转型升级战略契机，立足珠三角及大湾区产业一体化发展导向，实施创新驱动发展战略，逐渐建立起现代化高科技产业示范园区，成为粤港澳大湾区自主创新与科技进步的重要载体。

2. 基于先天资源禀赋的产业定位

基于产业园基础资源与环境的分析，主要包括产业园腹地城市所拥有的区位交通、社会经济、自然人文、信息、技术、投融资、人才、政策等。产业园定位要充分发挥腹地城市的这些先天资源禀赋，充分考虑区位交通、城市资源及产业集聚度等因素来进行科学定位。北京、上海、广州、深圳等经济发展中心，不仅拥有高精尖的高校科研中心，丰富的产业人才储备，更拥有辐射全球的信息技术网络及雄厚的金融资金支撑，适宜开发高新技术、总部基地及文化创意类都市型产业园区。

相关案例如汇聚深港两地最先进产业技术资源的深港科创合作区。

【案例分析】

深港科创合作区

深港科创合作区地处深港合作真正意义上的空间连接地带——落马洲河套地区，汇聚了深港两地最先进的产业技术资源、最国际化的金融服务平台、最高端的专门化人才以及最高度开放的交流与合作环境，以搭建国际一流科研创新平台为目标，建设综合性国家科学中心，成为深港两地强强联合，优势互补的龙头与示范。

3. 基于区域产业基础的产业定位

这类产业园主要基于区域构建现代产业体系所带来的产业转型与升级需求，是目前产业园区定位的主要方式。即在原有产业发展基础之上，通过全面摸底，引入优胜劣汰的竞争发展策略，引导产业优化调整，一部分先进产业门类通过结构调整，实现上下游产业链的完善与优化，获得充分的发展壮大，进而发展成拥有一定区域影响力的产业园品牌。一部分高耗能、低产出的基础门类则通过有序调整，实现综合整顿、改造与升级，达到产业再造目标。

相关案例如依托深圳产业优化升级与转型发展的深圳华侨城创意文化园。

【案例分析】

深圳华侨城创意文化园（OCT-LOFT）

深圳华侨城创意文化园（OCT-LOFT）位于深圳华侨城原东部工业区内，由20世纪80年代"三来一补"工业企业发展而成。在深圳产业优化升级与转型发展的产业体系调整之中，针对原工业厂房进行创新改造与再利用，通过引入设计、摄影、动漫创作、艺术等文创类产业，引导产业转型升级，提出创新型都市文化创意产业园的全新定位，成功实现园区产业绿色转型与健康持续发展的目标。

4．基于产业分工协作的产业定位

区域经济发展水平的提升带来区域协作与联合发展需求的增强，形成区域内部产业协同发展的态势，产业园发展亦是如此。基于产业一体化发展的产业链分工协作确立的产业定位，将带动园区各产业门类、各产业链环节之间的强强联合，形成产业集聚与品牌效应。

相关案例如建立全产业链体系的南海国家生态工业园。

【案例分析】

南海国家生态工业园

南海国家生态工业园位于粤港澳大湾区核心城市广东佛山，园区以生态工业理念为指导，坚持发展绿色循环的生态产业体系，逐渐建立起从产业研发—应用—生产—孵化—技术扩散与创新的全产业链体系，同时构建"废旧金属—加工处理—金属原材料""废PET塑料瓶—加工处理—塑料产品"两条静脉产业链，明确环保科技产业定位，实现园区经济、社会与生态效益的统一，最终发展成首个国家级生态工业示范园区。

5.3.2 发展战略

1．政策体制策略

1）研究国家战略争取政策支持

根据国家战略与技术变革、扶持政策、行业限制目录等，跟踪研究国务院、各部委政策和产业导向，结合当地政府、产业园特征和核心优势，针对具体产业园、重点项目、骨干企业和主导产业，系统分析与精准掌握有关政策条款和设施条件，努力争取国家政策和资金支持等，用好、用足产业发展的各项政策。

2）出台产业政策

成立专门机构或招商团队，负责研究和解读本地区相关产业政策与产业园转型、结构优化、项目引进和重点企业扶持等政策，争取在交通建设、环保扶持、转型鼓励、研发奖励等方面的资金和政策支持，提高产业园产业开发的动力、活力和潜力。

3）实施激励机制

贯彻执行上级政策要求，以促进产业转型和城乡一体化为目标，在法律法规框架内，实施产业园功能调整、农民转非、集中林地、农民社保、大病医疗等补贴和救助政策。统筹各个产业园发展，建立省、市、县区、镇级产业发展基金，支持重点园区、重点项目、骨干企业的转型升级和技术研发。

相关案例如实施产业扶持的成都青羊总部基地。

成都青羊总部基地

成都青羊总部基地位于四川首府成都，园区总占地1089亩，总投资高达37.3亿元。从2004年启动建设开始，始终坚持以国家、四川重点产业发展导向。成都市政府在"十二五"规划中提出要大力发展总部经济，并从产业导入、税收优惠、资金补贴等方面大力实施产业扶持与政激励策，降低入园企业生产经营及管理成本，推动青羊总部基地健康高效发展。

2．管理机制策略

1）营造法制环境，降低法制风险

从国家层面建立、健全、完善产业园发展相关法律法规与政策规范，明确产业园法律地位，改善产业园开发建设环境，使产业园管理走上法治化、规范化的道路，营造一个健康有序、创新驱动的产业开发氛围，同时也有利于推动政府依法行政，为产业园开发建设提供一个强有力的法律与政策保障。

2）发挥政府引导，促进产业聚集

（1）利用当前国际制造业产业大迁移的有利契机，加快形成具有竞争力，有特色的主导产业发展布局，在此基础上逐步实现产业升级，围绕主导和特色的产业形成产业链，带动相关产业发展，做到优势互补。

（2）加大对国家级重点实验室、高等院校科研院所、企业科研机构及相关专业基础设施的投资力度，依托物联网、互联网等大数据网络资源，构建基于"互联网+"的企业分工协作与互动机制，通过切实可行的政策激励，推动产学研一体化建设步伐，加快专业科技成果转化利用效率。

3）发挥中介作用，完善运行机制

产业园区的管理体制定位应推动企业与市场、腹地城市之间的良性互动，尽可能多地吸纳社会资源参与到企业的创办及开发建设中来，比如各类社会力量创办的中介服务机构、民间投资机构以及创新创业型企业孵化机构等，通过凝聚各种社会力量，助力园区产业健康持续发展。

4）加强"两个资源"开发管理

一是加强人力资源开发，实施人才战略。现代产业园区发展的最大挑战是人才问题，吸引一流人才，留住一流人才，发展才有竞争力。通过外部"吸引"与内部"培养"相结合的人力资源策略，打造高精尖人才战略队伍，引领现代科技革命。

二是加强土地资源开发。产业园区要从土地规模扩张的外延型发展模式向土地内涵发展模式转变。严格按照城市建设总体规划和土地利用规划建设，在考核指标上引导园区在土地集约化上下功夫。把握好规划、建设、招商、生态、环保、基础设施等环节，实现土地资源高效集约化发展目标。

相关案例如管理体制创新的中国台湾新竹科学工业园。

中国台湾新竹科学工业园

中国台湾新竹科学工业园成立于1980年，规划面积21平方公里，经过40年全面开发建设后，逐渐走向成熟，成为台湾IC产业的龙头领导者，全球规模最大的电子信息制造中心之一。新竹工业园的成功离不开其管理体制上的两大创新：

（1）强大的产学研合作基础：园区先后建设、引进了工业技术研究院、天然气研究所、（台湾）"清华大学"、精密仪器发展中心、中华理工学院等产业研究、教育中心，成为园区科研创新、成果转化的加速器与重要助力。

（2）发挥政府引导，推动产业集聚：创造芯片制造保税产业链政策环境，实施重点产业链环节保税监管等，大大降低园区产业生产运营成本，提升竞争力；同时培育IC代工和信息硬件制造业领域的领军企业群体，做大、做强涵盖IC设计、IC制造、IC材料等主导和特色产业链体系，建设亚太地区高附加值产品开发制造中心。

3．园区体制策略

1）成立领导小组

产业园区的产业园优化、经济发展和整体空间布局，事关本地区快速、可持续发展，需要建立高水平、高素质的产业园规划评估与重大决策团队。建议成立由当地政府领导为组长的产业园规划与执行领导小组，各副职为成员，各职能部门、各产业园负责人为成员，设立专门办公室，负责产业发展和空间布局的规划调研、编制、评审、执行、任务分解、责任考核、规划评估、规划修编等事宜。

2）完善实施考核

（1）编制产业园规划和行动计划。指导各单位做好产业发展与空间布局、专项规划编制、政策研究、重大事项对接、重点项目承接等工作。制定各产业发展规划的编制、执行、监督、评估、修订等制度。明确主要领导、各部门等职责和权限、仪式规程、工作标准等，定期分解规划重大事项、重点工程和主要任务，落实到部门和岗位。

（2）建立产业园考核机制。各级政府（园区管委会）对辖区内产业园发展目标总负责，政府主要领导人是第一责任人，实行问责制。健全产业园运行制度，实行岗位责任制，开展产业园规划宣传。建立经济指标统计制度，建立责任明确、分工协调的工作机制，强化协调及配合，确保规划落实到位。

（3）创新产业运营。贯彻市场化运作原则，通过政府政策和窗口指导，推动园区龙头企业和配套企业的战略合作、园区企业同等条件下有限合作，推动园区内优势产业整体实力的提升和品牌塑造。

相关案例如建立多层次园区管理机制的西安高新区。

【案例分析】

西安高新区

西安高新区成立于1991年3月，在近30年的实践建设中，创新了符合自身产业发展要求的管理体制，建立起基于"决策层—经营服务层—管理层"三个层次的园区管理机制。基层管理层负责园区整体发展战略与计划的制定，明确园区开发目标，协调解决各项发展相关的重点问题；实施开放式运行，高效快捷的决策管理，实现由"管理型园区"向"服务型园区"的转变。高新区这一体制创新实现了园区高质量管理服务与资源配套效率的高度统一，在为园区企业降低运营成本的同时，吸引来自区域外部的大量投资、高端创业人才与优质项目的进入，推动园区整体进入高速发展的运营轨道。

5.4　产业规划策略

5.4.1　产业分析策略

遵循产业价值链理论，进行产业园建设的产业分析和产业环节优化、调整。在进行产业规划时应采取系统工程、协同学、比较优势等决策理论，研究资源禀赋和外部环境，立足基础资源条件，分析产业发展特征与未来演变趋势，推动产业优化升级与创新发展。

本节主要从产业导向、产业发展需求要素、核心驱动力、主要产业类型、产业空间形态、园区增值方式等维度全面解析、梳理各类型产业园产业发展（图5-2）。

（1）产业导向：主导产业方向，包括原材料导向、市场导向、动力导向、技术导向等。

（2）产业发展需求要素：产业园建设所涉及的各开发要素，决定产业园长远可持续发展。

（3）核心驱动力：产业园开发建设的根本和关键，产业园建设成败的关键。

（4）主要产业类型：各产业园主要类别。

（5）产业空间形态：产业园规划与建筑设计重点，受园区用地、规模、地形影响较大。

（6）园区增值方式：实现产业园良性开发建设、运营维护的关键因素。

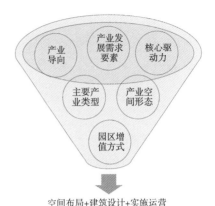

空间布局+建筑设计+实施运营

图5-2　产业园产业分析策略

1. 生态工业园

生态工业园以构建绿色循环产业链体系为导向，产业发展注重清洁生产工艺的引进，强调能源循环、原材料节约及废弃物的再利用。一般来说，生态工业园的核心驱动力包括政策驱动、环境保护和生态利用驱动等。产业类型分为综合类、行业类和静脉产业类三种。空间形态倡导产业生态化，注重生态质量监测，以构建产业与生态完美融合的绿色园区，并通过宏观、中观、微观层面的物质与能量流的循环发展，实现园区整体绿色增值（表5-8）。

生态工业园产业分析策略　　　　　　　　　　　　　　　　表 5-8

发展特征	分析策略
产业导向	绿色循环产业链体系
产业发展需求要素	清洁生产工艺、能源循环、原材料节约、废物再利用
核心驱动力	政策驱动、环境保护与生态利用驱动
主要产业类型	综合类、行业类、静脉产业类园区
产业空间形态	产业生态化，注重生态质量监测，构建产业与生态完美融合的空间形态
园区增值方式	通过宏观、中观、微观层面的物质流与能量流循环，实现园区绿色增值

2. 专业产业园

专业产业园产业链导向突出展销功能，具有全面配套服务功能的展销中心，产业发展集中为客户提供展示、销售、洽谈、仓储、流通加工、运输和配送等服务。与一般物流中心不同的是，专业产业园更注重展销和商务展销功能，一般以建设国际化贸易中心、全国性/区域性/地方性市场为主，空间形态上主要围绕产地、集散地以及销售地等进行园区专业化布局。通过向集合展示、销售、物流等高度集中化、综合化发展来实现园区增值（表5-9）。

专业产业园产业分析策略　　　　　　　　　　　　　　　　　　　表 5-9

发展特征	分析策略
产业导向	突出展销功能、具有全面配套服务功能的展销中心
产业发展需求要素	为客户提供展示、销售、洽谈、仓储、流通加工、运输和配送等服务
核心驱动力	注重展销和商务展销功能
主要产业类型	国际化贸易中心、全国性/区域性/地方性市场
产业空间形态	围绕产地、集散地、销售地等进行专业化布局
园区增值方式	向展示、销售、物流高度集中化、综合化方向发展

3. 物流产业园

物流产业园根据需求链、供应链、价值链、产业链、服务链等"链"条设计，产业发展需求涉及网络设计、信息、运输、存货、仓储、物流搬运和包装。以政策、交通及创新为核心驱动力，主要产业类型包括商贸类、运输枢纽类及综合类园区等。一般来说，物流园区以纯产业园为主导，依托交通驱动沿重要枢纽或仓储中心布置，通过构建高效、便捷的现代化园区，拉动区域经济发展水平（表5-10）。

物流产业园产业分析策略　　　　　　　　　　　　　　　　　　　表 5-10

发展特征	分析策略
产业导向	需求链、供应链、价值链、产业链、服务链等
产业发展需求要素	涉及网络设计、信息、运输、存货、仓储、物料搬运和包装
核心驱动力	政策驱动、交通驱动、创新驱动
主要产业类型	商贸类、运输枢纽类、综合类园区
产业空间形态	纯产业园区，沿重要交通枢纽或仓储中心布局
园区增值方式	构建高效、便捷、现代化园区，拉动区域经济水平

4. 高新技术产业园

高新技术产业园以技术和知识密集型产业集聚为导向，开展技术研发类产业活动，注重产业结构优化，注重资源整合与平台建设，产业发展核心驱动力包含创新、人才、技术和资源要素等。主要产业类型为高科技产业研发、产业技术成果转化应用以及产业孵化等，空间形态上以科学园、科技城、科技企业孵化器、硅谷等为主，通过技术与知识的创新升级，推动产业融合一体化发展，以此推动园区增值（表5-11）。

高新技术产业园产业分析策略　　　　　　　　　　　　　　　　　　　表 5-11

发展特征	分析策略
产业导向	以技术和知识密集型产业集聚为导向
产业发展需求要素	开展技术研发，优化产业结构，注重资源整合与平台建设
核心驱动力	创新、人才、技术和资金要素等
主要产业类型	高科技产业研发、产业技术成果转化应用以及产业孵化等
产业空间形态	科学园、科技城、科技企业孵化器、硅谷等
园区增值方式	通过技术与知识创新升级，推动产城融合一体化发展

　　　　　　　　　　　　　　　　　　　　　　　　　现代产业园规划及建筑设计

5．总部基地产业园

总部基地产业园聚焦总部经济，以企业总部、企业高端决策部门集聚为导向，依托国际/国家级经济发展中心实现多元化、综合化产业发展需求。总部基地的高端性决定其以知识、创新、商务、资金与人才为核心驱动力，产业类型以研发办公、孵化中心和与产业配套的教育培训、会议交流以及其他生产生活服务配套等。从空间形态上看，总部园区相对于高新技术产业园区更为高端，表现出了"自给自足"的综合开发社区特征，通过"总部—制造基地"功能链辐射带动园区的增值发展（表5-12）。

总部基地产业园产业分析策略　　　表 5-12

发展特征	分析策略
产业导向	企业总部、高端决策部门集聚
产业发展需求要素	依托国际/国家级经济发展中心实现多元化、综合性产业发展
核心驱动力	知识、创新、商务、资金与人才驱动
主要产业类型	研发办公、孵化中心、教育培训、会议交流及相应的配套设施
产业空间形态	相对高新技术产业园更为高端的，"自给自足"综合开发社区
园区增值方式	通过"总部—制造基地"功能链辐射带动园区增值

6．文化创意产业园

文化创意产业园产业链以文化创意产业集聚为导向，实现生产、交易、消费各类文化产品和服务的多功能综合性发展，产业核心驱动包括文创驱动、技术驱动、人才驱动、消费驱动和政策驱动等。产业类型以创意研发、服务交易、教育培训、宣传展示和交流娱乐等为主，空间形态上包括新建类和改造类两种，通过运用城市的资源优势，引导园区从生产性向生产生活一体化空间方向发展，实现国际协同（表5-13）。

文化创意产业园产业分析策略　　　表 5-13

发展特征	分析策略
产业导向	文化创意产业集聚
产业发展需求要素	实现生产、交易、消费各类文化产品和服务的多功能综合性发展
核心驱动力	文创驱动、技术驱动、人才驱动、消费驱动、政策驱动
主要产业类型	创意研发、服务交易、教育培训、宣传展示、交流娱乐等
产业空间形态	新建类/改造类文创园区
园区增值方式	运用城市优势，从生产性向生产生活一体化空间方向发展，实现国际协同

5.4.2　产业选择策略

1．产业选择

1）明确产业定位

精准的产业定位是产业园成功建设的关键，各地区由于自然、经济和社会等各个方面条件的不同，便会产生各自的比较优势和比较劣势，所以在进行产业选择时要明确本产业园的优势产业。产业园最主要的作用就是通过集群效应产生规模效益，精准的产业定位能带来关联产业链环节的集聚效应与规模效应，推动园区形成整体、持续的产业动力。反之，入驻企业数量少，产业门类庞杂，园区无法形成关联性强的产业链条，造成园区产业发展水平低下；而园区产业水平的低下，反过来又增大了招商工作的难度，使园区吸引不到优秀的企业入驻，进一步影响园区整体产业实力与开发水准。

2）强化对市场的分析与预测

市场是产业园区产业选择的导向与风向标，任何产业的选择与定位均建立在对过去、现在市场的分析以及对未来市场预测的基础之上，没有了这种分析与预测，对产业的选择和定位就会缺乏前提和支持。在进行一个具体产业园区的产业定位时，这部分的工作是最重要的。无论是产业定位理论研究还是具体实践，都必须强化对市场的分析和预测。这是从微观角度来考虑并进行产业定位的方法。

3）注重与相邻经济区域间的产业分工协作关系

在产业规划的过程中，区域战略的符合度（争取政府政策支持）、市场机会（决定产业发展的规模与前景）、资源匹配性（产业发展潜力）、产业关联性（产业链塑造）、集聚辐射性（对区域辐射带动能力）、形象展示性（产业影响力与竞争力）等因素对于产业园规划中产业的选择更具有直接的影响，基于竞争力的上述理论构建出产业选择的分析模型[1]（表5-14）。

产业选择分析评价模型　　　　　　　　　　　　　　　　　表5-14

评价指标	（好，1分）	（中，0.5分）	（差，0分）
区域战略符合度	完全符合	部分符合	基本不符合
市场机会	市场机会巨大	市场一般，但较易向其他地域辐射	市场机会小，且辐射能力弱
资源匹配性	完全匹配	基本匹配	基本不匹配
产业关联性	产业关联及带动效应强	产业带动效应一般	产业带动效应较弱
集聚辐射性	吸引人流、物流、资金流等要素集聚，带动周边区域经济发展	对各种生产要素的集聚性一般，成熟后对周边区域经济带动性一般	对各生产要素吸引力弱，对周边区域无辐射带动功能
形象展示性	能较大幅度提升区域形象	对区域形象展示作用一般	对区域形象没有提升作用

（资料来源：《2015武汉市硚口区项目定位及发展战略研究报告》）

2．产业评估方法

产业评估是产业选择与规划的重要环节之一。中长短名单法和二级筛选法[2]是产业评估最常用的两类方法，两者都是通过分阶段筛选来明确园区未来潜力发展的产业。不同之处在于，中长短名单法侧重从产业价值链、能力、机会和合作四个维度来进行产业筛选，二级筛选法则主要从区域战略、发展机遇、产业前景、资源优势、竞争态势、集群效应、国家政策等产业开发环境角度进行筛选，两种方法各有侧重，各有所长，可结合园区开发环境来进行具体选择。

1）中长短名单法

该方法的特点是通过区域发展的方向及行业分析确定主要产业的名单，从产业价值链、能力、机会和合作四个方面综合评定。优点是通过对宏观层面的把控进行产业筛选，再落实到行业内产业发展情况，可行性较强。主要思路是通过事先设置的产业挑选原则来进行层层筛选，找出可供园区发展的长名单，再结合限制条件筛选可供选择的中名单，最后通过产业发展前景评估，得到短名单，最终实现合理产业甄选，明确适合园区长远发展的产业目录。主要适用于区域规划明确、产业园发展方向确定的产业园，实操性较强。其具体分析思路如图5-3所示：

---

1. 刘月明. 基于区域竞争力分析的工业园区产业规划研究［D］. 天津大学. 2013.
2. 王启魁. 产业园区规划思路及方法-基于国内外典型案例的经验研究. 中国投资咨询-城镇化研究系列. 2013.5.

现代产业园规划及建筑设计

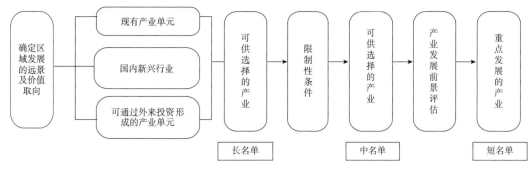

图5-3　产业选择的分析思路

2）二级筛选法

（1）初级筛选。对园区的产业进行合理定位的核心和前提是确定一套系统、科学的筛选园区产业机会的标准。本研究选取了区域战略、发展机遇、产业前景、资源优势、竞争态势、集群效应、国家政策七个维度，构建了初级筛选的标准（表5-15）。

园区产业初级筛选标准　　　　　　　　　　　　　　　表 5-15

符号	（好，1分）	（中，0.5分）	（差，0分）
园区战略	该行业完全符合该园区经济及发展规划	该行业不是该园区的经济及产业规划的重点行业	该园区的经济及产业规划不鼓励该行业
发展前景	园区内有一些可预见的特定事件促进该行业的发展	园区内无特定的可预见的事件促进或阻碍行业发展	区域内有一些可预见的事件会阻碍该行业的发展
产业前景	该行业在园区内拥有巨大的市场和发展空间	该行业在园区内的市场一般，但较易向其他地区辐射	该行业在园区内的市场一般且向其他园区的辐射要求较多
资源优势	该园区拥有良好的人文和自然资源、资金优势和基础设施	该园区的人文、自然、资金和基础设施情况一般	该园区的人文、自然、资金资源贫瘠，基础设施条件一般
竞争态势	该行业在园区内无竞争	该行业在园区内竞争一般	该行业在园区内竞争激烈
集群效应	该行业具有较长的产业链，对其他行业具有很强的带动效应	该行业对其他行业的带动效应一般	该行业的产业链较短，对其他行业的带动效应较弱
国家政策	国家的产业政策、税收政策等充分鼓励该行业的发展	国家宏观政策对该行业也不作限制	国家的宏观政策限制该行业在国内的发展

通过对各个产业进行打分，遴选出备选产业。这里需要制定遴选的标准，比如根据得分不同分为三个档次，第一、第二档次的产业进入二次筛选。

（2）二级筛选。在一级筛选的基础上，进一步运用横向的综合区位优势和纵向的产业吸引力优势两维指标，评估该园区竞争状况以确定该园区的潜在产业竞争实力。

在计算产业吸引力优势时：各子因素对不同产业的重要性不同，被分别赋予不同的权重，权重之和为1。根据不同的权重和各子因素的分值，计算加权平均值，即为产业吸引力优势的最后得分。

在计算综合竞争优势时：不用对各因素赋权，默认为各个因素权重相等，所以直接计算5个子因素得分的平均值即可。

根据评估结果将特定园区的产业机会分为很有机会、有一定机会和机会很少三种类型，依次作为下一步园区产业定位可行性分析的基础。①很有机会产业。当产业竞争优势处于区域3时，说明各园区在该产业都没有形成什么明显的竞争优势，因此目标园区在该产业的发展机会很大。②有一定机会产业。当产业竞争优势处于区域2和区域4时，说明已有一些园区在某一方面具有较好的优势，但仍有一些不足，因此目标园区若能及时赶上，在该产业发展仍有一定的机会。③机会很少产业。当产业竞争优势处于区域1时，说明其他园区已经在该产业形成了明显的竞争优势，目标园区在该产业的发展机会很少（图5-4）。

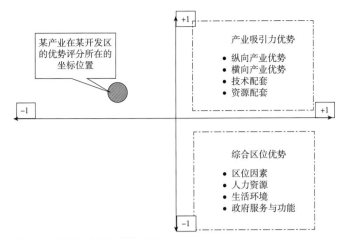

图5-4　园区产业竞争优势分析

5.4.3　产业发展策略

1．寻求经济互补，提升区域竞争力

在产业规划的过程中，规划定位应立足于区域经济互补原则。必须利用一切资源促进经济互补，在更大范围内实行经济的开放和融合，以求加快经济发展，只有加快经济的开放和融合，形成资源互补、互惠互利的良性循环，才能推动产业发展，提高区域竞争力。

2．发挥区位优势，促进集群发展

根据区域经济的资源优势，打造特色产业集群，提升产业竞争力。打破行政壁垒，促进产业链在空间上的延伸，依托自身优势，参与区域分工体系，构建互补、共生的产业协作体系。通过重点科研扶持，构建国家重点实验室、科研院所、企业研发培训中心等，提升人力资源水平，推动技术创新与升级，实现整体产业产出效能的提升，通过政府角色与定位的转变，优化公共支出效率与方向，将投资重点转向市场环境、设施配套、环境质量等方面，从而改善产业集群软环境。

3．结合区域发展，加强体系建设

产业支撑服务体系是产业园开发与建设的重要保障，完善的支撑服务体系在吸收优质投资、高效运营管理等方面具有无可比拟的重要性。一般来说，产业园支撑服务体系大体分为三类：

（1）管理服务体系。包括园区属地要形成企业化、社会化的管理环境；人才储备机制要完善，建立健全区域及园区人才引进、管理、培训及交流等相关机制，在高端人才安居、生活配套服务上给予适当的优惠、激励政策，营造开放、包容、积极的人才环境；建立企业技术进步的投入机制、运行机制、激励机制等良好的机制。

（2）科技创新体系。整合区域及腹地城市产学研资源体系，引导区域产业技术创新，带动园区企业创新、创业发展布局，尤其是针对成长型的中小微企业所提供技术指导与科创服务等，最终提升产业园区整体产业技术创新体系。

（3）公共服务体系。包括道路交通、通信配套、金融投资、社区环境等，对交通资源进行整合使其达到最大的优化，实现"1+1>2"功效，使区域竞争力得到最大的提高。

5.4.4　典型案例分析——南京溧水永阳街道产业园

溧水永阳街道产业园位于溧水新城中部，是南京南拓发展、存量开发的重要区域之一。规划中以"产业活化"为基础，将产业规划与空间规划相结合，实现产业园区表与里的多元升级。

针对园区主导产业不明、产业链低端、配套服务缺失等不足，在南京溧水永阳街道产业园的规划中，通过宏观、中观、微观层面政策与产业发展环境的分析与协调，明确项目产业规划的整体思路：产业分析与选择—落实主导产业—完善产业体系—产业空间布局。

1．产业分析与选择

1）产业导向

在核实溧水产业发展外部形势与内部动力的基础之下，结合长三角、苏南、南京、溧水等上位规划产业发展建议，确定依如下路径进行主导产业筛选及产业细分（图5-5）。最终筛选出初选产业门类，包括先进制造业、现代服务业与以KPO为主导发展科技主导型产业。

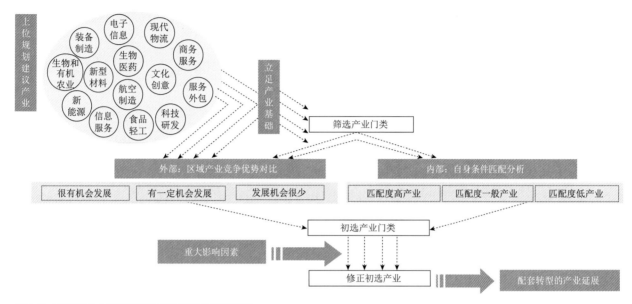

图5-5　南京溧水永阳街道产业园产业选择路径构建
图片来源：香港华艺设计顾问（深圳）有限公司项目文本

2）产业基础分析

（1）产业门类分散，未突出区域特色形成专业化的产业聚集区。

（2）已有产业与其他区域主导产业雷同、产业关联性弱。

（3）亟待发挥区域资源条件优势、打造特色鲜明的产业聚集区，形成与已有产业园区产业配套、优势互补的溧水区域产业开发群落。

3）区域竞合分析

规划区紧邻溧水中心城区，外围生产、生活性配套设施完善，南侧聚集高校，创新动力强劲，用地条件、环境较好，产业发展受空港腹地和高铁经济双重驱动，有发展科创型产业、打造现代化产业聚集区的地缘优势。

目前溧水经开区内已有空港柘塘新城、宁溧高科技产业园、紫金溧水科创特区三处产业聚集区，发展条件见表5-16：

溧水经开区已有产业聚集区   表 5-16

发展条件		空港柘塘新城（航空物流园）	宁溧高科技产业园	紫金（溧水）创新特区	创智产业新城
区位条件	位于城市发展主轴线上	O	O	O	O
	是否临近城市中心区	X 15.4km	X 13.2km	X 12.7km	O 紧邻中心区
	生态环境	X	X	O	O

发展条件		空港柘塘新城（航空物流园）	宁溧高科技产业园	紫金（溧水）创新特区	创智产业新城
交通设施	大型交通设施	禄口机场（<5km）紧邻空港区	禄口机场（5~10km）空港相邻区	禄口机场（10~15km）外围辐射区	禄口机场（15~25km）空港腹地溧水高铁站
	主干道数量	3条高速路 2条快速路 6条主干道	1条高速路 2条快速路 2条主干路	1条高速路 3条快速路 4条主干路	1条高速路 2条快速路 4条主干路
	大运量城市交通	1条轨道交通	1条轨道交通	—	1条轨道交通
用地条件	占地面积	60km²	20.74km²	5.42km²	22.8km²
	用地条件	一般	较好	受限	较好
产业发展	主导产业	航空制造业、现代物流业、装备制造、食品医药生产等	电子信息、生物技术和新医药、现代物流等	重点发展航空航天产业以及新一代信息技术中的物联网应用产业等	—
	产业状态	园区化建设初具规模，产业聚集度较强	招商引资，园区建设	园区规划完成，开发建设初启动	工业零散、不具规模
	产业环境	依托空港带动，自我配套支撑	周边工业区拟建和待建、缺少成熟配套支撑	周边工业区拟建和待建、缺少成熟配套支撑	靠近老城区，生活性配套成熟
	聚集程度	强	暂不明显	暂不明显	—

4）产业发展需求要素

宁杭高铁、宁溧轻轨双动脉驱动，产业（用地）发展面临新机遇：

（1）土地升值潜力：溧水是长三角土地成本价格洼地，高铁使溧水成为江苏省四大"长三角最具投资价值的地区"（江阴、如皋、常熟、溧水）之一。

（2）产业升级转型需求：发展与高铁经济相关的2.5产业，如研发服务、技术服务、信息服务、商务服务、物流服务等。

（3）用地功能调整需求：控制M1类用地，适度增加Ma类用地、B29类用地、R类用地，适应高铁对区域产业用地发展需求。

（4）城市形象提升空间：吸引南京高校人才，吸引高科技企业入驻。

5）产业选择策略

以创智产业新城为目标，重点发展装备制造和精细加工为主导的先进制造业及以信息技术、创业产业为支撑的高端现代服务业，增强产业链两段延伸的科创投入。

2．产业体系构建

在此基础之下，溧水永阳街道产业园逐渐构建起"创智产业新城产业体系"（图5-6）。

3．产业发展策略

1）主导产业：先进制造业——挖掘优势基础发展成本导向下的Ⅱ类先进制造业

目前规划区内的二类工业以传统制造业和初级装备制造业为主，大多存在附加价值低、环境污染大等问题。因此，在对区域产业发展机遇及自身条件分析的基础下，选择基础良好、满足未来区域产业发展需求并具有升级空间的装备制造、精细加工等制造业类型予以扶持，依托信息技术、生物技术、新材料技术、新能源技术等先进技术对传统工艺进行改造升级，建设专业化、规模化的产业园区，在成本导向下重点发展Ⅱ类先进制造业。

产业选择原则：①基础良好，满足发展诉求；②契合战略性新兴、产品附加值高；③土地资源节约、生态环境友好。建设专业化、规模化的产业园区，依托先进技术对传统工艺进行改造升级，重点发展Ⅱ类先进制造业（图5-7）。

2）支撑产业：现代服务业

依托信息技术发展而产生的，服务外包产业产品附加值高，同时具有很好的产业内嵌性，与文化创意产业、先进制造业、现代服务业以及其他战略性新兴产业都有着良好的融合、应用关系，逐渐成为其技术创新升级的核心力量和助推器。

支撑产业选择原则：①与主导产业的产品融合、应用性高；②产品附加价值高；③对主导产业向价值链高端升级推动性强。

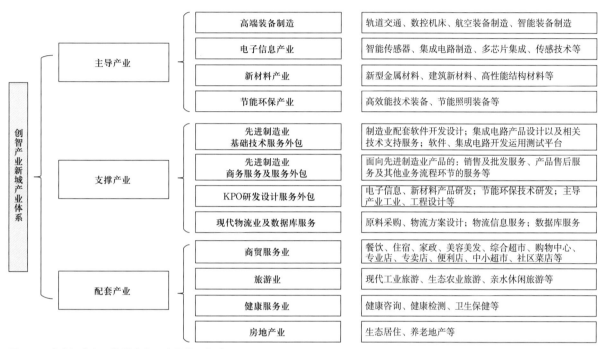

图5-6 南京溧水永阳街道产业园产业体系构建

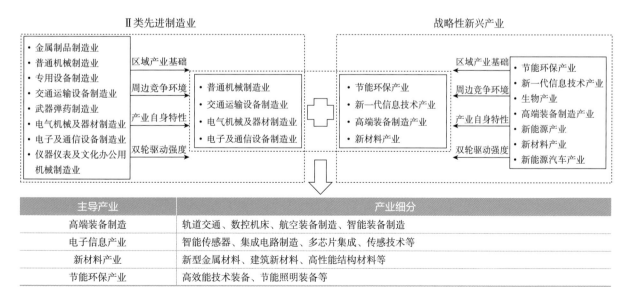

主导产业	产业细分
高端装备制造	轨道交通、数控机床、航空装备制造、智能装备制造
电子信息产业	智能传感器、集成电路制造、多芯片集成、传感技术等
新材料产业	新型金属材料、建筑新材料、高性能结构材料等
节能环保产业	高效能技术装备、节能照明装备等

图5-7 南京溧水永阳街道产业园主导产业选择

园区科创动力强劲，信息技术人才充沛，未来应大力发展以KPO服务外包为主体的生产性服务业（图5-8）。

3）配套产业：服务外包——以KPO为主导发展科技主导型产业（图5-9）

配套产业选择原则：①延伸老城商贸服务功能；②契合周边地块功能需求；③符合未来发展诉求。

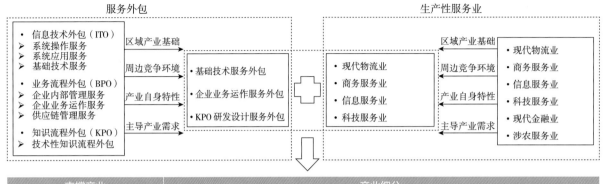

支撑产业	产业细分
先进制造业 基础技术服务外包	制造业配套软件开发设计：集成电路产品设计以及相关技术支持服务；软件、集成电路开发运用的测试平台
先进制造业 商务服务及服务外包	面向先进制造业产品的：销售及批发服务、产品售后服务及其他业务流程环节的服务等
KPO研发设计服务外包	电子信息、新材料产品研发；节能环保技术研发；主导产业工业、工程设计等
现代物流业及数据库服务	原料采购、物流方案设计；物流信息服务；数据库服务等

图5-8 南京溧水永阳街道产业园支撑产业选择

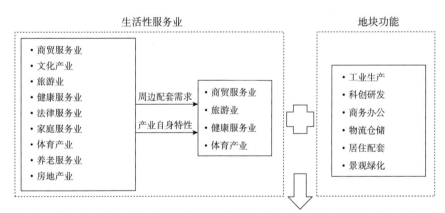

配套产业	产业细分
商贸服务业	餐饮、住宿、家政服务、美容美发、综合超市、购物中心、专业店、专卖店、便利店、中小超市、社区菜店等
旅游业	现代工业旅游、生态农业旅游、亲水休闲旅游等
健康服务业	健康咨询、健康检测、卫生保健等
体育休闲业	体育健身、体育竞技、体育休闲等

图5-9 南京溧水永阳街道产业园配套产业选择

5.5 空间规划

产业园中所进行的一切生产和生活活动都是围绕产业链体系和空间环境布局来开展的，空间规划与产业规划之间存在既相互联系又相互制约的关系。正确分析空间规划与产业规划之间的界限和关联性，有利于在错综复杂的社会环境中探究产业园布局与运营的规律，从而科学、合理地引导产业园区的空间规划与建筑设计。

产业规划是空间规划的前提和基础。产业园建设的根本目的是通过构建现代产业体系，助力区域产业升级优化，带动区域经济水平的提升。因此，产业规划指导空间规划，产业规划决定园区产业定位、产业链、主导产业及产业规模等，空间规划除了适应场地环境，最重要的服务宗旨是为产业活动服务。如空间组织方式与产业链环节的耦合，园区产业链的整合，园区布局、建筑规模与形态等，均需要与产业链体系产生共生和配合，以最优化的空间组织形式，实现园区整体产业与空间环境的高效、合理衔接。

空间规划是产业规划的组织和实施。空间规划主要解决园区产业布局、交通运输、人才居住、休闲配套等产业活动的空间承载问题。空间规划中的区位、选址、规模、形态、建筑风格、景观生态等布局的合理性，直接决定园区开发建设和生产活动的运行效率。因此，空间规划对产业规划具有反作用，空间规划是产业规划的组织和实施。高效、集约的空间布局有利于节约建设用地，提升土地产出效率；多元、立体的交通组织有利于缩减运输时间，节约运输成本；完善、共享的基础设施配套有利于提升经济效益；优美的生态环境有利于打造高品质的产业生活空间，塑造园区整体竞争力与品牌影响力。

产业规划与空间规划相互联系和作用，但它们之间也存在一定的矛盾与限制。工业群落的布置，根据空间规划要求坚持因地制宜、师法自然等原则，合理利用自然环境中的风向、河流、山体等，确保工业群落安全、卫生的距离，而产业规划为了提升生产效率，节约能源，降低成本，在产业链构建上力求简练、直接，园区布局注重集约、复合与紧凑原则。因此，园区规划必须协调、平衡好两者之间的界限和关联性，只有产业规划与空间规划的和谐统一，才是建设现代化产业园区的必然选择。

一般来说，空间规划主要包括三个层次的内容，即开发规划、建筑设计与工程设计，其中，开发规划又涉及产业策划、概念规划、总体规划和详细规划等内容。

在开发规划中，首先应与规划部门对接相关上位规划，分析土规、法定规划（总规、控规）与园区开发建设存在的矛盾，结合其他非法定规划提出的要求，针对地块划分、路网衔接、地块性质、配套设施、指标分配、城市形态引导等问题提出解决思路。在控规、修规之前的概念规划设计阶段同步开展产业发展规划及建设前期定位策略研究，以便将相关内容融入控规与修规当中。其后，产业园控制性详细规划编制成果包括规划文本、图件和附件。在此阶段，以实施和落实城市总体规划、分区规划或发展战略规划的产业导向为目的，结合实际情况和管理需要，有针对性地进行适度控制，为园区的开发建设行为、修建性详细规划和具体设计提供一定选择与拓展空间。在此基础上，进一步完成产业园修建性详细规划编制。修建性详细规划成果应当包括规划说明书、图纸。成果的技术深度也该能够指导建设项目的总平面设计、建筑设计和工程施工图设计，满足委托方的规划设计要求和国家现行的相关标准、规范的技术规定。

在建筑设计阶段，建筑方案设计依据设计任务书开展，包含总平面设计、建筑单体方案设计以及设计文件编制等三大方面内容。建筑总平面设计内容包含场地分析、场地布置以及竖向设计等三大方面内容。建筑单体设计主要设计内容包含功能布置、造型设计、平面布置、剖面设计与立面设计等。设计文件的编制内容主要包含设计说明、分析图以及必要的方案图纸。

在工程设计阶段，设计内容包括合同要求所涉及的所有专业的设计图纸、合同要求的工程预算书、各专业计算书，分三次互提资料，完成产业园施工图设计。

产业园空间规划一般由具有国家或地方政府认定的相应等级资质以及产业园空间规划相关经验的规划设计公司来完成。随着产业园开发建设经验的不断完善与成熟，一些大型产业园开发运营商、产业园咨询服务机构也开始参与到产业空间规划当中来，从开发运营及产业定位策划的角度，为空间规划设计出谋划策。

本书第三篇将针对本书重点研究的六类主要产业园区的空间规划和建筑设计展开讨论。

5.6 运营管理策略

运营管理是产业园建设成功与否的关键环节，也是最后产业园系统规划的最后一个环节，主要涉及投融资规划、招商规划、重大项目策划以及公共服务平台建设等内容。高效、健全的运营管理规划有助于产业园实现全面、健康、可持续发展目标（图5-10）。

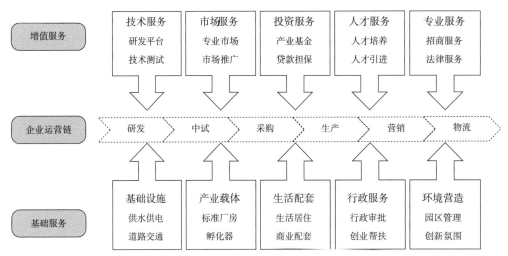

图5-10　配套设施和服务体系构成

5.6.1 投融资规划

投融资规划是产业园运营管理规划的重要组成部分，是产业园项目运作成功与否的重要环节。投融资规划是一个动态的系统工程，以统筹产业园开发资金为目标，融合土地收益、开发平台、融资模式以及开发时序等内容。具体来说，产业园投融资规划的总体思路分"前期准备—基础分析—多方案比选—实施运作"四步。

1．前期准备

根据已确定的投融资规划目标进行基础资料的收集与整理。包括三部分内容，国家及地方政府产业园投融资相关的法律法规与政策规范、相关上位规划以及腹地城市社会经济、市场数据以及建安成本等资料的收集。

2．基础分析

对前期收集的基础资料的集中整理与分析，包括定性分析与定量分析两种方法。定性分析以基础资料收集为基础，通过资深规划师丰富的项目经验所进行的主观判断，来进行的初步规划；定量分析则是通过重要的市场参数，包括市场、成本、业态、融资模式等，通过选择专业分析模型，模拟出产业园投融资策略。一般来说，在产业园投融资规划的过程中，都是采用定性与定量相结合的方法来进行。

3．方案比选

经过精密、严谨的分析过程，最终形成目标导向各异的几种投融资方案。通过财务测算，实现资金平衡，是投融资规划的目标和方向。具体来说，应结合国家及地方相关行业标准，通过构建适合的财务模式，进行各方案的现金流模拟测算，准确计算建设期内的投资额、收益率以及现金流情况等，综合分析各方案财务生存能力、偿债能力以及盈利能力等指标，最终挑选最合适的投融资方案。

4．实施运作

通过多方案比选形成的最优方案，成为产业园投融资规划的行动指南，协助开发主体明确合理资金结构，多方拓展融资渠道以及提供效益最大化的投融资建议等。需要明确的是，产业园投融资规划是一个动态变化的系统过程，在产业园开发建设的不同阶段，整体资金及财务需求也必然发生相应的变化。同样，不同开发主体资金实力与运作模式也存在差异，这些都应该在投融资规划与实施运作过程中进行重点关注，并予以妥善解决。

5.6.2 招商规划

产业园招商规划的主要目标就是寻找志同道合的投资者，与开发主体一起携手共建现代化产业园区。招商规划主要可以通过两个步骤实现，分别为拓展招商渠道与实施招商运作。

拓展招商渠道。首先要组织专业的招商运作团队，可以是园区自己组建队伍，也可以聘请市场上的专业招商团队入驻。通过广泛整合各方资源，制定行之有效的招商运作计划，全程高效服务，尽可能多地吸纳优质、目标产业客户入驻。

实施招商运作。选取电视、自媒体、展会、专场招商推介会等方式，实施"走出去"与"引进来"相结合的招商策略，制作招商宣传册，介绍产业园开发目标、战略布局、主导产业、发展模式等投资者重点关注的内容，通过现代多媒体方式进行三维立体空间的演示，让投资者可以全方位、多角度了解项目，进而进行投资开发决策。针对目标潜力客户采取"一对一"专业服务等方案，全面推广招商计划，吸引优质产业合作伙伴，提升园区产业入住率，实现整体运营管理能力的加速提升。

5.6.3 重大项目策划

重大项目是产业园成功开发的引擎与核心，一个行业领先、技术一流、资金充裕的重大项目，可以带动整个产业园的建设运营，为产业园吸引源源不断的上下游及关联行业产业客户，形成"百鸟朝凤"式的产业集聚与规模发展。一般来说，重大项目策划主要涉及四大要素：

（1）政策导向：一是国家或区域宏观战略导向，成为重大项目策划、培育的最佳时期。随着粤港澳大湾区发展战略的提出，大湾区中心城市迎来了产业优化布局的重大发展先机，吸引了来自世界各地的产业开发资金与优质项目。另外则是国家产业政策，遵循国家重点扶持的主导产业发展目录与方向，从鼓励、限制、禁止类产业开发目录中寻求重大项目开发的机会，尽可能多地获取国家各项产业政策优惠与扶持。

（2）资源禀赋：包括两个方面，一是自然资源禀赋，涉及珍稀矿产资源存储规模、资源品质、开发建设条件等，考察是否具备开发价值较大的优异条件。二是当地产业基础，特别是主导产业竞争力。产业基础雄厚，主导产业实力强，产业关联及集聚能力就强，有利于形成重大项目产业集群。

（3）市场需求：在全球化发展的大背景之下，应立足国际、国内两个市场高度，从总体、战略上进行设计。一个国家或地区的经济开放度决定了市场空间的大小。越是开放、包容的国家或区域，市场空间就越大。市场需求具体包括市场需求总量、市场需求质量、市场竞争对手三个方面。

（4）科技实力：积极推动产业园产研一体化发展，鼓励、培育企业科技创新、自主创新能力，加快科研成果的市场转化能力，形成更多、更优质的重大产业项目。

5.6.4 公共服务平台建设

健全、完善的公共服务平台是产业园实施高效运营管理的重要配套及服务支撑，有助于改善整体生态环境，提升产业竞争力。主要包括科技研发、中试测验、成果转化、信息技术、共享服务以及投融资管理、人才建设、绿色建筑、节能环保等相关服务平台。公共服务平台建设引导产业园实施规范化、智能化与市场化发展的重要支撑，有助于优化园区公共资源配置，实现产业专业化分工协作，同时加速科技成果转化效率等。

天安云谷智慧园区运营管理与产业创新平台建设

"天安云谷"作为天安骏业开创的智慧园区品牌，以"产城融合"为核心理念，立足粤港澳大湾区庞大的市场基础，构建集产业研发、商办、商业、居住、社交于一体的新型复合产业空间，以轻、重资产双轮驱动实现园区稳健发展，逐渐明确行业竞争优势。

通过整合地方政府、资金、技术、产业、园区等各方资源，进行园区整体运营服务。建设智慧园区运营公共服务平台，将线上线下服务、管理一体化融合，为企业与人才提供全方面服务。

两大平台：关键资源创新协同平台、企业非核心业务综合外包服务平台；

八大服务体系：人才关爱、拎包入住、3D采供、企业配套、战略协作、创新驱动、孵化器、综合金融；

三大计划：向日葵计划、天堂鸟计划、香柏树计划。

同时，天安骏业集团还携手全球知名企业、科研机构、高等院校，共同构建开放、包容、资源协同的创新发展体系，搭建技术、资本等精准敏捷的产业运营平台，实现跨区域合作交流与转化，通过"一带一路"政策推动全球先进资源"引进来"及国内企业"走出去"，打造企业面向世界竞争的产业创新服务平台。

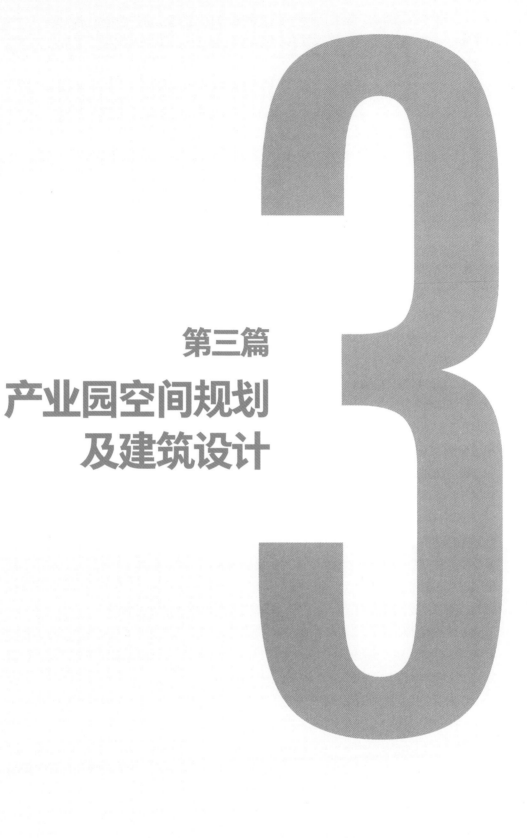

第三篇
产业园空间规划
及建筑设计

第6章 | 产业园规划与建筑设计 一般原则及要素体系

6.1 产业园空间规划一般原则及要素体系

6.1.1 一般原则及上位影响因素

1. 总体目标及一般原则

产业园规划设计的总体目标，是实现产业园开发的综合效益最大化。产业园整体规划一般原则，包括产业集聚、协调、集约高效、可持续发展等。在满足一般原则的基础上，各类产业园规划设计各有侧重，总的来说，现代产业园应遵循以下原则：

1）集约高效原则

充分挖掘土地潜力，紧凑布局，合理提高用地开发强度，提升土地产出和土地利用效益，促进产业园区土地节约、集约利用。通过合理的功能布局和设施配套，促进基础设施共建、共享，发挥规模效益，引导产业集聚，形成各具特色的产业集群。

园区规划应通过优势产业集中布局、集聚发展，推动企业精干主体、分离辅助，建立成链闭环发展的循环经济发展模式，有效保护环境，实现资源节约利用、循环利用，强化集约节约用地，严格执行工业建设项目投资强度、建筑密度、容积率等控制性指标，努力提高工业用地综合利用效率。

2）协调原则

（1）规划协调：编制产业园区规划应当以产业园区所在地的上层次城乡规划为依据，并与国民经济和社会发展规划、土地利用总体规划、环境保护规划等相协调。

（2）区域协调：把产业园区作为充分开放合作的重要平台，承接区域、国内乃至国际产业转移。立足区域经济合作，支持跨区域建立产业园区，探索产业合作园区或产业集中发展区建设模式和管理运行机制。

3）可持续发展原则

产业园的可持续发展，既要充分体现地方特色、生态特色，使其对环境的影响最小，把历史人文因素纳入城市发展的理论框架中。

产业园应注重绿色、低碳发展，未来园区将以"减量化、再利用、资源化"为基本原则，以"低冲击、低消耗、低排放、高效率"为基本特征，遵循低冲击模式，推行绿色节能建筑，鼓励发展循环经济，使得生产能耗低、废弃物排放低、资源综合利用率高，实现产业园区可持续发展。

2．上位影响因素

产业园开发建设前期，需对宏观政策、宏观经济、自然资源以及产业支撑等重要影响因素进行基础分析，再确定产业定位及发展战略，并进行空间规划设计等。除政策经济、上位规划等背景因素以外，产业园规划设计还受到项目用地、周边资源、历史文化等因素的影响。

1）政策因素

国家宏观产业政策是国家为了完成一定的经济和社会目标而对产业实施各种政策的总和，主要包括产业组织政策、产业结构政策、产业技术政策和产业规划政策等。国家宏观产业政策及产业发展政策对产业园的选址、定位与规模有着深厚的影响，很大程度上影响产业园的产业类别与发展模式。

省市级产业发展政策决定了大中小城市的产业总体发展格局，如以园区带动城区的战略规划；而产城融合的政策导向提倡产业与居住的融合，会对产业园的功能构成带来重要影响。

2）区位因素

区位选址对产业园规划设计的定位与规模、道路交通格局、绿地景观格局均有较大的影响。不同区位的产业园能获得的资源以及需要考虑的问题也不同：

（1）建设在城市内部的产业园，能够有效利用城市原有的各种设施，提高资源利用效率。然而，高昂的地价促使选址在成熟地区的园区必须高密度、高强度开发，同时园区也更容易受到城市发展带来的各种问题的困扰，比如交通堵塞、空气污染等。

（2）建设在城市边缘的产业园，建设成本相对于位于远郊区的园区模式较低，但需要建部分配套设施，功能构成需相对完整。

（3）建设在城市外围的产业园，基础设施较为薄弱，园区发展初始阶段必须依靠企业本身经济效益来带动整体区域的发展，包括环境的提升及配套服务设施的建设等，所以往往耗资较大。

3）交通因素

上位规划以及外围交通环境是产业园规划设计的重要影响因素，决定了产业园的空间总体格局和交通组织模式、内部交通流线、园区交通承载量等。

依据上位交通规划，对产业园区进行统一规划，使园区道路与外部交通道路完全衔接，园区应在各个方向均有与城市道路网连接的主要出入口，能够方便快捷联系轨道站点、交通枢纽、城市干路，融入城市交通路网，实现一般车辆与货运车辆分流、人车分流，避免交通瓶颈的出现，创造快速便捷、积极宜人的交通体系。

4）环境因素

随着我国产业园区的飞速发展，环境因素成为产业园规划设计的主要上位影响因素之一，在园区规划设计的全过程，应处理好环境影响与产业园区建设的动态平衡关系，以达到绿色低碳发展和可持续发展的目标。

园区的开发可以对原有的地形充分利用，保持其原始地貌，使园区与自然生态系统充分结合，最大限度地降低人为因素对原有景观、水文、生态系统功能造成的影响，实现与自然共生的理念。适当地设置沟渠、湖泊、池塘等人工水体，改善局部小气候，充分利用地形地势，应用分散式滞留、就地利用、地面下渗等方式，实现对雨水的滞留、储存、净化和利用。保证园区内有充分的绿化用地，各个企业组团都应该设有公共绿地，道路两侧适当设置绿化带或防护林，提升园区环境。

除了保护和提升生态环境，做到低冲击开发的同时，更要结合园区近远期发展规划，在充分研究基础上推行清洁生产、防治工业污染，制定污染物处置及管理统一规划，立足当前，着眼长远。

6.1.2 区位选址

区位选址将决定产业园的空间位置和周边环境。良好的区位奠定产业园的发展基础,优质的资源为产业园发展提供外部动力。在综合研判经济效益、上位规划要求、环境保护需求之后,结合产业园本身对交通、开发规模、生产工艺的需求,方能确定园区选址。

区位选址是产业园建设是否成功的关键要素之一。一般来说,产业园的选址需满足以下基本原则:

(1)符合城市经济和产业发展的方向:每个城市都有自身的发展方向,产业园作为城市产业经济的载体,应顺应所在城市经济发展方向,合理选址。

(2)符合城市规划要求及获得有力的政策支撑:产业园区的建设必须适应城市发展的规划,并与国家及地方的产业政策导向一致,以保障产业持续发展的上位条件。

(3)合理利用土地与原有设施:在当下城市土地资源紧缺的背景下,产业园应充分挖掘土地潜力,通过前期科学的功能策划和紧凑的功能布局,最大化利用原有设施。

(4)拥有便捷的交通:交通可分为对内交通和对外交通两部分,其中对外交通要求园区位置具有很强的可达性,满足原材料和产品的运输要求,同时又不会对城市交通情况造成严重的干扰;对内则是要求园区道路等基础设施完好,便于园区内部各企业间运输,保证工作人员生活的便利性。

(5)保护自然环境:产业园区的建设规模一般较大,且园区活动有可能产生大量废弃物和污染物,因此在园区选址时应特别关注产业园与周边自然环境的关系。

(6)预留足够的园区发展用地:周边建设用地充裕,土地可利用性强,为后续发展预留足够土地。

(7)拥有较为完善的配套:除了交通因素以后,园区内部是否拥有健全的融资平台、物流单位以及生产生活等配套资源对于园区的发展起着重要的作用。

依据产业园与城市的关系,产业园的选址可分为三种:位于城市外围地区、位于城市边缘地区和位于城市内部(表6-1)。

产业园的选址与城市的关系分类 表6-1

与城市的关系	示意图	一般性特点
位于城市外围地区		适合对土地需求较大或对环境质量要求较高的产业园
位于城市边缘地区		可为产业园提供较为充足的土地和较为便利的配套设施服务
位于城市内部		选址于城市内部的产业园一般规模较小、功能较单一,可以充分利用城市中的公共配套设施

6.1.3 功能构成

产业园内功能复合,涵盖生产研发、仓储物流、居住商业等多种功能。产业园内建筑类型繁多,涵盖工业建筑、办公建筑、居住建筑和商业建筑等类型。

现代产业园规划及建筑设计

基于产业聚集的网络理论，产业园内部产业链可分为核心圈层和外部设施。本书将产业园内位于核心圈层的功能定义为产业功能，外部设施则为服务配套。产业功能主要是指生产和研发，服务配套包括产业配套和生活配套。

1．产业功能

产业功能是指用于直接生产产品的核心功能，一般为生产研发。本书将从孵化、研发办公到生产的全过程，凡是涉及生产的空间功能，全部归为生产研发功能。主要包括孵化、办公、研发、生产、生产型仓储、生产型物流。

生产研发功能是产业园的核心功能，一般占据着产业园区的核心位置，其内部结构一般分为两种（图6-1）：

（1）功能分区式：按照功能特征分为研发办公区、中试区、综合生产区。

（2）混合穿插式：围绕不同的公共中心，各功能相互穿插，具有较大的空间灵活性。

2．服务配套

城市规划中的公共服务功能一般包括行政、文化、教育、体育、卫生等公共管理与公共服务功能以及商业、商务、娱乐康体等商业服务业功能，还包括居住用地中的生活性服务设施。对于产业园来说，其配套设施不仅限于园区居住及相应的生活性公共服务设施，更应在产业园区的构建中融入服务于企业生产、职工生活和完善城市功能的综合性基础设施，如针对企业服务的商务商贸、培训交流、会议展览设施以及产品孵化机构、金融机构等；同时，考虑设置企业员工、企

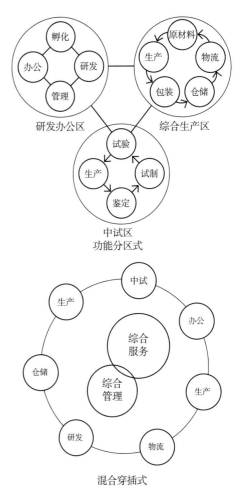

图6-1　产业功能布局

业家属的配套居住以及便捷、安全的社会生活设施，并设置完善城市功能体系的交通设施、市政设施。此外，注重高品质城市空间的营造，实现公共绿地功能化、公共环境精细化，并统筹考虑生态环保设施的设置，全方位扩展产业新城的配套项目。本书将产业园服务配套功能分为产业配套功能与生活配套功能两部分展开研究。

1）产业配套

产业配套功能主要指针对生产和企业服务的硬件系统，既包括满足园区企业发展需要的企业服务、检测、维护、技术信息服务、技术交流平台等设施，也包括满足园区与城市之间产业服务需求的商贸、会议、会展、教育培训等服务设施。产业配套功能在产业园区中的总体布局一般分为三种（图6-2）：

（1）边缘布局式：对外交通便捷，为产业园主体功能留出发展空间。

（2）集中布局式：设施集中，有利于集约用地，或相对较为完整的配套服务区，与城市功能互补。劣势是与产业区相对隔离。

（3）分散布局式：分布均匀，有利于与产业功能区之间形成便捷的服务关联。适合于对场地环境或产业服务有特定需求的园区。

2）生活配套

随着产业园区功能融合的发展趋势，产业园的生产功能与生活功能越发紧密结合，完善的产业园生活配套功能，有利于促进园区职住平衡，产业园工作人员可以就近工作，采用步行、自行车等绿色低碳的通勤交通方式，从而减少交通拥堵和空气污染。

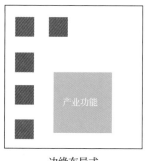

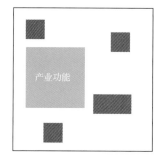

边缘布局式　　　　　　　　集中布局式　　　　　　　　分散布局式

图6-2　产业配套功能布局

本书将产业园内的住宅和相应的文化、体育、商业、卫生等配套服务均归为产业园的生活配套功能。生活配套功能在产业园中的布局主要分为两种情况：

（1）相对独立：生活配套等设施可独栋布置也可沿街布置。其中生活配套相对独立设置的，一般见于有独立产业住区的高新园、总部基地、文创园等。

（2）相对分散：在物流园等较为专业化的园区中，生活配套设施的比例往往较少，布局也比较分散。

6.1.4　规划布局

规划布局是产业园各功能的空间组织关系。在进行产业园的空间组织之前，产业园作为一个整体要考虑所在区域的周边产业现状，通过空间上的合理配置引导区域产业的良性发展。产业园的规划布局主要侧重于对土地的整体使用，包括对开发规模、开发强度等的控制，还包括对整体空间格局的把握，包括空间轴线、功能分区等，总体规划布局主要有六种基本型（图6-3）。

1）网格式

网格式布局由道路等线性空间多条彼此纵横叠加交织而成，又称棋盘式。网格式常以交通道路为基础发展起来，空间层次分明，在网格交汇的中心形成区域设计绿化与广场等公共空间。网格式布局利于园区的可持续性发

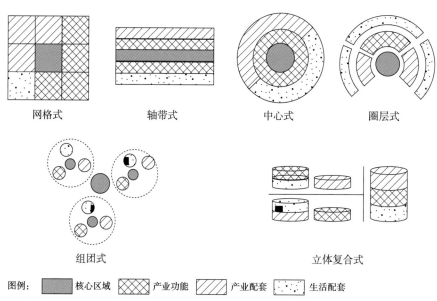

网格式　　　　　　轴带式　　　　　　中心式　　　　　　圈层式

组团式　　　　　　　　　　　　立体复合式

图例：　▨ 核心区域　▨ 产业功能　▨ 产业配套　▨ 生活配套

图6-3　产业园总体布局的六种基本型

展，利于园区的内部秩序重整及后期扩展。

网格式布局常见于高新园、总部基地等规模较大的园区，也见于专业园中的专类市场。

2）轴带式

轴带式布局结构是将生产研发、产业配套、生活配套以并联的形式平行布置。这种布局结构使得各功能模块间互不干扰，彼此平行独立发展，具有分区明确的优势。轴带式未来空间拓展方向主要向两侧及纵深延展。

这种布局结构形式目前常应用于高新园、物流园、总部基地以及文创园。在高新园以及物流园里，往往将城市各功能空间沿交通干线呈带状式布局，在交通干线的两侧平行布置生活用地和生产用地。在部分高新园及总部基地内，将各空间要素以对称或均衡的形式排布于空间轴线两侧，突出轴线的支配与主导作用，形成整体一致的园区空间氛围。

3）中心式

中心式布局是指以某一特定空间要素为中心，其他空间要素环绕其周围组合排列，以突出中心要素的主导地位，具有强烈的向心性。基于产业园区的规划定位，其位于中心的功能不尽相同，一般以生产研发或产业配套为中心，中心式能够有效增强主导空间的内聚性与统率力，易于形成整体一致的空间氛围。这种布局结构一般适用于建设规模较大、基地环境较好的地区。

这种布局结构形式目前常应用于中心功能较为明确的高新园、生态工业园等，例如日本西科学城采用了中心式布局结构。整个产业园区由若干功能群组团构成，这种模式可以有效减少公共服务设施的建设，集中设置的公共服务中心可以吸引人气，分散布局的组团级服务中心能为企业员工提供更高效的服务。

4）圈层式

产业园区采用圈层式布局结构是以生产研发为园区核心，产业配套和生活配套服务区以主要功能模块呈环状围绕。这种布局结构有利于产业园区的发展与层级划分，各个功能模块与核心区域的联系紧密，加强了产业园区与城市功能的对接和利用。圈层式布局结构未来拓展方向可以由核心功能区呈环状逐步向外发展。

这种布局结构形式目前常应用于高新园、总部基地以及生态工业园，如聊城市高新技术创业园。产业园区在确立核心基础上以向外发散的形式组织各空间要素，具有很强的导向性，建筑之间沿环状道路排列组合，并以内外环嵌套的形式向外发散，整体空间形态较为聚合。

5）组团式

产业园区采用组团式布局结构是由多个功能组团构建而成，每个功能组团由生产研发、产业配套和生活配套构成，通过交通及互相联系与发展，最后，每个功能模块的核心区彼此联结形成产业园区的核心功能区。组团式具有多功能组团均衡扩展的优势，有利于提高产业园区的综合实力，这种布局结构下每个功能模块群拥有自身的功能核心，在整个产业园区内形成了明确的主次关系，能有效提高园区的服务范围和工作效率，但可能会导致园区密度较小，运营成本较高。

这种布局结构形式目前常见于高新园、总部基地、物流园以及文创园，产业园区内设计园区级生产研发核心，并将研发核心发散至多个功能模块中形成次级核心，最终形成多核心服务的形态。

6）立体复合式

产业园区采用立体复合式布局结构是由多个功能区垂直构建而成的。这种布局结构在交通组织上加强垂直交通，从功能分区看垂直交通更有利于提高效率，电梯宜设于人、货流线的节点处且不干扰车间工艺流程，可以节约更多时间以提高效率。

这种布局结构形式目前常见于用地规模受限的，高密度城市开发区域中的总部基地和文创园，产业园区将生产研发与产业配套、生活配套呈垂直叠加式布置，相较于其他几种布局形式，立体复合式布局下的建筑容积率会较大。

6.1.5 交通组织

1. 路网规划

产业园的路网是空间规划的"骨架"，直接影响到园区规划的质量。路网规划的基本思路是：

（1）根据园区的发展目标和水平统筹考虑交通方式和交通结构。

（2）以人员流动的流量和流向以及货运物流的周转量和流动方式为基本依据，对交通体系的规划方案作技术经济评估，综合平衡各种交通方式的运输能力和运量。

（3）根据交通吸引点的区位、集聚能力以及周围产业特征，以及人流、车流的通行规律和流量，确定点与点之间连通路径的形式和规模。

（4）遵循生态原则，综合考虑地形、地质和水文等条件布置路网。

（5）对于规模较大的园区，应提出分期建设与交通建设项目排序的建议。

2. 路网模式

产业园的路网模式与园区的规划布局相对应，分为棋盘式、鱼骨式、环形放射式和复合式四种基本型（图6-4）。

（1）棋盘式：产业园区中多组互相垂直的平行道路组成方格网状的道路系统。

（2）鱼骨式：垂直于产业园区主要道路布置多组次要道路，主要道路与多组次要道路交错形成鱼骨式的道路系统。

（3）环形放射式：由产业园区中心向四周引出若干放射干道，利用环道将若干放射干道进行串联，形成环形放射式道路网。

（4）复合式：以上几种形式的综合利用，一般适用于高新园等大型产业园区。

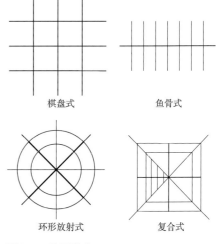

棋盘式   鱼骨式

环形放射式   复合式

图6-4 路网模式

3. 对外交通

产业园规划应分别从人流、物流两方面处理好与外部交通的衔接。

（1）人流交通：应与城市公共交通，尤其是轨道交通形成对接；应尽可能使机动车在园区外围进入停车场/停车库，打造步行友好型产业园区。

（2）物流交通：应以高效便捷的方式与城市快速路网形成对接，成为联系海港、陆港、空港以及其他形式的货运中转枢纽；应尽量避免与生活性的城市路网交叉形成干扰。

4. 停车系统

园区停车场规划设计应遵循以下原则：

（1）提高整体运作效率原则：园区停车场规划设计不仅要包含停车场布局规划设计，也要进行停车场的延伸服务设计，从而提高园区整体运作效率。

（2）需求量决定泊位量原则：园区内部停车泊位的数量和划分是由园区所产生的交通量及构成为主要因素所决定的，因此园区停车规划设计要充分考虑园区所产生的交通量大小和构成的长远发展变化，避免将来出现园区停车泊位不足或某种车型的泊位不足的局面。

（3）整体统一与内部分散原则：统一原则是指将停车场集中布置，分散原则是指在集中停车场内按照大中小车型划分单独片区。统一与分散原则可提高停车场综合利用率和管理效率。

（4）功能协调原则：在上述分散原则中，大中小型车的布局应结合周边功能设施的位置。

现代产业园规划及建筑设计

6.1.6 景观环境设计

1. 基本原则

产业园是一个包括经济、社会、环境和资源的地域综合体，是一种新型人工复合生态系统，在产业园的生态系统中，景观环境系统在改善环境品质、维护生态平衡等方面起着十分重要的作用，需要满足以下基本原则：

（1）因地制宜原则：充分利用场地原有地形地貌、树木、植被、水系和历史文化遗迹等自然和人文要素进行景观环境设计，必要时可适当改造。

（2）遵循自然原则：植物的选择和配置应注重植物生态习性、种植形式和植物群落的多样性、合理性，谨慎引入外来物种。

（3）节能环保原则：应积极选用环保材料，如路面铺装宜采用透气、透水的环保材料；宜采取节能措施，充分利用太阳能、风能以及中水等资源。

（4）安全便民原则：景观系统作为产业园重要的外部公共交往空间，应在保障安全的前提下以人为本，例如按行人行为规律和分布密度，科学布置座椅、废物箱和照明等服务设施；涉及行人安全处必须设置相应警示标识。

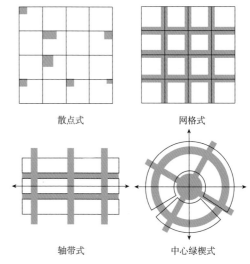

图6-5 景观结构

2. 景观结构

产业园的景观系统包括绿地、水系等自然环境和人造景观，各类景观要素编织成开放的网络，作为产业园主要的开放空间，呈现出多样的结构形式，包括散点式、网格式、轴带式和中心绿楔式四种基本型（图6-5）。

（1）散点式：将景观空间以点式较均匀地分布在产业园内部，各点式景观空间面积不大，但数量较多。

（2）网格式：利用产业园内部道路、河流水系等线性要素进行景观布局，形成纵横交织的景观系统网络。

（3）轴带式：利用河流水系、绿地山林等景观要素，构建产业园区景观系统主轴带，形成核心主轴带状景观空间。

（4）中心绿楔式：利用外部自然要素延伸到产业园中心，由宽到窄将景观嵌入其中，形成中央公园与楔形景观组合布局。

除以上几种平面景观结构外，产业园的景观环境设计逐渐涌现各种类型的立体景观。立体景观是指将景观环境借助产业园的构筑物进行立体布局，形式包括垂直绿化、屋顶绿化、树围绿化、护坡绿化、高架绿化等，是对平面景观进行的补充。三维复合式立体景观系统能够有效改善园区环境、节约建筑能耗和美化建筑景观。

3. 相关标准

与《城市用地分类与规划建设用地标准》及《城市绿地分类标准》的分类相对应，按绿地的主要功能进行分类，主要包括公园绿地（G1）、防护绿地（G2）、广场绿地（G3），以及工业、道路、居住等各类用地中的附属绿地[1,2]。住建部发布的城市绿化建设指标要求中规定，单位附属绿地面积占单位总用地面积比率不应低于30%，其中工业企业、交通枢纽，仓储、商业中心等绿地率不应低于20%；产生有害气体及污染工厂的绿地率不应低于30%，并根据

---

1. 中华人民共和国住房和城乡建设部. 城市用地分类与规划建设用地标准GB50137-2011［S］. 北京：中国建筑工业出版社, 2011.
2. 中华人民共和国建设部. 城市绿地分类标准CJJ/T 85-2002［S］. 北京：中国建筑工业出版社, 2002.

国家标准设立不少于50米的防护林带[1]。因特殊情况不能按上述标准进行建设的单位，必须经城市园林绿化行政主管部门批准，并根据《城市绿化条例》第十七条规定，将所缺面积的建设资金交给城市园林绿化行政主管部门统一安排绿化建设作为补偿，补偿标准应根据所处地段绿地的综合价值由所在城市具体规定[2]。各类绿地内绿色植物种植面积占用地总面积比例应符合国家现行有关标准的规定。

6.2　产业园建筑设计一般原则及要素体系

6.2.1　一般原则

产业园区的设计是建筑设计与规划设计充分融合的体现。在满足空间规划集约高效、协调和可持续发展的基本原则的基础上，产业园的建筑设计需要满足以下基本原则：

（1）功能有机组成，契合园区需求：根据各类产业园的产业类型和工序流程，科学地进行功能组成和建筑类型的选择。应特别注意的是，同一类型的建筑在不同类型的产业园中应当根据产业功能的差异做出相应的调整。

（2）形式合理适用，表达园区主题：全面把控产业园的规模、体量、功能、形体、材质以及色彩等因素的设计，使产业园既符合园区整体规划设计理念，也体现了产业园的类型特征。

（3）顺应时代发展，实现绿色设计：绿色节能和可持续发展的理念已逐步渗透到建筑行业。在产业园建筑设计中，绿色设计的趋向也日益明显，各类产业园都应以节能环保、减少对环境的破坏为建设目标。

6.2.2　建筑功能设计

不同类型产业园对建筑功能的需求差异，会影响相关建筑的设计，产业园建筑设计因而也区别于一般建筑设计。

产业园具有一定的区域范围，尺度较大，通常以规划设计先行，规划设计为建筑设计提供基础条件，并影响建筑功能组成、平面构成、立面与空间等方面的具体设计。通过对国内外案例的分析，我们将产业园建筑设计在规划层面的影响因素归纳为以下两个方面，并由此得出不同类型产业园的建筑功能组成。

1. 产业园的规模影响建筑类型的多样性

产业园在规划设计时，其规模往往大小不一。大者有大型高新园区、工业园区，例如深圳南山高新科技园、新加坡裕廊工业园等，都具有数平方公里的占地面积；而较小规模的产业园，例如一些文化创意产业园——上海八号桥和杭州凤凰创意产业园，仅由数条街巷或若干栋建筑组成。

2. 产业类型影响建筑的功能需求

产业园区通常具有较强的功能业态属性，其主要功能可分为生产研发、产业配套和生活配套三大部分。三大功能所包含的内容在上述规划章节中已有详细描述，但细分到具体的产业园，依据园区的产业类型还有多样之分。针对目前实际建设中最典型和重要的六大产业园类型——生态工业园、专业产业园、物流产业园、高新技术产业园、总部基地产业园、文化创意产业园，不同的产业属性对建筑的需求不尽相同。基于案例研究，本书总结归纳了各类产业园主要建筑功能组成（表6-2）。

---

1. 中华人民共和国建设部. 城市绿化规划建设指标的规定［S］. 1994.
2. 中华人民共和国建设部，中华人民共和国国家质量监督检验检疫总局. 城市绿地设计规范（GB 50420—2007）［S］. 北京：中国计划出版社，2007.

不同产业园主要建筑功能组成 表6-2

产业园类型		生态工业园	专业产业园	物流产业园	高新技术产业园	总部基地产业园	文化创意产业园
功能组成 产业功能	生产	√	√				√
	研发	√			√		
	创作						√
	办公	√	√	√	√	√	
	仓储	√	√	√	√		√
	运输			√			
产业配套	会议				√	√	
	展陈		√		√		√
	检测	√			√		
	维护	√	√	√		√	
	培训				√	√	√
生活配套	餐饮	√	部分存在	√	√		
	居住				部分存在		
	酒店			√	√	部分存在	部分存在
	学校				部分存在		
	商业		√	√	√	√	√
	交通	√	√	√	√	√	√
	景观	√	部分存在		√	部分存在	部分存在
特殊功能	功能需求	—	—	大规模货物运输	创客功能	城市地标	历史建筑保护与利用
	建筑类型	—	—	港口建筑、机场建筑	共享办公	超高层办公建筑	改造类建筑

6.2.3 产业功能类建筑设计

1. 办公建筑

1）建筑形式

办公建筑的形式主要是多层办公建筑、高层/超高层办公建筑和办公综合体三类，由于产业园的办公建筑需与产业类型契合，其建筑形式有一定的倾向性。各类型产业园办公建筑的常见形式见表6-3。

不同类型产业园办公建筑的常见形式 表6-3

产业园类型	多层办公建筑	高层/超高层办公建筑	办公综合体
生态工业园	√		√
专业产业园	√		√
物流产业园	√		√
高新技术产业园	√	√	√
总部基地产业园	√	√	√
文化创意产业园	√		√

2）功能组成

产业园办公建筑的功能组成较为简单，以产业办公和管理办公为主，辅以提供服务的配套功能，具体功能组成见表6-4。

产业园办公建筑的功能组成		表 6-4

功能类型	具体空间
基本功能	办公空间
辅助功能	文印室、资料室、会议室、设备间、监控室等
服务功能	卫生间、茶水间、休息室、食堂等
交通功能	水平交通、垂直交通

3）平面布局

产业园办公建筑的平面布局因园区规模、产业类型而不尽相同，但根本目的是最大限度地满足产业办公的需求和最合理地安排各类功能空间的流线组织。根据基本功能与辅助、服务、交通功能的流线关系，本书将产业园办公建筑的平面布局划分为围绕交通核心、围绕共享核心和复合型三大类（图6-6）。

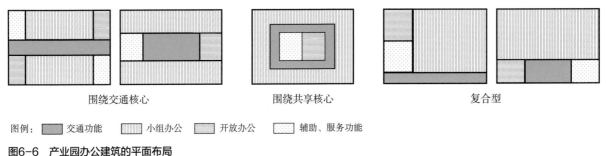

围绕交通核心　　　　　　围绕共享核心　　　　　　复合型

图例：▨ 交通功能　▥ 小组办公　▤ 开放办公　░ 辅助、服务功能

图6-6　产业园办公建筑的平面布局

（1）围绕交通核心：交通核心为公共走廊或核心筒，其他功能围绕布置。多层办公建筑主要采用此种类型。

（2）围绕共享核心：共享核心通常由服务功能、辅助功能与交通功能构成，办公空间围绕共享核心布置。高层/超高层办公建筑和办公综合体主要采用此种类型。

（3）复合型：办公空间分为一区，交通核心（廊道或核心筒）置于一侧。各类办公建筑均可能采用此种类型。

2．研发建筑

1）建筑形式

研发建筑是办公建筑中极具特点的一种，各类产业园中研发功能的比例不同，所采用的形式也不同。研发建筑的常见形式归纳为四类：研发建筑组团指由小型的研发办公楼组成组团型的研发中心布局；综合型研发中心是指研发功能与其他产业或产业配套功能集合，形成建筑群；独栋/创意建筑指由单栋或单个研发综合体形成研发中心，典型案例如美国苹果总部；研发—办公建筑是指采用标准办公楼形式的研发建筑。具体见表6-5。

不同类型产业园研发建筑的常见形式				表 6-5

产业园类型	研发建筑组团	综合型研发建筑（研发中心）	独栋研发/创意建筑	研发—办公建筑
生态工业园	√	√	√	√
专业产业园	√	√		√
物流产业园		√		√
高新技术产业园	√	√	√	√
总部基地产业园	√	√	√	√
文化创意产业园	√	√	√	√

2）功能组成

产业园研发建筑的功能组成可以分为研发、服务、配套与交通四大类，具体功能组成见表6-6。

产业园研发建筑的功能组成 　表6-6

功能类型	具体空间
研发功能	研发空间、工作室、实验室等
配套功能	管理室、资料室、办公室、设备间、监控室等
服务功能	卫生间、茶水间、休息室、食堂等
交通功能	水平交通、垂直交通

3）平面布局

产业园研发建筑的平面主要围绕研发功能进行布置，研发功能依据其产业属性的差异，对空间的形式也存在不同的要求。技术性较强的研发功能，由多个专业协同进行，因此常采用将不同专业各自成组的方式进行平面布置；创意性较强的研发功能则常采用大空间的研发场所，以促进研发人员的交流共享，具体如图6-7所示。

（1）小组型：将研究空间依据专业差异分为小组进行布置；研发建筑组团、研发中心和研发—办公建筑主要采用此种类型。

（2）开放型：研发空间集中布置；小型研发/创意建筑主要采用此种类型。

（3）复合型：小组型与集中型的结合；小型研发/创意建筑和研发中心主要采用此种类型。

3.厂房建筑

1）建筑形式

产业园厂房建筑承载了园区生产、修护等功能，其形式通常较为简单，多为单层建筑。近年来，在土地紧张的地区，也出现了高层厂房等"工业上楼"的现象。从规模上看，厂房建筑可分为小型工坊、制造车间、大型加工/修理厂等。

2）功能组成

产业园厂房建筑以生产功能为主，主要包括产品生产及修护；同时，兼有储存生产资料与产品、管理、监控等功能，具体见表6-7。

3）平面布局

产业园厂房建筑的平面布置围绕人员流线与货物流线进行，目的是实现人、货分流。其中，人流又可以分为管理流线与工人流线，分别对应平面的管理配套与生产模块；货物流线则对应平面库房功能模块。产业园厂房建筑的平面构成模式根据人、货分流的程度主要分为以下两种，具体如图6-8所示。

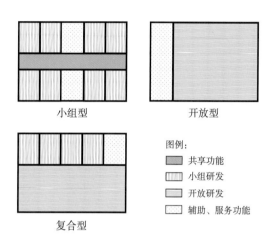

图例：
- 共享功能
- 小组研发
- 开放研发
- 辅助、服务功能

小组型　　开放型　　复合型

图6-7 产业园研发建筑的平面布局

产业园厂房建筑的功能组成　表6-7

功能类型	具体空间
生产功能	车间、修理间
管理配套功能	管理室、资料室、办公室、设备间、监控室等
库房功能	仓库等
交通功能	水平交通、垂直交通

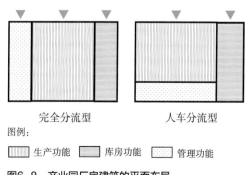

完全分流型　　人车分流型

图例：
生产功能　　库房功能　　管理功能

图6-8 产业园厂房建筑的平面布局

（1）完全分流型：管理流线、工人流线与货物流线完全分流；大型加工/修理厂主要采用此种类型。

（2）人货分流型：工人流线与货物流线分流；小型工坊和制造车间主要采用此种类型。

4．物流建筑

1）建筑形式

产业园物流建筑承载园区的货物储存与运输功能，存在于各类型的产业园中。物流建筑以仓库为核心，与园区的交通体系紧密联系。大型的物流建筑流线较为复杂，多出现于物流产业园中；其他类型的产业园中则多以中小型仓库建筑为主。

2）功能组成

产业园物流建筑的功能组成与货物的进出息息相关，主要由入库、储存、出库三大功能模块构成，对于不需要长期存储，仅需要入库验货出货的货物，还需要设置越库功能，提高产业园物流建筑的使用效率。根据相关行业规范，产业园物流建筑的功能组成及面积配比见表6-8。

产业园物流建筑的功能组成及面积配比 表6-8

建筑面积类别		比例（%）	说明
单体物流建筑	物流生产面积	≥65	包括场坪面积
	业务与管理办公用房、生活服务用房面积	5~15	仅指物流企业自用房
	辅助生产面积	≤5	包括变配电站、建筑智能化管理与控制中心、水泵房及消防控制中心、制冷与供热机房、门卫室等
物流建筑群	物流生产面积	≥65	包括场坪面积
	公共办公、生活服务建筑面积	15~35	公共办公、生活服务建筑是指面向社会开放使用的营业、通关、金融、信息、商务等业务等办公用房及执勤休息、餐饮、公共厕所、盥洗、垃圾处理等生活服务设施
	辅助生产面积	≤3	—

（资料来源：《物流建筑设计规范》GB 51157—2016）

3）平面布局

产业园物流建筑的平面布置以入库和越库功能为核心，主要有以下三种构成模式，具体如图6-9所示。

（1）一字形：入库—库房—出库功能呈一字形布置，越库功能布置于一侧。中小型仓库主要采用此种类型。

（2）U字形：仓库位于一侧，入库流线呈U字形。中小型仓库主要采用此种类型。

（3）并列式：越库区与短期仓库、长期仓库等自成模块，各模块并列设置。大型物流中心主要采用此种类型。

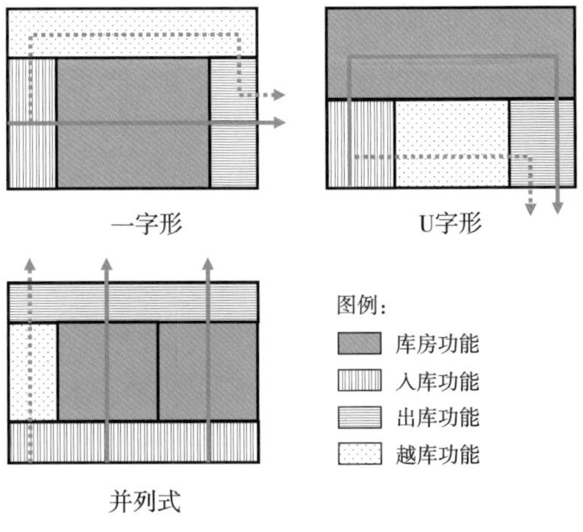

一字形

U字形

并列式

图例：
- 库房功能
- 入库功能
- 出库功能
- 越库功能

图6-9　产业园物流建筑的平面布局

6.2.4　服务配套类建筑设计

1．配套展览建筑

1）建筑形式

展览展示功能在产业园中的比重较小，不属于产业园功能的必要组成，在如物流园、工业园等技术性较强的产业园中，展览功能通常与其他功能一起配置；在文创园、高新园中，展示功能具有一定比重，通常会设置独立的展览建筑。常见的展览建筑依据其规模可以分为展示工坊、小型展厅、普通展览馆、会议展览中心等类型，不同类型产业园中配置展览建筑的方式根据产业园的规模和需求有所不同，常见的配置可参考表6-9。

不同类型产业园展览建筑的常见形式 表6-9

产业园类型	展示工坊	小型展厅	普通展览馆	会议展览中心
生态工业园		√		
专业产业园		√	√	√
物流产业园		√	√	√
高新技术产业园		√	√	√
总部基地产业园		√	√	√
文化创意产业园	√	√	√	√

2）功能组成

产业园展览建筑的核心功能空间为展厅，此外门厅通常作为进入展厅前的缓冲空间与休息空间，在功能上也具有重要意义，服务功能与辅助功能（管理、库房等）围绕展厅和门厅进行布置。产业园展览建筑的功能组成见表6-10。

3）平面布局

根据门厅—展厅的进入关系，产业园展览建筑的平面构成可以分为中心放射型、环绕型和递进型三种（图6-10）。

（1）中心放射型：以门厅为中心，展厅围绕门厅布置，参观流线呈放射状；普通展览馆和会议展览中心主要采用此种形式。

（2）环绕型：展厅环绕门厅布置，参观流线呈U形；展示工坊和小型展厅主要采用此种形式。

（3）递进型：由门厅进入大展厅，再由大展厅进入小展厅，参观流线呈T形；普通展览馆和会议展览中心主要采用此种形式。

2．配套旅馆建筑

规模较小的产业园中，较少配置旅馆建筑；在规模较大的产业园区内，旅馆建筑通常规划于商业用地之上。按照客房配置与建筑规模，产业园中常见的旅馆建筑往往为经济型、快捷型酒店，部分总部基地园、高新园中也有配置星级酒店。

3．配套居住建筑

居住功能在产业园中不是必要的功能组成，其建筑形式与园区规模大小紧密联系。规模较小的产业园，可配置部分宿舍以满足特定的员工需求；规模较大的产业园，往往距离城市中心区较远，园区人数较多，为减轻通勤压力，可设置集合宿舍、普通公寓、高级公寓等不同品质的居住建筑；而在较大规模的产业园中，用地属性多样，在控规层面设有居住用地，其居住建筑的形式也更为多样，除了常见的宿舍、公寓建筑外，还有住宅类产品。

4．配套商业建筑

1）功能类型及特点

产业园中的商业功能为园区提供必要的商业服务，规模较小，通常附设于其他主要功能建筑之中。

产业园展览建筑的功能组成 表6-10

功能类型	具体空间
展示/会议功能	展厅空间、会议空间
公共功能	门厅、中庭、休息厅、边庭等
服务功能	卫生间、茶水间、休息室、食堂等
辅助功能	管理室、库房、设备用房

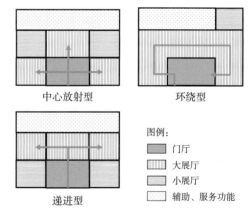

图例：
■ 门厅
▥ 大展厅
▨ 小展厅
▦ 辅助、服务功能

图6-10 产业园展览建筑的平面布局

2）在建筑中的布置方式

依据商业规模与类型的多样性，产业园商业功能可以分为内部附设型、商铺型、裙房型与商业街型四种模式。

（1）内部附设型：该类型商业通常设置在生产研发类建筑的较低楼层，功能类型通常为餐饮、小型零售与技术服务，在各类型产业园中均有出现。

（2）商铺型：该类型商业通常沿街设置，功能类型通常为餐饮、小型零售、银行金融、技术服务等，较多出现在与城市街道联系密切的总部基地、文创园与部分高新园中。

（3）裙房型：该类型商业通常由餐饮、零售、银行金融、技术服务与休闲娱乐组成，多见于总部基地、高新园等与城市联系紧密的产业园中。

（4）商业街型：该类型商业与园区街道环境相结合，易进行主题性设计，可以容纳多种功能类型，通常出现于主题性较强的文创园与专业园中。

6.2.5　建筑立面设计

1. 一般原则

建筑立面设计没有固定的约束，一般来说，产业园内建筑立面设计需要注意以下立面设计原则：

（1）立面风格与产业园特征贴切：不同类型的产业园应该有不同风格的建筑立面风格，以传达产业园的性格特征。

（2）立面设计在契合建筑类型的同时应与产业园整体风格和谐统一：产业园内建筑类型复杂多样，不同类型的建筑因其承载功能的不同立面设计的要求不尽相同，但产业园作为一个整体，各种类型的建筑风格应和谐统一。

（3）立面设计应符合功能的需要：立面设计的材料、窗墙比等应符合产业功能的需求，例如厂房建筑中窗墙比一般较小，利于生产制造的环境需要。

2. 主要建筑类型立面设计

1）产业功能类建筑

（1）办公建筑。产业园办公建筑的立面风格与产业园的类型有密切关系。在文创园中，办公建筑规模较小，建筑体量较小，通常被赋予一定的立面风格主题，体现文创园的文化属性；总部基地中，办公建筑占比较大，存在较多的高层、超高层办公建筑，具有一定的城市地标作用，立面设计上要求体现出时代性。

（2）研发建筑。研发建筑的立面设计在不同类型的产业园中也具有差异性。在科技园、工业园中，研发建筑具有较大的占比，以群体组合或研发中心的形式出现，立面设计上，体现出产业园的专业属性，采用金属、玻璃、高分子材料等作为立面主材，体现科技感；在文创园中，研发建筑多以创作中心的形式出现，体量较小。

（3）厂房建筑。产业园厂房建筑的立面设计中，不同类型产业园的窗墙比往往不同，由此产生不同的立面效果。在高新园、总部基地中，立面的窗面积通常大于墙面积，显得明快、轻巧，符合园区现代气质；在物流园、专业园中，立面以实为主，显得稳重、敦实；在生态工业园、文创园中，往往结合立体绿化、暖色木质格栅，体现园区的生态和文化主题。

（4）物流建筑。产业园物流建筑通常采用现代建筑风格，整体建筑立面设计遵循现代、简洁、动态的原则，运用现代材料，注重建筑的时代性。

2）产业配套类和生活配套类建筑

（1）配套展览建筑。产业园展览建筑的立面设计可以相对独立于园区其他建筑，起园区点睛之笔的作用。与普通展览类建筑不同的是，产业园展览建筑往往通过控制形体、材料、比例等手段，体现一定的主题性，与园区产业特征相映衬。

　　　　　　　　　　　　　　　　　　　　　　　　　现代产业园规划及建筑设计

（2）配套旅馆建筑。产业园旅馆建筑的立面设计应与产业园整体风格相协调。科技园中的旅馆建筑，往往体现现代感与科技感，常采用玻璃、金属等材料，结合幕墙设计，展现轻盈、现代、通透的建筑形象；总部基地往往与城市关系密切，建筑服务对象多元化，立面风格也多样，或与城市整体文脉相协调，或体现园区现代感。

（3）配套居住建筑。产业园居住建筑的立面设计与普通居住建筑并无实质性差异，但在材料质感、色系搭配等方面，通常考虑与园区整体风格相一致。

（4）配套商业建筑。产业园商业功能的立面设计需与园区整体风格契合。在文创园、专业园等产业园中，应当体现出园区的特点，展现文化性与展示性。

第7章 生态工业园

7.1 生态工业园概述及发展

7.1.1 相关概念

生态工业园区（Eco-Industrial Park，简称EIP）是依据循环经济理念、工业生态学原理和清洁生产要求建设的一种新型工业园区，是将环境生态学、可持续发展思想融入工业园发展的一种产业园[1]。

EIP概念最早由美国靛青发展研究所在1992年提出[2]。这一概念的提出，主要是为了通过环境管理和资源（能源、水、材料等）协作，寻求改善环境和经济行为的一个制造业和服务业的社区。它强调将生态保护、循环经济与可持续发展思想融入现代工业体系的构建和运营当中，以实现园区整体物质流与能量流的高效、循环与可持续利用，最终达到园区生态、经济与环境效益相统一的建设目标。

7.1.2 理论研究发展

1. 国外理论研究

1989年，由美国通用汽车公司两位核心技术代表罗伯特·福布什（Robert Fosch）与尼古拉斯·加罗布劳斯（Nicolas Gallopoulos）联合编写的发表在美国《科学美国人》杂志上的《可持续工业发展战略》，第一次提出生态工业学概念，掀开了生态工业园理论研究的全新篇章[3]。1992年，美国靛青发展研究所提出生态工业园概念，在此之后，针对生态工业园的理论研究逐渐发展和完善起来，进而推动生态工业园实践论证的兴起与发展壮大[4]。1997年，麻省理工学院在全美首次开设生态工业学课程，并联合多个院系共同组织、成立了"技术、商业与环境项目"，该项目旨在关注生态工业学与可持续发展相关研究。通过各种不定期举办的会议和政府论证活动，逐渐建立政府、企业与学术机构之间的合作领域，加速了生态工业园全球研究的普及与推广[5]。

除了这些知名大学教育机构与企业团体外，众多专家学者也从各自专业的角度出发，针对生态工业园理论研究进行了系统的分析与论证，成为生态工业园持续发展的理论支撑与实践指导。例如，劳爱乐（Ernest Lowe）和耿勇

---

1. 《综合类生态工业园区标准》HJ 274—2009.
2. 邱德胜，钟书华. 生态工业园区理论研究述评 [J]. 科技管理研究，2005（02）：175-178.
3. 熊艳. 生态工业园发展研究综述 [J]. 中国地质大学学报（社会科学版），2009，9（01）：63-67.
4. 卢杰. 国内外生态工业园发展的实践对鄱阳湖生态经济区的启示 [J]. 改革与战略，2011，27（10）：115-117.
5. 翁建成. 生态工业园区环境绩效管理方法 [D]. 杭州：浙江大学，2006.

现代产业园规划及建筑设计

编著的《工业生态学和生态工业园区》奠定了生态工业园理论研究的基础[1]；Marcus G. Van Leeuwen等在综合研究荷兰六类不同的生态工业园建设方法的特点后，提出了建设方法决定生态工业园发展潜力的观点[2]；Tumilar Aldric S.等基于产业共生原则与目标，提出了一种平衡物质和能量交换、确定最优投入产出比的算法，成为生态工业园循环经济系统建设的重要手段[3]。

2．国内理论研究

国内生态工业园理论研究与实践相对较晚，理论研究主要在吸收国外专家、学者系统研究思想的基础上，从国内工业园开发现状与建设历程出发，集中在生态工业园开发模式、环境评价体系、空间布局与规划设计等方面，初步积累了国内生态工业园区开发与建设的理论基础。比如，雷鸣、钟书华在综合研究国外关于生态工业园区评价指标分类方法的基础上，从绩效的角度出发，提出了基于经济效益、社会效益和环境效益的三类评价指标体系[4]；文娜、杨国斌则主要从经济、废弃物减量与循环利用、污染物排放及园区管理等四个方面，分析论证了银川望远工业园的规划方案，并提出了针对生态工业园区建设的进一步循环经济发展模式[5]；贾冰、接晓婷从生态产业转型、资源环境利用集约化、培育现代生态产业体系维度，探索开发区建设生态工业园区的有效路径[6]；江洪龙、张艳、赵坤从生态工业园基础理论研究出发，通过对实践中某开发区生态工业园区创建规划编制回顾与总结，为同类型园区的设计及规划提供思路和参考[7]。

7.1.3 类型分类

生态工业园的分类，可以从产业基础、产业结构等维度划分。

1．以产业基础分类

根据产业基础，生态工业园可划分为全新规划类和更新改造类生态工业园两类。

（1）全新规划类生态工业园涵盖了从无到有的产业构建、空间布局、建筑设计及运营管理等全过程。通过前期基础资源及产业环境梳理、产业规划、发展战略及产业链设计与布局、综合运营规划等，打造产业互动共生、绿色循环发展的新型工业园区。例如，南海国家生态工业示范园区，以发展绿色经济为主旨，遵循循环经济和生态工业理念指导，是国家环保总局批准成立的首个国家级生态工业示范园区。

（2）更新改造类生态工业园则是立足现有工业园区，从产业升级、技术更新、创新发展的角度出发，通过引入循环经济发展模式、先进清洁生产工艺流程等，对园区开发模式进行绿色改造与升级，最终改造为废弃物排放减少、能源利用效率提升、产业共生循环发展的现代工业园区。这类生态工业园的典型代表如宁波经济技术开发区，作为国内建区最早、面积最大的国家级开发区之一，通过建设良性循环的软硬件投资环境，构建现代化临港大工业体系，通过绿色改造与提升，跻身国家生态工业示范园区。

2．以产业结构分类

根据《生态工业示范园区标准》HJ 274—2015、《生态工业园区建设规划编制指南》HJ/T 409—2007，从生态工业园的产业/行业结构特点出发，将生态工业园划分为行业类、综合类和静脉产业类生态工业园区三种类型。

1. 劳爱乐 [美]，耿勇. 工业生态学和生态工业园 [M]. 北京：化学工业出版社，2003.
2. Marcus G. van Leeuwen, Walter J. V. Vermeulen, Pieter Glasbergen. *Planning eco-industrial parks: an analysis of Dutch planning methods* [J]. Business Strategy and the Environment, 2003（12）: 147-162.
3. Tumilar Aldric S., Milani Dia, Cohn Zachary, Florin Nick, Abbas Ali. *A Modelling Framework for the Conceptual Design of Low-Emission Eco-Industrial Parks in the Circular Economy: A Case for Algae-Centered Business Consortia* [J]. Water, 2020, 13（69）: 1-26.
4. 雷明，钟书华. 国外生态工业园区评价研究述评 [J]. 科研管理，2010, 31（02）: 178-184+192.
5. 文娜，杨国斌. 工业园区产业规划循环经济模式分析与改进研究——以银川望远工业园区开展循环经济模式为例 [J]. 中国环境管理干部学院学报，2009（4）: 12-13.
6. 贾冰，接晓婷. 高度城市化区域开发区建设生态工业园区路径探讨 [J]. 科技经济导刊，2020, 28（36）: 128-129.
7. 江洪龙，张艳，赵坤. 生态工业园设计规划思路探究与实践经验总结 [J]. 资源节约与环保，2021（02）: 139-140.

（1）行业类生态工业园区是以某一类工业行业的一个或几个企业为核心，通过物质和能量的集成，在更多同类企业或相关行业企业间建立共生关系而形成的生态工业园区。根据《行业类生态工业园区标准》HJ/T 273—2006要求，行业类生态工业园环境质量必须达到国家或地方规定的环境功能区环境质量标准，园区内企业污染物达标排放，污染物排放总量不超过总量控制指标。例如，坐落于莱州湾畔的山东潍坊滨海经济开发区，作为国内最大的生态海洋化工生产与出口基地，2009年9月通过国家环境保护部、商务部和科技部的联合验收，成为国内首个行业类国家生态工业示范园区。

（2）综合类生态工业园区是由不同行业的企业组成的工业园区，主要指在经济技术开发区、高新技术产业开发区等工业园区基础上改造而成的生态工业园区。根据《综合类生态工业园区标准》HJ 274—2009要求，园区管理机构应通过ISO14001环境管理体系认证，规划范围内新增建筑的建筑节能率符合国家或地方的有关建筑节能的政策和标准，此类园区内主要产业形成集群，并具备较为显著的工业生态链条。例如，苏州工业园于1994年启动开发建设，作为中国和新加坡的重点合作项目，重点发展生物医药、纳米技术、云计算等新兴产业，2008年园区通过绿色技术与产业提升，成为首批通过验收的综合类国家生态工业示范园区。2019年2月召开的国家生态工业示范园区验收会上，生态环境部、商务部、科技部联合通过了上海市工业综合开发区、上海青浦工业园区、连云港徐圩新区、成都经济技术开发区等4家创建国家生态工业示范园区的验收工作。

（3）静脉产业类生态工业园区是以从事静脉产业生产的企业为主体建设的工业园区。所谓静脉产业（资源再生利用产业）是以保障环境安全为前提，以节约资源、保护环境为目的，运用先进的技术，将生产和消费过程中产生的废物转化为可重新利用的资源和产品，实现各类废物的再利用和资源化的产业，包括废物转化为再生资源及将再生资源加工为产品两个过程。根据《静脉产业类生态工业园区标准》HJ/T 275—2006要求，入园项目及园区内企业生产的产品、使用和开发的技术等必须符合国家产业政策，园区建设应符合国家节水、节地、节能、节材等相关要求，并满足静脉产业类生态工业园的指标标准。例如，2006年，山东省环境保护局同意青岛新天地生态工业园（静脉产业类）从事生态工业园区建设，开展相关产业技术研发和国外先进技术的引进吸收，重点进行家电拆解、土壤修复等项目，实施废弃物的再利用和资源化。

7.1.4　建设现状

1．国外开发实践

伴随着生态工业园理论研究的日益成熟与完善，全球范围掀起广泛的开发建设与实践浪潮，以美国、加拿大、欧洲等西方发达国家和地区最为突出，产业领域涉及生物能源、废弃物循环利用、清洁工业生产等多方面。

1）欧洲实践

欧洲通过构建基于工业共生的产业一体化网络，实现工业产业开发与社会人文、自然环境之间良性互动的循环经济发展模式。欧洲传统生态工业园更注重生态循环产业链的构建，通过企业之间的联合，打造互动共生的循环工业产业链，促进园区主体产业之间的良性互动与循环产业链建设，实现循环代谢发展模式，最终达到企业间合作共赢的目标与效果。代表园区有全球第一个生态工业园——卡伦堡生态工业园。

【案例分析】

卡伦堡生态工业园

卡伦堡生态工业园地处欧洲大陆的丹麦北部，距离首府哥本哈根市约100公里，拥有近5万本地居民。因远离欧洲腹地，与世隔绝的独特地理位置，成为建设煤电厂的理想场所。但由于煤炭燃烧所带来的环境污染，迫使企业管理层不得不盘点自身资源储备，寻求提高能效的解决之策，最终通过走生态工业的发展之路，成为拥有30多条生态工业产业链的大型工业园区，成功走出企业发展的困境。

卡伦堡生态工业园始终遵循可持续发展、循环发展理念，构建了一个基于自身四大核心工业体系（发电厂、炼油厂、制药厂和石膏板厂）与卡伦堡城市生态环境的封闭生态循环系统（图7-1）。并通过主体企业之间的代谢生态群落和共生关系，建立各种工业共生联合体，实现内部企业之间在物质流、能量流与信息流上的循环利

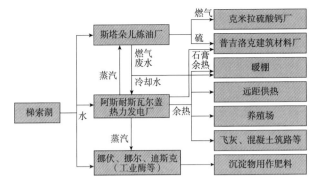

图7-1 卡伦堡生态循环系统

用，形成了废弃物或副产品的零排放、减量化与再利用，不但为企业节约了大量的生产成本，还减少了对当地生态环境的污染与破坏，最终发展成整个欧洲，乃至全球生态产业园开发建设的经典案例。

2）美国实践

美国通过信息互通、职能与产业分类建立生态工业园体系，实现多类型生态工业园协同发展，避免行业重复交叉过多造成的资源浪费。作为全球最早提出生态工业园概念的国家，美国在生态工业园开发建设与实践操作方面也始终走在全球前列。1993年，美国可持续发展总统委员会组织成立专门的"生态工业园区特别工作组"，拉开了美国生态工业园开发建设的序幕。美国生态工业园项目主要涉及生物能源、废弃物处理与循环利用、清洁工业等行业，例如布朗斯维尔生态工业园。

【案例分析】

美国布朗斯维尔生态工业园

美国布朗斯维尔生态工业园（图7-2）建设在美墨交界的布朗斯维尔，由于独特区位关系，开发建设范围扩展到与布朗斯维尔邻接的马塔莫罗斯，开发主体将园区定位为"虚拟类"生态工业园区，即将同一地点但却不临近的相关企业，不需要彼此搬迁也可以参与到园区整体互动共享循环网络当中。后期不断吸收新的工业企业加入，在原

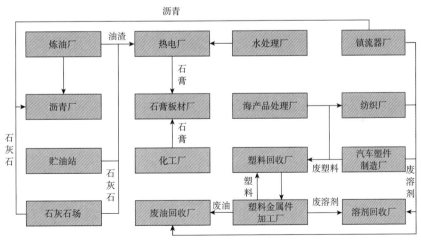

图7-2 美国布朗斯维尔生态工业园

来炼油厂、沥青厂、塑料金属件加工厂、纺织厂的基础上，引入废油回收厂、溶剂回收厂等，补充完善生态产业链条，整体实现各企业之间的更加完善与生态化的物质与能源循环利用网络。

3）日本实践

日本通过国家与地方政府的共同管理与辅助，打造以地方自治为主导，企业、研究机构与行政部门多方参与，"官产学民"一体化开发模式，代表园区有北九州生态工业园。日本由于国土面积小，资源相对匮乏，当经济发展到一定水平之后，空气污染、垃圾排放与处理等环境问题日益严峻，迫使日本成为亚洲地区最先开展生态工业园建设的国家之一。日本生态工业系统建设以地方自治为主导，中央政府给地方政府提供技术和资金上的支持，通过构建产业共生循环工业体系，实现生态城镇零排放目标。

【案例分析】

北九州生态工业园

北九州生态工业园成立于1997年，是日本生态工业园开发与建设的典范。北九州市作为日本重要的煤炭资源产出地，成为日本最早期开发的四大工业基地之一，在经历了高速发展之后，随之而来的资源枯竭、环境污染成为城市转型发展的重要驱动力。为此，在北九州市政府的有力政策支持之下，园区立足自身产业基础，凭借"北九州学术研究城"的科研技术支撑，建立包括综合环保联合企业群区、验证研究区以及"响"（Hibiki）再生利用工厂群区在内的三个产业区，大力建设与环保产业相关的静脉产业链，引导园区绿色循环产业发展，最终形成"官、产、学、民一体化"的生态工业园区开发模式，完成北九州市"绿色之都"的产业与生态修复之路。

2. 国内建设背景

随着我国生态工业园理论研究与建设步伐的加快，相关法律法规、标准规范以及优惠政策等也得到相应的健全和完善，推动生态工业园整体规范化、标准化与制度化建设（表7-1）。

法律法规方面，我国先后颁布了《环境保护法》《清洁生产促进法》《循环经济促进法》，这些法规分别从环境保护、清洁生产工艺、循环经济与可持续开发维度，针对生态工业园区的开发建设提出了基础的理念、规划与管理的概括性要求。

行业标准方面，2007年环境保护总局发布《生态工业园区建设规划编制指南》HJ/T 409—2007，首次明确生态工业园区的定义与分类，将生态工业园划分行业类、综合类和静脉产业类三类，明确针对生态工业园区建设的分类指标原则以及相应的标准体系，为生态工业园区的继续完善与发展提供了实践与政策支撑。2009年，国家环境保护部发布《综合类生态工业园区标准》HJ 274—2009，标志着我国生态工业园区正式进入全面完善与发展阶段。同年底，《关于在国家生态工业示范园区中加强发展低碳经济的通知》进一步明确了国家在生态工业示范园区申报、建设与验收等各阶段对发展循环经济、低碳经济和生态工业学原理的各项要求，为生态工业园区的全面发展提供了系统的理论指导与规范要求。2011年12月，国家环境保护部、商务部与科学技术部三部委联合发布的《关于加强国家生态工业示范园区建设的指导意见》，在明确生态工业示范园区建设总体要求和重点任务的基础之上，提出了建立和完善生态工业园区生态化发展的各项制度与政策体系，进一步推动了这一阶段生态工业园区的建设和发展。

政策优惠方面，国家税务总局、财务部相继出台《关于资源综合利用企业所得税优惠管理问题的通知》《关于再生资源增值税政策的通知》等，实施生态工业园资源综合利用企业所得税相关优惠，明确生态工业园企业再生资源回收利用的增值税政策优惠等，为生态工业园开发建设提供税收等优惠政策。

国家生态工业园区相关主要政策法规摘录　　　　　　表7-1

时间	发布主体	政策/法规	相关指引
2002年6月	全国人大	《清洁生产促进法》	明确生态工业园区企业清洁生产工艺要求
2005年7月	国务院	国务院关于加快发展循环经济的若干意见	明确生态工业园区发展循环经济的评价指标体系和统计核算制度等
2006年6月	国家环保总局	《行业类生态工业园区标准》	明确行业类生态工业园的建设、管理和验收
2006年6月	国家环保总局	《静脉产业类生态工业园区标准》	明确静脉产业类生态工业园的建设、管理和验收
2007年12月	国家环保总局	《生态工业园区建设规划编制指南》	指导国家生态工业示范园区建设规划编制工作，省级及其他生态工业园区规划编制工作也可参照
2007年12月	国家环境保护总局、商务部、科学技术部	《国家生态工业示范园区管理办法（试行）》	规范国家生态工业示范园区申报、创建、管理、命名和验收工作
2008年8月	全国人大	《循环经济促进法》	提出生态工业园区规划和管理的概括性要求
2008年12月	财政部	关于再生资源增值税政策的通知	明确生态工业园区企业再生资源回收与利用的增值税政策
2009年4月	国家税务总局	关于资源综合利用企业所得税优惠管理问题的通知	明确生态工业园区资源综合利用企业所得税优惠政策
2009年6月	环境保护部	《综合类生态工业园区标准》	明确综合类生态工业园的建设、管理和验收
2009年12月	环境保护部	关于在国家生态工业示范园区中加强发展低碳经济的通知	明确国家在生态工业示范园区申报、建设与验收等各阶段对发展循环经济、低碳经济和生态工业学原理的各项要求
2011年12月	环境保护部、商务部、科学技术部	关于加强国家生态工业示范园区建设的指导意见	提出建立和完善生态工业园区生态化发展的各项制度与政策体系
2014年4月	全国人大	《环境保护法》	为生态工业园注入循环经济和可持续发展理念
2015年12月	环境保护部	《国家生态工业示范园区标准》	规范国家生态工业示范园区的建设和运行，含评价方法、评价指标和数据采集与计算方法等

3. 国内建设现状

我国生态工业园的建设由国家生态环境部主管，根据《国家生态工业示范园区管理办法》对国家级经济技术开发区创建申报示范园区进行管理。创建申报分为两类，一类是"批准为国家生态工业示范园区"，另一类是"批准开展国家生态工业示范园区建设"。2001年8月，广西贵港国家生态工业（制糖）建设示范园区成为首个批准开展国家生态工业示范区建设的生态工业园。2008年3月，苏州工业园成为首个国家生态工业示范园区，拉开了国家生态工业园建设的序幕。根据国家生态环境部发布的国家生态工业示范园区的名单统计（表7-2），截至2020年6月，国内共有国家生态工业示范园区（含已批准的和正在建设的）113家，其中，批准为国家生态工业示范园区58家，批准开展国家生态工业示范园区建设45家（图7-3）。

国家生态工业示范园区名单　　　　　　表7-2

名称	批准时间	总规划面积	名称	批准时间	总规划面积
一、批准为国家生态工业示范园区的园区名单					
苏州工业园区	2008年3月	278平方公里	无锡新区（高新技术产业开发区）	2010年4月	220平方公里
苏州高新技术产业开发区	2008年3月	332平方公里	山东潍坊滨海经济开发区	2010年4月	283平方公里
天津经济技术开发区	2008年3月	33平方公里	上海市莘庄工业区	2010年8月	17.88平方公里
烟台经济技术开发区	2010年4月	228平方公里	日照经济技术开发区	2010年8月	115.6平方公里

名称	批准时间	总规划面积	名称	批准时间	总规划面积
昆山经济技术开发区	2010年11月	921.3平方公里	宁波高新技术产业开发区	2015年7月	—
张家港保税区暨扬子江国际化学工业园	2010年11月	6.64平方公里	杭州经济技术开发区	2015年7月	47平方公里
扬州经济技术开发区	2010年11月	120.2平方公里	福州经济技术开发区	2015年7月	10平方公里
上海金桥出口加工区	2011年4月	27.38平方公里	上海市市北高新技术服务业园区	2016年8月	3.13平方公里
北京经济技术开发区	2011年4月	46.8平方公里	江苏武进经济开发区	2016年8月	20.88平方公里
广州开发区	2011年12月	78.92平方公里	武进国家高新技术产业开发区	2016年8月	100平方公里
南京经济技术开发区	2012年3月	200平方公里	南京江宁经济技术开发区	2016年8月	160平方公里
天津滨海高新技术产业开发区华苑科技园	2012年12月	97.96平方公里	长沙经济技术开发区	2016年8月	100平方公里
上海漕河泾新兴技术开发区	2012年12月	5.984平方公里	温州经济技术开发区	2016年8月	5.11平方公里
上海化学工业经济技术开发区	2013年2月	29.4平方公里	扬州维扬经济开发区	2016年8月	30平方公里
山东阳谷祥光生态工业园区	2013年2月	25平方公里	盐城经济技术开发区	2016年8月	200平方公里
临沂经济技术开发区	2013年2月	223平方公里	连云港经济技术开发区	2016年11月	126平方公里
江苏常州钟楼经济开发区	2013年9月	—	淮安经济技术开发区	2016年11月	166平方公里
江阴高新技术产业开发区	2013年9月	53平方公里	郑州经济技术开发区	2016年11月	158.7平方公里
沈阳经济技术开发区	2014年1月	126平方公里	长春汽车经济技术开发区	2016年11月	110平方公里
上海张江高科技园区	2014年3月	25平方公里	上海市工业综合开发区	2019年7月	53.38平方公里
宁波经济技术开发区	2014年3月	29.6平方公里	上海青浦工业园区	2019年7月	56.2平方公里
上海闵行经济技术开发区	2014年3月	3.5平方公里	连云港徐圩新区	2019年7月	—
徐州经济技术开发区	2014年9月	100多平方公里	成都经济技术开发区	2019年7月	133.34平方公里
南京高新技术产业开发区	2014年9月	160平方公里	芜湖经济技术开发区	2020年6月	118.28平方公里
合肥高新技术产业开发区	2014年9月	128平方公里	嘉兴港区	2020年6月	54.4平方公里
青岛高新技术产业开发区	2014年9月	327.756平方公里	珠海高新技术产业开发区	2020年6月	139平方公里
常州国家高新技术产业开发区	2014年12月	439.16平方公里	潍坊经济开发区	2020年6月	57.8平方公里
常熟经济技术开发区	2014年12月	—	山东鲁北企业集团	2020年6月	23.66平方公里
南通经济技术开发区	2014年12月	184平方公里	青岛经济技术开发区	2020年6月	274.1平方公里

二、批准开展国家生态工业示范园区建设的园区名单

名称	批准时间	总规划面积	名称	批准时间	总规划面积
贵港国家生态工业（制糖）建设示范园	2001年8月	30.53平方公里	武汉经济技术开发区	2011年10月	489.7平方公里
鲁北企业集团公司	2003年11月	—	贵阳经济技术开发区	2011年10月	63.13平方公里
南昌高新技术产业开发区	2010年4月	231平方公里	广州南沙经济技术开发区	2012年5月	32平方公里
西安高新技术产业开发区	2010年8月	107平方公里	肇庆高新技术产业开发区	2012年9月	96.7平方公里
合肥经济技术开发区	2010年11月	258.57平方公里	青岛经济技术开发区	2013年2月	2096平方公里
东营经济技术开发区	2010年12月	153平方公里	天津港保税区暨空港经济区	2013年2月	42平方公里
株洲高新技术产业开发区	2010年12月	超过100平方公里	沈阳高新技术产业开发区	2013年2月	—
太原经济技术开发区	2011年4月	9.6平方公里	吴江经济技术开发区	2013年2月	173平方公里

续表

名称	批准时间	总规划面积	名称	批准时间	总规划面积
长春经济技术开发区	2013年4月	60平方公里	连云港徐圩新区	2014年12月	467平方公里
广东东莞生态产业园区	2013年4月	31平方公里	芜湖经济技术开发区	2014年12月	121.68平方公里
浙江杭州湾上虞工业园区	2013年4月	275平方公里	潍坊经济开发区	2014年12月	1188平方公里
上海市青浦工业园区	2013年12月	16.1平方公里	昆明经济技术开发区	2015年7月	156.6平方公里
昆山高新技术产业开发区	2013年12月	—	上海市工业综合开发区	2015年7月	53.38平方公里
赣州经济技术开发区	2013年12月	218平方公里	蒙西高新技术工业园区	2015年7月	—
乌鲁木齐经济技术开发区	2013年12月	490平方公里	嘉兴港区	2015年7月	55.8平方公里
廊坊经济技术开发区	2014年10月	67.5平方公里	杭州钱江经济开发区	2015年7月	56.94平方公里
山东茌平经济技术开发区信发工业园	2014年10月	51平方公里	杭州萧山临江高新技术产业园区	2015年7月	160.2平方公里
内蒙古鄂尔多斯上海庙经济开发区	2014年10月	1800平方公里	徐州高新技术产业开发区	2015年9月	180平方公里
马鞍山经济技术开发区	2014年10月	—	锡山经济技术开发区	2015年9月	125平方公里
赣州高新技术产业园区	2014年10月	125平方公里	吴中经济技术开发区	2015年9月	123.91平方公里
张家港经济技术开发区	2014年10月	153平方公里	天津子牙经济技术开发区	2015年9月	—
珠海高新技术产业开发区	2014年10月	139平方公里	长沙高新技术产业开发区	2015年9月	140平方公里
成都经济技术开发区	2014年10月	26平方公里			

（资料来源：http://www.mee.gov.cn/gkml/hbb/bwj/201702/t20170206_395446.htm. 生态环境部）

从地域分布上看（图7-4），国家生态工业示范园建设基本覆盖了东部、中部和西部等全国大部分地区，但地域分布明显不均，华东地区地处经济发达的沿海区域，工业园建设速度与规模均处于国内领先水平，集中了65家国家生态工业示范园区，占比高达61.9%。同时，高度开放的产业环境带来了国际先进生态工业园建设的理念与经验借鉴，成为生态工业园开发建设的重要推动力。

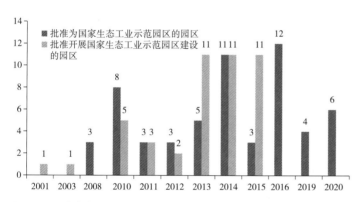

图7-3　国家生态工业示范园区建设情况
（数据来源：生态环境部）

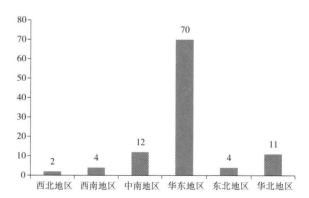

图7-4　国家生态工业示范园区地域分布情况

随着生态工业园建设水平与速度的提升，国家对于绿色低碳、循环经济与资源综合利用的要求更加明确与具体化。党的十八大首次明确提出将生态文明建设纳入"五位一体"总体布局，生态工业园成为国家在产业园层面践行生态文明建设的重要领地，为生态工业园区的建设发展提供了国家层面的战略支撑。为此，生态环境部、国家发展和改革委员会以及工业和信息化部门分别制定了用于评估生态/绿色工业园区的标准和要求，以规范、标准化生态工业园的建设发展。世界银行统计了截至2018年我国不同部委认证的生态/绿色工业园的数量（表7-3）。

绿色认证	生态环境部认证	国家发改委认证	工业和信息化部认证
园区总数		2543	
通过认证的工业园区数量	93	138	46（2020年计划为100）
通过认证的工业园区占比（%）	3.7	5.4	1.8（2020年计划为3.9）

（资料来源：世界银行基于各部委数据计算：国家发展改革委2013年、2015年、2016年和2018年；国家发展改革委与财政部2014年、2017年、2018年；生态环境部2018年；工业和信息化部2016年）

7.2 生态工业园规划与建筑设计策略

7.2.1 核心目标

1．通过经济效益、社会效益与环境效益的统一，实现综合效益最大化

效益是工业园长远发展的根本动力和核心驱动。不同于传统工业园区，生态工业园更注重产业生态化与生态产业化，注重对自然生态环境的保护性开发与利用，注重与当地社会人文环境的融合。因此，生态工业园以追求经济、社会与环境相统一为目标，最终实现综合效益最大化开发。

经济效益主要依托共生工业产业网络，采取清洁生产、生态监测等高科技手法，通过同类或上下游产业群落集聚，节约生产建设成本，提升能源利用效率，带动整体效益提升；环境效益主要表现在循环发展模式上，通过"减量化、再利用、资源化"原则，减少工业生产过程中废水、废气、废渣等"三废"排放量，实现少排、减排、零排，调节污染源的产生与影响，确保园区整体生态平衡；社会效益主要通过对区域人文环境的营造与维护，完善园区公共服务、社区人文、公众参与等设施，实现高效、稳定、健康的园区发展目标。

2．从区域、园区及企业主体三个层面构建生态工业园循环经济开发模式

生态工业园以构建循环经济发展模式为建设目标。主要表现在三个层面：

（1）区域宏观层面的社会大循环体系，主要发生于生态工业园与周边区域自然生态与社会人文环境当中，通过整个工业生产、物流运输、产品销售与社会消费过程中的物质与能量流的循环来实现能耗的控制与污染物排放量的减少，实现整体区域"资源—产品—再生资源"的大循环发展模式。

（2）中观层面主要依托生态工业学原理，通过建立合作互补的上下游或关联产业链，来构建生态工业园产业共生网络，让某一企业的副产品或废弃物成为其他企业的原料或能源，引导生态工业园企业群走上资源优化配置、物质闭路循环、能量多级化利用、废弃物量减少、经济环境良性互动的循环发展模式。

（3）企业（微观）层面主要通过在单个企业内部推行清洁生产、绿色质检、现代物联网技术等，达到资源化、无害化与零排放的循环经济发展要求。

3．引进绿色产业与工业技术，降低工业活动对生态环境的消耗与占用，实现园区生态环境质量最佳

生态工业园所倡导的循环发展模式，一定程度上降低了工业活动对生态环境的消耗与占用，减少了污染的排放，使园区综合环境质量指数达到较高的水平。此外，生态工业园自身独特的绿色产业与工业技术对生态环境质量的要求相对传统产业园要高，在水环境、大气环境、生态环境、园林绿化、建筑节能、废弃物排放、污染控制等方面有一些硬性指标要求，一定程度上也优化和改善了园区环境质量水平。

根据《生态工业示范园区标准》HJ 274—2015要求，明确了将经济发展、产业共生、资源节约、环境保护以及信息公开共5类、32项评价指标体系，作为生态工业园的开发标准与建设要求（表7-4）。

国家生态工业示范园区评价指标体系

表 7-4

分类	序号	指标	单位	要求	备注
经济发展	1	高新技术企业工业总产值占园区工业总产值比例	%	≥30	4项指标至少选择1项达标
	2	人均工业增加值	万元/人	≥15	
	3	园区工业增加值三年年均增长率	%	≥15	
	4	资源再生利用产业增加值占园区工业增加值比例	%	≥30	
产业共生	5	建设规划实施后新增构建生态工业链项目数量	个	≥6	必选
	6	工业固体废弃物综合利用率[1]	%	≥70	2项指标至少选择1项达标
	7	再生资源利用率[2]	%	≥80	
资源节约	8	单位工业用地面积工业增加值	亿元/平方公里	≥9	2项指标至少选择1项达标
	9	单位工业用地面积工业增加值三年年均增长率	%	≥6	
	10	综合能耗弹性系数	—	当园区工业增加值建设期年均增长率>0，≤0.6 当园区工业增加值建设期年均增长率<0，≥0.6	必选
	11	单位工业增加值综合能耗[1]	吨标煤/万元	≤0.5	2项指标至少选择1项达标
	12	可再生能源使用比例	%	≥9	
	13	新鲜水耗弹性系统	—	当园区工业增加值建设期年均增长率>0，≤0.55 当园区工业增加值建设期年均增长率<0，≥0.55	必选
	14	单位工业增加值新鲜水耗[1]	立方米/万元	≤8	3项指标至少选择1项达标
	15	工业用水重复利用率	%	≥75	
	16	再生水（中水）回用率	%	缺水城市达到20%以上 津京冀区域达到30%以上 其他地区达到10%以上	
环境保护	17	工业园区重点污染源稳定排放达标情况	%	达标	必选
	18	工业园区国家重点污染物排放总量控制指标及地方特征污染物排放总量控制指标完成情况	—	全部完成	必选
	19	工业园区内企事业单位发生特别重大、重大突发环境事件数量	—	0	必选
	20	工业园区内企事业单位发生特别重大、重大突发环境事件数量	%	100	必选
	21	工业园区重点企业清洁生产审核实施率	%	100	必选
	22	污水集中处理设施	—	具备	必选
	23	园区环境风险防控体系建设完善度	%	100	必选
	24	工业固体废物（含危险废物）处置利用率	%	100	必选
	25	主要污染物排放弹性系数	—	当园区工业增加值建设期年均增长率>0，≤0.3 当园区工业增加值建设期年均增长率<0，≥0.3	必选
	26	单位工业增加值二氧化碳排放量年均削减率	%	3	必选
	27	单位工业增加值废水排放量[1]	吨/万元	≤7	2项指标至少选择1项达
	28	单位工业增加值固废产生量[1]	吨/万元	≤0.1	
	29	绿化覆盖率	%	≥15	必选
信息公开	30	重点企业环境信息公开率	%	100	必选
	31	生态工业信息平台完善程度	%	100	必选
	32	生态工业主题宣传活动	次/年	≥2	必选

注1：园区中某一工业行业产值占园区工业总产值比例大于70%时，该指标的指标值为达到该行业清洁生产评价指标体系一级水平或公认国际先进水平。

注2：第4项指标无法达标的园区不选择此项指标作为考核指标。

［资料来源：《生态工业示范园区标准》（HJ 274—2015）］

7.2.2 循环经济设计

循环经济是通过资源节约与循环利用来实现产业经济与社会环境协调发展的一种经济模式，是生态工业园开发建设的出发点和第一要务。生态工业园循环经济设计主要通过构建循环产业链，引导企业循环经济发展，进而实现园区整体循环经济发展目标。

1. 循环产业链构建

循环产业链是生态工业园开发建设的关键和基础，通过生态工业园循环产业链的构建，实现园区内部各企业主体之间"产品—副产品—废弃物"的交换和资源综合利用[1]。通过对自然规律的遵从，生态工业园企业生产活动被模拟成自然生态系统中的生产者—分解者—消费者，建立起基于资源（原料、产品、信息、人才和资金）的、具有共生产业关系的企业联盟，实现园区范围内的资源循环流动。

一般来说，生产者主要包括物质生产者和技术生产者两类，物质生产者是利用基础原材料（水、能源、矿产资源等）从事直接消费品生产或为其他生产企业提供初级产品的企业。技术生产者则以提供不可物化的产品，即无形的技术支持为主，来丰富和完善园区循环生态产业链。消费者指利用生产者提供的产品来实现自身运作，同时产生生产力和服务功能等。分解者主要是将企业生产过程中所产生的副产品和废弃物进行无害化、再利用与资源化处理等。一个理想的生态工业园应包括三种角色的企业类型，通过三者之间的高效关联，分工合作，互利互惠，来实现对自然生态系统的高度模拟。但在实际建设过程中，往往很难完全拥有三种角色的企业，为进一步模拟自然生态系统，在后续的开发和建设过程中，园区管委会应积极导入和培育补链型企业（类似自然生态系统的清道夫和分解者），不断优化和完善循环产业链体系，以实现园区整体循环产业链的构建[2]。

2. 企业循环经济模式

根据生态工业园企业之间的互动关系可以分为以下几类循环经济模式：

（1）依托型企业循环经济模式是指众多中小企业围绕一家或几家大型核心企业来进行运作。其衔接关系主要有两种：一种是中心企业为核心企业提供原材料或零配件；另一种则是核心企业为中小企业提供廉价副产品、余热、边角料或废弃物等。例如，发电企业为园区核心企业，其为全区所有企业提供电力，又分别为园区其他企业提供副产品，如为供热企业提供低压蒸汽、为建材企业提供粉煤灰、为纸面石膏板材企业提供脱硫石膏（图7-5）。

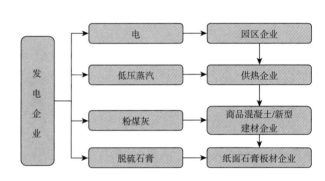

图7-5 依托型企业循环经济模式——以发电企业为例

（2）平等型企业循环经济模式是指园区内部节点企业处于平等地位，通过各节点之间物质、信息等的交流，实现产业链的运行。各节点企业在业务上相对独立、平等，彼此之间不存在依赖关系，企业在合作伙伴的选择上受经济利益影响较大，企业主动权强，仅凭市场调节难以保障产业链的稳定，政府和园区管理者的引导与参与变得非常必要。典型案例有丹麦卡伦堡生态循环系统。

（3）嵌套型企业循环经济模式是由园区某几家核心企业与其吸附的企业之间所组成的多级嵌套模式，是一种介于依托型和平等型之间的新的循环经济模式（图7-6）。通过组织内部各企业之间的副产品、资金、信息等的交流合作，形成互动共生的主体产业链。周边吸附的其他中小企业，围绕中心大企业形成子网络。这些中小企业彼此之

1. 郑季良，陈卫萍. 我国生态工业园生态产业链构建模式分析 [J]. 科技管理研究，2007（09）：131-133.
2. 罗宏，孟伟，冉圣宏. 生态工业园区——理论与实证 [M]. 北京：化学工业出版社，2004.

间也存在产业链关系。这种形式推动各企业更加积极地寻找合作伙伴，强化了企业之间相互依赖的关系，彼此之间资源交流方式与渠道增多，一定程度上反而增强了整个产业链系统的稳定性。

（4）虚拟型企业循环经济模式是指通过信息流连接价值链所建立的开发式动态联盟，这种模式突破了传统固定地理空间与实物交流的限制，形成基于网络依托的系统互补的虚拟型循环经济组织方式。例如，美国北卡罗来纳州三角研究园，涵盖26个郡的区域，由1382家企业所组成的虚拟生态网络，实现了1249种不同物质的交换。

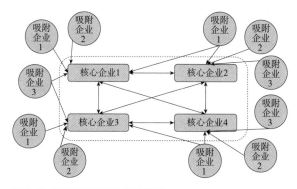

图7-6 嵌套型企业循环经济模式

3．关键策略

建立企业循环经济链，有以下关键策略需要着重考虑：

（1）产业规模、企业数量和具体企业生产内容的确定，便于进一步构建企业循环经济链。

（2）多个企业之间的互动关系、企业在园区内部的地位与层次结构、企业之间是否存在相互依托或嵌套的关系。

（3）在园区内形成相互作用的产业链条，在经济关系上进行相关性分析，通过对企业循环经济链的构建为后续空间布局做理论依据。

7.2.3 规划布局

2008年，国家环保总局发布的《生态工业园区建设规划编制指南》HJ/T 409—2007是我国生态工业园建设的重要指导性规范，指南提出应从产业循环体系、资源循环利用和污染控制体系及保障三大层面对生态工业园建设进行总体框架设计。

（1）产业循环体系：主要包括主导行业的产业共生和物质循环，如建设规划实施后新增构建生态工业链项目数量、工业固体废物综合利用率、再生资源循环利用率等。

（2）资源循环利用体系：分为基础通用标准子体系、废弃物分类与回收标准子体系、再使用标准子体系、再制造标准子体系、资源化利用标准子体系以及园区循环化改造标准子体系6个领域的标准体系。在指标上体现在资源节约类指标上，如单位工业用地面积工业增加值、综合能耗弹性系数、可再生能源使用比例、工业用水重复利用率等。

（3）污染控制体系及保障：在指标上主要体现为环境保护类指标，如工业园区重点污染源稳定排放达标情况、工业园区重点企业清洁生产审核实施率、主要污染物排放弹性系数等。

本书综合各类生态工业园空间研究方法，从生态工业园整体结构和内部企业空间布局两个层面来进行整体布局规划。

1．基于S2N的园区整体布局规划

伊安·麦克哈格（Ian McHarg）创立"千层饼法"，将各层的地图叠加，形成立体网络[1]。随后，Sybrand Tjallingii在生态城市规划研究中提出立体规划的概念，以空间内垂直生态过程的连续性为依据，自下而上进行布局设计[2]，并建构了"双网络策略（Strategy of the two networks，S2N）"（图7-7）。

基于上述学者的研究，规划领域常用"网"的概念来阐释和实现连通性，通常将规划区域视为多个网络的叠

1．伊安·麦克哈格. 设计结合自然 [M]. 北京: 中国建筑工业出版社, 1992.
2．Sybrand Tjallingii. *Ecological Conditions strategies and structures in environmental planning* [D]. Delft University of Technology, 1996.

加组合——如水网、生态绿地、路网、地下空间、市政管线等，遵循"点、线、面"的顺序构成整个网络体系。生态工业园中，由于多个企业的群落聚集，能量、物质要素、信息要素等集中混杂，要素之间的连通性成为园区使用效果的关键因素。基于S2N，有学者提出生态工业园空间规划布局的新思路，即构建生态网（Ecological network，包括水体和绿地）和交通网（Grey network，包括生产交通、生活交通等），分别作为实现生态效益和经济效益的载体，并通过纵向和横向两个维度的立体扩展，提高网络完整性，有序地安排园区内生产、生活等功能场所，形成稳定、高效的空间体系，以适应生态工业园的发展[1]。在此规划体系中，生态网和交通网的构成、活动类型、特征、功能及导向的具体内容见表7-5。

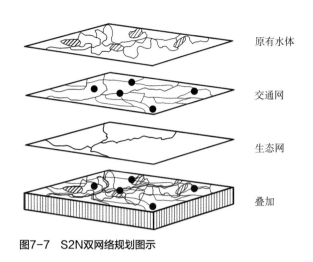

图7-7　S2N双网络规划图示

生态工业园空间规划布局双网络策略含义及特征　　　　表 7-5

要素	生态网	交通网
构成	山体、水体、绿地等开放空间	道路交通、广场、交通节点
活动类型	生活、休闲	工业、商业、娱乐
特征	安静、污染轻、自然生态	相对嘈杂、有一定污染、需人工调控
功能	调节微气候、提供栖息地、消纳污染物	支撑动力系统，维持高效畅通的物质、能量流动
导向	分散化，严格控制，低密度低强度开发	群聚化，引导高密度、高强度开发，积极建设工业生产和商业活动设施

在园区空间网络布局规划中，一种重要的思路就是从网络的结构因素出发，遵循"点（节点）—线（轴线）—面（片区）"的顺序进行连接，构成空间网络体系，生态工业园空间网络的具体构成要素见表7-6。

生态工业园的空间网络构成要素　　　　表 7-6

要素	功能	具体内容
节点	园区布局的驱动力、核心和视觉集中点，起控制引导作用	交通枢纽、小型景观、管理中心
轴线	园区景观的主要线路和脉络，在形态上连接节点和界定片区，并承载整个区域的物种和资源的流通、屏障、过渡等过程	各类走廊和通道，如线型绿化带、交通干道、输油输气管道、视线通廊等
片区	由轴线纵横交错形成的闭合背景地域，显示园区的活动质量和发展趋势	大面积绿地、广场、生产区、研发区、生活区等

1）"生态网"规划策略

生态工业园生态网主要包括自然山水、绿地等，基于前述空间网络构成的介绍，生态网规划设计的总体思路是以"斑块—节点、廊道—轴线、基质—面域"，即所谓的"斑、廊、基"三大要素出发，搭建兼具多样性和开放性的空间构架。此外，连续性是园区生物多样性保护的基础，也是园区生态安全和生态功能发挥的保障，与一般城市绿地规划不同，在生态工业园区绿地规划中，园区内大片土地用来布设厂房、仓库、住房、办公楼等建筑和公共设施，可能会占用、隔断原有大型的连续绿地，新建绿地的规模、形态、类型也会受到限制，传统的最佳土地组合模式实施起来难度较大。维持生态工业园生态网的连续性，常见的关键策略如下：

---

1. 杨巧玲. 生态工业园空间规划方法研究［D］. 大连：大连理工大学，2009.

（1）首先可利用原始自然地形地貌和自然植被、河湾、湖塘的自由形态，增长绿地斑块的边界，连接显性的破碎生境斑块。

（2）充分利用园区建设过程中保留下来的小型自然植被和廊道，围绕它们设计一些小的人为斑块（如居住绿地和主题公园），连接隐性的破碎生境斑块。

（3）在围绕建筑物和基础设施的空余地带进行见缝插针，布设小型植被，并建立小型"绿廊"巧妙连接绿地斑块。

2）"交通网"规划策略

生态工业园交通网规划涉及人流和车流的组织、出入口选择、交叉口的确定、停车场的设置以及园区交通路线，满足交通功能要求，提供方便、快捷和安全的出行机会；也要重视道路布局和基建、运行时对园区自然景观、生物栖息地和社会变化等因素的影响，保证道路形态走势与自然地形吻合，对土地、水体、空气的破坏性小，资源利用价值高。

生态工业园交通运输系统具有交通密度高、人流集中时段高峰、与外部沟通性强等特点。因此，园区道路网布局为保证最短路径的畅通，就必须有效降低物流运输成本及能耗，实现经济效益与社会效益的提高。打造主次层级明确、高效便捷的路网结构，确保组团之间、组团内部的交通都能通过安全、流畅的最短路径实现，避免因单纯追求道路形态风貌导致运输路线复杂曲折，进而增加物流时空消耗和运输成本。

2. 基于企业共生群落的整体规划布局

从产业链角度出发，在生态工业园区整体布局上，园区内部企业群落应遵循能源和物质循环的原则进行空间规划布局，为满足这一需求，其整体空间结构一般可分为以下几类：

1）组团式布局结构

组团式布局结构是指以公共服务核为中心，围绕核心布局多个具有产业特色的工业组团（图7-8）。公共服务核心主要包括研发、管理、景观、商业文化服务等园区公共服务功能，同时，在工业组团之间、工业组团内部实现共生和循环利用关系。

这种组团式布局结构便于分期建设，滚动开发；公共设施共享，减少建设成本与费用；各组团可相对独立开发运作，灵活经营，实现内部企业之间的副产品和废物循环，也可将循环链在组团之间展开。但在这种布局模式中，园区的发展将受到公共服务中心辐射范围的限制，只适用于中、小规模的生态工业园区。

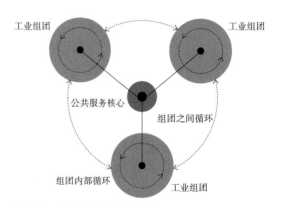

图7-8　生态产业园组团式布局

【案例分析】

青岛中德生态园

青岛中德生态园位于胶州湾西海岸，是中德两国政府的合作项目。规划总用地面积10平方公里，其中，高端产业用地4.5平方公里，占比45%；居住、商服及配套用地2.5平方公里，占比25%；生态景观及道路用地3平方公里，占比30%。规划提出"城市岛"的设计理念，八个城市岛镶嵌在自然景观和环境中的人工建造区域，城市岛内部均采取相似的几何秩序，其中，位于西侧的四个岛承担高端产业功能；其他岛屿则结合高端研发和公共服务功能，重点布局住宅配套和服务功能区域。

中德生态园独特的组团式布局结构产业与配套各自独立成岛，内部天然湖区与道路串联，既满足低碳环保生态园区的建设要求，也打造了一个引领绿色生活的宜居园区，整体实现中德生态园持续发展活力园区的建设目标。

2）轴带式布局结构

轴带式布局是生态工业园区布局中比较常见的形态，即将园区内部多个产业集群沿主要交通轴线纵向布置，便于上下游企业之间共生产业链条的合理运作，以形成独具特色的平行产业轴带（图7-9）。其他公共服务设施，如管理、行政、绿化、生活配套等，可平行或垂直纵向产业带布置。

轴带式布局具有明确的发展方向性，当公共服务设施或绿化景观带位于产业带中部平行布局时，可增大服务接触面积。但轴带式布局与带型城市结构有着相似的弊端，当产业带发展过长时容易导致纵向产业带两端企业之间的距离过长，增加交通成本，不利于副产品和废弃物交换。

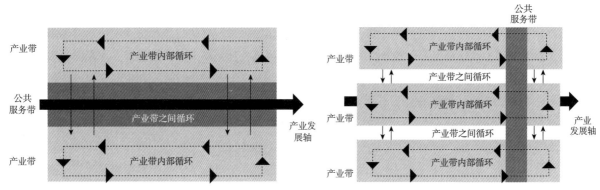

图7-9　生态工业园轴带式布局

【案例分析】

长沙黄兴生态工业园区

长沙黄兴生态工业园区启动区的功能布局，按照现代产业发展要求以及园区南北狭长的地形现状，采用轴带式布局，同一种功能区可能在南、北区同时存在，这将有利于内部交通流的疏散和园区内生产与生活的相互协调，同时也可节约开发成本。

3）街区单元式布局结构

街区单元式布局一般将生产型企业布置于街区中央，将消费型企业、分解型企业和补链消费型企业分散布局在其周围，将副产品利用关系最紧密的企业相邻布置，道路环绕在街区之间（图7-10）。

此种布局模式能使企业成员之间副产品和废物运输距离最短，利用效率最大。该布局模式适合建筑数量较多，企业数量和形成的产业链多，且地形平坦又呈矩形的情况。它具有交通运输路线短、联系快捷的特点。如果场地起伏不平，强求矩形分区，势必增大土石方工程量，造成用地浪费，从而使园区开发成本和经营费用高昂。

4）串联式布局结构

串联式布局中，首先基于产业链的关系，将具有直接利用副产品和废物关系的生产型企业、消费型企业、分解型企业纵向布局，形成线形主导产业循环体系，再以线形主导产业链为主干，串联能够消费两条主导产业链上的副产品消费型企业或分解型企业（图7-11）。

这种布局方式适合园区产业链数量多，且交换利用关系复杂的情况。它具有垂直联系方便，易于形成特色空间的优点。一般情况下，其空间布局常按长方形或方块状进行组合规划，有利于园区道路把它们串联成若干"组合

　　　　　　　　　　　　　　　　　　　　　　　　现代产业园规划及建筑设计

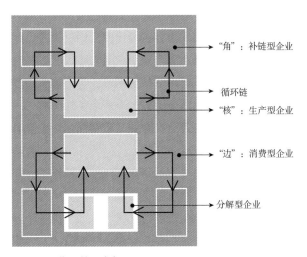

图7-10 街区单元式布局

"角"：补链型企业

循环链

"核"：生产型企业

"边"：消费型企业

分解型企业

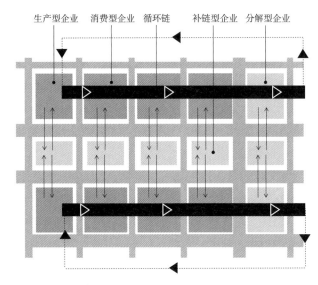

生产型企业　消费型企业　循环链　补链型企业　分解型企业

图7-11 串联式布局

块""组合带"。这种布局方式同样对地形的要求更特殊，场地尽量平坦或呈平行台地状，有足够的满足基本工业生产的进深。

【案例分析】

东莞生态园

东莞生态园空间布局突出低碳循环与生态优先原则，整体形成"一心、两翼、三区、多园"的立体产业空间布局，全长25公里的广东省绿道5号线生态园段贯通全区，串联各产业功能组团，实现"以城市湿地为特色、发展高端产业和配套服务业的循环经济和生态产业示范园区"建设目标。

5）集中式布局结构

集中式布局是指以大型、成片分布的厂房为主体建筑，并根据生产使用和循环利用的要求布置体量较小的辅助性建筑的空间规划布局。在这种布局方式中，整条主导产业链上的所有企业可形成企业联合体集中布置于联合厂房内，实现联合企业体内部产业循环（图7-12）。内部循环链上如果产生无法利用和需要分解的副产品和废弃物，可以通过与外部分解型企业和补链型消费型企业的交换利用关系，实现整个园区的资源循环。这种集中式布局适合于产业规模较大，且连续性和自动化很高的企业，如汽车企业、摩托车企业等。

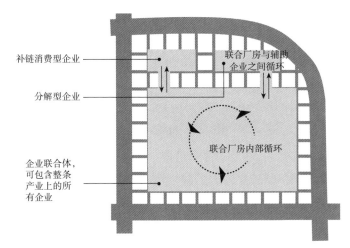

补链消费型企业

分解型企业

企业联合体，可包含整条产业上的所有企业

联合厂房与辅助企业之间循环

联合厂房内部循环

图7-12 集中式布局

7.2.4 交通组织

生态工业园交通组织体系确定主要分为两个部分：平面组织方式和断面组织方式。其关键策略包括：针对园区内部场地条件、地块划分以及布局类型，合理确定道路系统组织形式；对道路断面与竖向要求进行分析，确立道路分布形态、相交形式、绿化带等细部设计。力求交通系统整体协调，人车分流，交通流线便捷顺畅，且合理串联各类型交通流线，以确保交通体系日常高效运行。

1. 平面组织方式

园区道路交通组织的一般流程是由主及次的布设道路和节点（图7-13）。为提高生态工业园产出效能，在进行园区道路交通组织时，除了追求地域上的近邻关系，更应该提升内部成员之间的交通组织方式，提高交通运行效率，实现整体经济成本与环境成本的双重优势。园区内部道路交通组织应力求主次分明、结构明晰、功能明确、便捷顺畅。

一般来说，为确保生态工业园道路动线的流畅性，确保相对完整的用地布局，园区交通宜采用直线和曲线两种组织方式。直线交通通行能力强，有利于视线集中；曲线交通相对饱满，行车流畅，还可以适当控制车速，更能适应场地地形的起伏变化。此外，在路网形态上，一般采用方格网式道路形态，可以确保园区用地划分上的相对齐整，有利于内部工业企业的组织布局，均衡、灵活组织交通，提升整体交通系统的通行能力。针对地形起伏的山地区域，为合理利用土地，提升土地能效，一般多采用直线与曲线相结合的，"方格网+自由式"路网形态，在确保

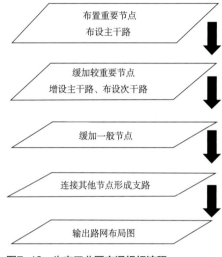

图7-13 生态工业园交通组织流程

主干道流畅的同时，同时支路顺应自然地形，既能确保整体路网的便捷性，也可以减少施工土石方工程量，节约建设成本。

2. 断面组织方式

生态工业园路网规划的选线布置，一方面，除了应尽可能平直、快捷之外，还必须结合场地环境，综合考虑地形、地质等用地条件，规避不良地质条件影响，缩短工程周期，节约建设成本；另一方面，还应根据园区人流和物流组织规律，结合园区发展特点及要求，鼓励发展绿色、低耗能交通方式，最大程度降低交通系统运行带来的环境污染和资源消耗。

针对不同地形条件，工业园区路网设置的一些具体要求还包括：针对河网地区的园区，道路以平行或垂直河道布置为主；针对低山丘陵区域，主路走向应平行等高线布置，尽可能避免垂直切割等高线；针对高差较大的园区，应建设人车分流系统，当自然坡度达到6%～10%时，可在主干道与地形等高线之间设置较小的高度，以保证与其交叉的其他道路纵坡适当；当自然坡度超过12%时，可设置之字形布局，在垂直等高线位置建设步行踏步，避免出现行人在道路上的盘旋行走[1]。

此外，由两组或多组相互垂直的平行路网系统组成的方格网—棋盘式布局道路系统，能减少异形用地拼接造成的土地浪费，提高土地利用效率。道路网走向应有利于建筑通风，并尽量避免平行或垂直的穿越性交通；坡地道路规划时，尽量减少土石方量，避免破坏自然地形，并维持挖填方平衡。加强道路绿化带建设，不仅限于中央分隔带或快慢车道分隔带上，还应将分隔带的空隙转换成人行通道，提供给行人遮阴。

---

1. 田锋. 工业园区道路网规划 [J]. 化学工业，2007（05）：30-34.

7.2.5 建筑节能与环保

生态工业园的建筑空间设计，应秉承节能环保的原则。生态工业园建筑空间最主要的特点是绿色节能，在建筑设计过程中应该结合节能技术、降低能耗等方式，创造绿色环保的工业园。

1．推进绿色节能建筑

在园区推广绿色建筑建设工作，建设绿色建筑标杆与示范工程。严格把控土地出让、规划设计等环节，根据用地性质和绿色建筑开发要求，明确提出绿色建筑星级及能耗要求，实现绿色节能建筑的全面推广。

2．推广节能新技术

全面推广园区绿色建筑创建工作，特别是空调系统、照明产品、保温材料等节能新材料新技术新产品的应用。要求园区内在（将）建筑遵循全生命周期原则，在建筑材料选择上，推广使用新型墙体材料，尽量选择省内建材，缩短运输距离，降低交通能耗；在建设施工阶段，加大绿色施工推进力度，推广节能施工新工艺、新技术；在建筑使用阶段，推广LED室内照明灯具，选择能效等级高的家用电器，降低运行阶段的能耗。

3．推广应用可再生能源

加强太阳能热水、太阳能照明和地（水）源热泵空调等技术在园区新建建筑上的推广应用工作。在新建居住建筑中推动太阳能热水的应用，在工厂、办公楼等屋顶建设屋顶太阳能光伏发电系统，在园内公共设施和商业服务设施上应用良好的地表水源热泵冷源。

4．加强建筑能耗管理

制定园区建筑项目节能管理工作方案，强化新建建筑节能评估与审查，开展园区建筑能耗的统计。建设大型公共建筑能耗监测平台，形成示范效应，逐步实现园区建筑能耗数据在线监管。

7.3 生态工业园典型案例分析

7.3.1 行业类生态工业园——广西贵港国家生态工业（制糖）示范园区

1．建设背景

广西贵港制糖业历史悠久，为贵港经济发展做出了巨大贡献。贵港国家生态工业（制糖）示范园区位于贵港城区，规划面积约31平方公里，主要涉及糖纸循环、电子信息、能源和纺织服装等四大产业。2001年8月，经国家环保总局正式批准并授牌，成为国家第一个批准设计的循环经济试点园区。

2．循环产业链构建

贵港园区围绕甘蔗制糖，形成以制糖厂为龙头，包含纸浆厂、酿酒厂、发电厂、造纸厂、化肥厂、水泥厂、轻质碳酸钙综合利用在内的完整一条龙产业链。将上游产业链环节生产的废弃物资源化再利用，作为下游产业链环节的原材料，成功模拟了"生产者—消费者—分解者"构成的自然生态系统，实现整个产业链环节的闭合与循环再生利用。既降低园区废弃物排放量与"三废"污染，也节约了生产成本，实现企业经济效益与环境效益的大幅提升。

园区围绕制糖产业，基本构建了四条主要生态产业链（图7-14）：①蔗田（甘蔗）—制糖—（蔗渣和糖渣）造纸—水泥生态产业链；②制糖—（蜜糖）酿酒—（废酒精）化肥生态产业链；③制糖—（蔗渣和糖渣）发电—（蒸汽）酿酒/造纸生态产业链；④制糖（有机糖）—低聚果糖生态产业链。最终，围绕园区生态产业链网络，基本建成纵向闭合、横向耦合、区域整合的生态产业链体系（糖业），推动了贵港市经济结构调整和可持续发展。

3．效益分析

经过近二十年的发展，贵港国家生态工业（制糖）示范园获得了巨大的效益，实现整体经济效益、环境效益与社会效益的提高。

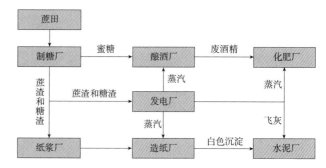

图7-14 贵港国家生态工业（制糖）示范园生态产业链网络

7.3.2 综合类生态工业园——郑州经济技术开发区

1．建设背景

郑州经济技术开发区成立于1993年4月，面积约158.7平方公里，2010年获得国家生态工业示范园区建设申请批复，以生态工业理念指导产业优化升级，改善生态环境质量，各项指标均达到生态工业园区标准。2016年5月27日，园区通过国家环境保护部、商务部、科技部三部委联合组织的验收，成为河南首家国家生态工业园区的示范与样板。

2．产业生态系统/链条设计

充分依托郑州地处中原腹地的区位资源、市场环境及政策优势，通过传统产业生态转型、主导产业优化升级、潜力产业创新孵化等，以重点项目建设为带动，聚焦汽车制造、装备制造、食品及农副产品加工业、电子信息等重点行业，构建生态产业系统/链条，补充完善静脉产业链环节，引导园区产业复合化、低碳化、高端服务化发展，建设宜居、宜业、宜游的"花园型工业园区"，打造中部地区生态工业园建设的示范和样板（表7-7）。

郑州经济技术开发区主导产业生态建设规划 　　　　　　　**表 7-7**

主导产业生态系统链条设计				
汽车制造业 （以汽车制造、汽车服务为双核心的汽车生态产业系统）	装备制造业 （装备制造业的绿色制造）	食品及农副产品加工业 （重点规划的生态产业链）	电子信息产业 （电子信息业生态化建设）	现代服务业 （构建生态服务业）
1."原材料供应—零部件生产企业—整车装配制造企业"链 2."汽车整车装配制造企业—汽车销售企业—汽车服务企业"链 3."汽车零部件生产加工企业—汽车整车装配制造企业—危险废物集中处理企业"链 4."汽车整车装配制造企业—汽车报废拆解企业—汽车零部件再制造企业—汽车零部件生产加工企业"链	1.大型机械制造企业应建立起绿色制造环境信息资源管理系统 2.选择无害材料生产绿色产品是进行绿色制造的基础 3.进行大型机械制造产品的绿色设计 4.构建具有绿色集成功能的供应链和服务链	1.食用油、豆奶生产及废物再利用产业链 2.食品加工废渣—饲料生产产业链 3.甘薯产品生产产业链	1.产业生态化 2.产业网络多元化 3.产业补链 4.生态设计 5.关注产业废旧资源的回收和再利用	1.生态技术的研究与开发 2.生态产业的孵化 3.生态产业的咨询 4.生态产业的培训

［资料来源：《郑州经济技术开发区国家生态工业示范园区建设规划（2009年）》］

3．实施效果

在经济效益方面，引入海马汽车、雅士利、重量、郑煤机等国内外大型企业入园，提升产业活力的同时，为园区创造出可观的经济效益；针对主导产业的生态系统/链条设计，提升园区产品附加值和边际利润，推动园区可持续发展；引入清洁生产技术、静脉产业等，极大地降低了企业生产成本，实现资源、能源的集约化利用，提升产业竞争力。

在社会效益方面，静脉产业的发展创造新的经济增长点，产业优化升级为园区创造了更多的就业机会，推动周边区域城镇化建设步伐；引入公众参与机制，构建基于园区的多元化信息服务与智慧园区，激发公众环保意识，推动园区绿色健康产业链构建。

在生态效益方面，通过生态工业园示范园区的建设，降低废弃物的排放，提升能源利用效率，整体改善区域生态环境；花园型工业园区的建设理念，有助于改善生态环境，营造宜居生产、生活的产业环境。

7.3.3 静脉产业类生态工业园——天津子牙环保产业园

1. 建设背景

2008年5月，在中日两国元首的共同见证之下，天津与北九州市交换了两地开展中日循环型城市合作备忘录，明确"绿色之都"北九州将运用其在零碳排放、静脉产业以及循环发展方面的经验与技术，协助天津完善循环经济、资源再生利用领域的制度与标准建设。

子牙环保产业园作为中日两国循环型城市合作项目，在经过了十几年发展之后，成为目前国内最大的循环经济园区之一，同时也是国务院首家批准的以循环经济为主导产业的国家级经济技术开发区。

2. 产业特色

园区近期规划面积21平方公里，重点布局以节能、减排等循环经济类产业，初步形成了以废旧机电产品、废弃电器电子产品、报废汽车、橡塑加工、精深加工再制造和节能环保新能源产业为主导的六大产业体系（图7-15），开创了"静脉串联、动脉衔接"、产业间"动态循环"的"子牙模式"（图7-16）。

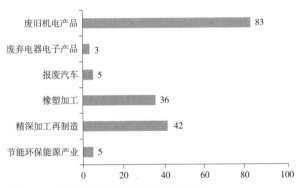

图7-15 天津子牙环保产业园主导产业情况

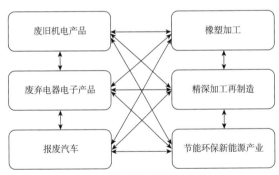

图7-16 天津子牙环保产业园动态循环产业体系

天津子牙环保产业园在循环产业发展上，拥有自己独特的开发模式：

（1）构建"5+7"科研支撑体系：园区围绕循环经济发展模式，以"研发机构+公共服务平台"为主体，形成了"5+7"的科研支撑体系，助力园区循环经济发展目标（图7-17）。

（2）实施严格的循环经济管理模式：在国内率先实行封闭式管理，严格园区控制污染物排放。针对固体废弃物严格实施集中处理，针对拆解、加工过程中的无利用价值残余物，由园区转运中心集中封存，交由天津市处置中心实施集中无害化处理。

3．效益分析

经过发展，产业园形成了"企业小循环、园区中循环、社会大循环"的循环发展模式，成为国内首个具备处理各种固体废物能力达到500吨的环保产业园。

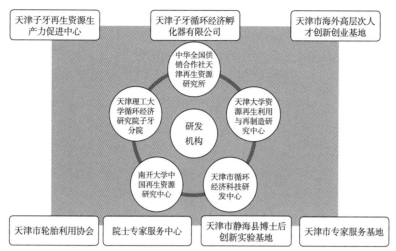

图7-17 天津子牙环保产业园"5+7"科研支撑平台

现代产业园规划及建筑设计

专业产业园 | 第8章

8.1 专业产业园的概述及发展

8.1.1 定义及特征

近30年以来，我国许多城市中出现了一批以生产资料品和工业（轻工业）消费品如纺织、汽车及配件、皮革、家居、五金等产品的生产制造和交易流通园区，对于这一类量大面广的园区，无法以"工业园""科技园""物流园"等概念涵盖，且国内学术研究领域也没有形成统一明确的称谓。目前，对于这类产业园区，与之最接近的概念名称包括"专业市场"。

关于"专业市场"，郑勇军、袁亚春对其的定义具有代表性，即是"以现货批发为主，集中交易某一类商品或若干类具有较强互补性和互替性商品的场所，是一种大规模集中交易的坐商式的市场制度安排"[1]。"专业市场"不仅是物理形态的专业品流通场所，还是以专业品的展示销售为前端，将产业内的技术资源、市场信息，原材料和中间品等资源进行融合所创造的巨大高效信息网络。基于对专业品产业聚集的分工，大型专业市场在一定地域的集聚可以界定为一种称之为"流通类"产业集群。

参考以上相关概念定义，同时基于产业集聚理论和以循环要素划分的类型分类方法，本书将此类在城市建设中大量存在的，无法以工业园、科技园、物流园等其他概念涵盖的产业园称为"专业产业园"（简称"专业园"），并将其定义为：围绕同类产品（尤其是轻工业消费品）的生产、交易、流通、配送和销售、服务的多个环节聚集形成的产业园区。这样定义的专业园在内容上涵盖了现有"专业市场"的概念，并具有以下主要特征：①园区的循环要素是相同类型的专业化产品。②园区的空间聚集因素往往跨越了专业产品"生产—展示—销售—服务"的多个环节。其中，生产以专业化产品的设计、加工、制造为主，销售以专业品的展示、销售为主，后续还包括了专业品的物流、售后等多个功能链条（图8-1）。

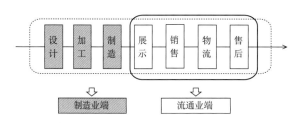

图8-1 专业产业园所跨越的产业链条及制造业端和流通业端的聚集及分离情况

---

1. 郑勇军，袁亚春. 解读"市场大省"——浙江专业市场现象研究［M］. 杭州：浙江大学出版社，2002.

8.1.2 类型分类

1. 以园区交易产品类别分类

现阶段我国专业园交易的产品种类繁多，具有代表性的有轻纺、面料皮革类，纺织、服装、鞋帽类，日用百货及小商品、办公品、印刷品类，黄金、珠宝玉器等首饰类，电气、通信器材、电子设备类，家具、五金、建材及装饰材料类，汽车、摩托车及零配件类，以及其他地域类的专业品园区，都已形成一批建设项目（表8-1）。

以主要交易产品类别分类的专业园类型 表 8-1

类型	代表园区
轻纺、面料、皮革	博美布料商贸中心、海宁中国皮革城、广州花都狮岭皮革城
纺织、服装、鞋帽	绍兴中国轻纺城、重庆朝天门服装城、杭州四季青服装市场、嘉兴中国茧丝绸交易市场、广州白马服装市场
日用百货及小商品、办公品、印刷品	路桥中国日用品商城、浙江义乌小商品城、南京义乌小商品城、深圳科彩工业园
黄金、珠宝、玉器等首饰	深圳李朗工业园、深圳水贝工业区
电器、通信器材、电子设备	义务电子市场、深圳华强北电子市场
家具、五金、建材及装饰品	顺德乐从国际家具城、长沙浙江义乌国际商贸城、重庆国际五金机电城
汽车、摩托车及零配件	重庆北部汽车园、海峡汽车文化广场

2. 以单一类品和综合类品分类

依据园区所聚集专业品为单一类产品或是综合类产品，可将园区划分为单一类产品和综合类产品园。

（1）单一类产品园：指在同一园区内开展的交易为单一类产品，以上文交易品种类如深圳荔秀服装城经销产品为服装、深圳市嘉进隆前海汽车城的经销产品为汽车及汽配等。

（2）综合类产品园：指同一园区内将多种单一类品集中聚集的专业园区，如深圳华南城，就是聚集纺织服装、皮具皮革、电子、印刷纸品包装、五金化工塑料等五个类别的专业品，义务国际商贸城的规模庞大，建设就分为了五期，几乎涵盖了表8-1中覆盖的前七类园区。

3. 以专业品生产与消费的地域关系分类

（1）产地型专业园：这类园区是指以产品生产地为依托，具有产地优势的园区。如绍兴轻纺市场是以当地乡镇轻纺企业为依托的全国最著名的轻纺市场；杭州丝绸市场是以本地国有、集体丝绸厂为依托的丝绸经销市场。

（2）销地型专业园：这类园区直接面向产品的主流消费者，存在的前提是该地区对某类产品有大量的消费需求，可视作城市居民的日常消费品重要采购地。如深圳市嘉进隆前海汽车城，直接面向宝安的汽车及配件经销与服务消费者。

（3）集散地型专业园：这类园区利用地理位置、交通条件和人才优势等进行商品集散交易，多位于交通枢纽地区或传统集散中心，起着连接产地和销地的中转站作用，往往受到区位、交通运输、仓储设施等条件影响。

8.1.3 发展与建设现状

我国现代专业产业园是从1978年改革开放后，伴随着经济发展和专业消费品的市场需求的壮大发展起来的。1979年至1984年，以汉正街小商品市场与义乌小商品市场为代表的地方集贸市场的兴起，可以视作是我国专业园的发展雏形；1984年至1992年，专业园经历了一段自发发展期，这个过程中还经历贸易市场的整顿，专业园也逐渐开始规模化建设；1992年至1998年，随着十四届三中全会发布的《中共中央关于建立社会主义市场经济体制若干问题的决议》，以"改革现有的商品流通体系，进一步发展商品市场，在重要的产地、销地或集散地，建立大宗农产品、工业消费品和生产资料的批发市场"，我国市场化体系下的专业园进入了迅猛的建设期；1999年至2012年，我国专业园经历了地方政府引导下的结构转型期，政府通过统一规划和管理，促进专业园管理水平和效益上的提升。与此同时，地方政府开始推动了依据地方特色经济建设的"特色产业园"的建设，统一规划管理，推动专业产品产业链的升级转型。2012年以后，专业园在面对互联网电子商务冲击下进一步转型调整期，传统坐商以实物交易的模式受到了冲击，对专业园的演变发展产生了重要的影响。

从建设历程来看，根据对我国专业市场的相关研究[1]，侧面反映了我国专业园发展呈现出的特征和趋势：首先，通过2019年亿元以上的专业商品交易市场所占全国总市场的比值可以看到，市场的区域分布呈现出以华东、华中居前，其他区域分布相对均匀的特征（图8-2）；其次，通过2009—2019年间亿元以上的专业市场数量和交易额的对比数据情况可以发现，在数量减少情况下，交易总额的提高反映了专业市场经营的规模化趋势明显（图8-3）。

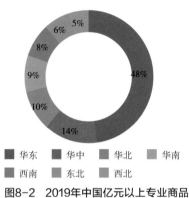

图8-2　2019年中国亿元以上专业商品交易市场区域分布情况
（数据来源：前瞻产业研究院）

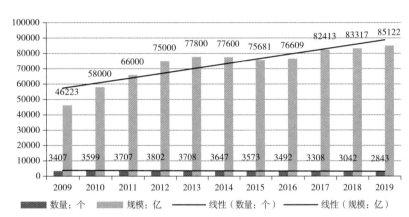

图8-3　2009-2019年亿元以上商品专业市场数量与交易总额对比
（数据来源：前瞻产业研究院）

此外，通过对2000—2020年间国内已建成的具有代表性的专业园区的梳理与分析（表8-2），其建设呈现出以下特征：从园区建设规模上看，单一类园区和综合类园区的差异较大，综合类园区的规模动辄百万平方米，如深圳华南城等，而单一类园区，规模小的只有几万平方米，如南京天益汽车城；专业园的开发运营主体以民营企业为主，且呈现出品牌效益，其中具有代表性的有义乌小商品城、华南城、中国海宁皮革城等成熟品牌商，并呈现出在全国各地开花建设的现象；从不同类别园区的分布看，传统的专业产品聚集区仍旧保持着在该品类产业园建设的领头羊位置，如沙湾珠宝产业园之于广州市仍是我国珠宝玉器产业的重要集散地。

2000—2020 年国内专业产业园典型项目案例表　　　表 8-2

城市	案例名称	建设时间（年）	用地面积（万m²）	总建筑面积（万m²）	产品类型	单一品/综合品	开发主体
北京	十里河灯饰城	2000	5	10	家居装饰	单一类	十里河灯饰城有限公司
深圳	深圳赛格数码广场	2000	0.9	17	电子产品	单一类	深圳赛格集团
重庆	重庆光能建材市场	2000	10	12	建材	单一类	重庆光能建材市场有限公司
成都	金府灯具城	2002	2.5	7	家居装饰	单一类	金府灯具城有限公司
郑州	郑州丰乐五金机电市场	2002	13.3	17	五金	单一类	郑州丰乐五金机电市场有限公司
深圳	深圳华南城	2002	100	264		综合类	华南城集团

---

1. 前瞻产业研究院. 2020-2025年中国专业市场建设深度调研与投资战略规划分析报告［R］. 2020.

城市	案例名称	建设时间（年）	用地面积（万m²）	总建筑面积（万m²）	产品类型	单一品/综合品	开发主体
东莞	沙湾珠宝产业园	2003	22.5	26.5	珠宝	单一类	广州威乐珠宝产业园有限公司
广州	广州国际玩具礼品城	2003	32	40	玩具	单一类	长江实业、和记黄埔与广州国际玩具中心有限公司
嘉兴	中国海宁皮革城	2005	—	45	皮革	单一类	中国海宁皮革城
泰州	华东五金城	2006	35.2	45	五金	单一类	华东五金城有限公司
南京	南京义乌小商品城	2004	14	20	—	综合类	南京义乌小商品城有限公司
广州	广州国际玩具礼品城	2006	32	40	玩具礼品	单一类	广州国际玩具礼品城有限公司
重庆	重庆大川博建	2006	3.2	18	—	综合类	重庆市东方房地产开发有限公司
重庆	中国西部建材城	2006	53.3	85	建材	单一类	重庆大雅地产有限公司
贵州	西南家居装饰博览城	2007	24	30	家居装饰	单一类	贵州西南家居装饰博览城有限公司
上海	上海国际鞋城	2007	—	15	鞋业	单一类	上海兆地房地产有限公司
朔州	朔州豪德光彩贸易广场	2007	20	20	—	综合类	香港豪德集团
义乌	义乌国际商贸城	2002	145.7	417	—	综合类	义乌商城集团
湖州	南浔国际建材城	2008	22.7	41	建材	单一类	南浔国际建材城有限公司
深圳	李朗珠宝产业园	2009	12	51	珠宝	单一类	深圳市中盈贵金属股份有限公司
上海	吉盛伟邦国际家具村	2009	66.7	75	家具类	单一类	吉盛伟邦集团、绿地集团
北京	万隆汇洋灯饰城	2009	8	5	家居灯饰	单一类	北京万隆汇洋灯饰城有限公司
潍坊	潍坊义乌商贸城	2009	4.9	8	—	综合类	天同宏基集团股份有限公司
临沂	豪德光彩贸易广场	2010	133.4	150	—	综合类	香港豪德集团
泸州	中国西南商贸城	2010	3.4	160	—	综合类	中国西南商贸城有限公司
上海	上海电子商城	2010	40	50	电子产品	单一类	中国电子商城有限公司
常州	常州龙城钢材城	2010	38.6	30	建材	单一类	常州龙城钢材市场有限公司
福州	海峡汽车文化广场	2011	97	116.4	汽车	单一类	福州新榕城市建设发展有限公司
武汉	中国家具CBD	2011	183	300	家具	单一类	香港金马凯旋集团
苏州	昆山龙城国际钢材市场	2011	17.5	16	钢材	单一类	昆山龙城国际钢材市场有限公司
佛山	乐从家具城	2011	86	200	家具	单一类	佛山乐从家具城有限公司
成都	成都香江家居全球CBD	2011	200	600	家居	单一类	南方香江集团
天水	天水桥南家居建材城	2011	200	50	建材	单一类	天水桥南家居建材城有限公司
天津	天津王顶堤商贸城	2012	27	60	—	综合类	天津王顶堤商贸城有限公司
成都	成都海宁皮革城	2012	13	45	皮革	单一类	海宁皮革城股份有限公司
郑州	郑州华南城	2012	—	1200	—	综合类	华南城集团
南通	中国南通工业博览城	2012	15.2	25.9	—	综合类	香港五洲国际集团
重庆	重庆大川国际建材城	2012	200	300	建材	单一类	重庆大川集团投资有限公司
武汉	武汉海宁皮革城	2013	6.7	21	皮革	单一类	海宁皮革城股份有限公司
上海	上海灯具城	2013	18	11.85	家居灯饰	单一类	上海灯具城有限公司
福州	德诚珠宝产业园	2013	18.7	25	珠宝	单一类	德诚珠宝集团
合肥	合肥华南城商贸区	2014	—	80	—	综合类	华南城集团
银川	西部黄金珠宝产业园	2014	8	6.3	珠宝	单一类	宁夏金银街黄金珠宝产业园
重庆	重庆国际五金机电城	2014	40	45	五金	单一类	重庆模具产业园区开发建设有限公司
荆州	百盟光彩商贸城	2014	53	140	—	综合类	百盟商贸城有限公司

城市	案例名称	建设时间（年）	用地面积（万m²）	总建筑面积（万m²）	产品类型	单一品/综合品	开发主体
重庆	重庆华南城	2014	—	1310	—	综合类	华南城集团
哈尔滨	哈尔滨海宁皮革城	2014	—	40	皮革	单一类	哈尔滨海宁皮革城
廊坊	香江全球家居CBD	2016	—	100	家居	单一类	南方香江集团
郑州	中原珠宝产业园	2016	8.3	18	珠宝	单一类	铭心珠宝集团
泰州	泰州国际汽车城	2016	25	28	汽车	单一类	泰州汽车城有限公司
东莞	常平珠宝产业园	2016	24	62	珠宝	单一类	广东宝力事业投资有限公司
上饶	德贤黄金珠宝产业园	2017	20	45	珠宝	单一类	江西省德贤珠宝产业园开发有限公司
乌兰察布	内蒙古北方汽车产业园	2017	5.0	5.8	汽车	单一类	内蒙古北方汽车产业园有限公司
镇江	亿都家居建材城	2018	28	30	家具建材	单一类	亿都置业有限公司
南京	天益国际汽车城	2019	3.56	10.5	汽车	单一类	南京天益国际汽车城有限公司
济南	章丘国际建材家居城	2020	20	30	建材	单一类	济南增富房地产开发有限公司
深圳	深圳丝绸文化产业园	2020	3.6	4.2	丝绸	单一类	广东省丝绸纺织集团+中国同源有限公司

8.2 专业产业园建设的上位影响因素

8.2.1 上位影响因素

政策支持力度、产业聚集情况、土地价格及经济模式冲击场地交通条件、政策环境等均会影响专业园的规划选址。专业园在进行规划时，应根据园区自身特点、发展定位及区域市场情况对专业园进行选址。

1. 政策支撑力度

在我国，专业园的发展受政府政策的影响很大。国家层面的政策，如国内贸易部发布的《全国商品市场规划纲要》（1994年）、国家商务部等5个部门推动发布的《关于推进商品交易市场转型升级的指导意见》（2016年）[1]、国家商务部等12个部门推动的《关于推进商品交易市场发展平台经济的指导意见》（2019年）[2]在我国专业园发展和转型节点上对专业园的建设发展提出了政策支撑及指引。在针对具体的专业园的改革试点方案上，以义乌为例，2011年，为了应对义乌在对外贸易中长期存在的出口产品低端、交易方式传统、管理体制制约、支撑体系薄弱等一系列深层次矛盾和问题，国务院正式批复了《浙江省义乌市国家贸易综合改革试点总体方案》[3]，对浙江义乌特色经济的方向性及高度提出了战略性的指引。

2. 产业聚集情况

地方特色的产业集聚对专业园的建设选址的影响愈发明显，同类产品空间上和产业链上的产业集群有利于共享各类生产要素资源、行业信息及专业化服务，提升产业生产效率，对于专业园的良性发展产生巨大的推动作用。如浙江绍兴作为全国最大的轻纺业产业聚集地，支撑其背后成熟的轻纺工业体系及产业集群，让浙江轻纺城成为亚洲

---

1. http://www.gov.cn/xinwen/2016-09/19/content_5109283.htm. 中华人民共和国中央人民政府网.
2. http://www.mofcom.gov.cn/article/b/d/201902/20190202838305.shtml. 商务部.
3. http://www.gov.cn/jrzg/2011-03/09/content_1821175.htm. 中华人民共和国中央人民政府网.

规模最大、成交额最高、经营品种最多的纺织专业批发市场，竞争优势领先。而从长远来看，随着我国城市特色产业集群的进一步聚集发展，产业集群与专业园之间互动机制将不断增强，依托于特色产业集群的专业园将获得长足的发展。

3．土地价格因素

专业园对土地价格的敏感度较高，因此地租成本是专业园区选址的重要因素。目前，在我国大中型城市的中心，土地资源紧缺和地租成本过高，逼迫早期建于城市中的园区面临整体搬离或者提升改造的局面——保留附加值高的设计和展销环节并迁移附加值低的传统制造环节。而大城市的边缘、郊区或中小城市、乡镇区域由于相对低廉的地租，成为转移原城市中心园区或新建园区的主要区域。

4．经济模式

近年来物流业和电子商务发展催生的新型经济模式，对专业园尤其是集散地型的园区建设冲击很大。传统的集散地型园区建设基于交通中转站这一地理意义的信息密集优势，被电子商务更为快速便捷的网络平台所冲击，若不转型升级，将面临被逐步淘汰的可能性。相比较而言，产地型专业园由于具备良好的产业基础，存在准入门槛，市场规模大，有较为长远的发展优势；销地型专业园直接面向主流消费者，其辐射范围依消费总量水平而定（图8-4）。

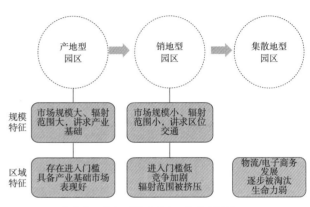

图8-4 三类专业园在新型模式冲击下的发展趋势

8.2.2 区位选址

专业园的选址除受上述上位因素的综合影响外，还要充分考虑商品资源、仓储运输、辐射范围等多方面的条件。目前其选址存在两种情况，位于城市内部和位于城市边缘。专业园选址不同导致其能依赖的城市环境资源不同，为此所能发展的产品类型也有所不同，典型特点见表8-3。

不同产品类型专业产业园选址特征　　　　　　　　表8-3

与城市的关系	产品类型	特点	典型园区
位于城市内部	老旧厂房和批发市场升级园区	存在上店下厂或前店后厂的形式。小体量日常消费品如服装、珠宝、小商品等	水贝珠宝城 深圳荔秀服装城
	日常消费产品为主的园区	靠近消费群，服务范围广、交易频次高的日常消费品为主	华强北电子市场
	综合型产业园区	依托城市区域现有特色产业条件逐步发展，利用良好的城市地理位置和设施条件，聚集多类相近产品的集中生产、展示及销售	义乌国际商贸城
位于城市边缘或郊区	单品类产地型园区	位于专业产品的产地，能够依靠周边成熟的产业聚集的园区	小城市，中小规模专业产业园
	面向日常消费的园区	场地广阔，大体量，高物流，要求产品的专业产业园，如汽车及汽配等	深圳光明国际汽配城
	综合类产品园区	外部交通条件好，规模大，以批发为主或一次性交易量大的园区，以规模化的消费品聚集优势，降低经营成本，多为大型综合性产业园区，涵盖小商品、建材品、五金品类	深圳华南城

1．选址位于城市内部

选址位于城市的中心范围附近，由于接近城市中大量的消费群体，因此适用于交易频次高的日用消费品园区，如服装城、珠宝城、电子城、小商品城等，常见的园区可分为三类：

第一类为日常消费频次高的以电子产品为代表的园区，如华强北电子城等。

第二类为位于城市内的综合型商贸园区，如义乌小商品城等以批发为主的园区。

第三类在原有旧厂房区及专业市场设计改造的专业品园区，还存在前店后厂、下店上厂的情况，通过升级改造，朝着文化创意端方向发展的特色街区。代表园区有深圳水贝珠宝城、荔秀服装城等园区。

【案例分析】

华强北电子市场

深圳华强北电子市场位于深圳交通干道深南中路和华强北路的交汇带，是国内电子商品流通的主要枢纽。华强北"中国电子第一街"孕育于工厂密布的工业区，电子市场经历了从元器件到电脑再到手机等不同产品主导的阶段。鼎盛时期，华强北电子专业市年销售额约3000亿元，是全国经营商户最多、产品最全、销售额最高的电子商业街区（图8-5）。

图8-5　华强北电子市场

（图片来源：https://www.sohu.com/a/375599814_355785）

【案例分析】

义乌国际商贸城

义乌国际商贸城是典型的集散地型专业产业园，是国内著名的小商品批发和集散地，园区最初选址位于义乌市中心区，其中心聚集同时也带动了城市南部老城区向城市北部新区发展，市场建设与城市发展循环演进（图8-6）。

图8-6　义乌国际商贸城鸟瞰图

（图片来源：http://xdkjfhq.com/bbss/show/2424 吴贵明/摄影）

【案例分析】

深圳荔秀服饰文化街区

深圳荔秀服饰文化街区属于原南油第一工业区范围，也被俗称"南油服装批发市场"。荔秀服饰文化街区成为集服饰研发、创意设计、商业展示、商务信息等功能为一体的时装创意产业园区，以培育发展高端女装品牌为主导方向，据行业数据统计显示，全国近8%的时尚服饰由荔秀出口到东南亚国家及地区（图8-7）。

图8-7　深圳荔秀服饰文化街区

（图片来源：https://www.sohu.com/a/251059792_683781）

2．选址位于城市边缘或郊区

选址位于城市的边缘或郊区相对低廉的土地成本可以支撑园区拥有较为开阔的用地。常见的类型有三种：

第一类是靠近专业品的生产加工地，以同类产业链聚集的单品类园区，典型的有沙湾珠宝产业园等，此类园区由于与专业品相关的生产制造厂区联系紧密，往往位于城市的郊区或边缘。

第二类是大型资料品消费或采购的园区，如深圳光明国际汽车城等，此类园区对城市的交通要求较高，便捷的交通才能拉动消费。

第三类是多品综合类产品园区，以深圳华南城为例，通过规模化、大型化的园区建形成规模化优势。此类园区占地大、规模大、品类多，对园区的物流或交通集散优势要求较高。

【案例分析】

沙湾珠宝产业园

沙湾珠宝产业园位于广州番禺区沙湾镇，沙湾镇是全国金银珠宝首饰行业最大的加工出口基地之一，园区建设总建筑面积26.5万平方米，是一个面向全球的集高值工业品原材料采购及成品研发设计、珠宝加工、交易、鉴定、展贸、物流、零售、保税仓储、通关、商检、金融结算、生态、文化、旅游于一体，覆盖全生产链的"一站式"珠宝产业园区（图8-8）。

图8-8　沙湾珠宝产业园鸟瞰图
（图片来源https://www.meipian.cn/38bqukzn）

【案例分析】

深圳光明国际汽车城

光明国际汽车城是光明区倾力打造的重点项目，位于光明区马田街道，总占地面积92.5万平方米。该项目西临根玉路，北接东明大道，东侧及南侧为风景秀美的明湖公园，驾车1分钟即可到达南光高速出入口，无缝接入湾区路网体系，交通便利，四通八达。光明国际汽车城力争三年内打造为粤港澳大湾区规模最大、品牌最全、环境最优、服务最完善的4S店集群，以及集交易展示、文化休闲、科技研发、体验消费、综合服务为一体的湾区高端汽车体验消费新中心（图8-9）。

图8-9　深圳光明国际汽车城规划效果图
（图片来源：http://www.hdjbxg.com/qiche/guonjnqlp.html）

【案例分析】

深圳华南城

深圳华南城坐落于深圳市平湖物流基地园区。项目规划总建筑面积约260万平方米，从2002年起建设一期到三期2015年开业。涵盖纺织服装面辅料、皮革皮具面辅料、五金化工塑料、印刷纸品包装、电子数码等产业门类的超大型国际工业原料交易市场，并提供商务办公、产品展示、仓储物流、人才培训、技术交流、创业融资、商业配套、生活配套等集成性服务，打造全国规模庞大、服务齐全、极具影响力的实体电商产业园（图8-10）。

图8-10　深圳华南城

（图纸来源：http://www.dutenews.com/longgang/p/190573.html）

8.3　专业产业园规划与建筑设计策略

8.3.1　功能构成

专业园的内部空间是承载市场主要职能的物质空间，按照产业聚集理论，专业园的基本功能构成如下（表8-4）：

专业产业园功能构成　　　　　　　　　　　表8-4

类型	主要功能	功能设施
产业功能	研发设计	研发设计、加工
	制造加工	加工制造组装
	展销（营业设施）	销售区、交易厅、拍卖设施、主题公园
	售后服务	维修、保养等
产业配套	运营管理	问询、洽谈、管理办公用房、信息管理用房、洽谈
	仓储物流	仓库、冷库、物流中心、配送中心
	辅助设施	会展设施、技术用房及设备用房
生活配套	后勤设施	门卫保安室、收发室、垃圾站场
	生活服务	酒店、公寓、餐饮、商业
	交通设施	停车场、货场、场内交通线

（1）产业功能：在专业产业园中是指与专业园生产与销售等核心活动相关的产业功能，涉及产业链的生产与经销环节。

（2）产业配套：指为专业园提供生产和商业服务的配套功能，包含运营管理、仓储物流、辅助设施等。

（3）生活配套：指区别于产业配套的生活配套功能。

8.3.2　规划布局

专业园总体规划布局呈现出轴带式、圈层式、行列式、立体复合式几类基本空间结构形式（表8-5）。

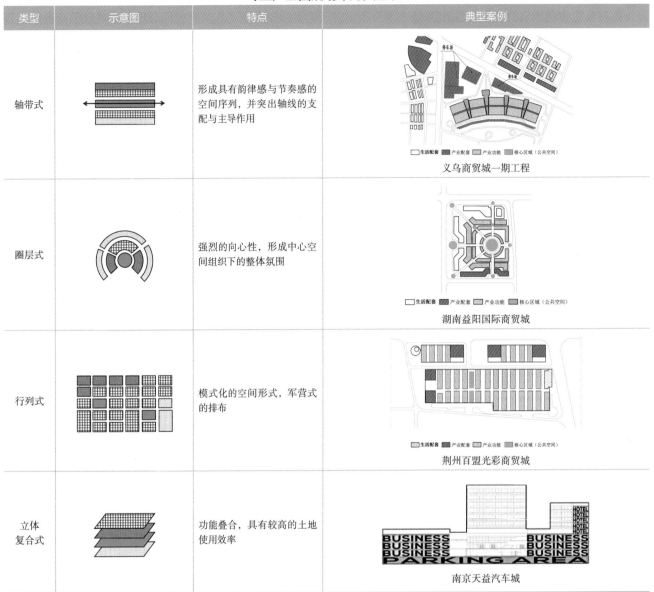

类型	示意图	特点	典型案例
轴带式		形成具有韵律感与节奏感的空间序列，并突出轴线的支配与主导作用	义乌商贸城一期工程
圈层式		强烈的向心性，形成中心空间组织下的整体氛围	湖南益阳国际商贸城
行列式		模式化的空间形式，军营式的排布	荆州百盟光彩商贸城
立体复合式		功能叠合，具有较高的土地使用效率	南京天益汽车城

1. 轴带式

"轴带式"规划布局的特点是将各空间要素以对称或均衡的形式排布于轴线两侧，可以形成具有韵律感与节奏感的空间序列，并突出轴线的支配与主导作用，易于形成整体一致的园区空间氛围。

【案例分析】

义乌国际商贸城及一期工程

义乌国际商贸城一期工程采用轴带式空间结构类型，建筑功能体量沿着东西广场方向带状展开，南北广场区域为物流及采购商提供大量的地面车位。首层面向广场东西向设置18个出入口，以方便人流以较短流线进入特定区域。商贸城内专业商品种类繁多，涉及花类、玩具、饰品等，轴带式的布局方便沿东西轴线方向分段分区，同时也利于横向合并（图8-11）。

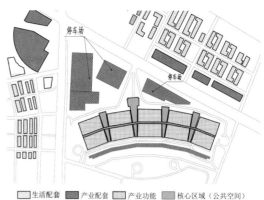

图8-11 义乌国际商贸城一期鸟瞰图（左）义乌国际商贸城规划布局分析图（右）

[图片来源：http://ywim.hzim.org/（左）]

2. 圈层式

以某一特定空间要素为中心，其他空间要素环绕其周围组合排列，以突出中心要素的主导地位或者共享该中心要素，具有强烈的向心性。这种布局手法能够有效增强主导空间的内聚性与统率力，易于形成整体一致的空间氛围。

【案例分析】

湖南益阳国际商城

湖南益阳国际商城规划布局图整体空间布局设计采用圈层式结构，从中心的圆形到外围的方形逐层过渡，整个园区结构保持圈层围合的大轮廓。这种布局方式能够突出中心，同时形成不同的层级，不同层级各自具有独立性，又和整体中心产生呼应（图8-12）。

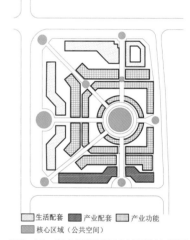

图8-12 湖南益阳国际商城规划布局图

3. 行列式

行列式布局由多条线性空间彼此纵横叠加交织而成，空间网格的固定模式划分可以将不可量化的空间可量化，其原理是将建筑模数化与展销空间布局结合起来，以统一模数控制园区建筑的设计。

【案例分析】

荆州百盟光彩商贸城

荆州百盟光彩商贸城采用"行列式"的空间布局方式，整个商贸城的规划通过纵向模数化的划分形成并列式的单元，同类型的低层单元，布置不同的专业品的展销区，点缀其中的高层，设置相关配套用房，园区整体规整有序。模块化的布局方式规范了园区的划分并有利于园区的高效运行及统一管理（图8-13）。

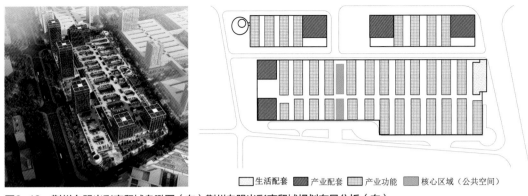

图8-13　荆州白盟光彩商贸城鸟瞰图（左）荆州白盟光彩商贸城规划布局分析（右）

（图片来源：http://www.0716fw.com/2283/xiangce-2710html）

4．立体复合式

立体复合式的规划形态，一般在用地范围有限的情况下将专业品产业链的"生产（加工制造）、展示销售、生产及生活服务"功能垂直整合并进行分区布置，这种模式不单是一种集约高效的模式，还需要专业品产业链的运作流程、规则和习惯，方能满足该类功能群的产业逻辑。

【案例分析】

南京天益国际汽车城

南京天益国际汽车城是典型的立体复合式布局案例，由于地块用地较小，园区将地块内符合汽车产业链运作流程的各类产业与配套功能进行了垂直整合并叠置形成了以新车展销、二手车销售、汽车装饰装配及美容、检测上牌等一站式服务流线，更配套有完整的生活商业服务，品牌餐饮、休闲娱乐、快捷酒店、咖啡会所、文化体验、儿童卡丁车赛道等应有尽有，形成了以汽车为基础的区域新商圈（图8-14）。

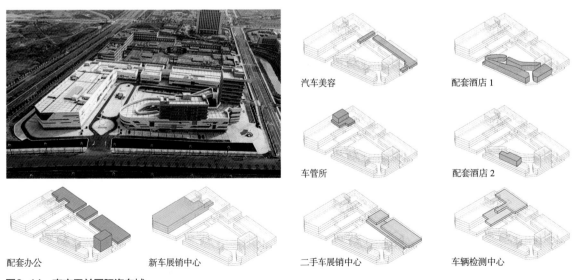

图8-14　南京天益国际汽车城

（图片来源：http://www.archina.com/index.php?g=works&m=index&a=show&id=4925　上海三益建筑设计有限公司）

8.3.3 功能布局

专业园的产业功能构成中，产业功能、产业配套、生活配套之间，依据产业流程，呈现出如下的功能构成逻辑（图8-15）。产业功能中，以研发设计、加工制造和展示销售的空间为产业功能的核心空间，产业配套和生活配套围绕以上核心空间进行专业产品与资源的循环。

按照产业功能、产业配套、生活配套各类功能的细化和占比特点，还可以归纳出"设计—生产—加工—体式专业园"，突出"展示—销售"功能的专业园以及"产城结合的专业园"三大类型（表8-6）。

（1）"设计—生产—销售"一体式专业园（指将产业的部分生产功能与展示销售相结合的专业园。这类专业园主体为生产和展销两个区域，其中生产功能有的是基础的原材料生产加工或者配套组装，而更多的则是提供相关的后期生产服务和研发功能，形成从生产到销售的全套系统。）代表园区有深圳李朗珠宝产业园二期。

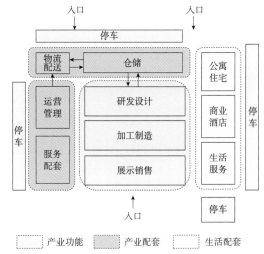

图8-15 专业产业园功能模块示意图

专业产业园功能空间　　　　　　　　　表 8-6

常见功能排布	功能特点
"设计—生产—销售"一体式专业园	特点：指将产业的部分生产功能与展示销售相结合的展销园。这类展销园主体为生产和展销两个区域，其中生产功能有的是基础的原材料生产加工或者配套组装，而更多的则是提供相关的后期生产服务和研发功能，形成从生产到销售的全套系统
突出"展示—销售"功能的专业园	特点：指专业服务于展览和销售功能的专业产业园，这类展销园突出强调了展览功能，通过统一门类的专业产品的高质量集聚展览营造品牌效应，带动消费氛围
综合型产城结合的专业园	特点：园区综合性强，规模大，同时带动相应的产业配套

【案例分析】

"设计—生产—销售"一体式：深圳李朗珠宝产业园二期

深圳李朗珠宝产业园规划占地面积12万平方米，建筑面积51万平方米，二期园区规模较大，共有24栋建筑，分别是软件科技园、珠宝商场、珠宝工业区、员工宿舍食堂区、中央生活区等区域，是目前深圳唯一的珠宝产业转移基地，形成集散交易—珠宝加工—珠宝经营—珠宝展示—珠宝拍卖、交易—珠宝出口等产业环节完整的经营模式。园区以"珠宝产业园前店后厂"模式，"后厂"选择在产业园的加工区，上百家知名珠宝企业聚集，从事研发、加工、制造和品牌建设，形成产业链的高效整合，"前店"即把珠宝企业、商家的展示和交易放在园区临街的李朗国际珠宝交易中心，加工区和交易中心交相呼应，优势互补（图8-16）。

名称	功能
软件技术开发区	珠宝上下游企业软件技术开发
珠宝工业区	黄金、铂金、白银、翡翠、宝石、玉器和漆器等加工区
商业中心	珠宝类原材料、半成品、成品的销售集散
员工宿舍活动	员工宿舍活动
中心广场	生活配套、餐饮、银行、超市

图8-16 李朗珠宝产业园二期功能及指标示意图

（2）突出"展示—销售"功能的专业园：此类专业园的产品直接面向消费终端，叠加产品特性，对通过展示以带动销售及服务的功能需求及空间场所营造带动的场景环境需求特别突出，因此，在功能上，展销占据的比例较大，且针对此功能会营造适当的场景氛围，以提升消费者对产品的直接体验。代表园区有海峡汽车文化广场。

【案例分析】

海峡汽车文化广场

海峡汽车文化广场是福建省为做大做强汽车集中销售的商业业态而打造的展览、销售与服务于一体的海峡线汽车产业群。海峡汽车文化广场项目主体分为汽车商务综合区和4S专营区两大部分。其中4S专营区用地约546亩，规划容纳4S汽车销售企业45家，形成大规模的汽车展览销售中心，是以展示销售为主的专业园（图8-17）。

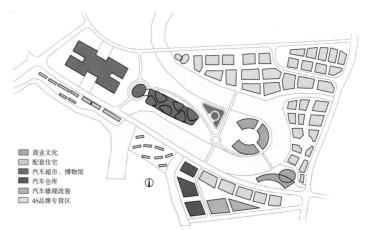

图8-17　海峡汽车文化广场功能示意图

（3）综合型产城结合的专业园：此类园区一般规模较大，综合性强，并且围绕产业有较大一部分的城市生活配套，如交通枢纽、商业区、商务区、住宅小区等，产业和城市生活融为一体。代表园区有大明宫建材市场综合体。

【案例分析】

大明宫建材市场综合体

大明宫建材市场位于西安大明宫，建成后将是西北最大的家居建材产业综合体。从规划功能上看，将其定位以建材家居为主，集经营展示、综合服务、会展中心、休闲娱乐、数码港、物流、大型建材交易加工生产生活等配套为一体的现代家居物流综合体（图8-18）。

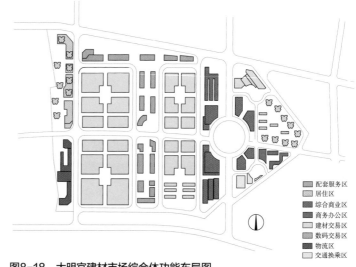

图8-18　大明宫建材市场综合体功能布局图
（规划设计：西安市城市规划设计院）

8.3.4　建筑平面设计

完整的专业园包含专业品的"产、展、销"环节，不同类型空间平面对应相应的生产类型。其中"生产"环节包括两种：一种是研发设计，一种是加工制造。研发设计形态接近办公建筑类型，加工制造接近厂房类型；"展、销"环节重点处理专业产品的展销界面和流线布局（表8-7）。

专业产业园主要功能所对应的平面类型 表8-7

类型	主要功能	平面类型
生产环节	研发设计	办公类平面
	加工制造	厂房类平面
展、销环节	展示销售	展陈平面
	售后服务	售后功能平面

如前文所述，由于专业园是围绕展品的"展销"环节为前端信息网络构筑的产业聚集体系，以"展销"带动"制造"的产业逻辑决定了专业园在"展销"功能上的重要性。因此，重点对专业园的"展销"界面的平面规律进行研究。专业园产品品类众多，依据品类特性及经销规律，展销功能的平面空间存在类型学的特征，呈现出独立式、中岛式、街区式以及摊位式的平面类型（表8-8）。

专业产业园的平面类型 表8-8

类型	特点	代表案例
 独立式	销售产品特点： 1. 产品占地大； 2. 对现场场景营造与体验的要求高； 3. 产品零售及售后服务； 适用类型：汽车及汽配	 上亿国际汽车城
 中岛式	销售产品特点： 1. 产品占地大； 2. 对现场场景营造与体验的要求高； 3. 以产品零售为主； 适用类型：家居	 西安大明宫建材家居城
 街区式	销售产品特点： 1. 产品占地小； 2. 产品对体验区域的要求低； 3. 以批发为主； 适用类型：服装轻纺、小商品、五金工具等	 荆州百盟光彩商贸城
 摊位式	销售产品特点： 1. 产品占地小； 2. 对现场场景营造与体验的要求不高； 3. 以批发为主； 适用类型：日用办公品、电子产品等	 某摊位式布局

1. 独立式

此类平面类型适用于具有以下特点的专业产品：产品体量大，占空间；对产品使用的场景的营造与体验要求很高；采购方式以零售为主，同时对售后服务的要求很高。典型的类型有汽车产业园的展陈及销售空间，如汽车4S店就是这类的典型。

【案例分析】

上亿国际汽车城

上亿国际汽车城4S店的规划体量为类似于街区式的平面格局，每栋之间相互独立的平面布局是此类销售展示中心常见的组团式形式，保证每一栋建筑体量的独特性和较为完整的展示界面（图8-19）。

图8-19　上亿国际汽车城规划平面

2. 中岛式

此类平面类型适用于具有以下特点的专业产品：产品体量相对较大，较占空间；产品对采购方的体验要求较高；采购方式以零售为主，如家具园等，另外由于家居的品牌化特点，宽敞的铺面展示可以加强采购者对品牌的认知。

【案例分析】

宽街宽铺型：西安大明宫建材家居城

西安大明宫家居城以家居销售为主，依据家居销售场景的特点，其销售界较宽，以方便在销售界面布置一系列的生活化场景，吸引并促成消费（图8-20）。

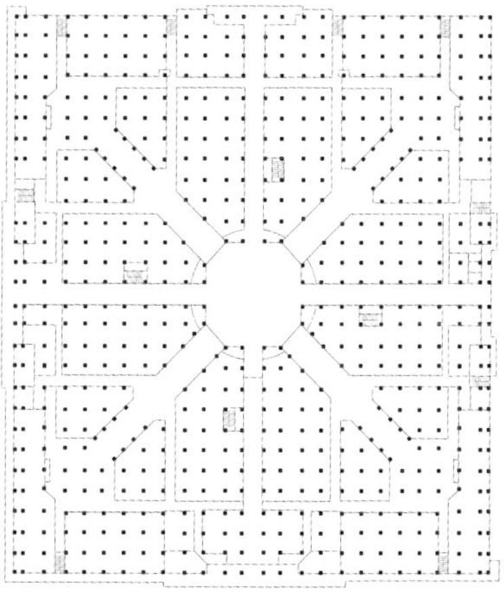

图8-20　西安大明宫建材家居城平面及家具销售界面

3. 街区式

此类平面类型适用于具有以下特点的专业产品：产品体量小，不占空间；产品对采购方的体验要求低；采购方式以批发为主。适用类型为服装轻纺、小商品、五金工具等。

【案例分析】

荆州百盟光彩商贸城

荆州百盟光彩商贸城的主要销售品包括五金、农机农具、家居建材、灯饰装饰类型的专业品，由于此类产品的品牌较杂，展销户众多，长街窄铺的形式可以最大化地容纳最多的销售商（图8-21）。

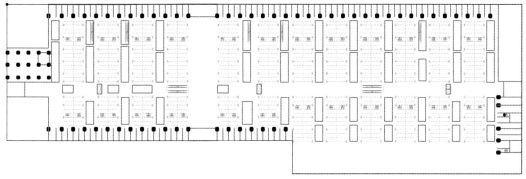

图8-21 荆州百盟光彩商贸城平面

4．摊位式

此类平面类型适用于具有以下特点的专业产品：产品体量很小，不占空间；产品对采购方的体验要求低；采购方式以批发为主，典型类型适用于集中区域，未划分独立的空间以摊位方式呈现的界面，如各类电子城等。

【案例分析】

某摊位式布局界面

摊位式布局适用于通铺式的大型空间，通过摊位划分给经销商，销售模式一般以批发为主，零售为辅。该方式有效降低承销商的租金压力，常见于电子产品及配件的批发及零售，典型案例如华强北电子城（图8-22）。

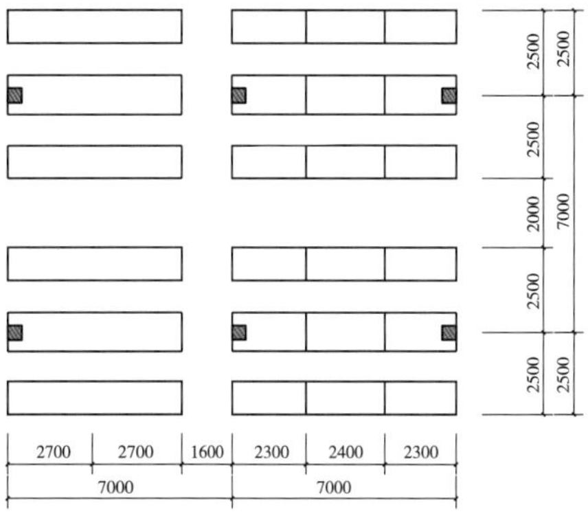

图8-22 某摊位式布局界面

8.3.5 交通组织

专业园交通处理的核心是通过合理的交通规划，组织好园区内外部的人、车、货在园区内的顺畅运行，并且与外部城市道路有恰当的联系和衔接。在园区内部交通的处理上，着重处理好人行和车行交通（图8-23）：

（1）人行交通：重点内容在于根据专业园日常运营管理的流程逻辑综合处理好外部客流和内部人流的关系。对于客流，在出入口、交通节点空间需要依据专业品分区位置进行恰当的导向性设计；对于内部人流，保证便捷高效。

（2）车行交通：专业园的车行一般需要满足三股车流，包括外部客流及内部车流以及货运车流。其中针对外部客流及内部车流，需要设置足够的停车设施，以满足较为大量的停车需求，并且对停车区域进行清晰的分区及引导。针对货运车流，专业产业园需要处理包括仓储、物流、运输的相关环节的流线的合理性问题，并且建立物流交通的时间管控，以方

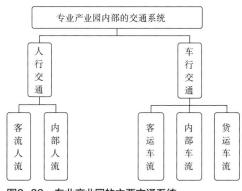

图8-23 专业产业园的主要交通系统

便管理。

在园区对外交通的衔接方面，对于位于城市内部的园区，处理好与城市内部道路的关系及交通管理，避免对城市造成交通压力；对于位于城市边缘的园区，重点处理与高速公路、城市道路的衔接，保障园区在大量的车流的情况下可以高效运转。相关案例如西安大明宫建材市场交通规划。

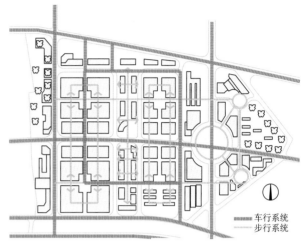

【案例分析】

西安大明宫建材市场概念规划——交通

西安大明宫建材综合体在平面道路系统采用人车分行的方式，片区核心不能进车。依据建材家居交易的产业特点将车行路线限制在外围区域，内部区域形成以内街、长廊为主的步行交通系统。在垂直交通层面采用立体换乘的方式，通过手扶梯、观景电梯、货梯的配置达到立体交通分流。其特点是立体环状交通、集中组织、空间疏散、流线分层、立体换乘（图8-24）。

图8-24　西安大明宫建材市场综合交通系统规划
（图片来源：西安市城市规划设计院）

8.3.6　特色场景营造

目前，专业园在特色场景营造方面，越来越注重对园区消费场景和生态环境的打造，以促进园区相关专业品的交易，加强了园区的品牌效应，提升园区竞争力。这类专业园主要集中于汽车园、家居园等与未来生活场景有直接联系的专业产业园，通过科技、文化、环境策略，实现特色场景营造。

1. 科技策略

专业园区利用以AR、VR等虚拟现实技术以及声、光、电等多媒体手段，营造出具有丰富体验感的多元生活场景，加强园区消费者对未来生活的畅想，促进交易的成功。

2. 文化策略

将专业园作为企业品牌文化的载体，在园区建设中植入文化元素，以加强园区的品牌认知度。在这一类专业园中不仅可以参加展销活动，甚至可以参与产品的生产过程，了解产品历史，洞悉品牌文化。

3. 环境策略

传统园区环境以高效使用为主，往往布局呆板又缺乏优良的环境，新建园区通过生态景观打造，为园区消费者活动提供优良舒适的环境氛围。如德国宝马世界利用科技、文化和环境的综合手法打造别具特色的宝马汽车园体验中心。

【案例分析】

德国宝马世界

园区位于慕尼黑北郊，总建筑面积35万平方米，拥有展销中心、博物馆、体验中心、研发中心、回收中心等多种功能空间（图8-25），这里不仅是宝马自由展示产品的空间，更是慕尼黑的必游之地。德国慕尼黑宝马世界（BMW WELT）是通过科技及文化体验带动专业汽车消费的汽车专业展销园，这里不仅是宝马所有品类产品的超

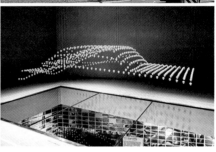

图8-25　德国宝马汽车园

（图片来源：http://zhongce.sina.com.cn/article/view/9643）

级展示空间，更是宝马的品牌文化博物馆和体验中心。宝马汽车园区最主要的两个区是展示区和体验区，BMW希望每一位在这里提车的客户在提车时都会经历一种特别的感受，体验BMW品牌的魅力和强大的号召力。

科技策略：运用现代声、光、电、多媒体等高科技手段及图片音像资料，提升产品展示的艺术空间，全面演绎了宝马汽车公司的成长与发展史。

文化策略：宝马博物馆标志性建筑——宝马飞机翼形的建筑外观成为慕尼黑的标志性建筑，通过打造地标建筑，充分展示了企业精神和文化，而回收中心空间，作为一个拆解每一个环节进行数据收集工作的空间，不仅为新车的研发做准备工作，也成为产品展示和消费者体验观摩的场所。

环境策略：宝马中心位于慕尼黑奥林匹克公园旁边，园区周边有高质量的景观环境，打造了一个花园式的专业展销园，为园区的工作人员和消费者提供良好的环境氛围。同时通过与奥林匹克公园的互动设计，园区实现了吸引游客及共享客流的效果。

第9章

物流产业园

9.1 物流产业园概述及发展

9.1.1 相关概念

20世纪50年代以来，全球物流业开始蓬勃开展，物流（logistics）在实践中，逐步发展为综合性的学科。根据《物流建筑设计规范》GB 51157的定义，物流是指："根据实际需求，将物品的运输、储存、装卸、搬运、物流加工、配送、信息处理等基本功能实施有机结合，实现物品从供应地向接收地的实体流动过程。"[1]

物流产业园（简称"物流园"）是现代物流业发展的一个重要载体，20世纪60年代日本东京出现了早期的物流园，当时称为"物流团地"。物流园在各地的说法不同，在欧洲被称为"货运村"，还有物流基地（中心）、物流港、公路港、铁路港等。我国对物流园区的定义伴随物流业的发展也有所更新，2006年的《物流术语》首次较全面地定义物流园为："为了实现物流设施集约化和物流运作共同化，集中建设的物流设施及相关物流企业的集结地。"[2]《物流园区分类与规划基本要求》GB/T 21334—2017定义物流园为："为了实现物流设施集约化和物流运作共同化，按照城市空间合理布局的要求，集中建设并由统一主体管理，为众多企业提供物流基础设施和公共服务的物流产业集聚区。"[3]以上定义从不同的研究（调查）角度对物流园进行了界定，明确了其物流产业聚集区的基本内涵。

基于前述研究，本书所研究的物流园区关注空间概念，是指为了实现物流设施集中建设和物流运作集约化，提供物流基础设施和公共服务的物流产业集聚区。

9.1.2 理论研究

1. 国外理论研究

对物流园的规划设计理论研究中，国外学者较多从物流园的规模和选址的定量评价、功能布局的程序模型入手，有大量的研究和成果。针对物流园选址，美国学者Donald Waters从宏观、中观层面进行研究，以物流网络为基础数据，研究物流中心的选址问题[4]。日本学者反町洋一提出了CFLP法，即比较不同选址在市场占有率及目标配送

1.《物流建筑设计规范》GB 51157-2016.

2.《物流术语》GB/T 18354-2006.

3.《物流园区分类与规划基本要求》GB/T 21334-2017.

4. Donald Waters. *Global Logistics and Distribution Planing* [M]. Florida: CRC Press，1999.

区域的地理重心以确定选址[1]。其他学者在选址方案的定量评价中做了大量研究，增加了量化研究指标和评价指标：货运通道、自然密度、配送道路体系的准时配送覆盖率及覆盖范围。针对物流园功能布局，Kombe和Wstotnih以供应链管理为基础研究了园区的定位和空间布局[2]。Congjun Rao等人以模糊因素研究了城市范围内物流中心的规划，并结合计算机模型仿真进行分析[3]。

2．国内理论研究

国内对物流园区的研究，主要集中在交通规划专业、物流运输专业、智能化专业等，对其概念、需求模型、规模、选址以及开发模式等有大量的研究和探讨，其研究对象多为基础服务区，特别是对仓储、转运中心的研究等。杨大海等详细论述了物流园选址的主要影响因素，并据此研究了功能分区及管理模式[4]。针对物流园的功能布局研究，陶经辉认为物流园布局要纳入城市的整体布局中。关于物流园空间布局的研究，程世栋等研究了物流园的基本功能及作用[5]；王利提出了物流园空间布局的基本框架[6]；李春海等用仿真的方式在微观层面研究了功能布局[7]。除了理论研究，也有学者依托实际案例研究物流园的空间布局、功能构成。顾哲、夏南凯主要研究了空港物流园的布局模式[8]；田跃和闫秀峰、庄国娅、李晓铙和马仁洪分别以扬州物流园区、龙潭物流园区、海口港马村港区物流园区等实际案例为依托，对物流园的空间布局、功能构成等进行了研究。

9.1.3 类型分类

1．以服务对象分类

物流园的服务对象涵盖各行业，如服务港口船舶货物的处理、公路车辆货物的处理、铁路机车货物的处理、航空运输货物的处理、交易过程中大宗物品的处理，或者为社会提供开放式物流服务等，由于所服务行业的类型和货品及物流活动范围不同，物流园的功能组成和空间特征也有所不同，所以在物流园的规划设计中，不同类型的园区设计方法也有很大差异。根据《物流园区分类与规划基本要求》GB/T 21334，以服务对象分类，物流园分为货运服务型、生产服务型、商贸服务型、口岸服务型和综合服务型。

（1）货运服务型：临近空运、水运或陆运节点（枢纽），为大批量货物分拨、转运提供配套设施，主要作为区域性物流转运及运输方式的转换。代表园区有深圳盐田港物流园、义务国际物流中心、成都龙泉公路口岸物流园区。

（2）生产服务型：依托经济开发区、高新技术园区、工业园区等制造业集聚园区而规划建设。为生产型企业提供一体化物流服务，主要服务于生产企业物料供应、产品生产、销售和回收等。代表园区有北京空港物流园区。

（3）商贸服务型：依托各类批发市场、专业市场等商品集散地而规划建设。为商贸流通企业提供一体化物流服务及配套商务服务，主要服务于商贸流通业商品集散。代表园区有深圳清水河物流园、江苏海安商贸物流产业园。

（4）口岸服务型：托对外开放的海港、空港、陆港及海关特殊监管区域及场所而规划建设。为国际贸易企业提供国际物流综合服务，主要服务于进出口货物的报关、报检、仓储、国际采购、分销和配送、国际中转、国际转口

1. Athakom Kenpol. *Design of a decision support system to evaluate the investment in a new distribution center* [J]. Production Economics，2004（90）：59-70.
2. Kombe Estomih Martin. *Manufacturing Feasibility Evaluation Frame work for Competitive Position Developing Countries* [D]. Arizona State University，1995.
3. Cong jun Rao，Mark Goh，Yong Zhao，Junjun Zheng. *Location selection of Urban logistics centres under Sustainability* [J]. Transportation Research Part D, 2015（36）：29-44.
4. 杨大海，肖瑜. 物流园区开发建设布局规划研究 [J]. 城市发展研究，2003（03）：38-42.
5. 程世东，荣建，刘小明. 城市物流园区及规划 [J]. 城市交通，2004（03）：21-23.
6. 王利，韩增林，李亚军. 现代区域物流规划的理论框架研究 [J]. 经济地理，2003（05）：601-605.
7. 李春海，缪立新. 区域物流系统及物流园规划方法体系 [J]. 清华大学学报（自然科学版），2004（03）：398-401.
8. 顾哲，夏南凯. 空港物流园功能区块布局 [J]. 经济地理，2008（02）：283-285.

贸易、商品展示等。代表园区有上海自贸试验区洋山保税港区物流园、上合组织国际物流园。

（5）综合服务型：具备上述两种及两种以上服务功能的物流园区。

2．以交通体系分类

根据依托的交通体系，物流园被划分为空港型、港口型、陆港型物流园。

（1）港口型：依托港口建设、除具备物流园的基本功能外，还有信息平台、商务咨询、维修服务等综合功能。典型园区有上海洋山深水港物流园区、南京龙潭物流园区。

（2）空港型：依托机场建设的物流园，例如广州国际空港物流园区。

（3）陆港型：依靠陆路运输，将港口和内陆有机连接，将物流园区与港口功能整合的中国特色物流园，例如成都传化物流园区。

3．以服务功能分类

现代物流园区主要具有运输、仓储、配送、流通加工、商贸等功能，根据物流园的不同功能组成及侧重点，可分为以下各类：

（1）仓储型：是货运集散中心，承载货物的初级加工、包装、货物的仓储及集装运输。主要集中在小企业聚集地、农业区、牧业区等地。

（2）转运配送型：一般围绕交通枢纽建设，以转运、配送功能为主的流通型物流节点。除了仓储、运输等主要功能，还有加工、配送、信息处理等附加功能。典型案例有笋岗—清水河物理园区、邢台好望角物流园。

（3）商贸型：依托商贸交易市场，通过对货物的集散、运输，实现物流系统管理。典型案例有香江物流园、安徽华源现代物流园。

（4）综合型：集运输、仓储、配送、加工、商贸服务于一体，例如上合组织国际物流园（连云港）。

本章所研究的物流园区正是依据其功能划分，从设计角度对物流园区的区位选址、规模确定、总体布局、具体功能设计运行等各阶段进行解析。

9.1.4　建设现状

自20世纪90年代我国出现物流园区以来，物流园随着电子商务、快递业的发展呈井喷之势。产业的空间集群形成了物流园区，所以其发展规划布局与该地区的经济发展程度密切相关，我国物流园的建筑发展与各大经济区的发展相似，基本形成了从南到北、从东到西的格局。

根据中国物流与采购联合会、中国物流学会编制的《第五次全国物流园区（基地）调查报告（2018）》：在类型分布上，综合服务型物流园数量最多，占比60.6%，其余依次为商贸型占比17.1%、货运型占比12.3%、口岸服务型占比5.5%和生产服务型占比4.5%[1]。其中，商贸型物流园的数据中包含了电商、快递、冷链、医药等专业型园区。在区域分布上，经过20多年的发展，在七大经济区域的基础上，我国物流园区也逐渐形成了七大物流区域，依据物流园数量，由多到少依次是华东49%、华北19%、华中10%、华南7%、东北5%、西南7%、西北3%，如图9-1所示。根据物流产业大数据平台收集的园区数据统计（图9-2），全国有28个省市建设有物流园区，物流园总数前三的省份为江苏、山东和河北[2]。

通过对国内近年来示范物流园区的整理发现（表9-1），2000年以前，我国的物流园区的数量相对较少，仍处于起步时期；从2000年到2014年，物流园从数量和规模上均有长足发展，而且基础设施和现代化智能化水平也有很大提升。

---

1. 中国物流与采购联合会，中国物流学会. 第五次全国物流园区（基地）调查报告［R］，2018.
2. http://www.lcchina.org.cn/. 物流产业大数据平台.

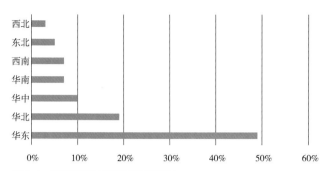

图9-1 物流产业园的地区分布情况

（数据来源：中国物流与采购联合会，中国物流学会）

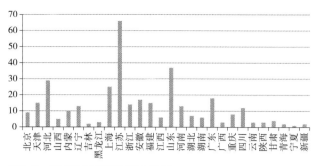

图9-2 物流产业园的区域分布数量

近年物流产业园典型项目案例表　　　　表 9-1

地区	名称	建设时间	建设用地面积（万m²）
华北	鲁中公铁联运物流园区	2010	400
	山西侯马经济开发区晋南电商物流园	2010	3.8
	山东佳怡物流园	2014	19.9
东北	大连陆港物流基地	2003	726
	吉林香江物流园	2011	50
	东北亚国际物流中心	2015	2300
华南	深圳清水河物流园	2010升级改造	237
	广东状元谷电商物流产业园	2011	34.8
	广州花都狮岭铁路物流园	2014	200
	南沙国际物流园	2018	4949
华东	怀化狮子岩物流园区	2008	200
	盐城城西南现代物流园区	2010	300
	天运现代国际物流园	2010	34.4
	芜湖安得物流综合物流园	2010	10
	恩施自治州好又多华硒物流园区	2011	33.3
	慈溪市综合物流园	2011	153.3
	江苏海安商贸物流产业园	2012	1700
	衢州工业新城物流园区	2012	153
	宁波象山现代物流园	2014	10
	连云港上合组织国际物流园	2014	4489
	嘉兴现代综合物流园	2015	6
	南京龙潭综合物流园	2015	265
西南	成都传化物流基地	2008	76.7
	秀山（武陵）现代物流园区	2009	600
	南充现代物流园	2012	1160
西北	陕西润海综合物流园区	2009	54
	新疆皓泰克拉玛依纳赤物流园	2010	12.46
	西安新筑综合物流园	2016	200
	新疆甘泉堡物流园区	2016	400
	西安新筑铁路综合物流园	2018	166.7

随着经济发展，建设规模也在不断扩大，依据物流园行业调查报告对已投入运营的物流园统计[1]，大多数园区占地面积在0.5平方公里以下，占比64%；高于1平方公里的占比25.1%，大型物流园占地10平方公里以上的比较少见。

根据物流产业大数据平台[2]可知，从全国整体的投资金额所占比例来看，在物流园的建设中近一半的园区投资总额1亿~5亿元，投资在5亿~10亿元的占20.5%。其中，东部、中部、西部与整体的投资规模占比相近，而东北的物流园区投资规模较小，5亿元以下的占72%。

9.1.5　发展趋势

我国在党的十九大第一次提出把物流基础建设上升到国家基础设施的地位，国家发展改革委制定了《全国物流园发展规划》，开展示范型物流园工作。物流园作为国家物流建设的重要支撑，在政策推动及市场驱动下，其在未来的发展有四大趋势，即网络化、集聚化、智能化、平台化[3]。未来的发展措施和设计目标集中体现在以下方面：

（1）网络化：通过园区内互联互通，各类产业深度融合，推动园区内资源整合。不同园区通过互联网和物联网技术在线联通，实现信息和设施互联，全面提升物流园利用效率和产能。

（2）聚集化：以提升物流园的非核心服务水平（如配送、采购、加工、维修等）来加强物流园整体的产业聚合和发展水平，提升物流园所在区域的整体经济价值链。

（3）智能化：随着AI技术的发展，物流园的机械化和智能化水平也逐步提升，用智能化设备取代人工作业，改变传统物流园的运作和设计方式，提高园区整体运营效率。

（4）平台化：现代物流园的发展需要打破传统的信息不对称和信息孤岛，提高物流数字化水准，实现物流业务的全数据化，充分利用各种信息技术的优势，以实现物流园区全面的数据采集，从而也影响了物流园的工艺流程和功能分区的设计。

9.2　物流产业园规划建设的上位影响因素

物流园是集约化、多功能的物流枢纽，其系统复杂、投资巨大，收益期较长，所以科学合理的规划极其重要。规范要求，物流园区的规划应结合国家和地方物流产业规划要求，以属地物流需求为导向，编制符合所在地城市总体规划、土地利用规划和交通设施规划的物流园区详细规划。

9.2.1　物流需求定位

1. 物流需求

物流需求是伴随社会经济发展而产生的派生需求，体现在社会生产过程中各个行业对物流服务的需求，主要包括仓储、运输、配送、交易、停车等基本物流活动。物流需求不仅体现在规模、组织结构的数量上，也体现在物流操作流程的优化与服务质量的提升上。

---

1. 中国物流与采购联合会，中国物流学会. 第五次全国物流园区（基地）调查报告［R］, 2018.
2. http://www.lcchina.org.cn/. 物流产业大数据平台
3. 中国物流与采购联合会，中国物流学会. 第五次全国物流园区（基地）调查报告［R］, 2018.

2．物流需求的主体

区域物流需求主要从以下几个主体入手：政府相关部门、运输部门、相关物流园区、物流企业、相关产业的生产制造及商贸企业。

3．物流需求的主要内容

物流需求的主要内容包含宏观、中观、微观三个层面：

（1）宏观层面是对地区经济状况的整体了解，收集本区域经济、产业、政策现状及规划发展资料。

（2）中观层面是从运输相关部门了解交通基础设施情况、运输服务能力、货物运输状况和未来规划。

（3）微观层面的主要调查对象是相关产业的物流企业、工业企业、商贸企业三个类别，以求切实掌握生产原料及企业产品的流量、流向和企业的物流现状及其对物流园的物流需求。

4．物流需求的分析结果

对于物流需求的分析结果，主要有功能需求及运量需求，并结合产业现状及发展规划提出若干年后的物流量预测结果。

物流需求定位是物流园规划设计的前提，在规划建设之前，必须结合当地的经济发展状况、基础交通条件及相关产业发展，研究本区域的物流需求内容和规模，对物流园进行合理的需求定位，从而为物流园的规划建设提供必要的依据：进行规模测算、功能规划及合理的物流工艺流线，提高物流运作效率。

9.2.2 区位选址

1．选址影响因素

在城市现代物流体系规划过程中，自然环境、基础设施、经营情况是影响物流园选址的主要因素。相关研究总结了物流园的选址影响因素，包括自然环境、基础设施、经营情况和其他[1]。具体的内容见表9-2：

物流产业园选址影响因素 表9-2

影响因素		内容
自然环境	气象	温度、风力、降水量、无霜期、冻土深度、年平均蒸发量等指标。如选址时要避开风口，因为在风口建设会加速露天堆放的商品老化
	地质	某些容量很大的建筑材料堆码起来会对地面造成很大压力。如果物流园区地面以下存在着淤泥层、流砂层、松土层等不良地质条件，会在受压地段造成沉陷、翻浆等严重后果
	水文	远离容易泛滥的河川流域与上溢的地下水区域。要认真考察近年的水文资料，地下水位不能过高，洪泛区、内涝区、故河道、干河滩等区域绝对禁止
	地形	应地势高亢、地形平坦且应具有适当的面积与外形。若选在完全平坦的地形上是最理想的；其次选择稍有坡度或起伏的地方；对于山区陡坡地区则应该完全避开；在外形上可选长方形，不宜选择狭长或不规则形状
基础设施	交通设施	必须具备方便的交通运输条件。最好靠近交通枢纽进行布局，如紧临港口、交通主干道枢纽、铁路编组站或机场，有两种以上运输方式相连接
	公共设施	城市的道路、通信等公共设施齐备，有充足的供电、水、热、燃气的能力，货架且场区周围要有污水、固体废物处理能力
经营情况	经营环境	所在地区的优惠物流产业政策及数量充足和素质较高的劳动力条件是影响选址的因素之一
	商品特性	经营不同类型商品的物流园区最好能分别布局在不同地域
	物流费用	大多数物流园区选择接近物流服务需求地，例如接近大型工业、商业区，以便缩短运距，降低运费等物流费用

---

1. 刘军，阎芳，杨玺. 物流工程［M］. 北京：清华大学出版社，2014.

影响因素		内容
其他	国土资源	应贯彻节约用地、充分利用国土资源的原则。物流园区一般占地面积较大，周围还需留有足够的发展空间，为此地价的高低对布局规划有重要影响
	环境保护	需要考虑保护自然环境与人文环境等因素，尽可能降低对城市生活的干扰。对于大型转运枢纽，应适当设置在远离市中心区的地方，使得大城市交通环境状况能够得到改善，城市的生态建设得以维持和增进
	周边状况	不宜设在易散发火种的工业设施（如木材加工、冶金企业）附近，也不宜选择居民住宅区附近。大中城市的物流园区应采用集中与分散相结合的方式选址；在中小城镇中，因物流园区的数目有限且不宜过于分散，故宜选择独立地段；城镇要防止将那些占地面积较大的综合性物流园区放在城镇中心地带，带来交通不便等诸多因素

2. 选址原则

进入社会转型的新时代，物流园的发展仍处在重要的战略机遇期，在快速发展的同时，现代物流园的规划设计在不断强化与其他基础设施链接的同时，深化相关产业的融合，有效整合零散资源提升利用率，形成产业群集效应，助力实体经济降本增效，推动我国经济高质量发展。因此，物流园的总体规划应适应当地及行业的经济发展需求，以可持续发展为原则，结合当地的经济、技术、自然条件，统筹规划衔接周边的交通运输设施、物流设施、市政道路、工业区、市政供给设施等。基于物流园的产业特征和发展目标，物流园的区位选址应考虑以下原则：

（1）减轻物流对城市交通的压力。物流园的货运吞吐量大，对城市交通的影响是难以避免的，所以物流园一般选址在市郊及其外围，以缓解货运物流对城市交通的压力。早在20世纪的东京，为缓解大型运输车辆在市内造成的拥堵，采取化整为零的规划方式：在城市郊区设立了四个物流园，所有货物先运输至物流园，统一存储、管理，再经过科学的规划将货物分离，统一分送。同理，从市区运出的货物也先存放到物流园中，再统一规划运送，提高大型货运车辆的效率[1]。

（2）减少物流对城市环境的影响。物流运输会增加城市交通压力和噪声污染，所以物流园的选址需要综合考虑城市规划的限制，降低园区对城市环境的不利影响。大型的物流园宜采用集中和分散相结合的整体布局方式，如大型仓储宜远离住宅区，集中布置。而中小型物流园宜选取独立地段集中布置。物流园区将散布的物流中心集中于一处，有利于物流中心自身废弃物的集中处理，降低对周边自然环境的影响。

（3）促进城市用地结构调整。随着城市的不断扩展和扩张，之前的市郊可能已经发展为城市中心区，成为金融、商务、餐饮服务等第三产业的聚集区，而现处中心区的大型配送中心需要迁出，以应对日益上涨的地价以及缓解对城市交通和环境的不利影响。所以大量的物流用地性质发生了变化，城市用地结构亟待调整。物流园的大量涌现恰好应对了这一发展趋势，不仅拓宽了配送中心发展空间，而且有利于城市用地结构调整。

3. 选址流程

物流园区的选址需要进行定性及定量研究。首先需要收集定性研究的相关数据及资料，包括物流需求、交通状况、土地价格、经济政策及物流需求时效性等。然后对上述资料进行充分分析整理后，寻求选址备选地点，再结合周边用地条件、交通条件等进行筛选。筛选至几个备选方案后，用选址规划模型进行定量分析，主要有连续性模型和离散型模型两种，由专业策划公司依据需求进行计算分析。接下来依据特定的评分模式（如服务质量、市场时效性、土地购置因素等）对所得结果进行评价，如果评价通过，则模型计算结果就是选址最终结果。若评价未通过，则需要反复使用定性及定量的分析方法继续推敲，最终确定最优选址方案。

9.2.3 用地规模及性质

根据物流园的多种功能需求，其用地性质组合也是多样的。从用地功能来划分，物流园的功能主要有仓储、

---

1. 刘颖. 物流园区选址与总体布局研究［D］. 西安: 西安建筑科技大学, 2005.

运输、配送及辅助功能（加工、包装、信息处理、通关及服务用房等），相应的用地属性为仓储用地、对外交通用地、工业用地、道路用地、行政办公用地、商业服务用地、市政服务用地等。

依据规范要求[1]，应科学规划物流园的建设规模，集约用地并发挥最大的规模效益。单个物流园区总用地面积宜不小于0.5平方千米，其中产业功能（物流运营）的面积应大于50%。在一般的货运型、生产服务型和口岸服务型物流园中，配套设施（含行政办公、生活服务）等面积占比应在10%以下，商贸服务型和综合服务型不应大于15%。

物流园的规划用地应注意弹性和适宜性，主张分类分级控制：主要功能用地（包括产业功能用地和产业配套用地）采取弹性控制原则，预留发展空间；基础设施、生活配套用地可以刚性控制（表9-3）。

物流园用地类别及控制原则 表9-3

用地类别		控制原则	控制目的
主要功能用地	仓储、运输、配送	弹性原则	开发建设的灵活度和预留发展
基础设施	道路广场	刚性原则	保证基础配套设施需求，保证园区品质
配套服务设施	生活、服务设施		
	市政设施		

物流园的各类型用地的规模一般是以物流量的预测为基础，其规模的预测是一个动态的规划过程，还与经济发展、空间服务范围、土地规划和利用等综合因素相关，需要持续的信息收集、资料反馈与修正，为规划建筑设计提供基础依据。根据《物流园区分类与规划》基本要求，采用定性分析与定量分析结合的方式，对物流园的典型用地类型比例提出参考（表9-4）。

物流园用地类别及规模控制 表9-4

用地类别		构成比例范围	依据
生产建筑用地		>50%	规范要求：单个物流园区总用地面积宜不小于0.5 km²，物流运营面积比例应大于50%
作业场坪用地		>10%	与物流园服务类型及运输规模有关
道路广场用地		10%~30%	依据交通运输专业队物流园路网的研究，其用地比例与货运强度相关：货运强度在100万~2000万吨/km²，推荐道路占地比为5%~20%不等
生活服务设施用地		5%~15%	规范要求：物流园区所配套的行政办公、生活服务设施用地面积，占园区总用地面积的比例，货运服务型、生产服务型和口岸服务型不应大于10%，商贸服务型和综合服务型不应大于15%
公共建筑用地		<15%	不同园区按需设置
绿地	生产区	<15%	物流生产区域绿地
	生活区	>20%	办公生活管理区域绿地

9.2.4 交通系统

影响货运服务型物流园规划的主要因素就是交通体系，按照其依托的交通体系分为空港型、港口型、陆港型物流园区。货运型物流园主要依托空运、水运或陆运枢纽建设，为大批量货物提供分拨、转运等服务[2]。

港口物流建筑是以港口为依托，信息技术为支撑，为内外贸货物提供物流活动的场所，具有仓储、保税、流通

---

1. 《物流园区分类与规划基本要求》GB/T 21334-2017.
2. 《物流园区分类与规划基本要求》GB/T 21334-2017.

加工、金融服务等功能。按照其物流活动特需，分为保税型和非保税型物流园。非保税港口型物流园的功能定位及布局见表9-5。

非保税港口型物流园的功能定位及布局 表9-5

功能定位	主要建筑	设施组成
物流建筑	站台型物流建筑	库房、装卸站台、辅助办公，辅助设施
	平面型物流建筑	库房、辅助办公、辅助设施
堆场	普通堆场	散货堆场
	集装箱堆场	空箱堆场、重箱堆场、冷藏箱堆场
管理生活用房	办公、居住建筑	办公、食堂、宿舍

【案例分析】

深圳盐田港现代物流中心

盐田港现代物流中心，规划建设于2008年，用地面积19.66万平方米，总建筑面积48.73万平方米，由于场地本身地形复杂，设计采取了分区规划布置，共设A、B、C三个区块，分别设置了竖向交通盘道、立体水平交通空间与停车卸货空间，形成一个开敞的整体（图9-3）。园区物流和交通组织特色鲜明，货车垂直交通以盘道进行组织，所有车辆（包括货柜车）均可直接驶入物流中心各层。

本项目为多层建筑，复杂地形采取多层库和多层道路的布置。仓库及办公楼设计为一栋栋相对独立的建筑物，仓库之间由室外交通环廊进行连接。

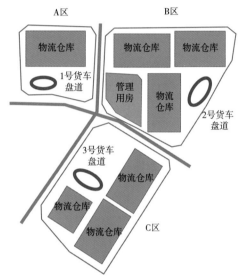

图9-3　盐田港现代物流中心

空港型物流园区是依托机场规划建设的，为进港、出港和中转的航空货物提供物流服务的设施和功能集中区。空港物流园分为地面货物处理区和物流延伸服务区[1]。主要建筑类型及功能布局如表9-6、图9-4所示。

空港物流园功能组成 表9-6

功能区块	建筑类型	主要功能
地面货物处理区	航空货运站	普通货物的进出港交接及地面服务
	航空快件转运站	对快件货物进行快速的分拣、集散、运输
	航空邮件转运站	普通货物的分拣和转运
物流延伸服务区	航空代理库	对货物的仓储、托运等
	保税仓	保税货物仓储
	配送中心	货物的分拣、加工、配送

1.《建筑设计资料集》编委会. 建筑设计资料集 第7分册: 交通·物流·工业·市政（第三版）[M]. 北京: 中国建筑工业出版社, 2007.

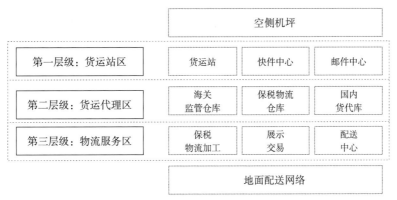

空侧机坪		
第一层级：货运站区 货运站	快件中心	邮件中心
第二层级：货运代理区 海关监管仓库	保税物流仓库	国内货代库
第三层级：物流服务区 保税物流加工	展示交易	配送中心
地面配送网络		

图9-4　空港物流园功能布局

【案例分析】

深圳航空物流园

深圳航空物流园是辐射华南、带动区域经济发展的现代化、国际化物流基地及第四方航空物流平台，位于深圳新机场T3航站楼南侧，占地120万平方米，年货物处理量150万吨。包括一级货运站、特运库、代理仓库、运营管理中心等。

其通过空运中心衔接，实现与香港机场、澳门机场在国际航班与国内航班之间的航空货物相互快速转运，形成优势互补；通过福永码头水运渠道和深圳机场客、货机实现国际、国内航空货物的及时转运；通过沈海高速、广深高速等高速、快速路网与省内市内各大区域形成网络（图9-5）。

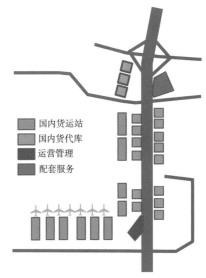

国内货运站
国内货代库
运营管理
配套服务

图9-5　深圳航空物流园功能总平面图

陆港型物流园区是依托便利的陆路交通进行规划建设，以铁路运输为主、公路运输为辅，将港口和内陆两地有机地连为一体，代表案例有清水河国际汽车物流产业园。一般结合城市物流、港口厂矿等综合规划在城市边缘，方便与铁路接轨，周边公路交通发达。其平面布局以铁路装卸区为核心，装卸区和仓储区同位于铁路一侧，装卸区起到连接铁路与仓储区的作用，根据各区是否集中布置分为集中式、相容式和综合式，见表9-7。

陆港型物流园功能布局关系　表9-7

布局关系	说明	图示
集中式	装卸区和仓储区均集中布置，形成两个较大的区域	1 装卸区　2 仓储区
相容式	装卸区有多条轨道与铁路连接，仓储区穿插布置在装卸区间	

布局关系	说明	图示
综合式	装卸区和仓储区组团共用一条轨道与铁路连接，再根据各个组团设置分轨道	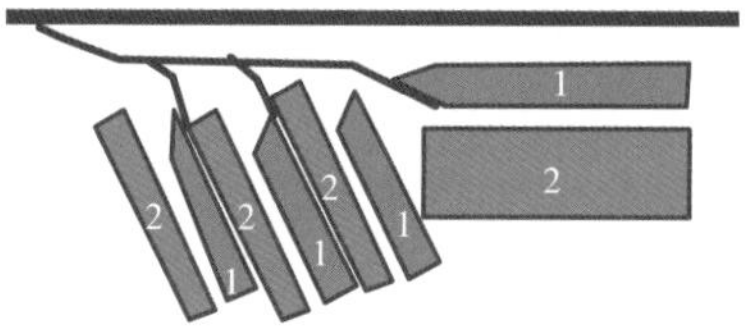

说明：1—装卸区；2—仓储区

【案例分析】

清水河国际汽车物流产业园

清水河国际汽车物流产业园于2010年改造升级，总建筑面积473.8万平方米，由深业物流、深圳物资集团、深圳城建梅园公司、深圳建材公司联合开发，是服务深圳市中心区域和香港的城市消费型的货运枢纽和配送中心型物流园区。内含建材、家居、家电、电子配套产品、汽车配件等专业（批发）市场，组建生鲜食品、粮油、水产品、农产品和果菜大型配送中心和采购中心。其通过清平高速连接东部主要片区（盐田港、平湖物流园区、深圳大工业区），通过三条主干道清水河一路、清水河三路、环仓路连接深圳市区主要干道，连通深圳各大片区。

9.3 物流产业园规划与建筑设计策略

9.3.1 功能构成

1．四大功能

从提供物流相关服务角度，现代物流园区主要具有四大功能：物流服务、公共服务、增值服务和社会服务功能。其中，物流及公共服务是物流园的核心功能，主要组织和管理物流；增值服务和社会服务是物流园的延伸功能，是依托物流服务的经济开发。

依据建筑功能空间类型来划分，物流园的基本功能组成分类见表9-8。作为物流园的主要产业功能，物流服务包括集散运输、仓储、商品配送、流通加工、网络信息服务；园区的配套服务包括公共服务、增值服务和社会服务。公共服务主要体现在行政管理方面，包括生活配套服务、商务办公、后勤保障。现代物流园也具备一定的经济功能，主要作用是开展满足城市居民消费、就近生产、区域生产组织所需要的企业生产和经营活动—加工、服务、研发、金融。从一些现代物流园区的建设案例来看，物流园区还具有交易展示、资金结算、开发设计、咨询培训等增值服务功能[1]。一个物流园区不必具备以上所有功能，但都应具有其核心功能，并且物流园区的功能应该根据情况向上、向下进行延伸。

---

1. 刘颖. 物流园区选址与总体布局研究 [D]. 西安：西安建筑科技大学，2005.

功能类型	分类	主要内容
产业功能	物流服务	运输集散、仓储、物流作业、商品配送、流通加工、信息服务
生活配套	公共服务	生活服务、商务办公、后勤保障
产业配套	增值服务	交易展示、资金结算、开发设计、咨询培训
	社会服务	物流调配、资源配置、物流集聚

1）主要产业功能

（1）仓储：物流园的仓储设施不仅需要满足客户储存商品的需求，更要通过科学合理的设计，配备高效的分拣、传送基础设备，使仓储能高效地保证货品流通的同时，降低库存，减少仓储成本。

（2）运输集散：运输集散是物流园的基础功能，依托周边交通枢纽的优势条件，建立自己的运输网络，根据客户需求设计高效、安全、廉价的运输方式，将货品运抵目的地。

（3）商品配送：配送是运输集散环节后，将货物进行加工、包装、组配，送达至目的地的物流服务，有利于实现物流资源的优化配置，同时提升了物流园的增值服务功能。

（4）流通加工：本节提到的物流加工是指物流园利用本身的原料仓储优势，在流通过程中对货品进行初级的再加工，以高效利用资源，提升物流活动的附加值及服务品质。流通加工的具体目的一般是：实现流通、衔接产需、除去杂质、生产延伸和提高效益。

（5）信息处理：由于现代物流服务对整个物流过程的管理要求日益提升，面对信息化、智能化的整体社会发展需求，所以在现代物流园的设计中，研发设计统一的物流信息平台尤为重要。通过园区的基础信息设施建设、建立整个园区的信息采集、交换和共享机制，促进入驻企业、园区管理和服务机构、相关政府部门之间信息互联互通和有序交换，创新园区管理和服务[1]。

2）公共服务功能

公共服务功能是物流园能正常运营的另一职能，主要体现在物流园的配套服务、商务办公和管理方面。

（1）配套服务是针对物流园区内部工作人员的生活配套设施以及金融配套设施，以满足住宿、休闲、购物、餐饮等日常生活需求及提供银行、保险、证券等基础金融设施。

（2）商务办公功能指整个物流园区的日常管理、办公以及为入住园区的企业提供租赁办理、政务服务（如报关、商检、卫生检查、保税仓储等一站式商务代理活动），以吸引相关企业及政府工商、海关等部门入住。

3）增值服务功能

随着现代物流园的发展，园区除了对入驻企业提供运输、仓储、加工、配送等基础服务外，还需要提供一系列的增值服务，如资金结算、交易展示、开发设计、咨询培训等。物流园的增值服务将会成为新的利润增长点和现代物流的复合发展趋势。

4）社会服务功能

现代物流园最明显的作用就是作为物流中枢，不仅可以通过物流调配在一定程度上调节生产与商品的供求关系，而且有利于资源的合理开发利用，满足各种形式的生产和商品需求，实现资源的优化配置。

---

1. 《国家物流枢纽布局和建设规划》（发改经贸〔2018〕1886号）。

【案例分析】

武汉市华中岗地物流基地

　　该园区规划占地80万平方米，是武汉地区首个钢材交易电子商务中心，集钢材仓储、交易、加工和物流配送为一体，且建成与企业管理互联的基地信息平台，为钢材生产厂商、经销商、终端用户提供了一站式服务的集成环境，打造国内钢材电子交易知名品牌（图9-6）。

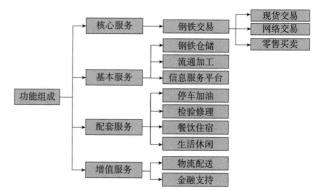

图9-6　武汉市华中岗地物流基地功能划分图

2．基本功能分区

　　物流园的功能分区应按照物流建筑的基本工艺流程进行，物流建筑的基本工艺流程是：运输—卸货—验货—收货—搬运—收货—储存—出库—搬运—配货—核对—发货—装运。根据此流程，物流园主要分为仓储区、转运区、配送中心和行政区。

　　（1）仓储区：主要用于货物的统一分类存放，仓储服务是物流园区的重要功能之一。依据不同的功能，仓储区有以下分类[1]（表9-9）：

仓储区分类表　　　　　　　　　　　　　　　　　　　　　　　　　　　　　　　　表 9-9

分类	功能
堆场	主要办理长、大、散货物的中转、存储业务，重点发展集装箱堆场
特殊商品仓库	主要处理有特殊要求的货物存储、中转业务，如防腐保鲜货物、保价保值物品、化工危险物品、保税物流等
配送仓库	经过倒装、分类、保管、流通加工和情报处理等作业后，按照众多客户的订货要求备齐货物，暂存在配送仓库，存放时间较短
普通仓库	主要处理除上述几类货物之外的绝大部分普通货物存储、中转业务，如百货日用品、一般包装食品、文化办公用品等

　　（2）转运区：主要是将分散的、小批量的货物集中以便大批量运输，或将大批量到达货物分散处理，以满足小批量需求。因此，转运区多位于运输线交叉点上，以转运为主，物流在转运区停滞时间较短。

　　（3）配送中心：配送中心的主要功能是提供配送服务，而现代物流学对配送的定义是货物配备，包括集散、加工、拣选、配货及计划组织运送到下游客户。所以，配送中心首先接收大量的流通货物，对其进行整理、加工和保管；之后按照客户要求设计组织货品配备、包装，把各类货物备齐、包装，并按不同的配送区域安排配送路径、装车顺序，对货物进行分类和发送，并于商品的配送途中进行商品的追踪及控制，配送途中意外状况的处理。其设计目标需保证整个配送环节高效运行，同时存货量最低。

　　（4）行政区：为入园企业提供各项服务，包括政策推行、招商引资、信息发布、税收、海关、边检、口岸、项目审批、后勤等一系列政府管理服务[2]。行政区的设计灵活度高，主要依据各个物流园的不同功能定位和基础设计条件，例如南京龙潭物流园区紧邻龙潭港一期，为集装箱专用码头，所以规划增加集装箱辅助作业区。深圳平湖物流园是以多式联运为基础的综合性服务园区，以货运枢纽、仓储配送、集装箱运输为主，城市配送为辅；考虑到现在和未来发展，除了规划物流功能，还安排了交通用地、工业用地、居住用地等。

1.《物流建筑设计规范》GB 51157-2016.

2. 柳振勇. 基于功能复合化的现代物流园规划设计研究［D］. 北京: 北京交通大学，2018.

现代产业园规划及建筑设计

9.3.2 规划布局

物流园的规划布局首先要确保各项核心产业功能的高效运行，在提升作业效率的前提下，将各种功能分区合理规划布局，确保园区内物料流动合理便捷，物流园区的场地分配、设施设备布局易于管理，对作业量的变化和物品形状变化能灵活适应，以及为职工提供方便、舒适、安全和卫生的工作环境。本节所研究的物流园规划布局主要为内部各功能的分布和设计，力求在大量案例分析的基础上总结和介绍三种布局模式。

1. 设计原则

（1）便捷：通过合理的规划使园区内的货物及工作人员运行距离最短，以最少的运输与搬运量，使货物的流动以最快的速度到达用户的手中。

（2）高效：在园区整体规划设计中，着眼于全局，优化基础设施布局达，以达到整体最优，比如将货物流动量大的设施集中布置，尽量避免货物运输的迂回和倒流。

（3）系统：现代物流园除了基础的物流产业服务功能外，在设计中应考虑各种物流与非物流关系（如商务、研发、展销等）对整体功能布局的影响，从而确定适宜的功能比例和布局方式[1]。

（4）预留发展：随着电子经济及服务对象需求的日益发展和变化，货流量及货物的种类也在发生变化，因此，物流园区的基础设施的规划设计应该留有发展的空间和适应于未来的变化。所以，园区的设计不仅需要满足现阶段的物流发展需求，还要考虑未来物流发展趋势和发展空间，具有一定的前瞻性和可调整性。

（5）集约：物流园设置了大规模物流基础设施，用地需求大，投资规模大，回收周期长，所以，在园区的设计中要充分考虑既有公共设施的整合与利用，以及新建设施的共享性，提高土地资源利用率和资本投资效益。

2. 布局模式

根据对国内多个物流园区整体规划布局的分析，结合物流园区与交通枢纽布局关系的特点，将物流园区主要功能进行组合布局，其形态大致有如下3种（表9-10）：平行式、双面式、分离式。

物流园主要功能布局模式

表9-10

功能布局模式	图示	特点
平行式		布置特点：园区各功能分区及园区外干道与港区或铁路站场平行布置。 适用园区：物流量较大的物流园区，园区与港区（或铁路站场）充分贴近，有利于充分利用交通基础设施资源。 问题分析：占用道路面积多，平面形式呈窄条型，道路设施比例过大，投资较大，不利于节约用地
双面式		布置特点：交通主轴与区外交通相接，园区各功能分区分别在区内交通主轴两边排列 适用园区：适用于物流量较小，货物较轻巧的园区。 问题分析：此类型充分利用园区内交通主轴，相对交通设施占地面积较少
分离式		布置特点：将管理区、展示展销区、配套服务区及休息场所与其他功能区分离，中间有绿化带相对分割。 适用园区：这一布局形式，可以取得安静的办公和休憩环境。 问题分析：不太便于管理和监督

1. 闫振英. 物流园区功能布局及其道路交通的研究［D］. 北京：北京交通大学，2008.

1）平行式

此种布局形式适用于货运量大的物流园，各主要功能与园区外主要交通枢纽（主干道、港区或者铁路）贴临并平行布置，以充分利用交通优势，提升物流效率。该布局形式一般呈条状，内部交通设施占比较大，因而整体占地多，投资大，如义乌国内物流园区即为平行式布置。

【案例分析】

义乌国内物流园区

义乌市国内物流园区位于疏港快速路以东，总用地面积约744亩，总建筑面积约63.4万平方米。义乌国内物流园区是立足义乌及周边地区，服务国内，对接国际的大型物流园区。

义乌国内物流园区的总体框架为"一个中心、五大服务区"，即一个信息、金融服务中心和零担快运服务区、智能停车服务区、集货中转区、配套服务区、仓储配送区五大服务区（图9-7）。零担快运服务区是传统零担快运企业作业区；智能停车服务区是配货大车、送货小车停车、维修作业区；集货中转区提供分拨中转物流服务；配套服务区提供设备租赁、餐饮购物等配套服务；仓储配送区为仓储配送、干线运输作业区。

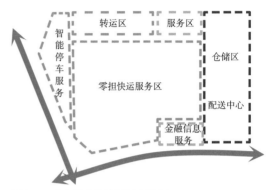

图9-7 义乌国内物流园区功能分区

2）双面式

不同于平行式，双面式的布局主要利用园区内部的交通主轴与外部交通联系，主要功能分布设置于主轴两侧，依次排列，占地较少，方便管理，适用于货运量小且物品轻巧的物流园。以此种形式布置的，如天津空港国际物流区。

【案例分析】

天津空港国际物流区

天津空港国际物流区依托的滨海国际机场，是国家民航总局重点培育的两大航空货运基地和航空快件集散中心之一。按照总体规划方案，空港物流区分为六大功能区，即物流分拨区、仓储服务区、加工增值区、展览展销区、配套服务区和管理办公区。一期项目重点布局物流园的主要产业功能，包括转运、仓储、加工、配送等（图9-8）。

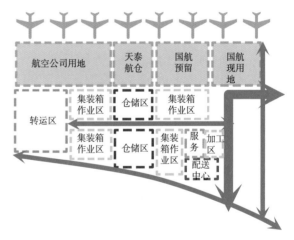

图9-8 天津空港国际物流区一期功能布局

3）分离式

分离式的布局方式适用于对办公、休息科研等辅助功能要求较高的空间，将主要的产业功能与服务配套功能分开布置，一般通过绿化带进行分割，以取得安静的科研办公环境，一般适用于规格较高的超大型物流园区，代表园区有上海浦东空港物流园。

上海浦东空港物流园

上海浦东空港物流园于2003年兴建，是上海市浦东机场周边唯一一个由政府主导建设的四大园区之一，总计投资2亿元人民币，征地243亩，建成仓库和办公楼11栋，建筑面积6万余平方米，其中自用配套仓库1万平方米。

按照总体规划方案，浦东空港物流园区分为六大功能区，即仓储服务区、加工增值区、展览展销区、配套服务区和管理办公区、信息管理中心。其中综合管理区、展示展销区、配套服务区及休息场所与仓储、运输、加工区分离，由信息管理中心统一调度管理，两个分区中间有绿化带相对分割，可以取得安静的办公和休憩环境（图9-9）。

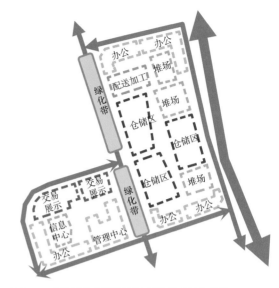

图9-9　上海浦东空港物流园功能区平面示意图

9.3.3　主要功能空间的模块化设计

物流园地块单元的划分应充分考虑前瞻性和灵活性，要求建筑本身有较强的兼容性，以便可以功能转化。所有在地块划分时，利用模块化设计，将物流园的主要功能空间做基础功能组合，一般包括仓储转运模块、集运配送模块、流通加工模块（表9-11）。在三种模块类型中，仓储区和转运配送中心为主要的功能模块。

主要功能空间的模块组合　　　　　　　　　　表 9-11

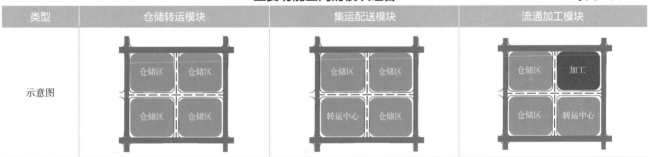

类型	仓储转运模块	集运配送模块	流通加工模块
示意图			

地块划分：15~30hm²
仓储单元的划分：地块间距450m×250m
货仓：最大进深110m×最大面宽210m
货仓道路：两排货仓中间该共用一条道路

1．仓储模块

仓储区的设计首先要根据物流商品的性质进行基本分类，确定设计标准，不同功能及物品属性的仓储建筑选用的设计标准要求不同：平库依据功能需求和存放物品的类别，选用相应的单层库房建筑设计标准；立体库依据建筑防火设计规范中单层或者多层仓库设计标准；高层库房超过24米按照高层建筑设计标准。建筑的功能和形式应以工艺设计确定的规模、流程及具体功能为依据，设计具有前瞻性和改扩建弹性的建筑方案。表9-12整理了常用的集中仓库建筑形式及其使用条件和缺点。

仓库建筑形式

表 9-12

仓库建筑形式		图示	适用条件	缺点
单层	平库	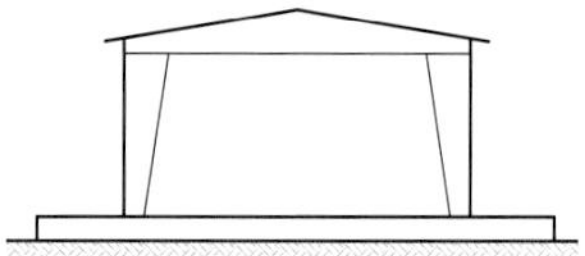 平库	有足够的土地资源；建造工期短、造价低	土地利用不充足
	起重机仓库	 起重机仓库	适用于重大件、散料和料箱	成本高
	高架仓库	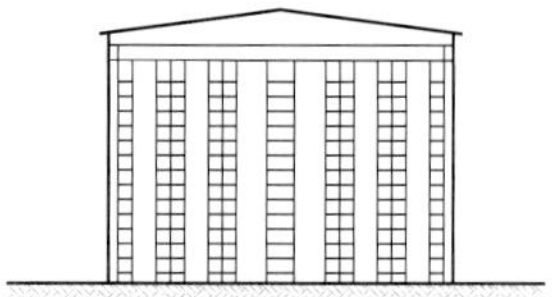 高架仓库	土地资源稀缺；地耐力好；物流自动化水平要求高	建造技术复杂；成本高
	台地平库	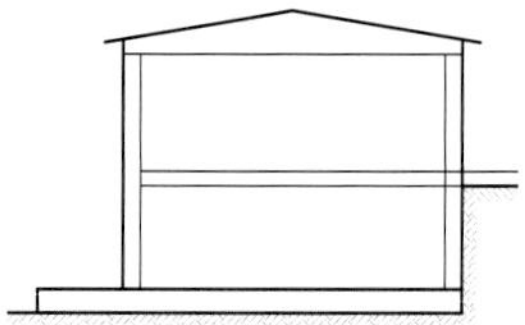 台地平库	高差较大的坡地或台地	各层需分别设置消防道路
多层	垂直运输	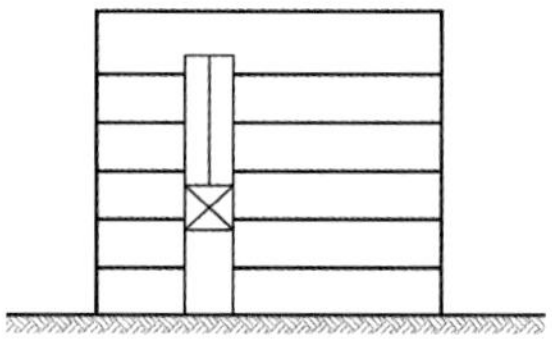 垂直运输	用地紧张；可采用货梯垂直运输货物	进出货物速度受限；建造成本高
	平层运输	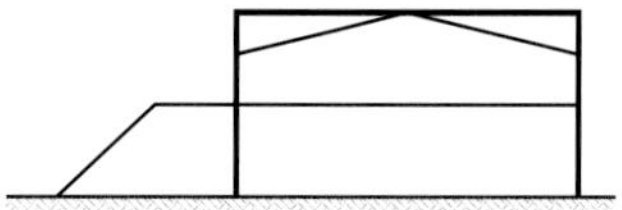 平层运输	用地有限；货品装卸量大且多企业入驻	坡道占用场地；建造成本较高
地下	地下仓库	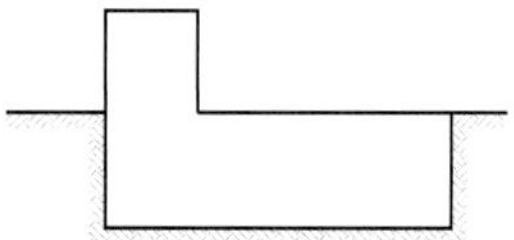 地下仓库	建筑限高；有特殊保管要求	防水工程难度高；有湿度要求，需排风

现代产业园规划及建筑设计

2．配送模块

配送中心的内部设计首先应根据配送中心的作业要求选取各类设施，其次根据货物的内部作业流程安排这些设施的布局。这些设施的布局分配决定了物流在配送中心各场区的流经路径，一般来说，为了减少物流在配送中心的流程，应将这些设施中有密切关系的两个设施中物流进出量较大的设施靠近配置。配送中心的主要物流作业区域的布置方法（流程布置法）是根据物流移动路线进行设计的。

为保证前述业务的顺利进行，配送中心须有配套的作业单位以完成不同的物流作业，配备相应的装卸、搬运、存储、分拣理货等作业的基础设施以及相应的信息处理设备（包括内部信息处理与外部信息处理）。一般工作流程如图9-10所示。

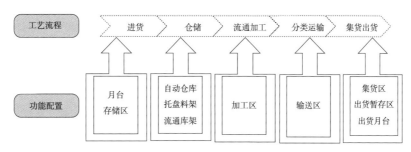

图9-10 配送中心功能及工艺流程图

配送中心内部作业的基本功能区如下：

（1）接货区：主要进行货物入库前的工作，如卸货、清点、检验、分类入库准备等。接货区的设施主要有：进货道路，卸货站台，暂存验收检查区域。

（2）存储区：到达配送中心的货物在此区域存放。这个区域的占地面积较大。根据货物不同的储存要求，设置不同的存储仓库、堆场等。

（3）理货、备货区：进行分货、拣货、配货作业等为送货做准备的区域。该区域的面积与配送中心服务的用户数量、物流性质有关，如多用户、多品种、小批量、多批次配送的配送中心，由于需要进行复杂的分货、拣货、配货工作，该区域的面积一般比较大，反之则较小。

（4）分放、配装区：配好货物暂放暂存等待外运的区域。货物在该区域存放时间短、周转快，因此，该区域占地面积小。

（5）外运发货区：该区的主要设施由站台、道路等，主要进行货物的装车发送工作，可与发放、装配区一体化布局。

配送中心的基本布置类型依据以上各功能区布置的形态分为I形、L形和U形[1]。各类型的布局示意图见表9-13。

配送中心的基本布置类型 表 9-13

类型	I形	L形	U形
示意图	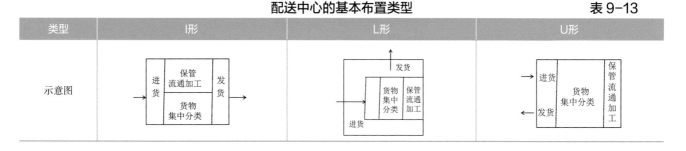		

1. 柳振勇. 基于功能复合化的现代物流园规划设计研究［D］. 北京：北京交通大学，2018.

（1）I形：各物流动线平行布置，人流及物流的碰撞点最少，但出入货距离最远，增加货物的整体运输路线，降低效率；需要专门人员负责两个货台的监管，增加了运作成本。适用于快速流转的货物以及集装箱和转运业务，代表园区有香港国际货运中心的日通、华记、新兴物流，香港机场货运中心（AFFC），以及深圳盐田港美集物流。

（2）L形：把货物出入物流园区的途径缩至最短，货物流向呈L形；除L形流向范围内的货物外，其他功能区的货物的出入效率会相对降低。适合进行交叉式作业，处理一些"即来即走"或是只会在物流园区停留很短时间的货物，代表园区有深圳嘉里盐田港物流园区。

（3）U形：更有效利用配送中心外围空间；集中货台管理，减少货台监管人员数目。但各功能区的运作范围经常重叠，交叉点也比较多，降低运作效率。货物在同一个货台上进行收发，容易造成混淆，特别是在繁忙时段及处理刻以货物的情况下。适用于地少、人工费高的地区，代表园区有捷迅（SOONEST）物流园。

9.3.4 交通组织

1．一般原则

交通是关系物流园区运营的最主要方面，顺畅完善的交通设计能通过对物流园区内外道路的合理充分利用，来提高交通安全性与便捷性，保证路网均衡使用。园区交通组织主要包括路网规划设计、园区出入口规划设计以及停车规划设计三个方面，交通规划应与园区发展空间同步进行，满足园区的交通运行需求。常见的交通组织原则如下：

（1）园区道路的规划应与园区用地布局相适应，满足园区交通需求，如快速集散与适当分散。

（2）机动车出入口的设置要满足出入车辆的安全、效率、顺畅等需求，并且注意新旧兼容、远近结合。

（3）园区停车场规划的设计以现代物流意识为指导原则，不仅要满足传统停车场的基本功能，如加油、维修、住宿、便利店等，还需要提高物流园整体的运作效率，如配备客服中心、车辆配载服务等。

2．交通规划设计流程

基于相关研究，有效提升物流园效率的措施是在一般工艺流程明确的基础上进行内部交通和外部衔接交通设计，形成整体的交通设计方案，再对方案进行多方评估和优化，从而降低园区内无效的货物运转、装卸、搬运等[1]。交通设计流程如图9-11所示。

3．交通设计内容

根据交通设计流程，物流园区交通主要包括内部交通和外部交通设计。

1）内部交通设计

（1）园区内部道路：园区内部道路设计以高效安全、客货分流、人车分流为基本原则，其设计主要内容包含各路段的道路横断面设计，通行能力、设计车速、车道宽度的系统计算以及交通标示、标线等。

（2）步行系统：步行系统的设计以安全性为基本原则，尽量做到人车分离、设置相应的行人交通设施及交通标志、标线，既保障工作人员安全作业，又保证物流作业效率。

（3）停车场布置：园区内的停车主要为货车和客车两种，

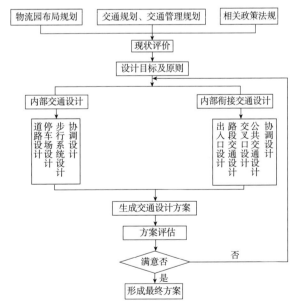

图9-11 物流产业园交通设计流程图

---

1. 戴越，郑宏富. 物流园区出入口规划设计及其优化 [J]. 中国工程咨询，2017（03）：47-49.

为降低车辆的交叉冲突，一般以单项流线组织场地内交通。停车场的设计首先应确定规模，其次确定停车场与整体交通组织的关系，其主要设计内容是停车道和通道，不同的停车方式、汽车类型以及车辆的停发方式均对其宽度有影响[1]。

2）园区内外衔接交通设计

（1）出入口位置及控制方式：出入口位置的选定与其他工业建筑相似，首先应避开周边快速路或者拥挤路段，客货分流、人车分离，综合考虑物流工艺设计，保证开口位置对周边道路影响最小且方便物流园区内车流、人流的快速集散。[2]

（2）与物流园区衔接道路：设计重点主要是园区外部道路与内部出入口主干道的衔接方式，一般是通过辅道介入内部进出主干道，特别是大型物流园区其内外交通的衔接可以通过多层立体交通方式，避免流线交叉，实现车辆通行的安全、高效，此外还包括交叉口设计、车道设计、近交叉口处的车道协调设计以及行人过街交通设计。

9.3.5 景观环境设计

现代物流园的景观设计应尽量避免传统工业建筑景观的外部空间尺度过大、界面单一、缺乏空间特色的问题，在充分利用自然景观的基础上，与物流建筑的开放空间有机结合，既满足基本功能需求，又体现现代物流园的景观特色。主要从以下方面着手[3]：

（1）内部景观设计与自然环境的协调，在充分研究内部交通组织的基础上，结合主要交通节点，在主要出入口与交叉口位置设计景观节点，使景观与物流建筑和交通组织有序结合，形成具有物流园特色的景观方案，提升物流园的设计品质。

（2）内部景观设计与外部环境的和谐，使内外形成相互渗透的空间序列，与城市空间相结合。

（3）景观设计与物流建筑有机结合，不同物流建筑的功能建筑形态差异较大，所以景观设计要将不同造型、色彩、体量的物流建筑有机统一，创造高品质的物流园景观，体现现代物流园的新形象。

（4）规划中还应注重绿化的层次搭配结合，沿城市道路及内部道路两旁均布置绿化带，各个层次的绿化协调配合，共同塑造优美的绿化景观。

物流园的主要景观设计节点包括入口空间、广场空间、绿化景观、内部道路及院落等方面。其空间布局方式较为简洁，一般分为轴线对称式、辐射式、网格式、组团式四种类型（表9-14）。

物流园景观布局类型　　　　　　　　　　　　　　　　　　　　　　　表9-14

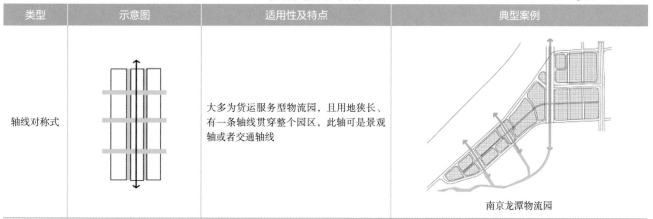

类型	示意图	适用性及特点	典型案例
轴线对称式		大多为货运服务型物流园，且用地狭长、有一条轴线贯穿整个园区，此轴可是景观轴或者交通轴线	南京龙潭物流园

1. 宋扬. 现代物流园区停车场规划设计探讨［J］. 交通世界（运输.车辆），2011（11）：131-133
2. 戴越，郑宏富. 物流园区出入口规划设计及其优化［J］. 中国工程咨询，2017（03）：47-49.
3. 刘文静. 现代物流园区建筑外部空间设计研究［D］. 长沙：湖南大学，2014.

类型	示意图	适用性及特点	典型案例
辐射式		园区内有一个核心区域，一般为主要功能区，其他功能呈放射性分散布置，适用于用地紧张、物流功能较少的园区	大连香炉礁物流园
网格式		无明显景观轴，用地规整	广州富力国际空港物流园
组团式		用地结构复杂，景观依据地形设计，形态活泼	南京农副产品物流园

9.4　物流产业园典型案例分析

9.4.1　综合服务型物流园——广州南沙国际物流中心

1. 类型特点

综合服务型物流园是具备货运服务、生产服务、商贸服务或者口岸服务中两项及以上功能的物流园区，该类物流园一般位于交通枢纽地区，依托货运枢纽或者商贸流通中心的优势，为物流运输供应、货物集散及配送、商贸展示甚至信息金融、商务配套、研发等服务。

2．案例研究

在跨境电商新业态发展迅猛的今天，南沙国际物流中心形成了网购保税进口的生态链，天猫、京东、考拉海购、唯品会等全国排名前列的电商平台均在南沙保税港区设立物流配送基地。园区位于珠三角几何中心，由龙穴岛物流园和万顷沙物流园组成，用地规模约为4949万平方米，依托广州唯一的大型深水港——南沙港，将建设成为国际物流为主、区域物流为辅，功能完善的国际重要物流枢纽（图9-12）。另外，在物流园区周围已规划了汽车基地、造船基地、钢铁基地和石化基地，有利于物流园区的发展，主导发展与石化、造船、钢铁、汽车等临港工业相配套的仓储服务、增值加工、物资配送、分拣、国际中转、国际贸易、国际采购等物流产业和远洋运输业。

项目分南北两区分期建设，南区总用地面积1.5万平方米，计算容积率建筑面积6.3万平方米，绿地率5.1%，建筑密度49.3%。拟建六座冷库和一座仓库及配套，每座建筑都带有1层地下室，六座冷库均为8层，仓库及配套为12层。北区总用地面积16万平方米，建筑面积31万平方米，主要建设联运区仓储区3座6层仓库，用于海铁联运物流仓和普通物流仓，以及配有一栋12层高为物流和电商公司就近使用的附属配套区。

园区采用先进的仓配逆一体智能供应链服务：多级分仓，高效物流，分仓越多，时效越快，订单拉升越显著；一体化服务，便捷灵活多样增值及正逆向全链路一体化服务，满足商家复杂场景下的业务诉求，便捷灵活温暖交付；增值服务：DM单投放、盘点服务、装卸服务、贴码服务、包装服务、代收货款、仓间调拨、动产融资、实物组套、实物拆套；特色服务：整合京东物流包装耗材供应商资源，依托供应链优势，为合作伙伴提供一站式包装供应链服务。

6号仓定位为跨境电商中心三期项目，主要功能为广州市打造航运中心提供仓储配套，为发展南沙保税港区跨境电商业务提供公共仓储服务及综合物流供应链服务；7号仓定位为南沙粤港澳国际拼箱中心，主要功能为粤港澳国际拼箱中心提供公共仓储配套服务及为南沙发展跨境电商提供服务（图9-13）。

图9-12　南沙国际物流中心鸟瞰图

（图片来源：https://kuaibao.qq.com/s/20200628A0GYE700?refer=spider_push）

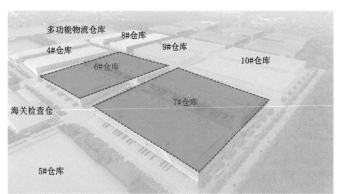

图9-13　南沙国际物流园跨境电商中心仓储

9.4.2　商贸服务型物流园——江苏海安商贸物流产业园

1．类型特点

商贸服务型物流园一般体量较大，考虑大宗货品交易运输的便捷性，大多数要求在同一水平上操作，因此对土地平整要求较高。在功能设置方面，一般分为交易主体功能、配套管理服务以及生活配套服务。功能分区如图9-14所示。

（1）交易主体功能包括交易建筑和各类配套仓储库房、配送中心、堆场及展示展销场所等。其中，交易区和非交易区应分区设置，常温交易与冷链交易应间隔一定距离，特殊品种如加工噪声较大的原材料加工宜远离展示区。

（2）配套管理服务主要有出入口管理、安保监控、行政管理、工商、海关管理、金融服务、消防站等。

（3）生活配套服务区应按一定的服务半径，均匀布置在园区内，主要服务员工的日常生活，如食堂、招待所、便利店、加油站、维修站等。

2．案例研究

江苏海安商贸物流产业园于2013年开始建设，总占地面积17万平方米，总建筑面积10.8万平方米，园区蝉联"全国优秀物流园区""江苏省示范物流园区"，获评全国物流业"金飞马奖（百强园区）"等。

中心河及北环路在园区中心穿过，利用长三角北翼物资集散的独特区位优势，海安商贸物流园发展四大功能平台：多示联运功能、期货交割、保税物流功能及现货交易功能。各平台主要功能见表9-15：

海安商贸物流园四大功能平台   表 9-15

四大功能平台	主要内容
多式联运	依托铁路海安县站二级编组站和宁启、新长、海洋铁路交会穿行的优势，与上海铁路局共建铁路物流基地，并与物流园区共同投资组建铁联公司负责基地运营，已成为"路地合作"的示范品牌
期货交割	苏中、苏北唯一一家上海期交所在海设立的有色金属期货交割库
保税物流	中心立足于服务海安外向型经济发展，整合资源、集聚要素、集成政策、提升功能，打造成为集多式联运、物流配送、加工服务、保税物流、商贸、仓储、产品展示于一体的开放型经济综合服务平台
现货交易	通过"交易平台+功能性项目+贸易企业"模式实现线上线下优势互补叠加，不断放大"产业链"前后链条的互惠效应

依托周边雄厚的产业基础，园区建设了六大物资集散中心：有色金属、塑料原料、纺织原料、粮食、生鲜冷链、木材；利用综合交易平台整合产业链上下游资源，将物流产业集聚，实现商贸和物流的互动。同时，本园区依托各类期货交割平台、保税平台以及各生产资料市场、仓储物流设施，配合区域产业发展需求和专业市场物资集散需要，建设区域性大宗商品集散交易中心和冷链物流中心，打造新型的大宗商品产业链平台。园区功能布局如图9-15所示。

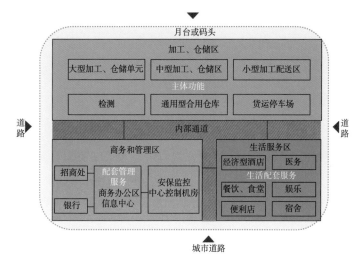

图9-14 商贸型物流园功能布局

图9-15 江苏海安商贸物流产业园功能布局

现代产业园规划及建筑设计

9.4.3 口岸型物流园——上海外高桥保税物流园区

1. 类型特点

口岸型物流园是依托对外开放的海港、空港、陆港及海关特殊监管区域及场所而规划建设，为国际贸易企业提供国际物流综合服务，主要服务于进出口货物的报关、报检、仓储、国际采购、分销和配送、国际中转、国际转口贸易、商品展示等。保税区的物流工艺有单闸口和双闸口两种监管模式[1]，如图9-16所示。

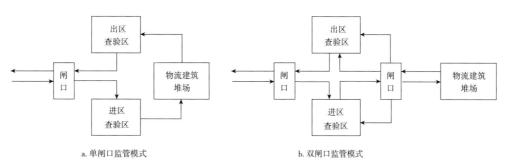

a. 单闸口监管模式   b. 双闸口监管模式

注：查验区车辆进出不影响闸口交通时，可将进区查验和出区查验合并。

图9-16 口岸型物流管理模式

2. 案例研究

上海外高桥保税物流园区位于我国改革开放最前沿的上海浦东新区，与外高桥港区连成一体，距离外高桥保税区仅有3公里，园区是国务院特批的全国第一家保税物流园区，享有保税区政策优势和港口区位优势。园区规划用地面积103公顷，建筑面积38万平方米，设有国际中转、国际配送、国际采购、国际转口贸易等四大功能，重点引进国际知名航运企业、跨国采购中心和第三方物流企业。园区功能布局如图9-17所示。

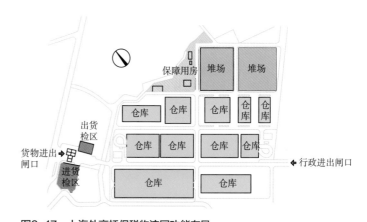

图9-17 上海外高桥保税物流园功能布局

海外高桥保税物流园K6仓库设三层，项目规划用地面积6.63公顷，建筑面积5万平方米，内部采用内通道式平面、盘道式货物垂直运输方式（图9-18）。

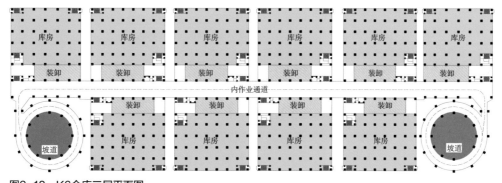

图9-18 K6仓库三层平面图

1.《建筑设计资料集》编委会. 建筑设计资料集 第7分册：交通·物流·工业·市政（第三版）[M]. 北京：中国建筑工业出版社，2007.

第 10 章 高新技术产业园

10.1 高新技术产业园概述及发展

10.1.1 相关概念

1. 高新技术产业

高新技术产业，又叫高技术（High Technology）产业，该词最早出现于20世纪70年代的美国，是指采用现代科技最新成就、科学知识含量高、研究开发密度高的技术产业，主要包括信息科学、生命科学、新能源及再生资源、新材料、空间科学、海洋科学、环境科学、软件科学技术等几大领域[1]。

在我国，高新技术一般以产业的技术密集度和复杂程度作为衡量标准。根据国家统计局2017年的行业分类定义，我国的高新技术产业又可分为高新技术制造业和高新技术服务业两大门类。根据《中国高技术产业统计年鉴》，这两大类又分为15种产业[2]（表10-1）。

高新技术产业分类　　　　　　　　　　　　　　　　　　　　　表 10-1

类型	特征	数量	具体分类
高新技术制造业	本分类规定的高技术产业（制造业）是指国民经济行业中R&D投入强度相对高的制造业行业	6大类	医药制造，航空、航天器及设备制造，电子及通信设备制造，计算机及办公设备制造，医疗仪器设备及仪器仪表制造，信息化学品制造
高新技术服务业	高技术服务业是采用高技术手段为社会提供服务活动的集合	9大类	信息服务、电子商务服务、检验检测服务、专业技术服务业的高技术服务、研发与设计服务、科技成果转化服务、知识产权及相关法律服务、环境监测及治理服务和其他高技术服务

（资料来源：《中国高新技术产业统计年鉴2017》、《中国高新技术产业统计年鉴2018》）

高新技术产业区别于传统工业以第二产业为主导产业的特征，产品与服务主要集中于第二、三产业，并侧重研发、生产和生活三位一体的开发模式。我国高新技术产业的发展，在其迭代特征与科技投入、工业增长率、智力资源的密集程度、产业聚集等几个维度上，具备以下主要特征：

（1）高新技术产业自身技术迭代需求对研发投入具有较高的依赖。科技创新是高新技术产业的第一生产力，

---

1. 1971年，美国国家科学院在《技术和国家贸易》中首先提出高技术（high technology High-Tech）的概念。
2. http://www.stats.gov.cn/tjsj/tjbz/index.html. 国家统计局.

其对技术和知识的投入比重大于材料及单纯的劳动成本。根据《深圳市高新技术产业发展研究报告》显示，研究与发展费用占销售额的5%～15%，比一般产业高2～8倍[1]。以软件产业为例，信息技术压缩了时空距离，其产品轻质化、虚拟化，传播迅速，对速度与迭代的要求极高。

（2）工业增长率高。近年来，高新技术产业的工业品总量占工业产品总量的比例逐年增长。以信息产业为例，发达国家信息产业的产值已占国民生产总值的40%～60%，年增长率为传统产业的3～5倍[2]。

（3）高新技术产业对智力的依赖程度高，科技人员比重大。从业者多高素质、高知识人才，职工的文化、技术水平高。

（4）高新技术产业聚集以高效的技术网络、人才网络、资金网络和服务网络的聚集为特征。高新技术产业的聚集有别于传统制造业，轻资产、重资源，尤其是各种信息和智力资源。

2．高新技术产业园

如第2章所述，本书基于产业聚集理论，将高新技术产业园（简称"高新园"）定义为：研究、开发和生产高新科技产品的高新技术企业在特定区域的聚集。高新园与高新技术的研发、技术的产业聚集密切相关，是由高新技术企业集聚而成、利用各类高新技术产业开展经济生产的园区。以高科技人才和技术为依托，高新园将先进技术成果快速转化为可流通的有形或者无形的产品，是产学研一体化集聚的高技术产业群。

10.1.2　类型分类

高新园的分类因维度不同而不同，常见的有：以生产主导产品或服务直接命名的园区，如某某软件园、电子商务园、生物医药园等；以行政级别划分，如国家级、省（市）级高新技术产业园；以开发主体划分，如政府主导型、企业主导型、政企合作型、大学主导型高新技术产业园。

本章从两个维度对高新技术产业园进行分类：①依据产品类型划分，分为制造业类高新技术产业园和技术服务业类高新技术产业园；②依据产业及产品聚集的复杂程度分为单一产业园区和综合产业园区。

1．以产品类型分类

（1）制造业类高新技术产业园：最终产品为高端工业制造品，其生产研发过程相较于服务类园区而言对试制、加工、试验场所中设备的依赖程度高，园区空间及功能规划与产品制造的工艺流程具有一定的专业性。具体来说，产品类型即是按照前文所述的制造业类的园区，包括：从事医药制造业、航空航天制造业、电子及通信设备制造业、计算机及办公设备制造业、医疗仪器设备及仪器仪表制造业、信息化学品制造业的相关类型园区。

（2）技术服务业类高新技术产业园：最终产品为技术及信息服务内容，相较于制造业类园区对硬件设备依赖低，人力占比大，对应前文所述的技术服务类，包括：提供信息服务、电子商务服务、检验检测服务、专业技术服务业中的高技术服务、研发与设计服务、科技成果转化服务、知识产权及相关法律服务、环境监测及治理服务的园区。

2．以园区产业聚集的复杂程度分类

此外，依据园区聚集产业的类型数量，高新技术产业园可分为单一产业园区和综合产业园区。一般情况下，综合产业园区无论从园区规模、产业复杂程度等都大于单一产业园区，单一产业园区也往往是综合产业园区中的"园中园"。

---

1. 深圳市城市发展研究中心. 深圳市高新技术产业发展研究报告［R］, 2015.
2. 盛世华研. 2020-2025年中国TOF行业基于产业本质研究与战略决策［R］, 2020.

10.1.3 发展历程

1．国外发展历程

1）发展历程

高新园诞生于美国，其兴起建立在科技进步的基础上。第二次世界大战后，美国依靠人才聚集优势，建立了世界上最著名的高新科技研发高地——"硅谷"，引领了世界科技发展的方向。美国的成功带动了欧洲、日本等发达国家和地区建设高新园的热潮，各国纷纷建设了一批著名的高新园，如日本筑波科学城、英国剑桥科学园、新加坡科学城等。国外高新园的发展大致分为以下三个阶段：

（1）发展初期（20世纪50年代—80年代）：1951年，美国硅谷依靠斯坦福科学园建立产、学、研一体的大学科学园模式，成为世界第一个高新园区。与此同时，欧洲、日本等发达国家和地区也逐步开始了高新园的建设。

（2）快速发展时期（20世纪80年代—90年代）：20世纪80年代到90年代，随着经济全球化和信息技术革命浪潮的兴起，高新园进入高速发展时期。建设热潮从欧美发达国家扩散到全球，中国、印度等发展中国家也开始了政府主导的高新园区的建设。

（3）平稳发展时期（20世纪90年代至今）：20世纪90年代以后，世界高新园区的发展步入稳定时期，发达国家则加快了高新园区的建设，并逐步形成了适合自身发展的建设模式。随着近年来国家之间的科技竞争愈演愈烈，传统发达国家在高新技术领域不断优化产业结构，而越来越多的发展中国家也在奋力追赶。

2）早期国外高新园典型案例

（1）美国硅谷。硅谷位于美国加利福尼亚州旧金山以南圣克拉拉县帕洛阿尔托到圣荷塞市之间，长约50公里、宽约16公里，是一块共70余平方公里的谷地。1951年，斯坦福大学校内划拨250万平方米土地用于实验室和厂房的建设，这是硅谷的前身。硅谷依托斯坦福大学和加州大学伯克利分校的先进人才和尖端技术，抓住信息技术发展带来的历史机遇，加之成熟的市场化运作，成为全球最为活跃的信息技术企业创新和孵化高地，孵化出众多成为国际巨头的科技企业。

硅谷以大学或科研机构为中心，科研与生产相结合，其发展建立在充分的市场化基础上。在风险投资机构的资金及管理、技术支持下，使科研成果迅速转化为生产力，是产学研快速转化的典范。

（2）英国剑桥科学园。英国剑桥科学园位于伦敦北部的剑桥郡，紧靠剑桥大学，占地面积约0.62平方公里，是20世纪70年代在政府鼓励下以剑桥大学为主导设立的高新园，是英国的第一个科学园。其主导产业为信息技术与生物制药，在开发与运营方面，科学园由剑桥大学主导开发并成立委员会进行管理，剑桥科技园管理中心作为独立实体，负责园区日常管理和运作，并针对不同环节成立相应的服务中心。目前已经成为英国电子信息产业技术中心，推动英国和欧洲电子信息产业成长的重要引擎。

剑桥科学园的发展过程中政府的政策资金支持少，主要利用以剑桥大学科研院所为核心的研发创新优势，通过设立服务中心对研发项目提供咨询、市场推广、金融联络等全方位服务，并提供会议、商业、餐饮等服务设施，与产业紧密联系，建立起商业氛围浓厚的产业及社交网络，为促进高新技术市场化、产品化的顺利实施，提供了良好的企业孵化环境，聚集了大量的初创型企业。

（3）日本筑波科学城。筑波科学城创建于1968年，是日本第一个由国家主导并参与决策的国家科学城。科学城坐落在离日本东京东北约60公里的筑波山麓，总面积284.07平方公里。科学城包含国家级研究与教育院所48个，从规划到建设以及运营管理均由政府直接介入，同时以立法的形式保证科学城享受到优越的政策优惠，保证其运行效率和效益。

政府主导下的筑波科学城为日本科技发展做出了巨大贡献，但同时也暴露出诸多弊端。首先，筑波科学城以国家级研究机构为主体，并享有政府的财政拨款，园区内缺乏相应的创新激励机制。其次，研究机构、企业、市场没有形成完整的研、产、学、销的链条，研究成果转化率较低。因此，1996年日本制定了《科学技术基本规划》，对筑波科学城进行重新定位，促进其转型发展。通过研究机构自主化管理、创新机制引导等提高创新积极性和自主性，以适应新时期的发展要求。

（4）新加坡科学园。新加坡科学园位于新加坡南部滨海地带，占地面积1.12平方公里，建立于20世纪80年代，是新加坡政府为实现产业转型而设立的国家级高新技术园区。以电子信息、生命科学、化工和能源为重点发展产业，以科技研发为主导方向。

新加坡科学园是自上而下的、政府主导及市场化运营的典范，其规划的前瞻性、执行力及不断适应产业迭代转型的灵活性，对我国高新技术产业园区的开发及建设具有重要的借鉴意义并产生了深远影响，如苏州工业园、中关村等。

2. 国内发展历程及建设现状

1）发展历程

我国高新园区是在对外开放基础上发展起来的，与社会发展和产业转型密切相关。改革开放初期，沿海经济特区的建立为我国参与全球经济贸易敞开了一扇窗。1985年3月，中共中央《关于科学技术体制改革的决定》提出，"为了加快新兴产业的发展，要在全国选择若干智力密集地区，采取特殊政策，逐步形成具有不同特色的新兴产业开发区"[1]，这是高新区首次作为国家战略被提出。同年7月，深圳建立我国第一个高新技术产业开发区——深圳科技工业园，标志着我国高新园建设拉开序幕。

1986年国家开始实施"863计划"，1988年实施火炬计划，1998年，国务院批准我国首个国家高新区——北京市新技术开发试验区后，全国的高新技术产业园区开始如火如荼地建设。1991年3月国务院下发《关于批准国家高新技术产业开发区和有关政策规定的通知》，批准了26个开发区成为国家高新区，初步形成了比较完善的配套政策体系，为科技成果商品化创造了积极条件。至此，我国高新区建设步入起步阶段，全国整体布局基本形成。

我国高新技术产业在不同经济发展时期依托的空间载体也不同：早期为经济特区与经济技术开发区，中期为高新技术产业开发区，后期包括大学城和大学科技园等多种形式（表10-2）。

我国高新技术产业发展主要建设载体　　　　　　　　　　　　　　　　表10-2

分类	概念	核心事件
经济特区	是我国特有称谓，改革开放后为了集中有效地利用外国资金及技术到本国生产，发展贸易，繁荣经济而设置的交通条件比较优越的特别地区，在这个地区推行对外开放政策和优惠制度，吸收外国投资、实现国际经济合作	1979年4月30日，邓小平提出创建经济特区；1980年8月正式设立
经济技术开发区	是我国最早在沿海开放城市设立的以发展知识密集型和技术密集型工业为主的特定区域，后来在全国范围内设立，实行经济特区的某些较为特殊的优惠政策和措施。从发展模式看，增加区域经济总量是其直接目标，以外来投资拉动为主，产业以制造加工业为主	1981年，经国务院批准在沿海开放城市建立经济技术开发区，1984年，中国在14个沿海开放城市建立了第一批国家级经济技术开发区
高新技术产业开发区	各级政府批准成立的科技工业园区，为发展高新技术而设定的特定区域，依托智力密集、技术密集和开放环境，依靠科技和经济实力，吸收和借鉴国外先进科技资源、资金和管理手段，通过实行税收和贷款方面的优惠政策和各项改革措施，实现软硬环境的局部优化，最大限度地把科技成果转化为现实生产力而建立起来的，促进科研、教育和生产结合的综合性基地	1988年8月火炬计划实施：创办高新技术产业开发区和高新技术创业服务中心
大学科学园	以研究型大学或者大学群体为依托，利用大学的人才、技术、信息、实验设备、文化氛围等综合优势资源，通过包括风险投资在内的多元化投资渠道，在政府政策支持下，在大学附近区域建立的从事技术创新和企业孵化活动的高科技园	2000年1月大学科技园正式启动，15个大学列为第一批试点名单

---

1. 1985年3月13日中共中央正式公布，阐明了科学技术体制改革的必要性，提出了科学技术体制改革的主要内容。

2）建设规模及现状

以国家级高新区数量为例，截至2019年，我国共有国家级高新区169家（苏州工业园区享受国家高新区同等政策），布局上由沿海扩展至内陆，遍布全国除西藏外的30个省、直辖市和自治区（图10-1）。

从地域分布来看，我国高新区主要分布在经济发达的地区，其中：东部地区园区数量为70个、中部地区44个、西部地区39个、东北地区16个（图10-2）。此外，江苏、广东、山东、湖北的高新区占据了国家高新区的1/3。国家级高新区还呈现出沿京广线分布的特征，京广线所穿越的北京、河北、河南、湖北、湖南、广东是我国人口较为密集的地区（图10-3）。

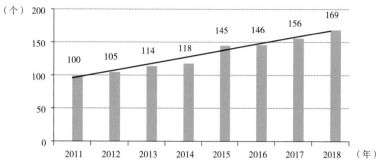

图10-1 截至2019年国家级高新区数量
（数据来源：国家科学技术部）

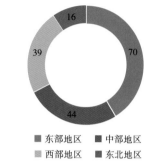

图10-2 国家高新区数量区域分布图

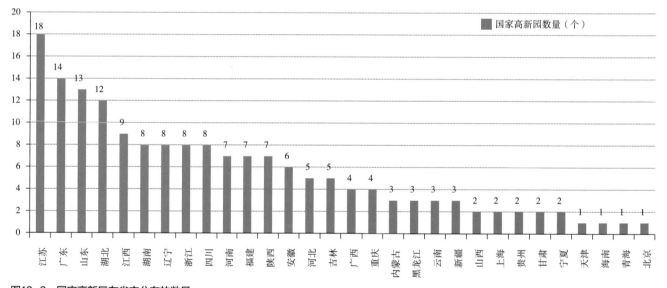

图10-3 国家高新区在省市分布的数量

10.2 高新技术产业园规划建设的上位影响因素及规划策略

10.2.1 上位影响因素

区域经济实力、政策引领支撑、智力资源情况、产业发展定位、交通基础设施以及生态环境等均会影响高新园的规划与选址。在对高新园项目进行规划设计，应根据园区自身特点和产业发展定位，并结合区域以及城市的经济活力情况，做好各个阶段的分级选择。

1. 区域经济实力

高新园的发展与建设在宏观层面与所在区域及城市的经济发展密不可分。以前文国家高新区的现状数量为依据，可以看到：在区域层面，长三角、珠三角和环渤海经济圈，无论是的数量还是创造的经济规模上，均处于领先的地位；在城市层面，北京、上海、广州、深圳作为以上三大经济圈的核心城市，代表中国经济发展的最高水平，也是我国科技创新的摇篮和高地。

2. 政策引领支撑

我国高新园的发展离不开自上而下的国家及地方政府在政策层面的支持。为鼓励和引导我国高新技术产业的发展，国家层面，自1986年以来发布了"863计划"以来，一系列政策（表10-3）的推进和实施，对于支持高新园的建设和发展起到重要的战略引领与关键支撑作用。地方层面，各地方政府通过制度建设、经济优惠及奖励办法等具体政策措施，吸引与扶持高新技术企业在园区的发展与建设。在制度建设方面，如北京市人民政府在《印发北京市关于进一步促进高新技术产业发展若干规定的通知》中，对"高新技术企业、高新技术成果转化实行认定制度，市政府指定专门机构，对高新技术企业、高新技术成果转化项目进行认定，并为高新技术企业和高新技术成果转化项目提供'一站式'服务"[1]；在经济优惠和奖励方面，如深圳在《深圳市人民政府印发关于加强自主创新促进高新技术产业发展若干政策措施的通知》中发布"企业、高等院校和科研机构承担国家工程实验室、国家重点实验室、国家工程中心建设任务，并在深圳建设实施的，予以最高1500万元配套支持"[2]等。

1986年以来高新技术产业发展主要政策摘录   表10-3

时间	发布主体	政策/发文	相关指引
1986年3月	国务院	《国家高技术研究发展计划（863计划）管理办法》	以政府为主导，在生物技术、航天技术、信息技术、激光技术、自动化技术、能源技术、新材料和海洋技术等八大高技术领域开展基础研究的国家性计划
1994年9月	科学技术部	《国家级火炬计划项目管理办法》	一项发展中国高新技术产业的指导性计划，旨在发挥我国科技力量的优势和潜力，以市场为导向，促进高新技术成果商品化、高新技术商品产业化和高新技术产业国际化
1997年	科学技术部	《国家重点基础研究发展计划（973计划）》	旨在解决国家战略需求中的重大科学问题，以及对人类认识世界将会起到重要作用的科学前沿问题，面向前沿高科技战略领域超前部署的基础研究
2010年10月	中共中央	《中共中央关于制定国民经济和社会发展第十二个五年规划的建议》	将培育发展战略性新兴产业、增强科技创新能力等明确为国家战略
2011年8月	科学技术部	《国家大学科技园十二五发展规划纲要》	建立了第一批大学科技园。国家大学科技园面向产业发展需求，依托高校技术和人才优势，创新产学研用合作模式
2012年8月	国务院	《国务院关于大力实施促进中部地区崛起战略的若干意见》	当前和今后一个时期是中部地区巩固成果、发挥优势、加快崛起的关键时期，为大力实施促进中部地区崛起战略，推动中部地区经济社会又好又快发展，应加快发展服务业，加强重点物流区的规划建设，规范产业园区建设
2014年10月	国务院	《国务院关于加快科技服务业发展的若干意见》	加快科技服务业发展，是推动科技创新和科技成果转化、促进科技经济深度融合
2015年3月	国务院办公厅	《关于发展众创空间推进大众创新创业的指导意见》	从政府层面上表达了加快创新和建设创新型国家、抢占国际竞争战略制高点的决心
2015年7月	国务院	《国务院关于积极推进"互联网+"行动的指导意见》	利用信息通信技术以及互联网平台，充分发挥互联网在社会资源配置和信息传递中的集成高效的特点，实现互联网与传统行业的深度融合，创造新的发展生态

---

1. http://www.beijing.gov.cn/zhengce/zfwj/zfwj/szfwj/201905/t20190523_72151.html. 北京市人民政府.
2. http://www.sz.gov.cn/zfgb/2008/gb619/content/post_4952801.html. 深圳市人民政府.

时间	发布主体	政策/发文	相关指引
2015年5月	国务院	《中国制造2025》（国家行动纲领）	我国实施制造强国战略第一个十年的行动纲领。重点发展新一代信息技术产业、高档数控机床和机器人、航空航天装备、海洋工程装备及高技术船舶、先进轨道交通装备、节能与新能源汽车、电力装备、农机装备、新材料、生物医药及高性能医疗器械等十个高新技术领域
2016年5月	中共中央、国务院	《国家创新驱动发展战略纲要》	强调科技创新是提高社会生产力和综合国力的战略支撑，必须摆在国家发展全局的核心位置。加快工业化和信息化深度融合
2016年2月	科学技术部	《国家重点研发计划首批重点研发专项指南》	标志着整合了多项科技计划的国家重点研发计划从即日起正式启动实施。这也意味着"973计划""863计划"即将成为历史名词
2019年1月	科学技术部党组	《中共科学技术部党组关于以习近平新时代中国特色社会主义思想为指导凝心聚力决胜进入创新型国家行列的意见》	坚定不移贯彻创新发展理念，坚定不移走中国特色自主创新道路，深入实施创新驱动发展战略、科教兴国战略和人才强国战略，加快建设创新型国家
2020年7月	国务院	《国务院关于促进国家高新技术产业开发区高质量发展的若干意见》	为进一步促进国家高新区高质量发展、发挥好示范引领和辐射带动作用作出进一步部署

3．人才智力资源

人才智力资源是高新技术企业得以创新和发展的重要因素。高校、科研院所、研究机构聚集了大量高质量的研发人才，为产学研合作与创新成果转化提供支撑。国内外著名高新园也往往与大学有着紧密关系。

在我国，北京、上海、武汉、西安等高校数量居前的城市，较早建立了以高校为依托的国家级高新园区，如北京中关村科技园、上海张江科技园、武汉东湖高新区、西安高新区等，为本地的科技创新提供了有力的智力资源支撑。以中关村科技园为例，共有以清华、北大为代表的高校41所，以中国科学院、中国工程院所属院所为代表的国家（市）科研院所206家[1]。丰富的科教智力资源一方面为园区储备了大量高层次人才，另一方面通过大院大所的科技成果转化衍生出一大批创业企业。

4．产业发展规划

高新园的产业定位与国家宏观导向、先天资源禀赋、区域产业基础及产业分工协作等因素有关，以上因素对高新园产业定位的影响在本书第5章"产业园建设规划体系"中已有阐述。随着近年来我国高新技术产业从粗放式进入到高质量发展，国家和到地方对高新产业的定位及规划上的引导作用日益显著，并且发布了相关意见以指导高新技术产业的规划。

国家层面，国务院于2020年7月发布的《关于促进国家高新技术产业开发区高质量发展的若干意见》[2]指出：①在对国家高新产业的宏观导向方面，我国高新园的发展要"大力培育发展新兴产业"，促进产业向智能化、高端化、绿色化发展；②在发挥先天资源禀赋，要"做大做强特色产业"，避免趋同化；③在对我国区域间的分工协作方面，要"推动区域协同发展"。

地方层面，各省、市也制定了相应条例，并结合自身产业基础情况，优化城市的产业空间结构，促进产业转型及高质量发展。以深圳为例，2019年4月23日，由深圳市人民政府发布的《深圳市人民政府关于印发深圳国家高新区扩容方案的通知》提出"考虑深圳高新区各片区的产业基础和比较优势，明确各园区产业发展方向和重点，按照各有侧重、错位发展、良性互动的原则推动深圳高新区各园区协调发展，着力打造若干企业集聚、要素完善、协作紧密的新兴产业集群，形成各园区独具特色、专业突出、竞争能力强的产业分工与协作新布局，协调有序推动各园

---

1. https://baike.baidu.com/item/%E4%B8%AD%E5%85%B3%E6%9D%91%E7%A7%91%E6%8A%80%E5%9B%AD/1360849?fr=aladdin. 百度百科.
2. http://www.gov.cn/zhengce/content/2020-07/17/content_5527765.htm. 中华人民共和国中央人民政府.

区大发展"[1]。依据各区的产业基础情况，各区的主导产业有所差别和倚重（表10-4）。

【案例分析】

深圳市高新区产业分布

《深圳国家高新区扩区方案》的通知中，对各区的主导产业进行了梳理，其中南山区以新一代信息技术、人工智能、互联网、生命健康为主导产业；坪山区将重点发展生物医药、新能源汽车、第三代半导体产业；龙岗区主导产业为移动通信、集成电路、医疗器械；宝安区为互联网、航空航天、智能设备；龙华区重点发展人工智能、移动智能、生物医药产业。

深圳高新区新扩园区一览表 表10-4

区（新区）	总规划用地面积/工业用地面积（平方公里）	主导产业
南山区	8.52/1.68	新一代信息技术、人工智能、互联网、生命健康
坪山区	51.6/10.8	生物医药、新能源汽车、第三代半导体
龙岗区	46.54/15.37	移动通信、集成电路、医疗器械
宝安区	23.52/8.16	互联网、航空航天、智能设备
龙华区	17.78/3.64	人工智能、移动智能、生物医药
合计	147.96/39.65	—

（数据来源：http:/ http://www.sz.gov.cn/zfgb/2019/gb1101/content/post_4984098.html）

5．开发主导因素

根据开发主体的不同，高新技术园区的开发存在政府主导、企业主导、大学主导、混合管理模式四种模式[2]，相对而言，每种模式都具有一定特点（表10-5）。

高新园的基本开发模式对比 表10-5

开发模式	特点	优势	劣势
政府主导	政府拥有相对较多的地区资源优势及强大的财政依托，因此早期的园区及国家级园区多数采取政府主导型开发模式	①集中力量统一建设，权威性高，控制力强，建设效率高；②便于协调各方关系，推动项目快速开展；③利于快速调动各方资源，筹措资金，集中建设	①政府与市场信息不对称，降低开发效率；②易滋生腐败和权力寻租
企业主导	对作为园区开发主体的公司资金和运营能力要求较高，因此大型园区以此模式进行园区开发建设的相对较少，但该模式能充分发挥企业在运营中的优势	①能够提供有效的资金支持，减少土地风险；②提供管理和技术支持，提高开发效率，保证服务质量；③市场化程度高，利于园区后期招商运营	①对企业资金及风险控制能力要求高；②企业逐利性可能会降低入园门槛，导致引入企业技术水平参差不齐
大学主导	我国设立的国家大学科技园是高等学校产学研结合，为社会服务、培养创新创业人才的重要平台，学院型管理是其管理模式的重要组成部分。大学通过设立具有独立法人资格的公司负责高新技术产业园区的各项管理工作	充分利用大学科技研发能力，以及高校研究人才，实现产学研用的有效整合	对大学的研发能力、资金和组织管理能力要求很高。权威性和协调性不足，项目推进和后期运营受影响
混合协作	政府、大学和科研机构、企业、中介等单位综合管理的模式，在资金管理的发展根本之上，辐射联动行政方及技术方共同发挥作用，构建权利、利益与风险挂钩机制	①责权明确的前提下易于发挥各方所长，推动园区建设稳步向前；②有利于吸引多元化投资，实现产学研一体化	多元化主体在管理决策中可能产生分歧，导致开发进程受阻

1. http://www.sz.gov.cn/zwgk/zfxxgk/zfwj/szfh/content/post_6577475.html. 深圳市人民政府.
2. 熊珍. 科技产业园管理模式创新研究［D］. 武汉：中南民族大学，2013.

（1）政府主导：由政府成立的园区管委会及相关部门或国有企业、国有控股企业作为园区的开发主体，负责筹措资金、办理规划、项目核准、征地拆迁及大市政建设等手续并组织实施，承担园区开发建设所需费用和风险，并享有土地开发的所有收益的开发模式。

（2）企业主导：政府通过招标投标等方式择优选择民营企业作为园的一级开发主体，政府仅负责开发前期城市规划的颁布、土地利用规划的编制和土地利用政策的制定等宏观事务，开发建设的筹措资金、办理规划、项目核准、征地拆迁及大市政建设等手续并组织实施等都由园区开发企业主导完成。

（3）大学主导：由大学或研究机构设立专门机构和人员对园区进行管理，协调入驻企业与学校、政府之间的关系，落实各项优惠政策，主要适用以大学为主体建立的高新技术产业园区。这种管理模式充分利用大学科技研发能力，以及高校研究人才，实现产学研用的有效整合，对中小型企业有较大的吸引力。

（4）混合协作：是政府、大学或科研院所、企业中的两方或三方共同设立的企业作为开发主体或负责管理园区的模式。政府为园区提供政策支持，大学或科研院所为园区发展提供创新要素，企业则能加速科技成果转化，获取经济利益。由于建设主体多元化，各方均能参与园区的管理，能较大地发挥主观能动性，实现产学研一体化。

长期以来，我国园区开发建设多由园区所在地政府——园区管委会及其下属开发公司主导，如苏州高新区、漕河泾开发区等。随着市场化改革的推进，园区开发越来越讲究市场化运作，出现了以招商蛇口、张江高科等为代表的国企开发商，开发与运营的代表园区有招商蛇口网谷、上海张江科技园等；以天安数码城、联东U谷等为代表的民营科技园区开发商，开发运营的代表园区有深圳天安数码城、北京金桥产业园等；以腾飞集团为代表的外资园区开发商，开发运营的代表园区有腾飞苏州创新园等。另外，还有一些企业依托于大学，在整合产学研资源和开发大学科学城方面经验丰富，如启迪协信就是源于清华，其开发运营的代表园区有清华大学科学园、龙岗启迪协信科技园等。在开发主体多元化的发展趋势下，园区的开发模式和商业模式也更为灵活，逐渐向多样化的趋势发展。

【案例分析】

政府主导案例：苏州高新区

苏州高新区由苏州市委、市政府于1990年开发建设，1992年成为最早的一批国家高新技术产业开发区。新区开发组织经历了三个阶段：1990-1996年，高新区和行政区管理上各自为政，管委会有独立的财税、规划、土地、工商管理权；1996-2002年，苏州高新于1996年上市，建立了重要的融资平台，1999年管委会与高新集团管理上分开，高新集团成为积极的投资主体，土地批租向土地经营转型；2002年以来，开发区和行政区职能合并，成立"高新区、虎丘区"，小政府、大社会初见成效（图10-4）。苏州高新区的运营管理过程中，通过简政放权，明确政府职能和企业职能，促进了高新区的活力发展。

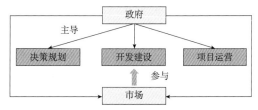

图10-4 苏州高新区政府主导的开发流程

【案例分析】

混合协作案例：启迪协信科技园

启迪协信科技园由启迪协信科技园城投资集团有限公司（简称：启迪协信）主导开发，该企业前身是清华科技园发展中心。通过"科技园区+科技产业+科技金融"三螺旋，推动构建当地具有启迪特色的生态环境。"政府+企

现代产业园规划及建筑设计

业+大学"三螺旋首先是政府这条螺旋，其次是企业这条螺旋，这里所指的企业已不仅是启迪控股，还包括以启迪控股为核心所控参股的一大批企业；再次是大学这条螺旋，除了清华大学，还与更多的科研院、机构，包括国内外的大学进行合作。

10.2.2 规划策略

1．区位选址

以与城市的距离作为依据，高新园与城市的关系呈现出郊区型、边缘型和城市型三种典型的空间特征（表10-6）。

（1）郊区型：位于城市近郊，一般建立在具有较好基础的工业园区内，通过快速公共交通与城市联系，用地规模、性质均比较自由。具有一定综合性，基础设施建设投资成本高，典型案例如深圳坪山生物医药园。

（2）边缘型：园区与成熟城区有一定距离，交通便利，用地充裕，有利于平衡产业发展，促进城市扩张。我国多数国家级开发区属于此类型。既可以充分享受城市物质基础和文化生活，同时有充足和廉价的扩展空间，因此通常采用中低密度的建筑布局，典型案例如浦东软件园郭守敬园。

（3）城市型：处于城区中心的科技园，土地资源相对有限，获取成本也比较高，因而建筑的密度比较大，往往与城市空间相混杂。典型案例如深圳软件产业园基地。

不同区位选址对应的典型案例　　　　　　　　　　　　　　　　表 10-6

类型图示	特点说明	典型案例
 郊区型	低廉的土地成本：土地的获得成本更为低廉，部分甚至为政府划拨，其土地规模可以适应各种类型园区的要求。 对大企业扶持力度大：由于远离市区，通常会通过政策优惠吸引大企业先期入住，通过带头作用解决园区早期人气问题。 较好的生态环境：郊区型的生态环境通常保存较好。 基础设施建设投资成本高：相关服务设施较为欠缺，交通欠发达，在园区建设的同时，需进行大规模的基础服务设施建设和居住区的建设，导致开发耗资大	 深圳坪山生物医药园 （图片来源：http://www.samd.org.cn/news/news_12257.aspx?typeid=12）
 边缘型	较好的生态环境：生态环境通常保存较好，形成具有氛围的公共空间。 政府政策的支撑：政府通常期望以此在城市发展方向上形成分中心，从而带动周边地区发展。 利用城市公共设施：通常离市区不会太远，交通设施一般也较方便，往往可以利用部分城市中心区的服务设施资源	 浦东软件园郭守敬园 （图片来源：http://www.samd.org.cn/news/news_12257.aspx?typeid=12）
 城市型	优秀的环境：往往聚集有大量优秀的研究机构和高校，具有优良的人才环境。 完善的配套服务体系：服务设施相对齐全，在园区建设中，可以省去高昂的服务设施建设费用。 高强度的混合开发：城市中心区的用地比较紧张，其开发强度较外围地区要高，用地功能上也强调混合利用。 城市型的园区可以直接利用城市的交通及市政设施、基础配套，条件优越，但是城区中园区发展比较受限	深圳软件产业基地 （图片来源：https://www.shenzhenshiruanjianchanyejidi.cn/）

2．土地利用及配套设施

1）土地利用

土地利用是指在用地分类的基础上每一类别的用地占总用地的比例，现行高新区用地分类标准遵循国家《城市用地分类与规划建设用地标准》（简称《标准》）GB 50137—2011体系，用地分类涵盖了涉及城市建设用地分类中的居住用地（R）、公共管理与公共服务用地（A）、商业服务业设施用地（B）、工业用地（M）、物流仓储用地（W）、交通设施用地（S）、公用设施用地（U）、绿地与广场用地（G）等类型。其中，居住用地、公共管理与公共服务用地、工业用地、交通设施用地和绿地五大类主要用地规划占城市建设用地的比例宜符合表10-7的规定。

城市五大建设用地分类　　　　　　　　　　　表10-7

类别代称	用地类别名称	占城市建设用地的比例（%）
R	居住用地	25~40
A	公共管理与公共服务用地	5~8
M	工业用地	15~30
U	交通设施用地	10~30
G	绿地与广场用地	10~15

根据相关学者对我国具有代表性的现状高新区用地比例的统计数据[1]，目前我国高新区的工业用地占比较大，多为30%以上，大于规划建设用地结构标准的上限；居住用地在15%~25%之间浮动，趋近于国家城市用地标准的下限。工业用地占比较大的原因在于早期我国高新区的建设对工业资源依赖性较高，随着我国高新区的产业转型及发展，工业占比存在下降的趋势。

另外，针对《标准》中的用地分类方式，部分学者认为其与高新产业的生产特点存在相关度不强的问题。相较而言，中国台湾新竹科学工业园土地使用计划对用地的分类体现在产业开发性质上，分类为住宅区（包括普通住宅区和工业住宅社区）、工业区（包括事业专用区、零星工业区、货物转运区）、科研开发区（包括研究专用区、学校用地）、商业区（包括园区服务区、加油站专区）、道路用地、绿地（包括公园用地、儿童游乐场用地、风景区）、保存区等；而新加坡则在用地上专门划分出BP（Business Park）类用地，依据产业的主要功能、次要功能、附属功能和禁止功能而进行用地的类型划分[2]（表10-8）。

新加坡BP类用地的功能组成　　　　　　　　　表10-8

用地	主要功能	次要功能	附属功能	禁止功能
BP用地	高科技制造、检测实验室、研发设计、控制中心、1类电子产业、核心传媒活动	办公室、健身设施、展厅、托儿所、便利店、小型仓储	2类电子产业、独立媒体	污染产业、完全面向市民的公共服务、独立仓储、大型百货商店

2）配套设施

高新园的配套设施包含两类，一是服务园区基本运行的公共配套设施，二是提升园区生活质量的商业服务配套。关于配套设施的占比，针对我国早期高新区普遍存在配套设施不足的问题，吕丹、王振等在《中国科技园空间结构探索》中指出，"理想的配套设施比例为：园区位于市区，园区可借助周边城市配套设施，配套设施比

---

1. 刘洋. 基于产业发展视角, 高新区用地分类与用地构成比例的研究 [D]. 武汉: 华中科技大学, 2012.
2. 王旭, 贺传皎. 基于"适度混合"的产业空间规划管理模式探索——以深圳市为例 [A]. 中国城市规划学会、贵阳市人民政府. 新常态: 传承与变革——2015 中国城市规划年会论文集（11规划实施与管理）[C]. 中国城市规划学会、贵阳市人民政府: 中国城市规划学会, 2015: 10.

例可适当降低至5%~10%；园区位于近郊，周边设施不够齐全，园区可部分借助城市配套设施，配套设施比例在15%~20%；园区位于远郊，周边基本没有城市的配套设施，园区需要自给自足，配建各类配套设施，比例在25%~30%"[1]；深圳市在《深圳经济特区高新技术产业园区条例》[2]中指出，"市政府应当按照深圳市城市总体规划，根据高新区的发展需要和实际情况，对高新区和高新技术产业带的建设用地与发展进行统一规划。高新区的公共设施用地面积应当占高新区总面积的百分之三十以上[2]"；郑州市颁布的《关于高新技术产业开发区新型产业用地试点的实施意见》提出在规划用地分类工业用地（M）类中，增加'新型产业用地（M0）'，以区别于普通工业用地。"新型产业用地性质为工业用地兼容商业用地，厂房和研发用房为主要用途，其建筑面积不宜低于地上总建筑面积的70%；兼容商业建筑面积不得超过地上总建筑面积的30%，其中零售商业及餐饮原则上不得超过地上总建筑面积的10%，服务型公寓原则上不得超过地上总建筑面积的20%，且不宜采用套型式设计，新型产业用地的建筑形态应区分于常规工业厂房建筑，鼓励使用新工艺、新技术"。[3]

3．用地控制指标

园区用地控制指标由以下主要指标构成，包括总用地面积、建筑密度和容积率。

1）总用地面积

总用地面积代表了高新园区在空间上的规模与尺度。不同类型的园区用地规模差别较大。需要说明的是，本章讨论的高新园，重点以单个产业园作为主要研究对象。

2）建筑密度

建筑密度反映了园区的建筑密集程度。建筑密度高说明园区建筑布局过于密集，提供的外部空间相对较少，建筑密度过低说明对园区土地利用率不高，外部空间较宽裕。通过对近20年典型高新园区建设案例的分析（表10-9）可以看出，高新园区的建筑密度一般在15%~30%之间，较个别园区超过30%。

2000—2020年我国典型高新技术产业园项目建筑密度统计表　　　　　表10-9

园区名称	建设地点	建设时间（年）	用地面积（万m²）	建筑面积（万m²）	建筑密度
中关村生命科学园一期	北京	2000	130	54	19%
北工大软件园	北京	2004–2011	13.41	15	19.20%
大兴生物医药基地	北京	2005	1354	320	40%
北京大兴新媒体创意园	北京	2006	31.3	14.92	15%
中关村生命科学园二期	北京	2008	119	82.8	40%
中关村软件园一期	北京	2010	139	61.6	14.69%
中关村软件园二期	北京	2013	156.4	108.6	16.30%
浦东软件园昆山园	昆山	2006	44	70	25.40%
苏州国际科技园一至四期	苏州	2000	77	32	24.00%
苏州国际科技园五期	苏州	2006	47	80	26.00%
苏州国际科技园六期	苏州	2007	2.2	2	25.00%
苏州2.5产业园	苏州	2010	28.34	60	22.00%
苏州纳米城	苏州	2011	100	150	24.00%
中关村软件园太湖分园	无锡	2010	20.12	21.59	30.94%
南京江东软件园	南京	2007	99.8	179.4	25.21%
浦东软件园郭守敬园	上海	1998	11.30	17.3	30.90%
浦东软件园三期（祖冲之园）	上海	2004	46.3	58	22.00%

---

1. 吕丹，王振. 中国科技园空间结构探索 [M]. 北京：中国建筑工业出版社，2016.
2. http://www.gd.gov.cn/zwgk/wjk/zcfgk/content/post_2531196.html . 广东省人民政府.
3. http://www.zhengzhou.gov.cn/u/cms/public/202005/01161857wupu.pdf. 郑州市人民政府.

园区名称	建设地点	建设时间（年）	用地面积（万m²）	建筑面积（万m²）	建筑密度
浦东软件园三林世博园	上海	2008	1.9	2.2	40%
上海浦东软件园昆山园	上海	2009	67	19	24%
浦江智谷商务园	上海	2014	88	106	42%
漕河泾办公研发园区"华鑫天地"	上海	2015	2.50	6	35%
浙江浙大网新智慧谷	宁波	2011	4.91	11.91	30%
大连腾飞软件园	大连	2018	27.6	32.6	11.10%
华中科技大学软件园	武汉	2000	13.17	13.17	24.37%
武汉光谷软件园	武汉	2000	45.3	73	21.00%
青岛软件园	青岛	—	23.06	48.6	30.00%
沈阳国际软件园	沈阳	2009	100	230	30.00%
厦门软件园一期	厦门	1998	4.6	7.4	20.00%
厦门软件园二期	厦门	2005	102.8	145.48	20.00%
厦门软件园三期	厦门	2011	490	860	21.00%
成都天府国际生物产业孵化园	成都	2018	30.86	26.5	30.67%
中国工程物理研究院成都科技创新基地	成都	2010	50	60	29%
成都天府国际生物产业孵化园	成都	2018	28.1	26.5	30.67%
深圳智慧广场	深圳	2011	2.68	16.49	35%
深圳蛇口网谷	深圳	2010—2015	23	42	42%
坪山区新能源汽车产业园区	深圳	建设中	6.6	26	28.5%
东莞华为松山湖研发基地	东莞	2014	126.7	38.8	26%
珠海金湾航空城产业园	珠海	2020	3.65	11.46	31.8%
香港科技园	香港	2001-2014	22	33	30%

3）容积率

容积率反映了土地开发强度，容积率的高低对园区品质存在重要影响，同时与地价有相关性。2010年前建设的园区，大多在0.5～1.5。2010年后建设的园区，容积率有所提升，大多超过了2，其中深圳等高密度城市中心区的园区甚至达到了7左右（表10-10）。

2000—2020年我国典型高新技术产业园项目容积率统计表　　　　表10-10

园区名称	建设地点	建设时间	用地面积（万m²）	建筑面积（万m²）	容积率
望京科技园二期	北京	2000—2004	2.59	4.6	1.78
北京天翼智谷	北京	2013	13.35	24	1.5
中航国际航空产业城	北京	2015	5.34	15.19	2.85
中关村高端医疗器械产业园	北京	2017	19.19	28.79	1.5
天笃工业园	北京	2018	13.3	2.36	0.18
中关村高端医疗器械园	北京	2019	19.19	28.79	1.5
沈阳金谷	沈阳	2014	13.25	26.51	2
昆山花桥国基信息城	昆山	2016	13.33	19.2	1.2
苏州易程产业园	苏州	2011	4	3.32	0.83
苏州生物纳米科技园	苏州	2006	1.95	2	0.88

园区名称	建设地点	建设时间	用地面积（万m²）	建筑面积（万m²）	容积率
苏州纳米科技城	苏州	2013	100	150	1.5
苏州人工智能产业园	苏州	2016	15.5	42.8	2.76
杭州英飞特科技园	杭州	2016	30.85	13.58	0.44
开源智慧网谷 - 顺丰创新中心	杭州	2020	5.36	27.67	5.36
前洋E商小镇	宁波	2018	7.01	11.37	1.31
无锡中关村科技创新园	无锡	2010	70	88	1.26
无锡贝斯特静谧机械有限公司厂区	无锡	2013	1.86	1.10	0.59
浙大科技园江西园	南昌	2003	30	5	0.17
丽水绿谷信息产业园	丽水	2016	17.3	58	3.35
合肥北大未名生物医药产业园	合肥	2016	25.79	40	1.55
星智谷商务花园	南京	2014	3.33	13.5	2.99
上海金桥OFFICE PARK	上海	2012	22	12.1	0.55
上海湾谷科技园	上海	2014	16	40	2.5
上海张江人工智能岛	上海	—	6.6	10	1.52
上海外高桥自贸壹号科技产业园	上海	2018	5.12	14.22	2.78
北杨人工智能小镇	上海	2019	54.3	74	1.36
张江高科创新园	上海	—	5	9.5	1.9
上海青浦北斗导航产业园	上海	建设中	4.6	20	4.34
上海M园区	上海	2020	—	7.07	—
浙江金华菜鸟电商产业园	金华	2015-2017	49.72	14	0.28
武汉华为研发园区	武汉	2018	80	35	0.43
青岛蓝色生物医药产业园孵化器	青岛	—	9.54	12	1.26
青岛海信研发中心	青岛	2015	27.8	38.2	1.37
山东威海新北洋科技园	威海	2009	14.7	15.3	1.04
福州软件园	福州	1999	330	130	0.39
成都天府软件园	成都	2008	220	130	1.05
微芯药业原创药一期生产基地	成都	2018	4	3.99	1.0
重庆西永软件园	重庆	2005	57.4	77.1	1.34
重庆OPPO科技园	重庆	2019	101.6	32.8	0.33
西安高新区环普科技产业园	西安	2017	14.87	55	3.70
深圳南山科技园	深圳	2001	70.6	300	4.24
深圳天安数码城北区	深圳	2006	60.88	48	8.8
深圳坪山生物医药创新产业园	深圳	2009	12.4	22	1.45
深圳湾科技生态城	深圳	2012	20.3	187.6	6.0
深圳天安云谷一期启动区03-02地块	深圳	2013	2.74	20.81	7.6
深圳天安云谷一期启动区03-03地块	深圳	2013	2.42	18.9	7.8
深圳市软件产业基地	深圳	2013	12.3	61.8	4.34
深圳生物医药创新产业园	深圳	2013	12.4	22	1.77
深圳万科前海企业公馆	深圳	2014	9	6	0.6

园区名称	建设地点	建设时间	用地面积（万m²）	建筑面积（万m²）	容积率
深圳南科大产业园（南山智园）	深圳	2015—2017	14.2	65.79	3.72
深圳南山科兴科技园	深圳	2016	8.51	23.69	0.28
深圳石岩创维科技园	深圳	2017	41.1	44.2	1.08
深圳南山科技创新中心	深圳	建设中	16	98.86	4.75
东莞松山湖智谷	东莞	2016—2020	100	180	4.5
东莞凤岗京东智慧谷地	东莞	2020—2023	37.57	141.8	3.77
广州国际生物岛	广州	2000—2011	183	—	—
中国移动南方基地	广州	2016	42.65	17.96	0.41
中国南方电网生产科研综合基地	广州	2011年至今	18.07	35.67	1.97
龙盛创智汇园区改造	广州	2019	5	16.7	3.34
珠海横琴创意谷	珠海	2015	12.8	13.7	1.07

10.3 高新技术产业园规划与建筑设计策略

10.3.1 功能构成

高新园区的功能建构是围绕着以高新技术活动为核心的功能聚集，即以研发、设计、中试及部分制造为核心的生产活动的聚集。高新园的基本功能构成主要包括产业功能、产业配套和生活配套（表10-11）。

（1）产业功能：是指与高新技术产品的制造具有直接联系的功能，即研发、中试及部分生产功能。

（2）产业配套：是指为园区提供产业服务的配套功能，涉及园区服务及政务管理。

（3）生活配套：是指区别于产业配套的生活配套功能。

高新技术产业园的基本功能构成　　表 10-11

类型	主要功能	功能设施
产业功能	研发	孵化器、办公、会议
	中试	实验、中试厂房
	生产	加工、制造厂房
产业配套	园区服务	运营中心、产业大厅、培训中心、专业协会、展览中心
	政务管理	科技园管委会等
	辅助设施	其他
生活配套	居住配套	公寓、酒店
	商业服务	酒店、餐饮、商店、社区活动
	金融信贷服务	银行等
	交通设施	停车场、公交站场等
	教育医疗	学校、医院
	文化娱乐	文化馆、剧院、影院、娱乐等

依据高新技术产业园以产品类型的分类原则，结合表10-10中产业功能中中试、生产比例的不同，将高新技术产业园划分为制造业类高新技术产业园和技术服务类高新技术产业园。

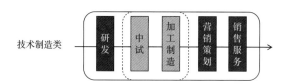

图10-5　制造业类高新技术产业园区的产业链

1．制造业类高新技术产业园的产业功能构成

制造业类高新技术产业园的产业链环节包括研发—中试—加工制造—营销策划—销售服务（图10-5）。相比技术服务类园区，中试和生产是产业链中的重要环节，且该环节往往对仪器设备及工艺流程依赖度高，在进行规划及建筑设计时，要严格遵循特定产业的生产逻辑。制造业类高新技术园一般包括航空制造产业园、生物医药产业园、医疗器械及设备、通信与电子设备制造园等。以医疗器械产业园为例，其产业链条包含了研究试验、测试实验、规模化生产到销售的阶段，为此所对应的产业空间类型有研发中心、实验室、检验检测、生产车间、办公用房、产品展示交易等，典型案例如中关村高端医疗器械产业园（图10-6）。

【案例分析】

中关村高端医疗器械产业园

中关村高端医疗器械产业园选址大兴生物医药产业基地三期中部，生物医药国际企业花园用地范围内，以高端医疗器械产业为主，集研发、孵化、生产、服务为一体。重点发展高端医疗器械研发总部、新型高端医疗器械生产制造、医疗器械企业孵化成长、医疗器械支撑服务等四大产业功能。功能上，研究试验功能以中小企业加速器和孵化器、小型生产研发中心为主，规模化生产以标准化生产基地为主，产业配套为园区产业服务中心，生活配套为园区服务中心（图10-6）。

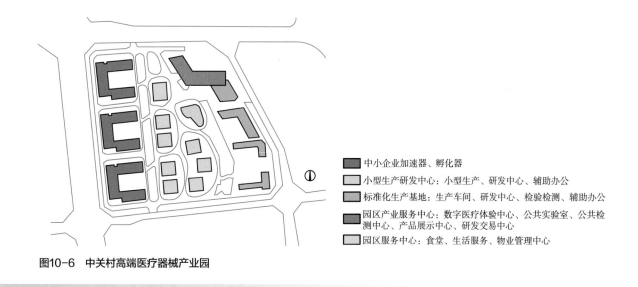

　■　中小企业加速器、孵化器
　■　小型生产研发中心：小型生产、研发中心、辅助办公
　■　标准化生产基地：生产车间、研发中心、检验检测、辅助办公
　■　园区产业服务中心：数字医疗体验中心、公共实验室、公共检测中心、产品展示中心、研发交易中心
　■　园区服务中心：食堂、生活服务、物业管理中心

图10-6　中关村高端医疗器械产业园

2．技术服务业类高新技术产业园的产业功能构成

技术服务业类园高新技术园的产业链环节围绕研发以及相关技术（咨询）服务活动为核心展开，含研发—测试—技术服务—营销策划—销售服务（图10-7），相比制造业类园区，由于生产的产品属于软性产品（技术或服务），测试环节不像制造业

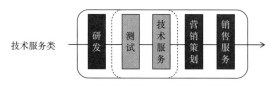

图10-7　技术服务业类高新技术产业园的产业链

类园区对机械设备的依赖那么高。从园区的规划角度，以研发办公功能为主，为此所对应的主要产业空间类型为研发办公、会议用房等，典型案例如南方电网生产科研综合基地（图10-8）。

南方电网生产科研综合基地

南方电网生产科研综合基地位于广州市科学城科翔路以北，香山路以东，背靠珠山，西临水道，占地面积为18.07万平方米。地上建筑面积约23.6万平方米，地下建筑2层，建筑面积约12.2万平方米，总建筑面积约35.8万平方米。地块西侧两栋为产业配套，含会议中心和展览，中部三栋合院式建筑为办公、研发及控制中心等产业用房，中部北侧为食堂，东侧为宿舍和体育中心等生活配套（图10-8）。

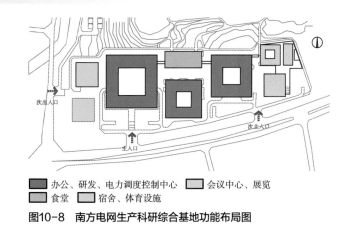

■ 办公、研发、电力调度控制中心 □ 会议中心、展览
▨ 食堂 ▣ 宿舍、体育设施

图10-8 南方电网生产科研综合基地功能布局图

10.3.2 规划布局

高新园的规划布局形式，以空间类型作为研究方法，可以归纳整理出以下几种规划布局模式，即中心式、圈层式、平行式、轴线式、网格式、综合式、垂直式几种类型，其主要特点可归纳见表10-12。

高新技术产业园的规划布局类型 表 10-12

模式名称		示意图	模式说明	典型案例
中心式		单中心	园区组团围绕单个核心空间布置，核心空间为景观或公共配套，产业功能布置在外围	苏州纳米城
		多中心布局	园区由多个同级组团构成，每个组团独立分区，并围绕各自中心布局	广州国际生物岛
		一核多心布局	以中心公共景观区作为园区第一级别核心，周边组团围绕第一级别核心布置，同时每个组团又有自己的区域中心	厦门平潭软件园

现代产业园规划及建筑设计

模式名称	示意图	模式说明	典型案例
圈层式	圈层式布局	以生产研发为园区核心，产业配套和生活配套服务区以主要功能模块呈环状围绕	上海浦东软件园三期
平行式	平行式布局	各个功能分区以一侧景观要素为参照平行展开	坪山生物医药创新产业园
轴线式	轴线式布局	以线性功能为依托，将各个功能围绕轴线排列起来	苏州国际科技园五期
网格式	网格式布局	由多条线性空间彼此纵横叠加交织而成，空间网格常以交通道路为基础，将地块划分为大小不一的建筑组团或景观组团	蛇口网谷
综合式	综合式布局	由多个空间模式的园区混合而成。一般为大型园区或一园多区型园区	东莞凤岗京东智慧谷地
垂直式	垂直式布局	将产业功能和配套功能垂直分区，一般产业功能位于上层，配套功能位于下层	深圳湾科技生态城

1．中心式

中心式布局是以某一特定空间要素为中心（该中心往往为景观或公共配套），其他空间要素环绕其周围组合排列，以突出中心要素的主导地位，具有强烈的向心性，这种布局手法能够有效增强主导空间的内聚性与统率力。中心式布局又可根据其中心所在园区的数量及相对位置，分为单中心、多中心、一核多心的方式。

（1）单中心：园区组团围绕一个核心空间布置，核心空间为景观或公共配套，产业功能布置在外围，典型案例如苏州纳米城。

【案例分析】

苏州纳米城

苏州纳米城位于苏州工业园区，占地约100万平方米，规划建筑面积约150万平方米。纳米城的总体规划以园区道路划分为多个组团，中部组团为园区服务及相关配套，形成园区的物理核心，周边围绕布置产业研发用房及配套设施（图10-9）。

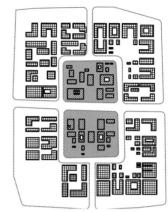

□生活配套 ▨产业配套 ▦产业功能 ▨核心区域（公共空间）

图10-9　苏州纳米城

（2）多中心：园区由多个同级组团构成，每个组团独立分区，并围绕各自核心空间布局，组团之间呈现平级关系，典型案例如广州国际生物岛。

【案例分析】

广州国际生物岛

广州国际生物岛位于广州市东南端、沿珠江后航道发展带上的一个江心岛上，占地面积约1.83平方公里。"生物岛"的规划格局形成南北两个科技研发组团，每个研发组团围绕公共区域及配套布局（图10-10）。

□生活配套 ▨产业配套 ▦产业功能 ▨核心区域（公共空间）

图10-10　广州国际生物岛

（3）一核多心：以中心公共景观区作为园区第一级别的核心，周边组团围绕第一级别核心布置，同时每个组团内部又有自己第二级别的区域中心，整体形成一核多心的结构布局，典型案例如厦门平潭软件园的规划设计方案。

【案例分析】

厦门平潭软件园

厦门平潭软件园的规划设计方案是以湖心岛的公共景观和配套功能为核心，周边围绕数个岛式组团，每个组团又围绕着各自的核心区域布置，总体形成一核多心的规划格局（图10-11）。

□生活配套 ▨产业配套 ▦产业功能 ▨核心区域（公共空间）

图10-11　厦门平潭软件园

2. 圈层式

圈层式布局结构是以生产研发为园区核心，产业配套和生活配套服务区以主要功能模块呈环状围绕。这种布局结构有利于产业园区的发展与层级划分，各个功能模块有一定的平衡性且与核心区域的联系紧密，加强了产业园区与城市功能的对接和利用。典型案例如上海浦东软件园三期、无锡中关村科技创新园等。

【案例分析】

上海浦东软件园三期

浦东软件园三期位于浦东张江高科技园区内，园区中心景观为水体，靠近中心景观的第一圈层为研发组团及服务中心，第二圈层为研发组团、酒店、公寓、商业及相关配套设施（图10-12）。

□生活配套 ▨产业配套 ▦产业功能 ▥核心区域（公共空间）

图10-12 上海浦东软件园三期

【案例分析】

无锡中关村科技创新园

无锡中关村科技创新园位于国家传感网创新示范区内，园区占地面积约70万平方米，规划建设面积88万平方米。靠近中央景观区的第一圈层包含孵化中心区、创意研发区、总部研发区、标准研发区、大企业办公区，第二圈层包含商务酒店区、宿舍配套区、教育培训区等功能区（图10-13）。

□生活配套 ▨产业配套 ▦产业功能 ▥核心区域（公共空间）

图10-13 无锡中关村科技创新园

3. 平行式

平行式布局是以一侧景观元素为参照的平行展开的布局形式，这种布局形式对建筑的景观具有均好性，同时有利于功能组团的并列式发展，分区明确，但整体动线较长。代表案例有深圳坪山生物医药创新产业园、中国移动南方总部基地、成都天府国际生物产业孵化园和上海张江人工智能岛等园区。

【案例分析】

深圳坪山生物医药创新产业园

坪山生物医药创新产业园位于深圳市国家生物产业基地核心区中部，占地12.4万平方米，总建筑面积22万平方米，园区规划建设了涵盖医疗器械区、动力辅助区、生物制剂区、综合服务区和实验区等五大功能区域，各功能总体布局沿南部景观一字排开（图10-14）。

□生活配套 ▨产业配套 ▦产业功能 ▥核心区域（公共空间）

图10-14 深圳坪山生物医药创新产业园

【案例分析】

中国移动南方总部基地

中国移动南方基地主要分为"研发、IT 支撑、交流"三大中心组团及一定的生活配套用房。整体布局上，南方总部基地沿基地呈现自西向东面的长条形布局，整体沿着南面景观展开。其中东侧为研发、IT 支撑中心，西侧为交流中心（图10-15）。

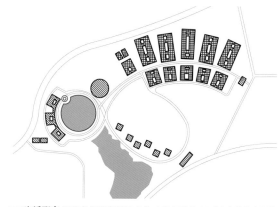

□生活配套 ▨产业配套 ⊞产业功能 ▦核心区域（公共空间）

图10-15 中国移动南方总部基地

【案例分析】

成都天府国际生物产业孵化园

成都天府国际生物产业孵化园位于成都市双流区永安湖北岸，园区A、C、D区总建筑面积26.5万平方米，是集研发、办公、商业于一体的综合性生物孵化产业办公园区。A区为生活配套区，C、D区为研发功能区，A、C、D区功能呈平行布局展开（图10-16）。

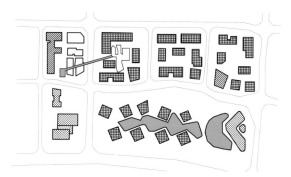

□生活配套 ▨产业配套 ⊞产业功能 ▦核心区域（公共空间）

图10-16 成都天府国际生物产业孵化园ACD区

【案例分析】

上海张江人工智能岛

上海张江人工智能岛位于张江科学城中区，占地面积6.6万平方米，地上总建筑面积10万平方米。岛内建筑布局沿南面河道呈现平行分层式铺开，第一层次为前两排的类商墅式3-5层数字产业孵化中心和西南端头的体验中心，第二层次为靠近北面上科路的后侧多层体量，为阿里巴巴、IBM、平头哥（上海）等BAT和独角兽企业的研发中心（图10-17）。

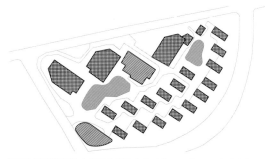

□生活配套 ▨产业配套 ⊞产业功能 ▦核心区域（公共空间）

图10-17 上海张江人工智能岛

4. 中轴式

中轴式布局是以线性功能为依托，将各个功能围绕轴线排列起来，轴线元素通常是以道路、景观、水面等有特定空间形状的具象型实体形态的狭长的带状序列。中轴式功能建构模式下区域内的交通动线较长，核心功能模块被众多功能模块包围，核心功能与生产模块与生活模块接触面较大。代表案例有浦东软件园郭守敬园、苏州国际科技园五期、中航国际航空产业城和合肥北大未名生物医药产业园等园区。

现代产业园规划及建筑设计

【案例分析】

浦东软件园郭守敬园

浦东软件园郭守敬园总建筑面积17.3万平方米，整个园区的布局以长条状的花园为中心，产业研发建筑沿着中心平行展开，园区规划形态具有清晰的聚合性和延展性（图10-18）。

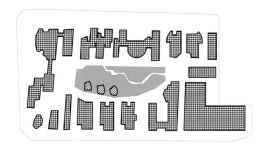

□生活配套　▨产业配套　▦产业功能　▨核心区域（公共空间）

图10-18　浦东软件园郭守敬园

【案例分析】

苏州国际科技园五期

苏州国际科技园五期位于苏州工业园区独墅湖高等教育区南侧，园区呈现南北长条式布局，以中心近500米的绿轴带展开。轴带西侧端头为圆形报告厅，东侧为餐饮等生活配套，研发用房以中轴为核心展开或围合（图10-19）。

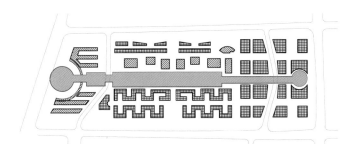

□生活配套　▨产业配套　▦产业功能　▨核心区域（公共空间）

图10-19　苏州国际科技园五期

【案例分析】

中航国际航空产业城

中航国际航空产业城项目位置位于亦庄新城核心区，地块狭长。建筑群以东西向的景观轴线展开布置，中心的绿化景观被设计为菱形的岛屿，变化多姿，提升了园区的空间品质（图10-20）。

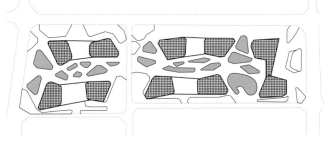

□生活配套　▨产业配套　▦产业功能　▨核心区域（公共空间）

图10-20　中航国际航空产业城

【案例分析】

合肥北大未名生物医药产业园

合肥北大未名生物产业园占地386.85亩，规划建设面积28万平方米。基地北侧的核心产业功能围绕中心庭院布置，并且遵循医药产业园特定的产业链流线（图10-21）。

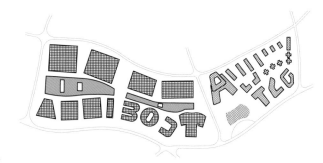

□生活配套　▨产业配套　▦产业功能　▨核心区域（公共空间）

图10-21　合肥北大未名生物医药产业园

5．网格式

网格式布局的格网由多条线性空间彼此纵横叠加交织而成，空间网格常以交通道路为基础，将地块划分为大小不一的建筑组团或景观组团，各个建筑组团呈平级关系，内部建筑呈现散落式的布局。网格式空间布局利于园区的可持续性发展，代表案例有蛇口网谷、中关村软件园二期等园区。

【案例分析】

蛇口网谷

蛇口网谷位于深圳南山区蛇口自贸区，基地被园区内的道路划分为大小不一的三个组团，各个组团依据各自建筑布局特点设置相应的景观绿化，各具特色（图10-22）。

☐生活配套 ▨产业配套 ▥产业功能 ▦核心区域（公共空间）

图10-22 蛇口网谷

【案例分析】

中关村软件园二期

中关村软件园二期位于北京海淀区东北旺，基本无配套设施，属于产业先行模式。园区以道路划分为多个组团，中心组团为景观，周边组团内建筑呈现散落式的形式（图10-23）。

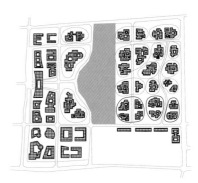

☐生活配套 ▨产业配套 ▥产业功能 ▦核心区域（公共空间）

图10-23 中关村软件园二期

6．综合式

高新园区的空间布局模式往往并非单一的，而是呈现出多种模式融合布局方式，集合各种布局模式的优点，创造出更为有机的园区总体形态，典型案例如东莞凤岗京东智慧谷地。

【案例分析】

东莞凤岗京东智慧谷地

东莞凤岗京东智慧谷地的总体规划布局呈现出综合型的特点，北部和南部呈现出中轴式布局形态，中部为网格式，西侧为中心式（图10-24）。

☐生活配套 ▨产业配套 ▥产业功能 ▦核心区域（公共空间）

图10-24 东莞凤岗京东智慧谷地

7．垂直式

垂直布局一般是在用地紧张、地块容积率较高的情况下，将产业功能和配套功能垂直分区，一般产业功能

现代产业园规划及建筑设计

位于上层，配套功能位于下层，利用垂直分层，可以在功能适度融合的方式下，又适度分离，如深圳湾生态科技城。

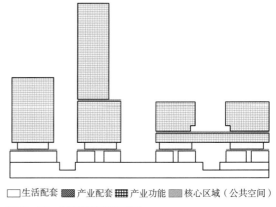

□生活配套 ▨产业配套 ▦产业功能 ▨核心区域（公共空间）

图10-25 深圳湾生态科技城

【案例分析】

深圳湾生态科技城

深圳湾科技生态城，是基于高密度都市模型下的开发模式典范。科技城位于深圳湾的高新区，总用地20.3万平方米，总建筑面积134平方米，容积率6.9。其功能包含了研发、住宅、酒店、商业以及服务等功能，通过分层式、多平台将功能进行了有效的混合（图10-25）。

10.3.3 建筑设计

依据高新园的功能组成进行分类，可分为产业功能、服务功能和居住功能，其中产业功能包含研发、实验和生产性的产业功能，服务功能则包含生产性服务功能和生活性服务功能，居住功能一般指公寓、酒店等，具体分类见表10-13。

高新技术产业园建筑类型 表 10-13

类型	具体功能	建筑类型
产业功能	研发、实验、生产	研发办公
		实验性厂房
		生产性厂房
服务功能	生产性服务功能	政务性配套：科技园管委会、产业大厅
		服务型配套：休息、娱乐、健身等
	生活性服务功能	餐饮、商业、金融、文化、教育、体育、医疗
居住功能	居住	公寓、酒店

1. 产业功能

1）研发办公型用房

研发办公为高新园最主要的功能之一，目前园区的研发办公空间作为知识交互的场所，其设计理念与传统的办公空间相比，具有一些明显的不同。办公研发用房除了传统的办公空间外，还需关注配套用房及公共休闲娱乐空间的设计，以更好地服务于研发人员，激发创造力。建筑平面形态上，依据高度不同，平面类型也不尽相同。

（1）高层研发用房：在本章节中指高度大于24米的高层办公、研发用房（表10-14）。

平面形式	案例	平面特点
中心式	 百度科技大厦 （图片来源：https://www.pgive.com/thread-19662-1-13.html） 西安高新区环普科技产业园 （图片来源：https://www.sohu.com/a/155877588_707959）	一般为100米以上建筑，符合高层、超高层办公平面的基本逻辑。筒外进深为12~14米，配套用房一般设置在核心筒附近，并结合核心筒或空中花园设置公共服务和休闲娱乐空间
边筒式（建筑内） 边筒式（建筑外）	 深圳天安云谷 深圳智慧广场 （图片来源：http://www.zhuxuncn.com/articles/180661829.html）	一般50~100米高建筑，平面标准层面积约1000~1400平方米。辅助用房一般设置在核心筒东西两侧，结合核心筒或外墙设置花园，适用于中小型企业办公
并联式	 深圳南山科兴科技园	一般为50米左右，分区、分段布置。这类平面强调标准化，并且可依据企业规模进行灵活的平面合并或拆分

【案例分析】

中心式及边筒式：深圳天安云谷产业空间

天安云谷的多栋塔楼为80~100米的高层办公用房。依据企业性质的不同，呈现出核心点式和边缘型矩形的办公平面，以适应不同类型的研发空间需求（图10-26）。

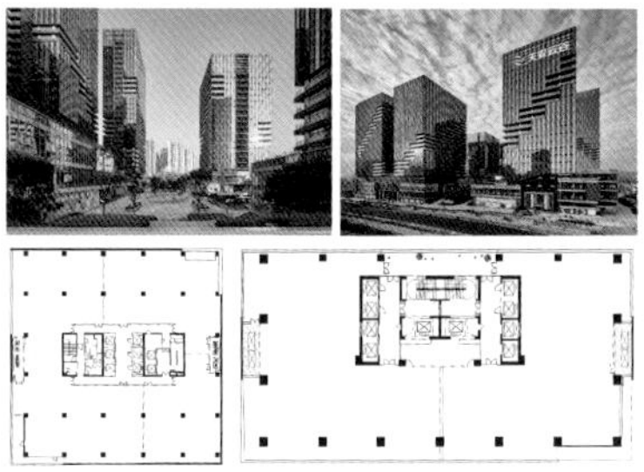

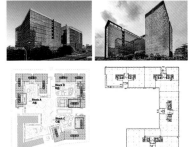

图10-26 天安云谷产业空间
（图片来源：https://www.archdaily.cn/cn/922543/shen-zhen-tian-an-yun-gu-mao）

【案例分析】

并联式：科兴科技园

科兴科技园采用围合式布局，分为东、西、南、北四个区域，每一个区域又各自围合成一个小组团。每个组团实际上是由3~4栋标准平面并联起来，平面可分可合，布局灵活，并可根据企业规模进行组团内本层楼栋的合并或拆分（图10-27）。

图10-27 科兴科技园
（图片来源：http://www.genzon.com.cn/industry/1.html）

（2）多层研发用房：在本章节中指高度为24米以下的多层办公、研发用房（表10-15）。

高新技术产业园中高层研发用房常见平面类型   表10-15

详细模式	案例	平面特点
工字形	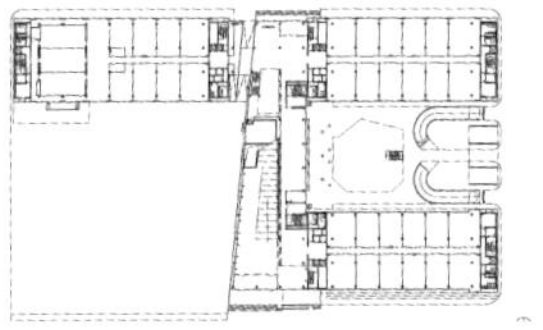 望京科技园二期 （图片来源：http://www.ikuku.cn/post/20047）	平面充分利用场地空间，为内部研发提供生态优良的景观内院
环形	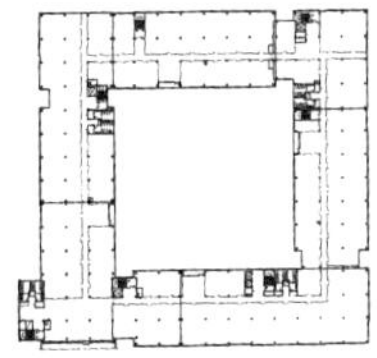 青岛海信研发中心 （图片来源：https://bbs.zhulong.com/101010_group_3007072/detail37958566/）	平面可较好利用场地空间，为内部研发提供生态优良的景观内院，同时环形平面有利于组合拼接
带形	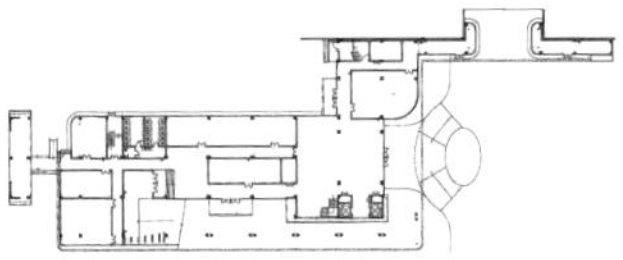 无锡贝斯特精密机械有限公司研发楼 （图片来源：https://www.archdaily.cn/cn/803449/bei-si-te-jing-mi-ji-jie-you-xian-gong-si-adastudio）	平面依据场地舒展布置，每个房间都能获得较好的景观视野

工字形：望京科技园二期

　　望京科技园二期位于望京新兴产业区北部，五环路南侧，是一个配套齐全的办公建筑。该建筑地处城市边缘，容积率较低，环境较好。主楼体量在6层以下，呈现工字形布局，并围合形成大面积的景观区域（图10-28）。

 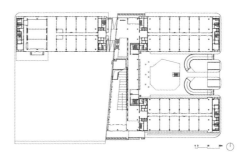

图10-28　望京科技园二期
（图片来源：http://www.ikuku.cn/post/20047）

环形：青岛海信研发中心一期

　　海信研发中心坐落于青岛市崂山区，容积率为1.45。研发中心建筑群以多层环形建筑组合而成。整体自然环境优越。低容积率低密度的园区规划叠加多层园林景观，创造出生态舒适的研发环境（图10-29）。

 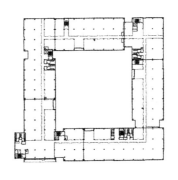

图10-29　青岛海信研发中心一期
（图片来源：https://bbs.zhulong.com/101010_group_3007072/detail37958566/）

带形：无锡贝斯特精密机械有限公司研发楼

　　无锡市贝斯特精密机械有限公司位于无锡国家工业设计园，主营业务为研发、生产及销售各类精密零部件及工装夹具产品。本案为其研发楼，平面为带状模式，形体舒展，每个房间都能获得优良的景观视野（图10-30）。

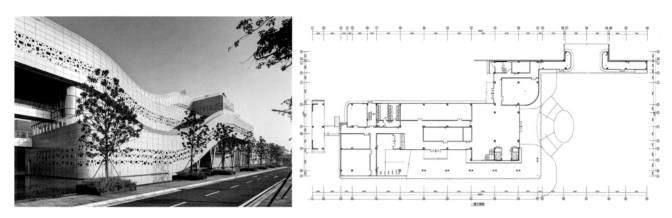

图10-30　无锡贝斯特精密机械有限公司研发楼
（图片来源：https://www.archdaily.cn/cn/803449/bei-si-te-jing-mi-ji-jie-you-xian-gong-si-adastudio）

（3）独栋式研发用房：此类研发用房一般单个体量面积为500~1000平方米不等，高度一般为7层以下，可根据企业面积需求，以单栋或单层的形式出租。这类研发用房园区密度低，周边生态环境优良（表10-16）。

高新技术产业园低层独栋式研发用房常见平面类型　　　　　　表10-16

详细模式	案例	平面特点
矩形	星智慧商务花园 （图片来源：http://www.njsstp.com/mroot/assetPurchase.html）	约3~4层平面，标准层面积为600m²左右。核心筒靠边布置，易于形成独立通透的空间，使用于整层独立使用
方形	京东智慧谷地企业总部平面 （图片来源：http://dongguan.jiwu.com/huxing/list-loupan970674.html）	约3~4层低层独栋建筑。单栋体量600m²左右。核心筒居中布置，易于半层划分与承租
L形等	天筠工业办公组团	此类平面是规整形平面的变形，根据场地形调整面积和角度

【案例分析】

规整形：京东智慧谷地企业总部

京东智慧谷地企业总部办公方形体量，平面尺度为3个柱网加悬挑的结构框架，以3~4层的高度为主，平面可划分适用于单个或分拆为多个企业办公用房（图10-31）。

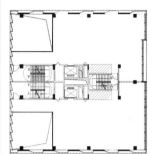

图10-31　京东智慧谷地企业总部
（图片来源：https://new.qq.com/omn/20190715/20190715A0SCKH00.html?pc）

【案例分析】

I形、T形、L形以及十字形：天筠工业办公组团

天筠工业办公组团的每个办公单元室内平面尺度是一个或者两个8.4米×8.4米结构框架单位加上周边3.3米的悬挑，并配有一个功能核，其中有一部楼梯、一部电梯和一个卫生间。这样的大小单位组合在一起可以形成几个基本的形体：I形、T形、L形以及十字形，以便组合成更丰富的建筑组团和室外空间。几个基本组合的功能核设计既需要解决办公单元之间的衔接，又需要使交通面积最精简，以得到最大化的有效办公空间，楼层高度为5~7层（图10-32）。

图10-32　天筠工业办公组团
（图片来源：https://www.gooood.cn/tian-yun-affordable-office-in-beijing-china-by-praxis-darchitecture.htm）

2）生产型用房

高新园区生产厂房的平面布局和生产的流程工艺息息相关，但总的来说，厂房在控制好尺寸的情况下，以规整化、标准化、模数化的通用型厂房为主，以便后期深化工艺设计，如创维石岩科技园二期厂房、苏州国际科技园以及东莞松山智谷等。针对一些对洁净度有要求的厂房，在建筑设计上要注意流线设置的合理，包括符合工艺流程、洁污流线的避让等（表10-17）。

详细模式	案例	平面特点
一字式	某生物医药厂房平面图	交通空间位于北侧，一般为多层标准厂房，大空间适用于生产器材的摆布
边筒式	创维石岩二期项目多层厂房	平面标准层面积约为1200～1400m²，辅助用房设置在核心筒东西两侧，适用于中小型企业，楼层一般为50m以下
中心式	苏州国际科技园	标准层面积1400m²左右，适用于高度低于50m的厂房建筑
	东莞松山智谷	平面标准层面积约为1200～1400m²，辅助用房设置在核心筒东西两侧，楼层一般为50～100m

【案例分析】

东莞松山湖智谷——工业上楼（高层工业用房）

东莞松山湖智谷是通过垂直复合解决高密度问题、工业上楼复合、用地紧张及节约用地的典范。高层工业厂房是介于写字楼与厂房之间的建筑业态。集研发、生产和服务各种功能于一体，全面适应创新企业从研发、试制、轻型生产、检测、组装、展示与仓储物流等功能需求。首层高6米，楼板载荷750～1000kg/m²，立柱间距8.4米，6台高速智能电梯，配置大型卸货平台，方便生产设备进驻（图10-33）。

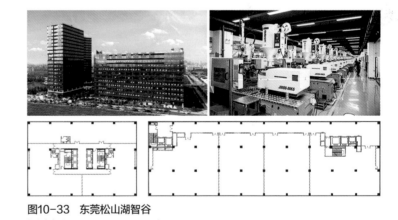

图10-33　东莞松山湖智谷
（图片来源：https://www.sohu.com）

3）实验型用房

对于生物医药类及医疗器械类企业的实验用房，由于其功能的特殊和复杂，需要严格符合实验（检验检测）的流程特点以进行特定的平面划分和流线设计。在进行平面布局和流线设计的过程中，在有效防范污染源及交叉污染、洁净度、实验室布局方面，都需要进行重点把控，类似案例如深圳市医疗器械检测和生物医药安全评价中心（图10-

34），设计中采用了"边筒"的方案，以在中间区域形成更完整的使用空间，为复杂的平面功能布置提供灵活的布置空间。

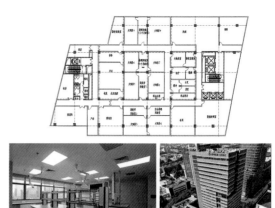

【案例分析】

深圳市医疗器械检测和生物医药安全评价中心

深圳市医疗器械检测和生物医药安全评价中心项目是一座融合了医疗器械检测、GLP安全性评价微生物检测和药理毒理研究及动物实验为一体的高层科研楼，规模大、工艺复杂、涉及使用领域广泛。本项目功能组成复杂，底部是医疗器械检测，中部为药品检测，顶部为动物房（图10-34）。

图10-34　深圳市医疗器械检测和生物医药安全评价中心
（图片来源：香港华艺设计顾问（深圳）有限公司）

4）孵化器用房

孵化器是高新园区重要的组成部分，它是一种为创新人才和小微企业诞生与成长提供帮助的载体，通过提供研发、生产、实验室、通信、网络与办公、经营等共享设施，以及系统的培训和咨询等政策、融资及市场推广等方面的支持，为企业起步和发展提供局部优化环境的中介实体。孵化器最重要的是为创新型人才和小微企业提供专业的服务体系，孵化企业对建筑的空间要求不高，研发办公面积一般控制在50~200m²，但需要较多的共享服务。孵化器为企业提供共享办公服务和设备、灵活的租金和可持续扩展的空间等。从平面形态上来看，孵化器的平面形态不一，有带形、矩形、曲线形等不同的形态，带形的典型案例有珠海横琴创意谷、万科企业公馆易想空间（图10-35）等，矩形案例有紫金（白下）孵化器、曲线形有中关村科技园孵化器等（表10-18）。

高新技术产业园孵化器用房平面类型

表10-18

详细模式	案例	平面特点
带形	珠海横琴创意谷	标准层平面被划分成小隔间，面积在30m²左右，适合极小企业的办公空间。在端头或者首层设置公共空间
矩形	紫金（白下）孵化器	核心筒位于中部，外部设置孵化器空间，划分灵活、集中、利用率高
曲线形	中关村软件园孵化器	每一个孵化器单元的大小与发散式的形体相等。单个单元在100~200m²，相对独立。发散式的平面使每个单元的三面采光，有利于改善绿视率、空气龄等指标，大幅提升环境价值

现代产业园规划及建筑设计

万科前海企业公馆易想空间

项目位于深圳市前海合作区，其中易想空间位于万科前海企业公馆区25栋，可按天、按月或按年选择租赁，该空间的定制服务包括企业公馆IP电话、企业级纤维接入、公馆云服务、商务秘书、云厨房及其他个性化服务（图10-35）。

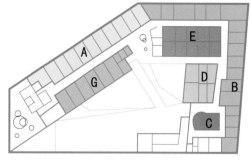

图10-35 万科前海企业公馆易想空间平面简图

5）公共空间

这里的产业公共空间是指在高新园建筑内部，为促进研发活动更高效进行的公共活动。有会议室、展厅、庭院、空中花园等，由于与生产活动联系紧密，在设计时应优先考虑空间的便利性与可达性（表10-19）。

高新技术产业园产业公共空间类型　　　　　　　　　　表 10-19

基本元素	案例		
会议、交流区	珠海YY公司总部	AGC玻璃欧洲总部 （图片来源：http://travel.fengniao.com/slide/381/3817465_1.html#p=29）	谷歌苏黎世办公楼 （图片来源：http://www.ccdol.com/sheji/shinei/15806.html）
空中花园	百度国际大厦 （图片来源：http://www.archcy.com/classic_case/anlishangxi/gn_jz/3b1431fcfc1c1eea）		深圳智慧广场 （图片来源：https://bbs.zhulong.com/101020_group_201869/detail10127109/）
展览、会议	达实大厦企业展厅		万科企业公馆国际会议中心 （图片来源：https://www.credaward.com/project/qianhai-dream-park-qianhai-international-convention-center/）

会议、交流区：

空中花园：

展览、会议：

北京百度科技园

北京百度科技园总建筑面积为56748.32m²，地上5层、地下1层，主要使用功能为办公、研发等，在标准的办公研发层，布置有正式或非正式的产业配套空间，如上图所示的封闭式会议室、开放式会议室，讨论区等（图10-36）。

图10-36　北京百度科技园标准层平面
（图片来源：https://www.kinpan.com/kinpanto/bookpics_201604211111531200003ecc8b8a48）

2. 配套功能

1）产业配套服务

（1）服务型配套。服务型配套是围绕高新科技人员的生产活动外的间歇性休息放松行为展开的，为园区人员提供休闲、娱乐及其他生活类服务的空间，体现人性化设计，包含健身房、娱乐室、休息间、快递室、母婴室等（表10-20）。

高新技术产业园常见产业配套服务空间　　　　　　　　　　　　　　表 10-20

基本元素	案例		
健身 & 娱乐	 百度科技园办公区攀岩墙 （图片来源：https://www.yangfenzi.com/zixun/58661.html）	 百度科技园办公区屋顶跑道区屋顶跑道 （图片来源：https://www.kinpan.com/kinpanto/bookpics_201604211111276870000783ccdf2c2）	 谷歌苏黎世欧洲总部游戏间 （图片来源：http://travel.fengniao.com/slide/381/3817465_1.html#p=29）
休息	 百度科技园睡眠室 （图片来源：https://tech.huanqiu.com/gallery/9CaKrnQh7Ko）		 百度科技园休息区 （图片来源：https://www.yangfenzi.com/zixun/58661.html）
其他服务	 珠海YY公司快递收取处		 百度科技园母婴室 （图片来源：https://www.yangfenzi.com/zixun/58661.html）

（2）政务性配套。政务性公共服务功能是高新园区中特有的一类功能，是政府部门为园区内企业提供不以营利为目的的金融、法律、人才、技术、培训等产业相关服务内容的功能配套。这些公共服务功能为企业从研发到销售、传播的整个环节提供全面的支持服务，成为园区的"一站式服务中心"。该类用房有一些设置在裙房，如深圳湾生态科技园公共服务平台，包括南山区行政服务大厅、知识产权中心等，辐射片区范围内企业，以提供便利的政策服务（图10-37）；还有一些单独建设，如珠海金湾航空城产业服务中心，是园区重要的公共服务平台和产业孵化平台（图10-38）。

2）生活性服务功能

生活性服务功能可包含餐饮、商业、金融、文化、教育、体育、医疗七类，深圳市软件产业基地的裙房部分就集中融合了以上功能，较好地满足了园区的日常生活性需求（图10-39）。

3. 居住功能

1）公寓

高新园区一般会为园区内的从业人员提供一定量的公寓以解决部分居住需求，达到园区的职住平衡。一类公寓是政府管理的人才公寓，如深圳湾生态科技园的人才公寓，服务于南山高新园区企业的科技人才。另一类是企业为员工在园区内提供员工公寓，如上海M园区公寓，服务对象为内部人员或临时人员。公寓的建设对园区在工作时间应对人口急降、活力流失的现象起到了重要的缓解作用（图10-40）。

2）酒店

由于各类企业在技术研发和创新方面与外界有着大量的交流和沟通，高新园区中的酒店不仅承担了为来园区参观、学习、交流的人员提供住宿、接待、餐饮和商务会议的作用，更是全球资本与创新科技信息交流合作的平台。

图10-37 深圳湾生态科技园公共服务平台

图10-38 珠海金湾航空城产业服务中心
（图片来源：https://www.10design.co/ch/work/architecture/selected/jinwan-aviation-city-industrial-service-centre）

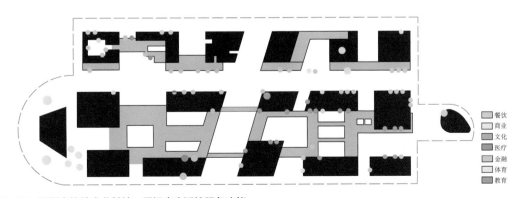

图10-39 深圳市软件产业基地一层裙房生活性服务功能

图10-40　深圳湾科技生态园人才公寓（左）、上海M园区公寓（右）
［图片来源：深圳市建筑设计研究总院有限公司提供，深圳罗汉摄影工作室拍摄（左）；https://www.gooood.cn/m-campus-china-by-aim.htm（右）］

10.3.4　立面设计

现代高新园的建设，由于建筑规模体量的不同、材料选择的差异、企业对建筑个性表达的需求等，呈现各具特色的建筑立面。但总的来说，高新园立面的建筑风格以简洁、现代、体现高科技感为主，设计手法上，可以归类为以下几类倾向。

（1）规整化和模数化：这种设计手法被运用到大量的建筑群组的设计中，通过统一模数的竖向线条、横向线条或利用"外框"规整建筑形体，形成简洁统一的立面效果。其中竖向线条的案例如上海华鑫天地产业园、深圳软件产业园二期、西安高新区环普科技产业园等；横线线条的案例如青岛海信研发中心、苏州易程产业园等；外框式的案例如韩国首尔LG科技园、苏州工业园区等（表10-21）。

高新园规整化和模数化立面设计　　表10-21

类型	典型案例		
竖向线条	 上海华鑫天地产业园 （图片来源：https://bbs.co188.com/thread-10103675-1-1.html）	 深圳南山软件产业园二期 （图片来源：http://www.readatchina.com/index.php/Works/details/id/173）	 西安高新区环普科技产业园 （图片来源：https://bbs.zhulong.com/101010_group_201803/detail31173107/p1.html?louzhu=0）
横向线条	 青岛海信研发中心 （图片来源：https://www.kinpan.com/WebVoteDetails/Index/2015071515085945201787adbfc8e94）	 苏州易程产业园 （图片来源：http://www.ikuku.cn/project/suzhou-yicheng-chanyeyuan-henn?action=plan）	 龙盛创智汇园区改造 （图片来源：https://www.gooood.cn/cip-innovation-campus-reconstruction-project-by-hma-architects-designers.htm）

类型	典型案例	
格网式	前洋E商小镇 （图片来源：https://www.gooood.cn/ningbo-qianyang-e-town-by-cuc-zoyo.htm）	上海外高桥自贸壹号科技产业园 （图片来源：https://www.gooood.cn/shanghai-waigaoqiaono-1-free-trade-area-industrial-park-china-by-deshin-architecture-planning.htm）
外框式	韩国首尔LG科技园 （图片来源：https://bbs.zhulong.com/101010_group_3007072/detail37963033/）	苏州工业园区 （图片来源：http://news.sipac.gov.cn/sipnews/yqzt/25th/hh25zn/tsjc/201901/t20190125_979486.htm）

（2）体块穿插型、体块堆叠型：利用不同材料的对比和形体的切割，从视觉上呈现出穿插的效果，典型案例如杭州英飞特科技园、中关村高端医疗器械产业园、深圳中林科技产业园以及苏州人工智能产业园等；利用层与层之间平面的凸出和收缩变化形成的立面堆叠效果，典型案例如东莞天安数码城、沈阳金谷等（表10-22）。

高新园体块穿插型、堆叠型立面设计　　　　　　　　　　　　表 10-22

类型	典型案例	
体块穿插	杭州英飞特科技园 （图片来源：http://www.gooood.hk/different-mixmatch-inventronics-technology-park-hangzhou-china-by-gad.htm）	中关村高端医疗器械产业园 （图片来源：http://www.gooood.hk/zhongguancun-high-end-medical-apparatus-and-instruments-industry-park-wdce.htm）
	深圳中林科技产业园 （图片来源：https://www.kinpan.com/detail/index/2015090717083003725008a881292d4）	苏州人工智能产业园 （图片来源：http://www.ikuku.cn/project/suzhourengongzhinengchanyeyuanftajianzhusheji/1541494983603220-jpg）

类型	典型案例	
体块堆叠型	 沈阳金谷 （https://www.sohu.com/a/358772483_100098089）	 东莞天安数码城 （图片来源：https://www.sohu.com/a/114976224_356092）

（3）曲面及个性化：利用曲面或张扬的建筑形态，结合材料特性（铝板、玻璃等），形成较为前卫的立面效果，体现高新园建筑的科技感。典型案例如深圳南山智慧广场、浦东产业园三期等；另外，这类手法在一些科技企业总部的单体建筑设计中也经常被应用，以实现总部企业建筑的个性化表达，如无锡贝斯特精密机械有限公司新厂区、瑞典MAX IV物理实验室等（表10-23）。

曲面及个性化立面   表10-23

类型	典型案例	
曲面及个性化	 深圳南山智慧广场 （图片来源：http://www.mapa-a.com/cn/projectinfo.asp?ID=1647）	 无锡贝斯特精密机械有限公司新厂区 （图片来源：http://www.gooood.hk/wuxi-best-precision-machinery-co-china-by-adastudio.htm）
	 浦东软件园三期 （图片来源：http://www.yataijs.com/case-02.asp?id=385）	 瑞典MAX IV物理实验室 （图片来源：http://www.gooood.hk/max-iv-by-fojab-arkitekter.htm）

10.3.5 景观设计

高新园区人员多为高素质人才，面对高强度的脑力劳动，需要身心的及时调节和放松。良好的公共空间环境有利于营造出轻松愉悦的交往氛围，缓解科技人才的工作疲劳，并激发创意。在塑造高新园的景观时，通过绿化、水面、雕塑、庭院等形式，塑造丰富多元的景观体系。

1. 景观结构

高新园的景观结构与高新园的规划布局有直接关系，结合规划布局构成，呈现出轴带式、中心绿楔式、网格式、散点式四种类型（表10-24）。

高新园常见景观结构类型 表10-24

类型	适用性及特点	典型案例
轴带式	大多为用地狭长、有一条轴线贯穿整个园区，此轴可是景观轴或者交通轴线	武汉华为研发园区
中心绿楔式	园区内有一个核心区域，一般为主要的景观核心，其他功能以核心公共区域为中心，呈现放射性布置	江北前洋E商小镇
网格式	内部无明显景观轴，用地较为平均和规整	西班牙巴萨罗那PTM科技园
散点式	景观空间以点式较均匀地分布在产业园内部，各点式景观空间面积不大，但数量较多	上海外高桥自贸壹号科技产业园

（1）轴带式：大多为用地狭长、有一条轴线贯穿整个园区，此轴可是景观轴或者交通轴线，如武汉华为研发园区。

（2）中心绿楔式：园区内有一个核心区域，一般为主要的景观核心，其他功能以核心公共区域为中心，呈现放射性布置，如江北前洋E商小镇。

（3）网格式：无明显景观轴，用地较为平均和规整，如西班牙巴萨罗那FIM科技园。

（4）散点式：景观空间以点式分布在产业园内部，各点式景观空间面积不大，但数量较多，典型案例如上海外高桥自贸壹号科技产业园。

2．景观元素

1）公共区域

在园区建筑空间外部常见的公共属性空间包括广场、绿地、水景等，这些区域服务于园区外部到访人员和园区内部人员，采用开放、包容的理念进行景观环境设计，为园区整体环境的打造提供亲切、舒适宜人的氛围（表10-25）。

高新园常见公共区域景观元素　　　　表10-25

类型	典型案例	
广场	西安环普高新科技产业园办公楼　（图片来源：http://www.damao.cn/home/index/newslist/id/2320.html）	开源智慧网谷-顺丰创新中心　（图片来源：https://www.gooood.cn/shunfeng-innovation-center-china-by-hanjia.htm）
水景	重庆OPPO科技园　（图片来源：https://baijiahao.baidu.com/s?id=1669821000156924278&wfr=spider&for=pc）	微芯药业原创药一期生产基地　（图片来源：https://baijiahao.baidu.com/s?id=1642484697245785730&wfr=spider&for=pc）
绿地	北京北七家科技商业园区　（图片来源：http://www.galacn.com/?post_type=products&page_id=15954）	西安高新区环普科技产业园　（图片来源：https://www.kinpan.com/detail/index/20180824193512851527e6b59416b9）

2）非公共区域

在研发、办公等建筑内部的设计中，通常结合架空层、入口、内院、中庭、屋顶等打造专属于内部空间的景观区域，这些区域往往成为内部缓解紧张工作的非正式交往及休憩的空间（表10-26）。

高新园常见非公共区域景观类型   表 10-26

基本元素	典型案例	特点
入口	 漕河泾办公研发园区"华鑫天地" （图片来源：http://www.aijpg.com/thread-40940-1-1.html）	建筑底层架空，首层做坡面式，上种植绿化；人员可以在架空层处活动
中庭花园	 珠海华发集团内庭院	位于建筑底层内部，由建筑围合而成。一般是以内部庭院和内部中庭的形式出现
屋顶花园	 百度科技园办公区屋顶花园 （图片来源：https://www.163.com/dy/article/DPU2CA6R0522T3IQ.html）	位于建筑屋顶，并且设置绿化和休息空间

3. 景观设计手法

高新园区的景观设计在与园区与城市关系、园区理念表达以及景观铺装方面，呈现出以下几类设计手法：①建筑形体与地景结合；②景观与建筑形态的母题化表达；③景观铺装的拼贴化处理。

【案例分析】

建筑形体与地景相结合：漕河泾办公研发区"华鑫天地"

华鑫天地位于上海田林路200号，沿着一条运河而建，建筑景观设计发展了"城市地形"的概念，首层折纸式的绿色屋面伸展向地面，从公共角度，用植被堤岸替代了沿运河的灰色墙体，从内部而言，活跃了连接办公和休闲区的公共空间（图10-41）。

图10-41　漕河泾办公研发区"华鑫天地"

（图片来源：https://www.gooood.cn/office-complex-horizon-caohejing-by-jacques-ferrier-architecture.htm）

【案例分析】

景观与建筑形态的母题化表达：中关村生命科学园

中关村生命科学园从建筑到景观设计，基于生命科学作为一个生命细胞来设计的理念，通过可持续湿地环境的营造模式、功能建筑群与环境的交融、流通网络的设计和边界的营造几方面，形成自然的形态及边界（图10-42）。

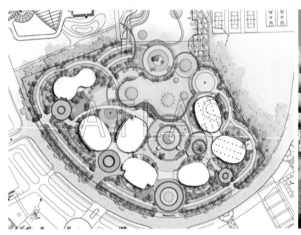 

图10-42　中关村生命科学园

（图片来源：http://img8.zol.com.cn/bbs/upload/22559/22558135.JPG）

【案例分析】

景观铺装的拼贴化处理：美的总部景观

美的总部大楼位于顺德，景观设计通过现代拼贴式的语言构建了中国岭南大地"桑基鱼塘"的意象：阡陌交通的栈桥和道路将用地分割成大小不等、形态各异的几何体——或下沉为水景，或上浮为种植乡土林木的小丘，或成为区域小广场（庭院），或是地下室采光天井。并在其上点缀以乡土材料建造的现代景观构筑，以形态和乡土材料组合解决高起的若干地下室采光天井的视觉问题，贯穿、延续地域景观。用栈桥、道路、水景与庭院等实际功能体块勾勒出"桑基鱼塘"的网状肌理（图10-43）。

图10-43　美的总部景观
（图片来源：https://www.turenscape.com/project/detail/4595.html）

4．景观标识系统

高新园企业云集，园区内的标识系统清晰、显著可以提高企业的识别性和标识度。因此，企业标识所采用的表达方式以及其所在的位置、大小及与建筑的关系将是高新园景观设计中的重要问题。

1）企业标识：大型企业在园区及楼栋上设置标识，以提高识别度，企业标识的设计呈现个性化倾向（图10-44）。

2）集中标识：一些小企业，往往没有自己的独立组团或建筑，而是租用联合空间或集中空间。此时的标识系统多集中设置，并要求其具有清晰的位置指向性，并尽可能通过一定的坐标体系表明各企业所在的位置（图10-45）。

图10-44　谷歌公司标识
（图片来源：https://www.baidu.com/）

图10-45　集中标识系统

10.3.6　交通组织

高新园的交通系统在规划上应当遵循以下基本原则：

1．立足公共交通，创造良好的外部交通环境

由于高新园多位于高新人才汇集的城市中心或副中心，这些区域的人群呈现出集中特定时间潮汐化涌入特点，而城市公共交通能够承载较大的交通量。城市中的交通需要依赖四通八达的立体公共交通体系。例如，深圳南山科技园的问题是轨道交通规划滞后，站点位于科技园边缘。而近年来新建的科技园规划都充分考虑了轨道交通与园区能更有效地接驳，例如，深圳留仙洞总部基地的规划充分考虑了轨道交通的接驳，根据规划，片区内有5号、7号、15号、17号轨道线和深惠城际轨道线，共设站点5处：留仙洞站、西丽站、文光站、茶光站和创科站。多站点

有利于解决地块内的公共交通人流的通行。

2．窄路密网的道路交通

一般来说，高新园内级别最高的道路是次级城市道路，园区的规划设计包括几个组团，各个组团应该避免向城市干道设置出入口。在每个组团的内部路网均采用环线布置方式，环绕各次级组团。车行部分宽度主要采用双车道6~7米。建筑后退组团路边界5~6米。若有条件的话，可以在车行道、停车场与建筑之间布置绿化或采用坡地等措施，弱化道路对建筑的影响，并且可以在视觉上起到阻挡作用。

3．建立多层次的步行交通系统

建立与绿化景观系统相融合的道路交通系统，与商业设施和主要建筑空间贯通。有些新建的高新园区已经建立了连接公共交通的步行立体交通体系。例如深圳留仙洞科技园总部基地，在规划上通过立体的步行通廊连接留仙洞地铁站与万科云城绿廊。深圳湾科技生态城在规划设计时充分考虑了多重立体交通体系，通过地面、地下与二层步行系统等多维度交通模式串联各功能组团。

4．环保导向的机动车和非机动车停车规划

（1）机动车停车：高新园内停车的原则是尽可能减少对地面环境的影响，释放大量地面空间以产生更加积极的环境。大量的停车采用地下停车库方式。

（2）非机动车停车：早年由深圳政府统一管理配备的共享单车，统一设计停车位置。随着摩拜单车、ofo等共享单车作为新型无线扫码单车的普及，对高新园的停车带来了新的挑战，单车随意停放造成混乱。目前，通过划定区域和共享单车无线定位结合的方式，以锁定停车位置，一定程度上加强了园区车位管理的规范化。

10.4　高新技术产业园发展趋势及典型案例分析

10.4.1　深圳天安云谷：以"人性化"为导向，产城融合背景下的综合型园区

1．产城融合发展

早期的高新园在建造的过程中未考虑产业和生活的结合，园区规划比较单调，而新型高新园趋向打造"生产、生活、生态"三位一体的，以人性化为导向的产城综合园区，呈现产城功能高度复合，注重生态效应的特点。

1）以人为本的设计理念

以人本设计理念进行园区的策划及建设，赋予产业园区更多的人文精神和文化内涵。空间规划和功能布局围绕人的需求进行设计，通过便捷安全的交通系统，完善的配套设施及开放的交流空间等设计手段为人们打造良好的工作、生活和交往的环境，营造和谐、融洽的社区氛围。

2）产城功能高度复合

产城融合背景下，产业园区将打破单一功能主导的局面，更加强调多元发展。随着城市化的快速发展，优质土地资源稀缺，园区与城区关系更加紧密，其功能也将更加复合集成，并且受到城市整体发展的影响。单一的生产功能向多元的功能转化主要体现在产业主导功能策划多种业态，同时积极开发生产生活服务功能，加强公共服务配套设施的建设，确定合理的功能配比，提供舒适便捷的和谐社区，实现园区从单一生产功能向生产、研发、消费、服务等多元功能转变。通过资源及配套共享与周边有效联动，促使园区成为城市活力的热点之一。

3）注重生态效应

新型高新园吸收工业园区发展经验，重视环境保护，合理布局功能分区，合理设计园区的绿化空间、绿带绿

轴，提升园区环境品质。针对基地特点、气候特征，因地制宜组织开放空间及景观设计。

2．典型案例——深圳天安云谷

天安云谷项目位于深圳龙岗区，是以云计算、大数据为主导产业、强调"共享、协作、开放"的产城一体化社区。项目占地面积76万平方米，总建筑面积289万平方米，容积率3.8。天安云谷强调"共享、协作、开放"，形成以人为核心的产城高度融合的社区，是深圳产业升级与城市更新示范项目（图10-46、图10-47）。

图10-46　天安云谷总平面图

（图片来源：https://www.kinpan.com/detail/index/201609221449216850000e734163bdf）

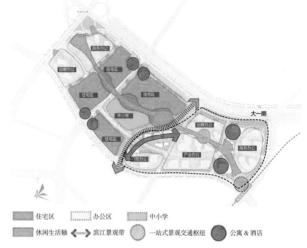

图10-47　天安云谷产城功能融合

（图片来源：https://www.kinpan.com/detail/index/201609221449216850000e734163bdf）

1）多样的城市配套

项目建设分六期，以各种类型的产业研发用房为核心配置商业、公寓、住宅、学校、图书馆、购物中心、酒店等配套设施，满足企业与人们的生活需要，形成功能完善的产城社区（图10-48）。规划设计贯彻土地集约利用和功能复合高效的思路，通过功能的多样整合实现土地的混合利用（图10-49）。已经建成的一期占地面积5.1万平方米，总建筑面积为55万平方米，其中地上建筑面积约40万平方米，地下建筑面积15万平方米，容积率7.7。以发展云计算、互联网、物联网等新一代信息技术为核心，并结合云空间和云服务平台发展与之相关的金融业、培训、中介、商业等相关配套服务业（图10-50）。

图10-48　天安云谷分期示意及分区功能

（图片来源：https://www.kinpan.com/detail/index/201609221449216850000e734163bdf）

分期	功能
一期	产业研发用房、配套商业
二期	产业研发用房、商务公寓、配套商业
三期	住宅、学校、图书馆
四期	超高层产业研发用房、酒店
五期	产业研发用房、Shopping mall
六期	产业研发用房、配套公寓、配套商业

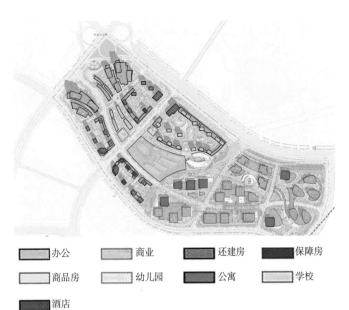

办公　　　商业　　　还建房　　　保障房

商品房　　　幼儿园　　　公寓　　　学校

酒店

图10-49　天安云谷功能分布

（图片来源：https://www.kinpan.com/detail/index/201609221449216850000e734163bdf）

图10-50　天安云谷项目云带与云街示意

（图片来源：https://www.archdaily.cn/cn/922543/shen-zhen-tian-an-yun-gu-mao）

2）丰富的开放空间与共享设施

项目提出"云带、主街、共享"等创新设计理念，将园区分为工作空间和云空间。云空间位于园区底层，是由"云带"将一系列可达性强的公共功能空间串联而成。人们可从工作空间随意向下进入云空间，使用公共设施，进行散步、交流、参观、午餐、健身等活动（表10-27），如同在网络空间访问各个服务器一样自主灵活，高度体现"云计算"的共享精神。通过工作空间+云空间的设计形成高效、复合、开放、多元的交流环境，增强社区互动，促进企业与人才的有效聚集。

天安云谷共享设施一览　　　　　　　　　　　　　　　　　　　　表 10-27

共享设施	功能设置
体育活动中心	网球场、恒温泳池、健身房等运动设施
会所	餐饮、酒吧、多功能厅等多元化休闲娱乐设施
文化场所	科技书店及图书馆，提供阅读交流空间，营造文化氛围
多功能会议大厅	组织沙龙、培训、论坛和公开课等，提升学术交流的活跃性
研发与测试中心	研发中心、公共实验室和检测平台等作为公共配套设施，降低企业的租赁成本
餐饮配套	经营性餐饮

项目建设了公园、云平台、跑步绿道、文化活动中心等必要的开放空间，有效提升人才与创业人群的工作与生活体验感，创造了人才、企业、商家等各类主体之间互动的机会（图10-51）。

3）智慧化的运营管理

园区建立CC+系统，构建O2O社区整体在线智慧园区资源与服务平台，办公与生活需求线上线下无缝衔接，体现网络时代的园区优越性。

4）立体交通网络

园区以云的理念构件了地下、地面和空中三个层次的人车分流系统。地面主干道采用双向四车道，次干道采用

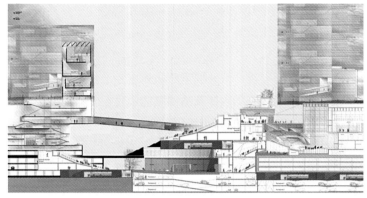

公共部分功能定位：

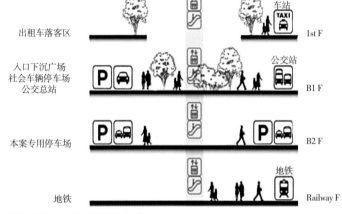

图10-51　云街剖面示意
（图片来源：https://www.kinpan.com/Detail/Index/20160922144921 6850000e734163bdf）

双向二车道，多出入口对接园区各区域。多条单向循环车道引导车流进入地下停车场，实现地面、地下的无界转换，进行人车合理分流。主干道上规划与车行动线互不干扰的架空人行平台，有效连接每栋产业大楼，形成立体式交通人文景观（图10-52）。

10.4.2　华为松山湖基地：产业转型背景下的低密度产业园区

1. 园区主要特征

近年来，在我国经济发展及产业转型背景下，出现一些企业园区从原城市中心迁移到城市边缘或新区聚集的现象。城市边缘及新区的地价成本不高，再加上政府优越的引进政策，可提供宽敞的用地条件以利于整体打造优良的生态环境，一大批低密度生态园区聚集起来。其建设追求生态、生产、生活三者融合，空间规划与建筑设计主要有以下要点：

图10-52　立体交通系统构成
（图片来源：https://www.kinpan.com/detail/index/20160922144921 6850000e734163bdf）

（1）合理的建筑高度及密度：园区远离市中心的城郊或边缘，建筑整体上采用较低的密度和高度，有利于营造花园式环境。

（2）以产业为核心的功能聚合：以产业发展为核心进行功能叠加，推进各项功能的协同发展。

（3）因地制宜的空间规划：园区追求产业、社区与生态的和谐发展，空间规划顺应当地形地貌，尊重自然山水格局，因地制宜地进行空间组织。

（4）开放式的组团布局：功能融合需要合理的空间支撑，开放式、街坊式的组团布局有利于塑造相互关联、有机互动的社区空间。

（5）与环境融合的造型设计：造型设计适应自然环境、历史文化、风俗人情的深入挖掘，打造地域化、个性化的景观风貌。

2. 典型案例——华为松山湖基地

华为松山湖基地位于松山湖南区松湖花海景区旁，是华为终端公司新总部所在地，主要发展与手机等所有终端关联的研发、销售和增值业务。项目依山傍水，风景秀丽，采用了主题式小镇的设计风格，与松山湖的美景融为一体。

1）低密度花园式园区

项目设计容积率约为1.0，分散成几个不同的组团，形成和谐的园区环境；项目周边环境优美，中低层建筑及其组团顺应曲折的岸线，营造和谐的生态园区（图10-53）。

2）保留原始生态风貌

项目对基地水岸线、山体和谷地资源进行保护性开发，利用现有自然水体及沟谷展现水景，以中低层建筑为主，充分利用上下起伏的地形特征布置建筑，使地形的丘陵形态更加优美（图10-54）。

3）建筑风格主题式设计

项目对12个欧洲经典小镇的特色进行提炼和借鉴，结合基地依山傍水的自然环境，强调华为基地的文化情调。设计提取参考原型的空间片段及造型特点，结合松山湖独特的地形进行演绎和升华，形成优美的建筑景观（图10-55）。

图10-53 华为松山湖基地鸟瞰图
（图片来源：https://www.sohu.com/a/457275300_120781080）

图10-54 华为松山湖基地生态控制示意图
（图片来源：https://www.sohu.com/a/239049913_99981064）

图10-55 华为松山湖基地实景图

现代产业园规划及建筑设计

10.4.3 思微3.0创新工厂：城市中心的新型孵化器众创空间2.0

1．众创空间发展

2015年，国务院总理李克强在政府工作报告中提出"大众创业，万众创新"的号召，简称"双创"。同年3月，国务院办公厅印发了《关于发展众创空间推进大众创新创业的指导意见》[1]，从政府层面上表达了加快创新和建设创新型国家、抢占国际竞争战略制高点的决心。指导意见提出"到2020年形成一批有效满足大众创新创业需求、具有较强专业化服务能力的众创空间等新型创业服务平台"的发展目标，由此诞生了"众创空间"这一概念。2018年9月，国务院进一步下发了《关于推动创新创业高质量发展打造"双创"升级版的意见》[2]，为深入实施创新驱动发展战略，进一步激发市场活力和社会创造力提供了政策支持（表10-28）。

传统孵化器与新型孵化器的对比　　　　　　　　　　　　　　　　　　　表10-28

	传统孵化器	新型孵化器（众创空间）
孵化场地	写字楼、办公场所	写字楼、办公场所
公共设施	办公设备、实验测试设备	部分提供办公设备和测试设备
孵化服务	投资对接、管理培训	投资对接、经验分享、员工招聘、合作建立
服务对象	初创的科技型中小企业，有一定门槛	有志创业的人，基本无门槛
涉及产业	信息技术、生物医药、新能源、新材料等	主要是信息技术，以软件为主
资质	需要资质，受到国家科委系统管理	无需资质，大多数为民营企业

众创空间包括创客空间、创业咖啡、创新工场、联合办公、创业社区等新型孵化器，具有低成本、便利化、全要素、开放性等特质，通过发挥政策集成和协同效应，实现创新与创业相结合、线上与线下相结合、孵化与投资相结合，为广大创新创业者提供良好的工作空间、网络空间、社交空间和资源共享空间[3]。众创空间是以共享为核心的微型创新产业集群[4]，共享是其本质内涵和外在表现。通过空间、硬件、服务等资源共享以降低开发成本，通过人才、信息、技术等资源的集聚与交流互动，提高研发效率，为小微企业及个人创业提供便利。

1）资源共享理念

物质资源共享降低创业成本。不同于传统高新园区，众创空间面向创业早期的科技型小微企业。对于此类企业，技术创新是决定发展的命脉，研发为其核心功能，销售和生产等则可以外包到更为专业的公司或者平台。对应这一企业行为模式，其空间需求也是以研发为主导，后勤服务、中试生产等功能均可作为共享开放的公共配套以提高资源配置效率。

虚拟资源共享提高协作创新能力。众创空间集聚创新资源，通过知识经验共享促进创新与合作。创业者和企业通过知识的交流共享可以与同行从业者、科研机构、中介组织保持密切联系，从中获益，提高创业成功的可能性。

服务资源共享扶持创业。针对小微企业和个人创业前期的实际需要，众创空间提供金融、财务、法律、人力、技术及推广等方面的专业化服务，通过扶持创业，有效降低创业门槛。另外还可以通过开展创业指导培训，对接媒体和投资机构，加速潜力项目的孵化（图10-56）。

1. http://www.gov.cn/zhengce/content/2015-03/11/content_9519.htm　中华人民共和国中央人民政府.
2. http://www.gov.cn/zhengce/content/2018-09/26/content_5325472.htm　中华人民共和国中央人民政府.
3. http://www.gov.cn/zhengce/content/2015-03/11/content_9519.htm　中华人民共和国中央人民政府.
4. 王晶，甄峰. 城市众创空间的特征、机制及其空间规划应对［J］. 规划师，2016，32（09）：5-10.

图10-56 创新工场服务体系示意图
（图片来源：王晶，甄峰. 城市众创空间的特征、机制及其空间规划应对［J］. 规划师，2016, 32（09）：5-10.）

2）复合化功能和去中心化

基于共享理念的众创空间功能除了以研发为主的办公空间之外，还设置有会议、交流、展演、休闲、娱乐等多种公共功能，旨在营造自由开放的工作环境，拓展思路、促进交流。同时，随着网络信息技术的发展运用，人们之间的交流协作越来越依赖虚拟工作平台，现代物流、电子商务、物联网等领域的进展则使得物质流通的流线日益简单便捷。基于网络平台的工作模式导致传统高新园区空间结构在一定程度上逐渐消解，中心弱化，形成扁平化、分散化的布局。

3）灵活多样的办公研发空间

作为一种新型的高新园，众创空间的服务对象从大型公司向科技型中小企业集群转变。中小型企业规模小，又处于发展初期，资金相对不富裕，因此其对工作空间的需求往往也是小而精，更加注重空间的灵活性。一方面研发等核心功能的空间模块化、专业化，空间尺度和布局多样化，从一个卡位起租，充分利用其灵活性，可有效分散资金风险。另一方面，出现了创业咖啡馆、工作坊等更加关注思想碰撞交流的新型孵化器，专业化的交流社区、相对放松的工作环境也能够提高效率，加快科技研发速度（表10-29）。

众创空间功能分类
表10-29

构成			特点	空间特点
主要办公区	独立办公空间		独立办公，按面积出租，适合大中型团队	宜采用标准化模数化布局
	开放办公空间	灵活办公位	开放办公，按工位出租，适合小型团队或个人	通常采用个性化、灵活自由的布局模式
		固定办公位		
	辅助办公区		提供茶水间、复印间等办公辅助，是办公区域的共享设施	宜采用标准化模数化布局

2. 典型案例——思微3.0创新工厂

思微是提供联合办公和综合办公一站式服务的国际化众创空间，目前在深圳已有7家成熟的联合办公空间。思微3.0位于深圳市南山区科技园核心地段，主要为初创企业及独立工作室提供服务。此类依附城市核心资源设立的创新工厂类型的项目，通过SOHO及小隔间式办公，共享公共空间的模式聚集创业人才，在中心区非常流行。

该项目主要包括办公、会议及其相关辅助设施。办公部分包括小型办公室、开放办公间、单个工位租赁、跃层式办公等不同类型，满足不同使用需求；还设计有公共大堂、接待、会议、休闲、文印及室外花园等共享配套，结合丰富多元的社区活动，为入驻企业及个人提供激发灵感的创新式环境（图10-57）。

思维3.0创新工厂　公共空间

思维3.0创新工厂　办公研发空间

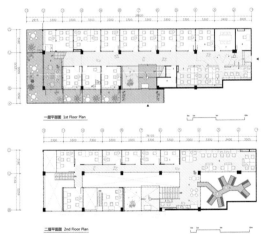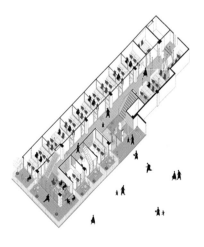

思维3.0创新工厂 平面图

图10-57　思微3.0建成效果及平面图、剖视图

（图片来源：http://www.archdaily.cn/cn/800139/ ）

第11章

总部基地产业园

11.1　总部基地产业园概述及发展

11.1.1　相关概念及主要特征

　　总部基地产业园（简称"总部基地"）的产生与"总部经济"的概念密切相关。"总部经济"是由北京市社会科学研究院赵弘在2002年首次提出，指企业将承载管理、资本运作和营销策划等总部功能和生产制造功能分别部署在不同的各具优势的地区，从而使企业价值链与区域资源实现最优空间耦合[1]（图11-1）。"总部经济"契合了经济快速增长的中国城市中，一些兼具决策办公、生产研发等功能的大型创新型企业发展需求。

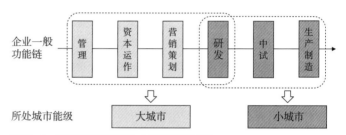

图11-1　总部经济背景下企业空间划分示意

　　在"总部经济"概念提出的同时，2003年，英国道丰国际集团亚太区总裁许为平提出"总部基地"，一种新的总部经济空间载体形式。同年，中国首个总部基地项目——北京丰台总部基地启动。这一概念迅速被市场接受，全国开始了建设总部基地的热潮。2020年，习近平总书记在上海浦东开发开放30周年庆祝大会上提出"发展更高能级的总部经济"[2]，赋予了总部经济"能级"的内涵。相关研究指出，企业根据其规模大小分为不同的能级，同时城市具有不同能级，两者进行匹配后可以发现总部经济具有层次性：若企业的市场覆盖在省域范围，其总部更可能部署在省会城市；跨区域或国境经营的企业则会选择更高能级的区域中心城市[3]。

　　如前所述，本书基于产业聚集理论，将总部基地定义为：承载首脑决策办公、核心研发功能的企业总部机构在特定城市区域的集群。从产业集聚的角度来说，总部基地与高新技术产业园的产业特征有很大相似性，都包括围绕创新型产品的研发、生产、管理以及服务。将总部基地作为一项单独的产业园类型来进行研讨，一方面是由于"总部经济"相对于前述工业制造、科技研发或物流展销等具有一定特殊性，"总部基地"的建设在国内一些大城市中正得到政府和企业的日益重视。另一方面，"总部基地"作为产业园的一种特定类型，与高新技术产业园相比具有一定特征：

---

1. 赵弘，总部经济 [M]. 北京：中国经济出版社，2004：35-47.
2. http://www.xinhuanet.com/politics/leaders/2020-11/12/c_1126731550.htm
3. https://www.sohu.com/a/435844720_467340

（1）在产业集聚类型上：总部基地不限制产业类型，重点是企业的顶层决策管理机构的集聚；而高新园是高新技术产业的集聚。

（2）在企业功能链组成上：一般企业功能链包括"管理、资本运作、营销策划、研发、中试、生产制造"等环节。总部基地的核心功能是管理、核心研发、资本运作，而高新园一般涵盖了完整的功能链，即除了具备总部基地中首脑决策办公功能外，还涵盖了研发、中试，甚至少量生产制造的功能。

（3）在空间特点上：相比高新园以园区整体形象为重，总部基地更注重展现总部企业的文化特色；办公群体多为各个企业的管理层，该类人群对办公环境品质要求更高。

11.1.2　类型分类

1. 按照入驻企业特点来分类

总部基地是总部经济发展的产物，入驻企业的规模大小对应不同能级的总部经济，从而形成不同能级的总部基地。本书根据入驻企业的规模大小及其市场覆盖特点将总部基地划分为大型跨地企业主导的总部基地和中小型在地企业主导的总部基地。

（1）大型跨地企业主导的总部基地：大型跨地企业对城市资源和营商环境的要求更高，而更高能级的城市服务企业总部的能力更突出，此类企业多会选择能级更高的城市，即每个经济圈的核心城市，例如北京、上海、深圳和广州等一线城市，或开放程度高、经济实力突出的杭州、天津、南京等新一线城市。

（2）中小型在地企业主导的总部基地：市场局限在省域范围的企业多把总部布局在省会城市，相对来说，省会城市比省内其他城市可以为中小型在地企业提供更充足的服务。

2. 按照在城市中的区位来分类

总部基地对城市能级、资源设施要求较高。我国总部基地的类型按照在城市中的区位大致可以分为两类：位于城市内部的总部基地和位于城市边缘地区的总部基地。

（1）位于城市内部的总部基地：由于城市内部特别是中心区的土地价值和开发容量等因素，位于城市中心区的总部基地往往开发密度较高，且多服务于大型企业。

（2）位于城市边缘地区总部基地：位于城市非中心区即边缘地区的总部基地土地资源较充足、成本较低，多采用整体规划建设的开发模式，打造成花园式办公场所。

3. 按照基地内企业数量来分类

根据目前国内外总部基地案例的类型总结发现，总部基地按照基地内企业数量还可分为多企业并存的总部集聚区和以头部企业为主的总部园区。

（1）多企业并存的总部集聚区：这是总部基地最典型的方式。由于该城市具有优越的资源，企业被吸引来聚集在该城市，具体的选址既可能位于城市中心区，也可能位于城市非中心区域。

（2）以头部企业为主的总部园区：此种类型的总部基地多由大型企业主导产生，且一般位于城市非中心区。基于辐射和联动效应，头部企业主导的总部园区周边往往会聚集具有上下游关系的产业链。

11.1.3　发展概述及建设现状

1. 国外发展概述

国外总部基地是以商务园（Business Park）为主要形式呈现的。商务园的理念最早可以追溯到早期霍华德的"田园城市"理论，后来随着发达国家的城市化进程而逐步发展成熟。由于城市中心区土地资源紧缺和开发成本过高等原因，国外商务园通常位于环境优越、交通发达的城市边缘地区，通过统一规划建设，形成以多层建筑为主的低密度、高绿化率、配套齐全的办公园区。商务园区的出现，主要为工作人员创造轻松愉悦的高效率工作环境，还能借此来宣传和提升企业形象，提供企业资源合作共赢的平台，例如爱尔兰最大的商务花园西区商务花园（Park West）和英国伦敦的斯托克利花园（Stockley Park）。

【案例分析】

爱尔兰都柏林Park West

1997年开发的西区商务花园是爱尔兰最大的商务花园，位于爱尔兰首都的西部副中心，总占地面积91万平方米，是集办公、居住和休憩于一体的综合社区（图11-2）。该商务花园交通便利、景观宜人、基础设施建设一流、政务服务完备，聚集了大量专业服务和高科技企业，所涉及的行业包括信息技术、医药保健、计算机和电子软件等。

西区商务花园拥有专属的市郊通勤公共交通站点，交通十分便利；斥巨资引进先进的通信设施建设，满足大型跨国企业的需求；园区内办公空间面积多样，满足不同规模企业的需求；还针对部分行业制定了优厚的税收政策。

【案例分析】

英国伦敦Stockley Park

以英国伦敦Stockley Park为例，在总平面布局上，每栋建筑有独特的景观视野和相近的规模体量。相比于国内大多数总部基地采用的统一化设计的方式而言，Stockley Park在保证每栋办公建筑的均好性布局的同时，给予单栋建筑进行设计创造的空间，包括核心筒+开放空间的平面布局，可以进行较为自由的外部形态设计（图11-3）。

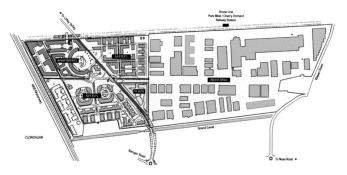

图11-2　爱尔兰都柏林西区商务花园总平面布局
（图片来源：http://www.parkwest.ie/wp-content/uploads/2017/03/park-west-retail-brochure.pdf）

图11-3　英国伦敦Stockley Park卫星图
（图片来源：Google Earth）

2. 国内发展现状

2003年，北京丰台建成我国第一个总部基地之后，总部基地的概念广为人知，全国各地政府纷纷提出优惠政策，各大城市都陆续开始建设总部基地项目。总部基地项目在全国推广的过程中，其内涵逐渐发生改变。提出总部基地概念的许为平强调总部基地有三大特征，即"统一开发、统一设计、统一物业管理"[1]。随着发展总部经济成为众多城市的战略选择，总部基地的类型、规模和内涵逐渐多样化，涌现了一批引人关注的总部基地项目，包括统一开发建设管理、多位于城市新区的总部基地，如重庆山顶总部基地、成都青羊工业总部基地、佛山中企绿色总部·广佛基地等，以及在一线城市核心区形成的多个总部聚集区，如北京中关村海淀园、广州香雪总部经济区和深圳留仙洞总部基地等，还有行业龙头企业单独建设的总部园区，如南京苏宁集团总部园区、杭州阿里云计算总部园区等。

通过对国内主要城市近20年总部基地典型项目的调查发现（表11-1），在地区分布上，北上广深一线城市齐头并进，引领全国总部基地的建设；东部沿海地区城市群成为总部基地建设的主力；中西部地区城市总部经济发展以成都、重庆为排头兵，总部基地建设方兴未艾。在园区规模上，总部基地各个项目之间差异很大，有小到单个企业形成的总部园区，用地面积仅数万平方米，如杭州天目里·江南布衣总部园区，也有规模达到数千万平方米的城市中心区的总部基地，如深圳湾高新区总部基地。在开发主体方面，总部基地项目如同大多数产业园一样，既有政府主导型，也有企业主导型和政企合作型。

2000—2020 年国内典型总部基地产业园项目案例表　　　　表 11-1

城市	案例名称	建设时间	总建筑面积（万m²）	用地面积（万m²）	开发主体
北京	北京丰台总部基地	2003	106	65	总部基地（中国）控股集团
北京	BDA国际企业大道	2005	11	12	北京经开投资开发股份有限公司
北京	德胜尚城	2005	7.16	2.2	北京金融街建设开发有限责任公司
北京	北京总部国际	2006	22	11.8	北京天香园置业发展有限公司
北京	硅谷亮城	2007	27.26	10.15	北京万景房地产开发有限责任公司
北京	汇龙森国际企业港	2007	9.51	5	汇龙森欧洲科技（北京）有限公司
北京	U谷研创企业园	2008	16	11.75	北京联东投资（集团）有限公司
北京	通州永乐国际企业港	2010	170	113.3	北京联东投资（集团）有限公司
北京	川谷汇北京总部	2010	26	14.5	北京光谷创新置业有限公司
北京	北京环渤海高端总部基地	2011	1814	1721	北京市通州区台湖高端总部基地建设管理委员会
北京	恒通商务园	2011	58.86	27	北京英赫世纪科技发展有限公司
北京	百度科技园	2012	25.16	6.48	百度在线网络技术（北京）有限公司
北京	TBD云集中心	2013	24.56	9.37	北京宁科置业有限责任公司
天津	EOD总部港	2008	50	44.2	天津滨海金地投资有限公司
天津	天津滨海空港国际企业总部基地	2009	30	21	天津航空商务区管委会
天津	天津滨海国际企业大道	2010	48	23	天津博海缘置业投资有限公司
天津	国际企业公园	2012	96	53.33	财富兴园（天津）置业有限公司
天津	天津渤龙湖总部基地	2014	190	114	海泰集团房地产公司
上海	东方环球企业中心	2007	21	9	上海轻工五金发展有限公司、上海永源置业有限公司
上海	浦江智谷	2007	88	73.33	上海鹏晨联合实业有限公司
上海	虹桥国际商务花园	2010	130	280	虹桥国际商务花园地产发展有限公司
上海	闵北国际企业总部	2004	32.2	17.27	汉阳光电（上海）有限公司
上海	创智天地	2003	100	84	上海杨浦中央社区发展有限公司

---

1. http://www.abp.cn/news/detail/infoid/3204/

城市	案例名称	建设时间	总建筑面积（万m²）	用地面积（万m²）	开发主体
上海	财富兴园	2006	28	19	上海财富兴园置业发展有限公司
上海	大业领地-企业总部花园	2006	60	120	上海松江工业区、上海星月建设发展有限公司
上海	总部1号	2007	21	16.67	上海财富天地置业有限公司
上海	国际研发总部基地	2010	19.06	12.6	上海铁大场置业有限公司
上海	联东U谷·南上海国际企业港	2012	150	113.33	上海联东金熠投资有限公司
杭州	天目里·江南布衣总部园区	2016	23.4	4.34	江南布衣集团、Goa大象设计
杭州	阿里云计算总部园区	建设中	44.96	19.82	阿里云计算公司
杭州	阿里巴巴达摩院全球总部	建设中	49.71	22.8	阿里达摩院
杭州	菜鸟总部及产业园区	建设中	87.32	13.34	菜鸟网络科技有限公司
苏州	亿达尚金湾总部经济园	2011	19.25	15.33	苏州吾家科技
苏州	苏州工业园区企业总部基地	规划中	220	151.56	企业购地自建
南京	苏宁易购总部园区	2013	24	11.27	苏宁易购
昆山	花桥国际商务城企业总部	2015	100	250	江苏省委、省政府
广州	琶洲互联网创新集聚区	建设中	473.4	158.9	广州市政府主导
广州	网易总部一期	2018	5.6	3.7	网易公司
深圳	福田中心区总部基地	建设中	750	400	深圳市福田区政府主导
深圳	后海中心区总部基地	建设中	603	226	深圳市南山区政府主导
深圳	留仙洞片区总部基地	建设中	500~600	135.52	深圳市南山区政府主导
深圳	深圳湾高新区总部基地	建设中	1000	1150	深圳市南山区政府主导
深圳	深圳北商务总部基地	建设中	950	610	深圳市龙华区政府主导
深圳	深圳湾超级总部基地	建设中	450~550	117	深圳市南山区政府主导
深圳	华润雪花啤酒总部基地	建设中	87.32	13.34	雪花啤酒（深圳）有限公司
佛山	中企绿色总部·广佛基地	2012	56.5	25.2	广东广佛现代产业服务园开发建设有限公司
珠海	蓝湾智岛	2011	33	22.3	珠海华发高新建设控股有限公司
东莞	南城总部基地	建设中	50	5.1	不详
武汉	沌口总部基地	2011	14	4.7	武汉华商恒地置业有限公司
南昌	南昌红谷滩总部基地	2011	33	18.5	南昌市政府主导
长沙	长沙总部基地	2012	88	24.8	湖南和立东升实业集团有限公司
沈阳	东北总部基地	2011	500	466.67	总部基地（中国）控股集团
郑州	总部企业基地	2017	30	21.5	郑州高新科技创业发展有限公司
长春	东北亚金融总部	2013	345	–	吉林省委、长春市委共同开发
青岛	青岛总部基地·国际港	2012	60	20	总部基地（中国）控股集团
济南	时代总部基地	2007	28.1	23.4	山东新世纪（温州）工业基地发展有限公司
南宁	五象新区总部基地	建设中	750	259	南宁市政府主导
南宁	中国东盟企业总部基地	2009	27.25	23.67	南宁国家高新技术产业开发区管理委员会
乌鲁木齐	新疆总部基地	2014	200	100	新疆总部基地建设开发有限公司
成都	青羊总部基地	2004	110	72.6	青羊工业建设发展有限公司
成都	龙潭裕都总部基地	2007	300	180	龙潭裕都实业有限公司
成都	蓝光空港总部基地	2012	56	46.6	蓝光集团

城市	案例名称	建设时间	总建筑面积（万m²）	用地面积（万m²）	开发主体
重庆	两江总部智慧生态城	2014	120	130	重庆同景投资发展有限公司
重庆	总部广场	2011	26.6	6.93	重庆高科集团有限公司
重庆	山顶总部基地	2008	32.5	32.87	重庆高科集团有限公司
重庆	西部国际总部基地	2010	65	100.8	重庆恒德国际投资集团
昆明	星都国际总部基地	2008	44	20	昆明星耀房地产开发有限公司

11.2　总部基地产业园规划建设的上位影响因素

11.2.1　城市综合竞争力

区域的总部经济条件、人力资源、场地交通条件、政策环境等均会影响总部基地的规划选址。在对总部基地项目进行规划选址时，应根据园区自身特点和发展定位，并结合区域以及城市的经济活力情况，做好各个阶段的分级选择。

（1）在区域层面：早在"十二五"规划中，我国就明确了新的区域发展格局，以城市群为基础和核心，形成八大经济圈[1]；国务院批复的13个区域发展规划[2]也相继上升为国家战略。其中三大核心经济圈代表着中国经济发展的最高水平，是我国综合竞争力最强的三个区域，即长三角、珠三角和环渤海。这三大核心经济圈是建设总部基地最优先布局的区域。

（2）在城市层面：根据2019年人民论坛测评中心推出的《对19个副省级及以上城市的城市能级测评》，从城市能级[3]的各项指标，包括基础条件、商务设施、研发能力、专业服务、政府服务和开放程度等6个一级指标，以及15个二级指标和44个三级指标，将19个城市分为三个能级（图11-4）。位于第一能级的四个城市是通常所指的我国一线城市，即综合实力最强的四大城市。

北上广深分别位于三大核心经济圈，可见区域实力与城市能级相对同步。三大核心经济圈和四大一线城市由于城市高度发达的信息与技术资源，一般都具有较高的科技性和开放性，而企业为了实现自身品牌的国际化，以及为了获得更好的交流渠道和展示平台，大中型企业和跨国公司大多选择在这些区域设立总部或地区总部。而位于人才、信息等优势资源相对发达的次级区域和次能级城市，由于城市开放程度和周边产业链的局限性，所能吸引到的大多是该区域内具有一定主导地位但规模有限的企业。根据我国近20年的全国范围内总部基地的统计表（表11-1）可知，一半以上的总部基地均位于第Ⅰ能级的城市，可见总部基地的城市选择与城市综合竞争力呈正相关关系。

1. 八大经济圈，即泛长三角经济圈、环渤海经济圈、泛珠三角经济圈、东北经济圈、海峡经济圈、中部经济圈和西北经济圈。
2. 13个区域发展规划，即《珠江三角洲地区改革发展规划纲要》《支持福建加快海峡西岸经济区的若干意见》《江苏沿海地区发展规划》《横琴总体发展规划》《关中·天水经济区发展规划》《辽宁沿海经济带发展规划》《促进中部地区崛起规划》《中国图们江区域合作开发规划纲要》《黄河三角洲高效生态经济区发展规划》《鄱阳湖生态经济区规划》《甘肃省循环经济总体规划》《关于推进海南国际旅游岛建设发展的若干意见》和《皖江城市带承接产业转移示范区规划》。
3. 城市能级，是指城市的综合实力及其对该城市以外地区的辐射影响程度。

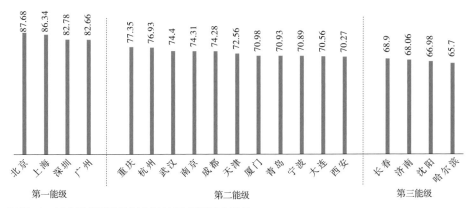

图11-4　19个副省级及以上城市的城市能级综合排名
（数据来源：人民论坛测评中心）

11.2.2　总部经济政策

　　地方政府关于总部经济的优惠政策是吸引总部企业落户的重要因素，特别是通过制定各种税收激励政策来吸引企业落户，如直接奖励、注册资金补助、办公用房租金补贴或财政税收减免等政策。例如，北京在1999年出台了《关于鼓励跨国公司在京设立地区总部的若干规定》，推出了一定条件下办公用房租赁、自建或购买的补助政策、营收梯度奖励政策等，通过一系列政策扶持，北京目前形成了中央商务区、中关村和金融街等国内外大型企业集团的总部聚集区，并落成了国内首个总部基地项目。深圳市自2008年起，出台了鼓励企业落户深圳的政策，包括给予符合条件的企业1000万元的落户奖励，办公用房租赁、购买和建设的相关补贴，以及为企业融资、人才安居等提供优惠政策和便利措施。

　　除了通过出台吸引外来企业落户的优惠政策，地方政府还通过大力布局总部经济集聚区，通过扶持现有的总部经济载体，由点及面推动整个地区的总部经济发展。例如，上海总部经济促进中心在2006年圈定了16家重点扶持的总部经济基地，基地选址从中心区向外辐射，积极在全市布局总部经济区（图11-5）。

11.2.3　地区产业集群

　　总部基地从物理层面反映的是总部经济在地理和空间上的企业集聚作用，大量的企业在一定区域内集聚，可以共享总部所需的各项生产要素资源和专业化的关联配套服务[1]。企业集聚的内在机制是基于城市内各区域的产业发展和特殊功能定位而形成的。

　　（1）依托产业规划产生的企业集聚：根据城市各片区的核心产业发展规划，属于同类产业或具有上下游关系产业的企业重点选择该区域落户总部。例如，北京中关村、上海张江科学城、深圳南山科技园等城市片区以发展科技产业为重点，集聚了全国多家科技行业大型企业总部。

　　（2）依托特殊功能定位产生的企业集聚：针对城市中心区域和特殊政策地区，该地区常形成服务该地区特殊功能的产业集聚，主要以金融、物流、商贸或展览等现代服务业为主。例如，多个城市在城市中心区形成金融类企业主导的中央商务区，围绕机场形成了空港服务产业的企业集聚等。

---

1. 江梦云. 总部基地开发项目选址及其影响因素研究［D］. 重庆：重庆大学，2011.

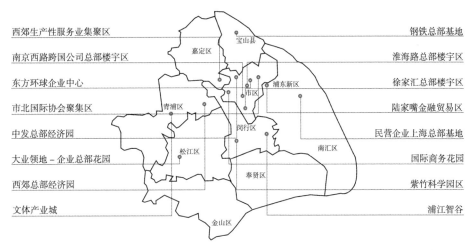

西郊生产性服务业集聚区		钢铁总部基地
南京西路跨国公司总部楼宇区		淮海路总部楼宇区
东方环球企业中心		徐家汇总部楼宇区
市北国际协会聚集区		陆家嘴金融贸易区
中发总部经济园		民营企业上海总部基地
大业领地－企业总部花园		国际商务花园
西郊总部经济园		紫竹科学园区
文体产业城		浦江智谷

图11-5　上海市重点扶持的首批16家总部基地

11.2.4　城市资源与营商环境

作为一种能够实现企业、总部所在区域、生产加工基地所在区域协调发展的新型经济形态的空间载体，总部基地的规划建设需要重点考察以下几点条件：

（1）人才和科教资源：企业总部知识密集型生产活动需要高质量的人力资源和丰富的科教资源，人才是企业总部良性发展的重要资源基础。

（2）区位和配套设施：企业总部与企业分支机构的沟通需要便利的地理区位保证较高的可达性，完善的配套设施有利于企业减少后期运营成本的投入。

（3）制度和文化氛围：开放的、与国际接轨的营商环境有利于国内外总部经济的高效运作和发展。

（4）服务保障体系：总部经济的发展离不开专业的、全面的服务体系，要保障各个企业的总部建设，保障措施主要来自政府的政策扶持和制度保障。

11.3　总部基地产业园规划与建筑设计策略

11.3.1　区位选址

总部基地在城市内的具体选址受到诸多因素的综合影响，包括企业的行业特性、总部所需的空间规模等。根据上文总部基地的类型划分，在区位层面，总部基地的选址主要有两种：位于城市内部；位于城市边缘地区。

（1）位于城市内部：基于上文所述，总部基地优先选择综合实力较强、能级较高的城市，这类用地的土地成本高昂，但人才、配套等综合资源充足，自总部经济概念兴起至今，大型企业尤其是高度依赖信息资源的现代服务业多选择城市内部，尤其是中心区用地布局总部，形成总部经济聚集区。目前，由于中心区开发已接近饱和，用于总部基地建设的用地往往是由于城市产业结构调整而产生的。

以深圳为例，2014年深圳市政府常委会原则通过了《关于加快推进深圳市重点区域开发建设的实施意见》[1]；

---

1. http://www.sz.gov.cn/cn/xxgk/zfxxgj/zwdt/content/post_1515450.html 深圳市人民政府.

2017年，深圳市重点区域开发建设总指挥部第十一次会议公布了17个重点发展区域，其中包括六个总部基地[1]。六个总部基地中，四个位于南山区，另两个福田和龙华区各有一个，每个总部基地依据所在地区的产业优势和功能特征形成个性化定位和发展目标（图11-6）：福田中心区作为深圳金融中心、会展中心、传媒中心、跨国公司区域总部中心和内源性企业总部中心，起到深圳总部经济航母的作用；深圳湾高新区总部基地致力于打造中国最大的科技总部基地，是国家高技术产业重要基地和建设世界一流高科技园区的试点园区；留仙洞片区总

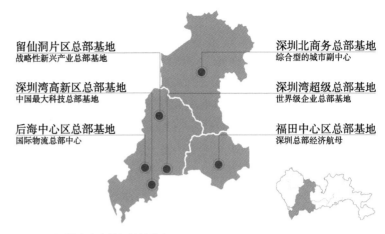

图11-6 深圳市六大总部基地分布

部基地聚焦国际化新一代信息技术研发、转化与应用，打造战略性新兴产业总部基地；深圳湾超级总部基地通过全球高端产业聚集形成世界级企业总部基地以及世界级城市功能中心；后海中心区总部基地现在是中国企业总部云集、文化生活多元的滨海中心区，依托其临海地理优势打造国际物流总部中心；深圳北商务总部基地围绕城市交通枢纽建设，力求打造成为综合型的城市副中心。深圳市总部战略布局通过城市更新的方法在深圳市中心地区全面铺开，未来各总部基地通过区域联动和触媒效应，带动周边地区的整体发展，从而助力深圳向世界级超级城市进军。

除了深圳，其他城市中心区的总部基地项目也呈现类似的特点，例如广州琶洲互联网创新集聚区。

【案例分析】

琶洲互联网创新集聚区

琶洲互联网创新集聚区是广州"十三五"期间重点打造的城市中心片区，地处琶洲岛西端，西依广州塔，北望珠江新城和金融城，东接琶洲会展中心。总占地面积37万平方米，总建筑面积320万平方米，规划50个地块，分为示范区、配套区、拓展区三个区域（图11-7）。示范区19个地块，净用地面积13.89万平方米，规划建筑面积120万平方米。拓展区14个地块，净用地面积10.21万平方米，规划建筑面积124.21万平方米。配套区17个地块，净用地面积10.4万平方米，规划建筑面积79.39万平方米。琶洲互联网创新集聚区示

图11-7 广州市琶洲西区城市设计及控规优化
（图片来源:http://gzlarc.com/gallery_d.aspx?CateId=83&NewsId=910 广州市岭南建筑研究中心）

范区已公开出让了18宗地块，分别由腾讯、阿里、复星、国美、小米、YY、唯品会、环球市场、康美药业、粤科金融、粤传媒等企业拍得，项目总投资规模超过470亿元。

---

1. http://www.sz.gov.cn/cn/xxgk/zfxxgj/sldzc/szfld/lqs/jqhd/content/post_1317537.html 深圳市人民政府.

（2）位于城市边缘地区：由于城市中心区土地成本高昂，商务成本也因之增加，再加上地方政府针对城市边缘区往往出台了优惠政策，因此一些总部基地项目选址于城市边缘区，城市边缘地区拥有充足的可开发土地资源，选址于此类用地的总部基地可打造成低密度、高绿化率的生态花园型总部园区。由于这类区域配套设施暂不完善，总部基地多采用综合开发、统一规划建设的开发模式，打造配套完善的总部基地，典型案例有成都龙潭总部基地。

【案例分析】

成都总部基地

成都的总部基地多依托现有工业区发展起来，西部有青羊工业总部基地、青羊绿舟·税源总部基地和西部智谷总部基地，南部有毗邻成都双流机场的蓝光·空港总部基地和天府新区的总部聚集区——天府中心CBD，东部有龙潭总部基地（图11-8）。

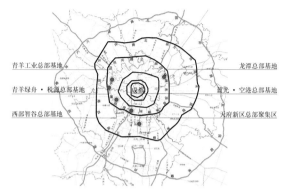

图11-8 成都市总部基地分布图

【案例分析】

成都龙潭总部基地

成都龙潭总部基地位于成都市成华区，规划占地面积8.13平方公里，目标是打造规模大、环境优、配套全、功能全的"中国西部总部第一城"。整个总部基地划分为三个区域，A区是以龙潭水乡为主题的庭院风格建筑，功能为服务配套，B、C区是建筑规模从600平方米到5000平方米不等的多层办公楼，以适应不同科研活动和企业的需要。三个区域被打造成不同风格的园林景观，给使用者带来不同的体验感受（图11-9）。

图11-9 成都龙潭总部基地实景鸟瞰图
（图片来源：http://www.as-arch.com/project/post/40432/ 翰时建筑设计官网）

11.3.2 规划布局

由于不同类型的总部基地之间特征差异较大，且总部基地的建设受到城市的经济、文化和环境等因素的综合影响，因此，本书重点总结较为常见的三类总部基地的规划布局特征。

1. 高密度单元开发的立体型总部楼宇聚集区

在城市内部，尤其是中心区的总部基地一般采用网格式规划布局，通过纵横交错的道路路网实现与周边城市区域物理上的连接，打破园区与周边城市区域的边界感。此类总部基地的投资规模一般较大，均等的网格式布局将整个地区划分为多个地块，以便进行单元式开发。为了保证各地块投资主体的利益最大化，各企业总部建筑的层高一般较高。例如，深圳湾超级总部基地是高密度单元开发的立体型总部楼宇聚集区的典型代表。

深圳湾超级总部基地

深圳湾超级总部基地位于华侨城地区南部的滨海地区，规划总用地面积117.4万平方米，除现状保留用地外，不增加居住用地，规划以商业服务业设施用地为主。为体现规划的灵活性和适应性，加强政府公共职能，适应市场经济的需求，本规划根据主次干路、绿廊等将本片区划分9个开发控制单元，总建筑面积450万～550万平方米（图11-10）。

图11-10　深圳湾超级总部基地"超级十字"城市设计方案图

（图片来源：https://www.cube-architects.com/xm/info_2.aspx?itemid=1165&lcids=12 CUBE Design，由库博设计和肃木丁建筑事务所联合设计）

2. 低密度综合开发的花园型总部基地

低密度综合开发的花园型总部基地由于需要大量的建设用地，多选址于城市边缘地区进行建设。由于城市边缘区土地开发限制较少，此类总部基地的规划布局较为开放自由，多以散点式分散布置，建筑之间的空间用于景观环境的塑造，整体打造成花园型总部基地。一般一栋单体建筑由单一企业总部入驻，为了保证总部基地内各企业所获资源均等，在进行规划布局时，通过对园区内的道路网络或景观带的设计来保证每栋办公建筑在可达性、可视度上的均好性。典型案例有重庆两江山顶总部基地。

重庆两江山顶总部基地

两江山顶总部基地分为科研办公区、商业服务区两个部分，总建筑面积约42.6万平方米。其中科研办公区位于10-7、10-8、10-9地块，建筑面积约35万平方米，将建成41栋企业总部办公楼，分独栋、双拼及小高层三种形式，为欧式建筑，建筑布局沿山脊展开，形成了独具特色的山顶高端办公建筑群落；商业服务区位于010-10地块，建筑面积约7.6万平方米，将建设两栋对称布置的高层综合楼，功能包含餐饮、服务、住宅及酒店式公寓等，为科研办公区及周边的企业提供商业服务（图11-11）。

图11-11　重庆两江山顶总部基地总平面图

（图片来源：http://cq.86office.com/zt/20120401ljsdzd/）

3. 单一大型企业的总部园区

行业内的龙头企业总部，尤其是互联网、科技类企业的总部需要容纳大量研发人员，城市中心区的总部基地规模已无法满足企业的需求，因此在城市边缘区建设集管理办公、研发办公和配套服务于一体的总部园区。此类总部园区的规划布局根据园区规模大体上分为三类：院落式、组合式和散点式。

（1）院落式：在单一大型企业的总部园区中，良好的连通性和强烈的向心性是保证和提高企业内部沟通效率的基石。院落式布局将各单体建筑连接起来并朝向围合的院落开放，是用地规模有限的总部园区可能采用的布局方式，例如，北京百度总部园区。

【案例分析】

北京百度总部园区

百度北京研发总部位于中关村软件园二期内，基地由三个"浮岛式"地块组成，根据规划条件整合后成为两个地块，用地面积约6.5万平方米，建筑面积超过25万平方米，容积率2.62（图11-12）。

图11-12　北京百度总部园区鸟瞰图
（图片来源：http://www.dcsjw.com/html/402/201508/1457.html）

（2）组合式：此类总部园区往往有一个规模或形态较突出的建筑，用作园区的视觉和精神中心，周边布置若干栋体量相对较小、形式较为统一的一般办公建筑，如杭州菜鸟总部及产业园区。

【案例分析】

杭州菜鸟总部及产业园区

杭州菜鸟总部及产业园区位于杭州未来科技城内，由三大主要部分组成：总部大楼、办公园区及访客中心。总部大楼的设计灵感来自空间站，并划分为四座独特的庭院。每座庭院分别拥有不同主题及功能，包括商业活动、露天餐厅、产品展示及员工便利设施。四座庭院由一座中央大厅相连，中央大厅同时作为总部大楼的公共枢纽。毗邻的访客中心与总部大楼紧密相连，同时又保持可控的隔离性。办公园区由一系列办公塔楼及零售设施组成。零售设施设在办公塔楼下方，并营造具有渗透性及连接性的空间（图11-13）。

图11-13　杭州菜鸟总部及产业园区鸟瞰效果图
（图片来源：https://www.aedas.com/sc/node/3522 Aedas）

（3）散点式：此类总部基地将产业功能空间较为均匀地分散布置在场地内，分散的形式以点式、条式为主，各单体建筑之间打造宜人的开放空间，既保证各单体建筑的私密性，又起到联通各单体建筑的功能，如杭州阿里巴巴达摩院全球总部园区。

杭州阿里巴巴达摩院全球总部园区

杭州阿里巴巴达摩院全球总部位于余杭区南湖科学中心片区，规划面积约3887亩，项目分三期建设完成，第一期占地342亩，包括建筑面积48万平方米的研发办公和科学实验室，是一个有着花园式景观的办公园区。达摩院为阿里巴巴的总部之一（图11-14）。

图11-14　杭州阿里巴巴达摩院全球总部园区鸟瞰图

（图片来源：https://www.aedas.com/sc/what-we-do/architecture/mixed-use/hangzhou-alibaba-damo-academy-nanhu-industry-park-project Aedas）

11.3.3　功能构成

1. 功能构成

总部基地的功能构成根据项目的不同会有所调整，本书所指的功能构成为支持总部基地正常运营所需的主要功能（表11-2），具体如下：

（1）产业功能：总部基地与本书研究的其他产业园有很大的不同在于其没有明确的产业，其核心的产业功能是企业首脑及其所在部门从事的高端决策管理、行政办公等活动。

（2）产业配套：用于服务总部办公的配套服务主要是服务性机构，包括园区管理机构、代理服务机构和公共服务机构。园区管理机构是指园区物业管理、后勤服务等保障园区正常运行的内部机构；代理服务机构是指信息技术中心、培训中心、专业协会等在产业集群中起枢纽串联作用的组织机构；公共服务机构主要涵盖金融信贷机构、法务咨询和援助机构以及人才引进机构等。

（3）生活配套：为总部基地办公人员提供生活服务，包括配套居住、配套商业、配套展览和配套休闲。配套居住应提供可适应不同家庭的户型和针对高端人才的住房，配套商业根据园区规模确定商业体量和社区商业数量，配套展览是为园区企业提供的共享、集中的展示空间，配套休闲空间的目的是提高园区办公生活品质。

总部基地的功能构成　　　　　　　　　　　　　　　　表 11-2

功能类型		具体组成
产业功能		决策管理、行政办公、研发办公
服务配套	产业配套	园区管理机构、代理服务机构、公共服务机构
	生活配套	配套居住、配套商业、配套展览、配套休闲

2. 功能布局

总部基地的功能布局侧重于对承载产业功能的办公建筑及环境的品质打造，以及通过合理的布局和良好的办公环境来提升企业运作效率。针对总部基地产业功能建筑的布局模式主要分为三大类：水平式布局、立体式布局和组合式布局。

（1）水平式布局应用较为广泛，除了位于城市中心区的高密度总部集聚区以外，大多数总部基地均采用此类布局模式，布局形态以多层建筑散点式布局为主，有利于各个企业总部或单一企业内各个部门单元的独立使用，园区整体绿化覆盖率高，形成花园式办公的全景观环境，如上海浦江智谷。

上海浦江智谷

上海浦江智谷位于上海漕河泾开发区浦江高科技园核心地段，占地303亩，地上建筑面积24万平方米。FTA从差异化定位角度出发，为园区主打公园办公的全景观环境，在园区中央开辟了13000平方米的天鹅湖，建筑围绕湖面徐徐展开，形成围合的空间组团，各组团内部又形成私密的庭院空间，各栋建筑顶部巧妙设置了屋顶花园、空中花园、景观阳台等，打造了绿色的园区"第五界面"。由此，园区绿化及水体覆盖率高达45%，容积率仅为1.2，生态花园式的办公氛围有力地激发了人才的创造性（图11-15）。

图11-15　上海浦江智谷
（图片来源：http://www.ftaarch.com/p-info.html?i=131&c=2 FTA）

（2）立体式布局一般适用于位于城市中心区的高密度总部集聚区，如前文所述，此类总部基地由于土地成本高，统一开发难度大，多为政府统筹，以招拍挂的形式由各个企业独立建设，建筑类型多为高层和超高层建筑，如前文所述的深圳湾超级总部基地。

（3）组合式布局一般包括一个明确的园区中心和一组均质的办公建筑群。明确的园区中心以形态或规模较为突出的单体建筑为主，如杭州阿里云计算总部园区和杭州菜鸟总部及产业园区。

杭州阿里云计算总部园区

杭州阿里云计算总部园区位于杭州市西湖区紫金港科技城，规划用地面积为19.82万平方米，总建筑面积为45万平方米，其中地上约为28万平方米，地下约为17万平方米。

整个园区规划沿东西向的主轴展开：主轴中心以云广场大楼建筑作为联系两个园区的空间节点；主轴西侧是巨大的环状矩形办公体量，东侧为多组组成阿里云LOGO图案的办公组团（图11-16）。

图11-16　杭州阿里云计算总部园区
（图片来源：https://www.hpp.com/cn/ HPP）

11.3.4　建筑造型设计

现如今，商业竞争日益激烈，企业的对外形象也提上了重要位置，而作为企业文化与形象传播的载体，企业总部建筑的个性化设计显得尤为重要。在此观念下，探索企业形象的个性化表达方法是企业总部建筑设计的重点。

1．凸显行业特性的风格化表达

不同行业因产品特性、经营理念等的不同，在长期发展中都会形成行业审美趋向，从而在总部外观设计上有所体现。如金融业往往追求大气、稳重的建筑风格，以体现雄厚的经济实力；设计、传媒类行业喜欢追求标新立异，在总部建筑中往往能够接受前卫的建筑风格；而科技信息行业则着重体现数码科技风。以位于深圳湾超级总部基地的企业总部大楼设计方案为例，以OPPO为代表的通信科技类行业总部设计风格独树一帜，计算机类企业总部风格趋向数码科技风，金融类企业则多采用中轴对称的布局形式（表11-3）。

不同行业的企业总部设计风格对比　　　　　　　　　　　　　　　　　表11-3

企业	OPPO国际总部	神州数码集团总部	恒大中心
行业	通信科技	计算机	地产
简介	设计：扎哈·哈迪德建筑事务所 业主单位：广东欧加通信科技有限公司 建筑面积：185000平方米	设计：深圳华汇设计 业主单位：神州数码集团股份有限公司 建筑面积：206000平方米	设计：华东建筑设计研究院 业主单位：恒大集团有限公司 建筑面积：289200平方米
效果图	OPPO国际总部效果图 （图片来源：https://www.zaha-hadid.com/architecture/oppo-headquarters/ Zaha Hadid Architects）	神州数码集团总部效果图 （图片来源：http://www.hhd-sz.com/project#30 华汇设计）	恒大中心效果图 （图片来源：https://www.ecadi.com/ 华东建筑设计研究院）

2．基于企业文化的个性化表达

企业文化符号的运用，是通过对企业的产品特性、文化环境、惯用色彩、企业LOGO等众多标识进行选择性提炼，并从中提取出具有代表性的"符号"，并将提取的文化符号作为一种建筑元素，巧妙地融入建筑设计中。通过这些符号的运用对外展示企业的文化精神，从而起到宣传企业形象和企业文化的效果。典型案例如丹麦乐高总部园区。

【案例分析】

丹麦乐高总部园区

乐高总部园区坐落于丹麦的一个向公众开放的公园内，设计灵感来自于乐高集团的产品。乐高的积木符号深入人心，丹麦乐高总部建筑整体使用积木的意象堆叠而成，在色彩和立面装饰上也融入乐高积木基本单元的符号（图11-17）。

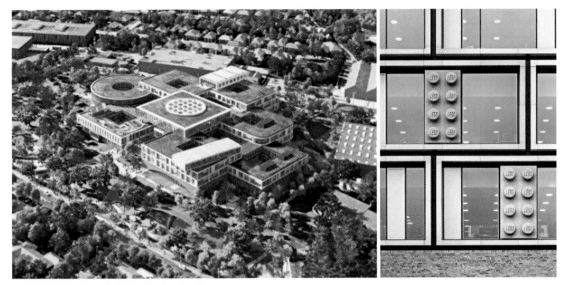

图11-17　丹麦乐高总部园区鸟瞰和立面细节

（图片来源：https://www.360kuai.com/pc/942ec1c19d1966df9？cota=3&kuai_so=1&sign=360_57c3bbd1&refer_scene=so_1）

在总部建筑设计中，通过运用不同的设计理念、手法等，对建筑语汇进行选择、组织和创造，将企业文化和发展愿景在建筑作品中表达出来，可谓之"文化的隐喻"，如北京新浪总部园区。

【案例分析】

北京新浪总部园区

北京新浪总部的设计以"无限"为概念，借喻通过媒体技术和信息流通的进步开辟了数码世界的无限机会。大楼的设计反映着符号'∞'，以展现"无限"的设计概念。项目的地上建筑面积为76500平方米，地下建筑面积则是48000平方米。大楼有55000平方米的开敞办公室／研究与发展空间、会议室、企业展示区和员工福利区，其中包括娱乐和休闲设施、餐厅和超市（图11-18）。

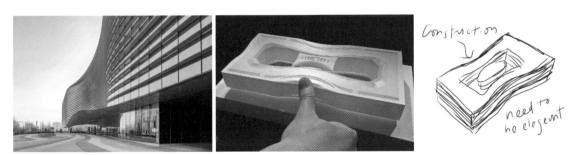

图11-18　北京新浪总部园区实景图、模型图、手绘图

（图片来源：https://www.archdaily.cn/cn/783931/sina-plaza-beijing-aedas Aedas）

11.3.5 建筑空间设计

总部园区所承载的办公活动以研发、商务为主，为各个企业垂直功能链中的核心内容，多为高端人才入驻办公，且需要各部门之间高效地配合协作，开放灵活的工作空间将有利于工作效率的提升。另外，考虑到当下经济市场变动迅速的大环境，任何一个企业都有可能在短时间内重组、扩大或减缩，开放灵活的工作空间，容许多种布置方式，可最大限度满足企业不同领域业务的拓展和转型，如德国阿迪达斯总部园区中的ARENA大楼。

【案例分析】

德国阿迪达斯总部园区—ARENA大楼

德国阿迪达斯ARENA总部大楼的平面尽可能采取开放式布局，四周外围按色彩分为不同的办公区，交通系统和辅助功能向内居中布置；外围开放的办公区插入必备的封闭会议室、休闲空间，最大化地满足各个办公区的需求（图11-19）。

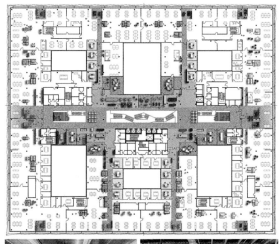

图11-19 德国阿迪达斯总部园区—ARENA大楼平面图和实景图

（图片来源：http://www.archina.com/index.php?a=show&g=works&id=4970&m=index）

11.4 总部基地产业园典型案例分析

11.4.1 高密度单元开发的立体型总部楼宇聚集区——深圳后海中心区总部基地

1. 项目概况

深圳后海中心区总部基地位于深圳湾滨海休闲带西侧，深圳湾口岸北侧，南山商业文化中心东侧，高新技术产业园区南侧，交通便利，区位优势明显。该总部基地由深圳市政府主导土地的招拍挂和整体管理，各用地单位自行建设用地内建筑，总占地226万平方米，总建筑面积约603万平方米，主要分为东西两个区，西区占地约110万平方米，东区约116万平方米。该区域定位为未来深圳城市的滨水生活中心，办公、商业、文化、体育、娱乐设施高度聚集，以滨海环境特征为主，有完善的公共服务系统，形成特征鲜明的傍海新城。

2. 项目特点

总体规划以"三横一纵"为主要框架，再结合内湾湖、滨海休闲带、带状公园、城墙公园等景观节点，形成具有片区特色、自然与人工结合的滨海生态环境（图11-20）。东区

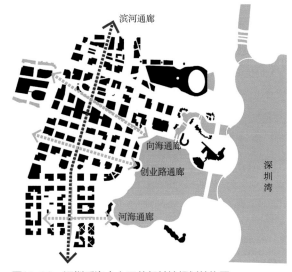

图11-20 深圳后海中心区总部基地规划结构图

主要以文化、体育、娱乐、休闲为主，西区主要以总部办公、商业配套为主。

片区整体建筑形态由深圳市政府进行整体把控，具体单个地块的建筑设计均通过市政府主持的国际招标产生。后海中心区部分总部大楼的建筑信息见表11-4，可知企业总部建筑大多为超高层、高容积率建筑。

深圳后海中心区部分总部大楼建设规模

表 11-4

项目名称	占地面积（m²）	建筑面积（m²）	建筑高度（m）	容积率	开发商
五矿金融大厦	4197.4	38000	145.40	9.055	五矿期货有限公司
舜远金融大厦	4727	41500	119	11.13	中山证券有限责任公司
阳光保险深圳总部大厦	3610.13	61200	150	16.95	阳光保险集团股份有限公司
航天科技大厦	10458.44	150000	238	12.04	深圳市航天高科投资管理有限公司
卓越后海中心	4890.37	123865.96	202	—	卓越置业集团有限公司
大成基金大厦	4101.26	58000	129.9	14.14	大成基金管理有限公司
红土创新大厦	10438.7	108300	261.9	12.28	深圳市创新投资集团有限公司
华润万家大厦	—	117943	144.6		华润置地（深圳）发展有限公司
中国华润大厦（春笋）	约67000	267389	392.5	—	华润置地（深圳）发展有限公司
鹏润达商业广场	23566	286645	151.2	10.3	深圳市鹏润达置业集团有限公司
安邦保险大厦	14026.69	157200	250	12.3	安邦财产保险股份有限公司
深圳工行大厦	4953.74	61500	177	12.41	华商银行、工商银行深圳分行
中投证券大厦	4336.83	58000	149	13.37	中国中投证券有限责任公司
泰伦广场	29768.12	208700	230	8.73	深圳联想海外控股有限公司
恒裕后海中心	25119	450000	300		深圳市创吉置业有限公司
中海油大厦	12712.51	200000	200	18.59	中国海洋石油总公司
海信南方大厦	4322.29	63800	161.8	17.84	海信南方有限公司
中铁南方大厦	5253.04	43100	99.75	8.21	中铁南方投资发展有限公司
中建钢构大厦	2892.50	39600	166.75	16.4	中建钢构有限公司
喜之郎大厦	5566.6	47300	150	8.55	广东喜之郎集团有限公司
天虹总部大厦	6212.66	56000	97.15	—	天虹商场股份有限公司
海王星辰大厦	4138.8	61623	109.95	9.9	深圳市海王星辰实业有限公司
百丽大厦	2763.5	35000	119.5	—	深圳新百丽鞋业有限公司
海能达总部大厦	5925	94800	200	16	海能达通信股份有限公司
阿里中心	16291.77	81400	78.4	5.9	传云科技（深圳）有限公司

11.4.2 低密度综合开发的花园型总部基地——成都青羊总部基地

1. 项目概况

成都青羊总部基地位于成都市"青羊工业集中发展区"东区，距三环路2.5公里，地理位置优越（图11-21）。该总部基地由成都青羊工业建设发展有限公司开发，2012年建成，占地面积1089亩，总投资达37.3亿元，总建筑面积为69万平方米，容积率为1.6，绿地率达28%。园区内入驻企业所属行业类型多样，涉及贸易、建筑工程、电力电气、投资、机械设备和餐饮娱乐等。

图11-21 成都青羊总部基地鸟瞰图

（图片来源：http://www.cdabp.com/）

2. 项目特点

园区整体遵循统一规划、统一投资、统一建设的原则，包括商务办公、商业、酒店、展览、休闲娱乐、居住等功能。将总部办公、商业配套以及居住三大功能区以组团设计手法独立设置。其中总部办公分五期开发建设，时尚青年城为商务、商业配套区，英国风情小镇为居住配套和安置区（图11-22）。

平面设计有多种产品以满足有不同面积需求的企业。总部办公区通过露台、阳台、景窗等融景元素，将室内办公空间与外部园林融为一体。部分办公楼运用单元模块式布局、标准化设计与施工，有效地降低建设成本，最大限度地实现空间扩展和单元组合的灵活性，针对企业发展的多元需求，具有较强的适应性。

图11-22 成都青羊总部基地区域规划和分期规划图

11.4.3 单一大型企业的总部园区——南京苏宁易购总部园区

1. 项目概况

南京苏宁易购总部基地位于江苏省南京市紫金山东侧并且仅距离南京市中心5公里，由苏宁控股集团开发，于2014年落成。园区由苏宁易购总部大楼和苏宁总部大楼及中间连接部分组成（图11-23）。其中，新落成的苏宁易购总部大楼占地12.5万平方米，建筑面积约22.8万平方米，可以容纳两万人办公，涵盖IT研发区、办公区、商业休闲区、生活保障区等多个功能区域，总投资超过10亿元。

图11-23 南京苏宁总部园区航拍图

（图片来源：http://www.nbbj.com/work/suning-corporate-headquarters/NBBJ）

2．项目特点

苏宁易购总部大楼与苏宁总部大楼遥相呼应，由两座弧形月牙状建筑和一座位于中央的下沉式庭院连接，共同组成了苏宁园区；两座弧形月牙状建筑包括7栋办公翼楼。整个园区包括高层总部办公、培训中心、研发实验室、房地产办公、商业，以及一家五星级酒店和一个久留的供参观的设施。其中，新苏宁易购总部大楼最高楼层为9层，一层为客户体验中心、休息区、会议室及相关配套商业设备，二至八层为开放式办公区，九层为会议室及屋顶花园。而地下部分为两层，包括餐厅、电影院、健身房、车库等生活配套设施。园区主体建筑苏宁易购总部大楼，以和谐流畅的体型表达网上商务世界的空灵属性以及变化的快速（图11-24）。

图11-24　南京苏宁总部园区苏宁易购总部大楼实景图

（图片来源：http://www.nbbj.com/work/suning-corporate-headquarters/ NBBJ）

第12章 | 文化创意产业园

12.1 文化创意产业园概述及发展

12.1.1 相关概念

1. 文化创意产业

文化学术界对文化创意产业的概念界定尚未统一，对其具体称谓也有诸多不同表述，如文化产业、创意产业、文化创意产业等。不同国家、地区从不同的战略背景、地区特征、机构性质等方向，对其进行了诸多相似却又不尽相同的界定。在这一背景下，参考相关研究[1]，将不同国家或地区对文化产业、创意产业、文化创意产业所应包含的具体行业范畴进行对比（表12-1），可以将其定义为，在经济、文化、科技交织日趋紧密的背景下，以文化、创意、技术为资源，生产具有知识性、审美性、符号性产品的一系列跨行业、跨部门、跨领域的产业组合。

不同国家或地区对文化产业、创意产业和文化创意产业的界定及范畴　　　表 12-1

国家或地区	名称	具体行业
韩国	文化产业	影视；广播；音箱；游戏；动画；卡通形象；演出；文物；美术；广告；出版印刷；创意性设计；传统工艺品；传统服装；传统食品；多媒体影像软件；网络
英国	创意产业	广告；建筑；艺术及古董；工艺；设计；流行设计与时尚；电影与录像带；休闲软件与游戏；音乐；表演艺术；出版；软件与计算机服务；广播电视
德国	创意产业	广告；建筑；艺术及设计；书籍出版；电影；视听；电台与电视；表演艺术及娱乐
中国	文化创意产业	新闻服务；出版发行服务；广播、电视、电影服务；文化艺术服务；网络文化服务；文化休闲娱乐服务；其他文化服务；文化用品、设备及相关文化产品的生产；文化用品及相关文化产品的销售；软件及计算机服务；设计策划行业
中国香港	创意产业	广告；建筑；漫画；设计；时尚设计；出版；电玩；电影；艺术及古董；音乐；表演艺术；软件与信息服务业；电视

2. 创意阶层

创意阶层最早由美国理查德·弗罗里达（Richard Florida）提出，分为"高创造力的核心群体"和"创造性职业从业人员"两部分[2]。前者包括诗人、小说家、艺术家等对社会舆论具有影响力的不同行业从业人员；后者包括高科技、金融、法律及其他各种知识密集型行业的从业人员。在个人特征方面，他们往往具有创作的独立性、活动的

---

1. 王博. 新建型文化创意产业园规划设计研究 [D]. 南京：东南大学，2015.
2. 理查德·弗罗里达. 创意阶层的崛起 [M]. 司徒爱勤译. 北京：中信出版社，2010.

自由性、工作的灵活性；在工作特征方面，主要以团队形式进行创作，具有一定的集聚性。

3．文化创意产业园

通过对相关概念的文献研究，同时基于产业集聚理论，本书将文化创意产业园（简称"文创园"）定义为：与文化相关的产业、企业在特定城市区域集聚形成的，以从事生产、交易、消费文化产品和服务的园区。

12.1.2　类型分类

文创园根据分类标准的不同可以划分为多种类型，如根据使用功能的不同，可分为创作型、消费型和复合型；根据开发主体的不同，可以分为政府主导型和市场主导型。在我国近年文创园建设中，出现大量另辟选址，新建而成的园区。这一类园区建设背景，以及规划和建筑的特点，都与主流的改造类园区有很大差异，值得专门探讨。为此，本书依据文创园建设基础条件的不同，将其划分为新建型和改造类两种不同类型。

1．新建型文化创意产业园

早期发展起来的文创园，大多是依托工业厂房、历史城区等优势资源条件建立的。然而，在不具备这些既有空间条件和既有空间条件已饱和利用的城市中，随着文化创意产业的持续发展，新建型文创园就成为一种重要的建设手段。本章节所指的新建型文创园，是从建设基础条件的角度，相对于目前主流的改造类文创园提出的。相比改造类园区，新建型文创园需要更注重园区的产业选择、土地利用、空间布局模式及交通组织等内容。

2．改造类文化创意产业园

改造类文创园是早期主流的建设类型，它是伴随文化创意产业兴起及全球范围内历史工业遗产再利用浪潮而兴起的一类以既有建设基础条件作为依托，引入文化创意产业而形成的文创园。改造类文创园既能够很好地将时代历史价值予以最大化的保留和传承，同时，伴随土地资源集约化利用的趋势，也使已成明日黄花的工业价值顺利转换成为新的历史文化、经济、生态、艺术等方面的综合价值，符合产业升级的时代背景。

12.1.3　理论研究综述

1．国外研究综述

1）新建型文化创意产业园

阿伦·斯科特（Allen J. Scott）在《文化产业：地理分布和创造性领域》中指出，地理基础和地域优势对于文化创意产业过程中的创新作用非常明显[1]。保罗·杰夫科特（Paul Jeffcott）和安德鲁·普拉特（Andrew Pratt）论述了形成多元复合产业链的重要性，认为文化创意产业园区内产生的复杂网络关系可以更好地面对复杂多变的市场和需求结构[2]。斯图尔特·罗森菲尔德（Stuart Rosenfeld）从艺术和设计的角度对美国西部的文化创意产业集群进行了研究，阐述了外观、形式和园区内容对园区竞争力的影响[3]。威廉·米切尔（William Mitchell）指出，区位因素对于城市创新能力的影响非常显著，公共服务、交通设施、医疗服务、教育状况以及区域整体环境，都会直接影响到文化创意产业的发展[4]。

2）改造类文化创意产业园

托马斯·哈顿（Thomas Hutton）指出文化创意产业园更多倾向于大城市中的旧工厂、旧仓库及废弃的旧工业

---

1. 阿伦·斯科特，罗雪群. 文化产业：地理分布与创造性领域 [J]. 马克思主义与现实，2003（04）：39-46.
2. Paul Jeftcott, Andrew Pratt. Managing Creativity in the Cultural industries [J]. Creativity and Innovation ManageⅢent, 2002；87—93.
3. Stuart Rosenfeld. Art and design as competitive advantage: a creative enterprise cluster in the Western United States [J]. European Planning Studies，2004，12（6）：89l-904.
4. William Mitchell. E-Topia [M]. Cambridge：MIT Press，1999.

区[1]。1979年，澳大利亚官方发布《保护具有文化意义地方的宪章》，针对旧工业建筑，明确提出"改造型再利用"、"改造升级"等相关概念[2]。安·马库斯（Ann Markuse）等学者认为废弃的遗存工业区最先吸引文化创意人员的地方在于其低廉的租金和广阔的空间，但随着文化创意产业企业或是艺术家的不断涌入，废弃工业区的影响力逐渐扩大并开始转型，原先的艺术家开始转移，这一过程就属于文化创意产业聚集地的扩散与转移[3]。

2．国内研究综述

1）新建型文化创意产业园

牛维麟在《北京市文化创意产业集聚区发展研究报告》中，提出中国文化创意产业集聚区评价指标体系，将文创园分为自发形成、主导建设、改造租用、资源依托四个类型[4]。冯根尧在《长三角创意产业集聚区经济空间的治理问题》中，将文创园分为大学主导、旧城区改造、新城区创建以及传统产业区升级改造[5]。褚劲风在对上海文创园进行相关调查研究之后，发现旧城空间秩序化、创意阶层新型化、经济增长模式现代化已经成为当前文创园前进的动力，文创园内部组织网络则是维持企业运转，增强企业活力的重要方式[6]。曹蓉引入新产业空间视角，从宏观—中观—微观三个层次，重点探究了园区要素分布与空间组织、空间功能结构及空间类型[7]。王博从产业选择、区位选址、空间模式、规划建设等方面对新建型园区作了系统研究[8]。周莉基于新传媒时代背景，提出我国文化产业创新发展应遵循"传统文化+科技"产业升级、"农业+文化旅游"模式创新、"人工智能+会展"对标国际，以及"大数据"引领公共服务平台建设等四大优化路径[9]。

2）改造类文化创意产业园

国内改造类文创园的开端，应追溯到北京798艺术区，但在理论研究方面，对于工业遗存形成文创园则起步较晚。在旧工业建筑和文化创意产业相互结合的角度，韩妤齐的《苏州河沿岸的艺术仓库》对苏州河沿岸的工业建筑和文化创意产业结合的相关问题予以阐释[10]。王建国等人撰写的《后工业时代产业建筑遗产保护更新》，则试图从国内近年旧工业建筑实践案例出发，提出具有可操作性的改造方式[11]。鹿磊、韩福文从文化创意产业视域角度出发，对大连工业遗产旅游开发进行诠释，并指出文化创意产业能够使得旧工业建筑发挥其历史贡献和社会职能[12]。解学芳、黄昌勇对工业遗产与文化创意产业的相互关系予以分析概括，并对基于文化创意产业的工业遗产保护的五种模式进行诠释[13]。王芳基于改造类文创园和城市发展的互补、互相促进的关系，提出二者在发展进程中的策略[14]。盛秀秀结合空间句法、GIS等研究方法，从城市、街区和园区三个层级尺度，探讨了园区活力、功能布局和景观设计等方面的差异性[15]。梁静等人从城市韧性角度出发，根据资源型城市废旧工业厂区的特点，针对性地提出更新改造的策略和建议，为改造类文创园的建设提供了宝贵经验[16]。

1. Thomas Hutton. The New Economy of the Inner City [J]. Cities，2004，21（2）：89-108.
2. 郭立新，孙慧. 巴拉宪章 国际古迹遗址理事会澳大利亚委员会关于保护具有文化意义地点的宪章 [J]. 长江文化论丛，2006（00）：220-250.
3. Ann Markusen, Gregory, Wassall, Doug Denatale. Defining the creative economy：Industry and occupational approaches [J]. Economic Development Quarterly，2008，22（1）：24-45.
4. 牛维麟. 国际文化创意产业园区发展研究报告 [M]. 北京：中国人民大学出版社，2007.
5. 冯根尧. 长三角创意产业集聚区经济空间的治理问题 [J]. 当代经济，2009（07）：93-95.
6. 褚劲风. 上海创意产业集聚空间组织研究 [D]. 上海：华东师范大学，2008.
7. 曹蓉. 新产业空间视角下的创意产业园规划研究 [D]. 重庆大学，2015.
8. 王博. 新建型文化创意产业园规划设计研究 [D]. 东南大学，2015.
9. 周莉. 新传媒时代文化产业园区创新发展路径研究——以江苏为例 [J]. 南宁师范大学学报（哲学社会科学版），2020，41（04）：67-81.
10. 韩妤齐，张松. 东方的塞纳左岸：苏州河沿岸的艺术仓库 [M]. 上海：上海古籍出版社，2004.
11. 王建国. 后工业时代产业建筑遗产保护更新 [M]. 北京：中国建筑工业出版社，2008.
12. 鹿磊，韩福文. 文化创意产业视域下大连工业遗产旅游开发探讨 [J]. 旅游论坛，2010（1）：39-43.
13. 解学芳，黄昌勇. 国际工业遗产保护模式及与创意产业的互动关系 [J]. 同济大学学报：社会科学版，2011（01）：52-58.
14. 王芳. 传统建筑改造类型创意产业园设计研究 [D]. 湖南大学，2013.
15. 盛秀秀. 基于多尺度分析的文化创意产业园空间特征对比研究 [D]. 华南理工大学，2018.
16. 梁静，刘亚静，葛明，柳宏程，郭其锦. 基于城市韧性理论的资源型城市废旧工业厂区更新与改造研究——以大庆市0459文化创意产业博览园概念规划为例 [J]. 城市建筑，2020，17（24）：71-74.

12.1.4 发展概况及建设现状

1．国外发展概况及典型案例

1）发展概况

英国文创园承袭了数百年的发展历史。16世纪末期，很多剧团集聚在伦敦西区，逐渐形成今日规模。英国的典型案例还有曼彻斯特北部的科学园区、谢菲尔德文化创意产业园、伦敦SOHO区等。美国文创园的发展大致经过20世纪50年代的初级阶段、80年代的单个园区向系统园区过渡、90年代的服务对象由内向外，以及90年代以后向集团化经营转变这几个发展阶段，主要代表为纽约SOHO区，洛杉矶电影城等。韩国文化创意产业园有鲜明的特点，一是高度重视周围居民的参与；二是通过节日和庆典来树立和强化品牌；三是重视生态环境和建筑的艺术性；四是复合式和产销一体化的发展模式，主要代表有坡州出版产业园、HEYRI艺术村和富川影视文化区等。

从国外文创园的发展实践来看（表12-2），大致可分为以欧美为代表的市场主导型和以韩国为代表的政府主导型。前者大多是自发而成，在园区成熟以后，政府对园区发展给予一定支持，属于一种自下而上的开发模式，因此改造类文创园相对居多；后者以政府政策为引导，属于一种自上而下的开发模式，新建型文创园占据多数。

国外典型文化创意产业园案例 表12-2

国家	主要类型	典型案例
英国	新建型	曼彻斯特北部科学园区（1984年）
	改造类	伦敦西区（16世纪末期集聚） 伦敦SOHO区（17世纪集聚） 伦敦南岸艺术区（20世纪50年代） 谢菲尔德文化创意产业园（20世纪70年代） 克勒肯维尔艺术区（20世纪90年代）
美国	新建型	北京·洛杉矶文化创意产业园（2014年）
	改造类	百老汇（19世纪初） 纽约SOHO区（20世纪五六十年代） 鱼雷工厂艺术中心（1974年） 洛杉矶酿酒厂艺术村（1980年）
韩国	新建型	首尔数字媒体城（1994年） 富川影视文化园区（2001年） 坡州出版产业园（2003年）
	改造类	韩国民俗村（1973年） 韩国首尔Heyri艺术村（1997年）
其他	新建型	日本秋叶原动漫街（20世纪50年代） 加拿大BC动画产业园（20世纪80年代）
	改造类	日本东京立川公共艺术区（20世纪90年代） 意大利托尔托纳创意区（20世纪90年代） 巴黎左岸艺术区（20世纪中后期）

2）典型案例

（1）纽约SOHO区。园区位于美国纽约曼哈顿岛的西南端，属改造类文化创意产业园区。20世纪五六十年代，各地艺术家以低廉租金入驻该区；六七十年代，纽约市通过立法，以联邦政府的立场确认纽约SOHO为文化艺术区；20世纪90年代，SOHO区租金飙升，过度繁华，艺术的活力与纯度也相对减弱。

纽约SOHO区的形成呈现出几个特点：首先，园区以"整旧如旧"的方式将历史文化遗产的保护放在第一位，其艺术氛围和历史文化使园区得以升值，带来了更高的经济效益。园区的成功改造，得益于纽约市政府在做决策时，吸收了各方面的意见，协调各团体的利益，确保了社区绝大多数公众的利益最大化。此外，园区的成功改造，是政府、开发商、非营利组织分工协作的结果。开发商的介入解决了政府资金不足的问题；非营利组织和社团发挥了参政和执政的作用，降低了管理成本。

（2）首尔数字媒体城。园区坐落于首尔市麻浦区上岩洞上岩千禧城，占地约57万平方米，属新建型文化创意产业园区。园区1994年规划，2002年施工，整个园区分为8个大区，包括15种不同功能（图12-1），由首尔市政府负责园区的开发和推广，开发商负责土地开发和基础设施建设，核心业态为关于媒体与娱乐的广播电视、电影、动漫、游戏等文化创意服务。

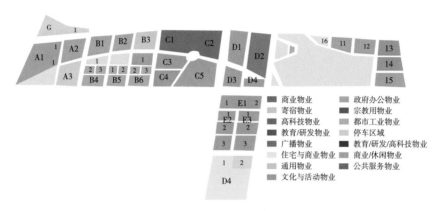

图12-1 首尔数字媒体城用地功能规划

首尔数字媒体城的建设具有以下特点：首先是慎重的开发，从1994年规划到2002年开始建设历时8年，从2002年开始建设到2010年建成又历时8年，全面结合首尔城市规划。其次，产业定位清晰且灵活，土地以合作为主，政府、拿地企业将办事机构、总部研发引入，保持完整产业链的同时，缓解招商压力。此外，配套设施也很完善。

2. 国内发展概况及建设现状

1）国内发展历程

文创园的发展在国内大致经历了以下三个阶段：

（1）成型期，初期探索（1990—2003年）。我国文创园从20世纪90年代起步发展，形成了最早一批极具代表性的文创园区。这一阶段大多由艺术家自主发掘，依托旧工业建筑改造而成，如上海M50、北京798艺术区等；少数为全新选址规划，如上海张江文化创意产业园等。这些文创园，早期仅提供简单的物业服务和办公空间，基础配套设施不足，后来随着文化创意产业的兴起而逐步完善园区建设。

（2）成长期，逐步规范（2004—2009年）。2004年，国家首次颁布文化创意产业政策《文化及相关产业分类》，同年成立上海文化创意产业中心，并公布第一批文化创意产业集聚区。政府从初期文创园的发展，看到了城市空间整合和经济发展的潜力，逐步有意识地寻找潜力场所。这一阶段更多的仍是旧工业建筑改造而成的文创园，如南京1865创意园、深圳华侨城创意园、广州红砖厂创意园等，但也逐步出现少数由政府引导全新规划建设的园区，如南京紫东国际创意园。该时期的园区尽管开始注重功能分区与功能协调，但为文化创意产业提供专业服务的空间与设施还相对缺乏。

（3）成熟期，全面提高（2010年至今）。2010年世博会提出和开展了城市发展相关领域的文化创意产业行动指南和研讨会。这一阶段由政府和企业共同规划运作，从最初的追求数量，往多样化、高质量转变。新建型文创园明显增多，通过自身累积优势和连带效应，引发城市范围内的空间重构。

2）国内建设现状

根据相关研究可以看出，我国文创园呈集聚化趋势发展，已形成六大文化创意产业集聚区：首都文化创意产业区、长三角文化创意产业区、珠三角文化创意产业区、滇海文化创意产业区、川陕文化创意产业区、中部文化创意产业区[1]。

通过对六大文化创意产业集聚区的典型文创园案例的调研发现（表12-3），文创园在首都、长三角和珠三角的数量占比较重，尤其是改造类文创园。首都、长三角和珠三角是我国早期工业化程度较高的地区，留下大量工业遗产，选择改造这些旧工业建筑既能形成对文化遗产的保护，又能促进经济文化的发展。内陆地区则主要集中在川陕、滇海和中部，新建型文创园比例相对增多，客观原因主要有三个：第一，这类地区产业发展亟须升级，都有向文化创意产业转型的需求；第二，这类地区有着带动城市拓展的愿望，城市亟需在拓展方向上产生一个能够起到带动周边作用的触点；第三，这类地区可利用的旧工业建筑相对有限。

2000—2020年国内典型文化创意产业园项目案例表　　　　　表12-3

所在城市	案例名称	建设时间	分类	总建筑面积（万m²）	用地面积（万m²）	开发主体
首都文化创意产业区						
北京	北京怀柔影视基地	2008	新建	15	53	北京市人民政府
北京	北京东亿国际传媒产业园	2010	新建	20	8.6	北京中视东升文化传媒有限公司
北京	中关村创意产业园	2011	新建	—	96	北京市海淀区委宣传部
北京	尚8文化创意产业园	1997	改造	6.9	2.2	尚巴（北京）文化有限公司
北京	798艺术区	2006	改造	50	60	北京798文化创意产业投资股份有限公司
北京	北京中间艺术家工坊	2008	新建	2.42	1.28	西山产业投资有限公司
天津	意库创意园	2007	改造	2.5	3	天津建苑房地产开发有限公司
青岛	青岛创意100产业园	2007	改造	2.2	1.5	麒龙文化有限公司
天津	基辅号航母主题公园	2008	改造	22	—	天津泰达投资控股有限公司
济南	D17文化创意产业园	2009	改造	8	6.66	高力仕达国际投资有限公司与济南啤酒厂集团
北京	北京新华1949文化创意园区	2013	改造	5.5	4	北京市文化投资发展集团有限责任公司
北京	北京中国动漫游戏城	2013	改造	120	82.7	北京首钢房地产开发有限公司
北京	77文创园	2014	改造	1.3	0.66	北京道朴文华资产管理有限公司
北京	懋隆文化产业创意园	2014	改造	17	12	北京对外经贸控股有限责任公司
北京	北京DREAM 2049国际文创产业园	2015	改造	6	35.3	北京金迈泰达投资有限公司
北京	北京西店记忆文创小镇	2017	改造	17	16	北京梵天地产
北京	西什库31号	2018	改造	5.7	3.5	
北京	隆福寺文创园	2020	改造	10.17	6	北京国资公司
长三角文化创意产业区						
上海	上海张江文化产业园区	2005	新建	10	30	上海张江集团
上海	上海证大喜马拉雅艺术中心	2005	新建	62	9	上海证大喜玛拉雅有限公司
上海	海上海	2006	新建	22.9	9.5	青岛上实地产有限公司
上海	南苏河创意产业集聚区	2006	新建	1	0.45	上海南苏荷资产管理有限公司
南京	南京紫东国际创意园	2009	新建	67.9	84.9	南京紫东国际
上海	上海文化信息产业园	2010	新建	50	40	上海东方文信科技有限公司
上海	国家对外文化贸易基地	2018	新建	45	15.6	上海东方汇文国际文化服务贸易有限公司

---

1. 张蕾. 中国城市文化创意产业现状、布局及发展对策 [J]. 地理科学进展, 2013（08）: 1227-1236.

所在城市	案例名称	建设时间	分类	总建筑面积（万m²）	用地面积（万m²）	开发主体
上海	上海静安临港新业坊	2019	新建	15	10	上海临港新业坊投资发展有限公司
上海	上海国际文化创意园（在建）	2020	新建	33.6	13.4	港城集团
上海	清控人居文化创意产业园（在建）	2020	新建	15.9	7.8	清控人居集团
上海	上海8号桥	2003	改造	6.4	3	启客集团
南京	南京1912	2004	改造	4.2	3.2	南京一九一二集团
苏州	苏州江南文化创意产业园	2006	改造	2	1.95	苏州江南无线电厂有限公司
上海	上海滨江创意产业园	2006	改造	0.7	0.5	亚太设计中心
南京	南京红山创意工厂产业园	2006	改造	4.2	3.4	南京创立置业投资有限公司
上海	上海同乐坊	2006	改造	2	1.13	上海同乐坊文化发展有限公司
上海	2577创意大院	2006	改造	2	3.2	上海久阳圣博文化发展有限公司
上海	西郊·鑫桥	2006	改造	1.2	1.3	上海纺织集团有限公司
南京	南京1865创意园	2007	改造	10	21	南京晨光集团
苏州	苏州创意泵站	2007	改造	2	—	格兰富水泵（苏州）有限公司
上海	西岸创意园	2007	改造	2.5	1	上海西岸投资发展有限公司
南京	明城汇创意休闲街区	2007	改造	7	12	宇仁集团
上海	弘基—创邑SPACE	2007	改造	1.2	—	弘基企业
上海	1933老场坊	2008	改造	3.17	1.3	上海工部局
上海	半岛1919文化创意产业园	2008	改造	7.3	8	上海红坊文化发展有限公司
上海	SVA越界	2009	改造	10	—	越界文化传播有限公司
上海	波特营文化创意园区	2009	改造	2	1.8	上海锦江集团
上海	上海m50创意园	2011	改造	—	2.4	上海m50文化创业产业有限公司
上海	城市概念软件信息服务园	2011	改造	18	7.99	上海睿置投资管理有限公司
杭州	杭州凤凰创意产业园	2014	改造	17	—	南京金基集团
杭州	西溪创意产业园	2015	改造	2.6	90	上海宏发集团
上海	800秀创意产业集聚区	2017	改造	3	1.3	上海八佰秀企业管理有限公司
珠三角文化创意产业区						
深圳	深圳F518时尚创意园	2007	新建	14	6	深圳创意投资集团
深圳	设计之都创意产业园	2007	新建	5	1.5	深圳市设计之都文化产业投资有限公司
顺德	顺德创意产业园	2008	新建	20	8	佛山市顺德区顺博创意产业园投资管理有限公司
番禺	广州番禺海伦堡创意园	2014	新建	24	20	广州市番禺金威泰房地产发展有限公司
广州	广州红专厂创意园	2006	改造	14.7	17	红专厂艺术创意园
深圳	深圳华侨城创意园	2007	改造	20	15	华侨城集团
广州	广州羊城创意产业园	2007	改造	10.8	17.1	羊城晚报报业集团
深圳	深圳大芬油画村	2007	改造	40	—	深圳市大芬股份合作公司

所在城市	案例名称	建设时间	分类	总建筑面积（万m²）	用地面积（万m²）	开发主体
深圳	南海意库	2008	改造	12	4.4	深圳招商地产
广州	广州星坊60文化创意产业园	2008	改造	2	2.3	广州星坊文化传播有限公司
广州	广州1850创意园	2009	改造	3	5	广州壹捌伍零创意产业投资有限公司
佛山	佛山创意产业园	2010	改造	20	12	佛山创意产业园投资管理有限公司
珠海	珠海V12文化创意产业园	2012	改造	4	2	珠海壹拾贰文化创意产业园有限公司
广州	广州紫泥堂创意园	2013	改造	—	26	广州市紫泥堂创意资产管理有限公司
深圳	深圳龙岗2013文化创客园	2013	改造	2	6.5	新城2013投资有限公司
广州	1978创意园	2015	改造	7.3	6	1987电影小镇
深圳	深圳金山意库文化创意产业	2018	改造	13.7	10	重庆两江新区、招商蛇口
中西部文化创意产业区						
大理	大理文化创意产业园	2015	新建	2.3	5.3	玉溪城市房屋发展投资有限公司
贵阳	多彩贵州风景眼文创园	2015	新建	7	10.4	多彩贵州文化创意有限公司
遵义	1964文化创意园	2014	改造	10	7	遵义长征产业投资有限公司
西安	西安丝路国际创意梦工场	2015	新建	2.59	11.5	西安世园置业有限公司
成都	成都西村文化创意产业园	2016	新建	20	6.6	成都贝森投资集团有限公司
西安	西安大华1935	2015	改造	8.4	9.3	西安曲江大明宫投资（集团）有限公司
重庆	金山意库文化创意产业园	2018	改造	13.7	10	招商蛇口
长沙	长沙天心文化产业园	2008	新建	—	—	
景德镇	陶溪川文化创意产业园	2016	新建+改造	11	8.9	江西省陶瓷工业公司
武汉	楚天181文化创意产业园	2011	改造	6.1	4	湖北日报传媒集团
南昌	南昌东湖意库文创园	2020	改造	5.51	5.95	招商蛇口

12.2 文化创意产业园规划建设的上位影响因素

12.2.1 宏观政策背景

21世纪初，国务院和有关部委相继出台了有关文化创意产业的支持政策和指导意见（表12-4），如《国家"十一五"时期文化发展规划纲要》首次将"创意产业"写入[1]；《中共中央关于制定国民经济和社会发展第十三个五年规划的建议》提到要将文化创意产业纳入国民经济支柱性产业范畴[2]；《关于进一步加强和改进中华文化走出去工作的指导意见》提出加强和改进中华文化走出去工作[3]。

---

1. http://www.gov.cn/jrzg/2006-09/13/content_388046.htm
2. http://www.gov.cn/xinwen/2015-11/03/content_5004093.htm
3. http://www.gov.cn/premier/2016-11/01/content_5127202.htm

政策	时间	文件	主要内容/意义
"十一五"规划	2006	《中共中央关于制定国民经济和社会发展第十一个五年规划的建议》	首次将"创意产业"写入其中,表明文化创意产业得到国家的重视,文化创意产业正在成为新的经济增长点,并因此催生了一大批新生产业群
"十二五"规划	2011	《中共中央关于制定国民经济和社会发展第十二个五年规划的建议》	实施重大文化产业项目带动战略,加强文化产业基地和区域性特色文化产业群建设。在文化创意产业的发展轨迹中,政府的作用越来越明显
"十三五"规划	2016	《中共中央关于制定国民经济和社会发展第十三个五年规划的建议》	重申到2020年要将"文化创意产业成为国民经济支柱性产业",表明中央在"十三五"时期大力推进文化产业发展、实现文化产业发展目标的决心和信心
中央全面深化改革领导小组第二十九次会议	2016	《关于进一步加强和改进中华文化走出去工作的指导意见》	加强和改进中华文化走出去工作,要坚定中国特色社会主义道路自信、理论自信、制度自信、文化自信,加强顶层设计和统筹协调,创新内容形式和体制机制,拓展渠道平台,创新方法手段,向世界阐释推介更多具有中国特色、体现中国精神、蕴藏中国智慧的优秀文化,提高国家文化软实力

12.2.2　产业定位与开发模式

1. 产业定位

即使大环境下文化创意产业呈增长态势,但对于单个文化创意产业园而言,产业定位对园区的发展依然极为重要。而单个文创园的产业定位策略,往往需要结合其所在城市的区域层面和城市层面来分析。

1)区域层面

在区域层面,应当了解周边已有城市集群中,文化创意产业发展的优势和已经建设或建设中的项目,避免造成同质化竞争。同时,可以考虑与区域内的其他城市所开发的文化创意产业项目进行融合,共同打造区域文化品牌,最终形成文化创意产业的集聚效应。

2)城市层面

聚焦到园区所在城市层面来说,产业定位可以从以下两方面来考虑。

(1)城市文化。城市自身所具有的文化,是历史人群和历史传统共同作用形成的,也是该城市文创园独具的重要资源。文创园的产业定位,应当是对城市文化资源的整合,而不与城市文化特征相违背。

(2)城市已有产业结构。新的文创园在进行产业定位时,应弄清楚城市已有文创园的产业定位和发展方向,避免与已有的城市产业结构发生冲突,造成资源浪费。新的文创园应当基于城市已具备的文化资源,合理选择适合发展的文化创意产业。

2. 开发模式

根据开发主体的不同,文化创意产业园主要可以分为以下三种模式:

(1)政府主导。由政府投入建设,并全程监管和运作,通常可通过两种方式介入。一种是城市更新,通过为历史工业建筑注入新的产业元素,吸引众多创意企业和创意人才入驻。另一种是产业升级,即由政府投资新建文创园,将文化创意产业融入其他产业,带动传统产业升级,如南京紫东国际创意园。

(2)政企合作。按照政府引导、市场运作、分期建设的模式开发。政府是园区产业的主要行政管理者,通过打造各种功能平台助推文化创意产业的发展;开发商是园区的主要经营管理者,参与整个园区的运营,如晨光1865文化创意产业园、广州顺德德胜创意园等。这种模式既可缓解政府的资金压力,又使开发商获得利润空间。

(3)企业主导。由单个或多个企业投资建设,企业自身是园区的运作主体,走的是市场化路线。如北京中间艺术区、广州巨大创意产业园、杭州凤凰创意产业园等。

表12-5整理了国内部分典型文创园的类型、开发模式及其产业定位。

典型文化创意产业园开发模式及产业定位　　　　　　　　　表12-5

类型	案例名称/类型/说明		开发模式	产业定位
政府主导型	 南京紫东国际创意园 （图片来源：https://baike.baidu.com/item/%E5%8D%97%E4%BA%AC%E7%B4%AB%E4%B8%9C%E5%9B%BD%E9%99%85%E5%88%9B%E6%84%8F%E5%9B%AD/1696113）	新建型 （以发展研发服务业和设计服务业为主，文化传媒业和咨询策划业为辅，并通过创意消费的形式，形成完整的创意产业链）	由南京市栖霞区政府投资兴建，是栖霞区建设"智慧新区"的重要组成部分	以研发服务业和设计服务业为主，文化传媒业和咨询策划业为辅，通过创意消费的形式，形成完整的产业链
政企合作型	 北京798艺术区 （图片来源：https://www.798art.org/）	改造类 （生活方式与艺术展览为一体的设计理念，美术馆、画廊、展厅、酒吧、餐厅等形成强大的艺术聚落）	最初由民间自发形成，逐渐演变为政企合作模式	产业规划（建设前）：以文化、创意、艺术产业为核心的产业集聚区；产业构成（建成后）：文化，艺术，创意产业为主
	 晨光1865文化创意产业园 （图片来源：https://www.sohu.com/a/257839744_578996）	改造类 （立足"近现代军工"历史文化，面向观光旅游时代的时尚表达）	南京市"秦淮河环境综合整治工程"的一部分	以文化创意和科技创新为主题，打造融文化、创意、科技、旅游为一体的创意文化产业基地
	 广州顺德德胜创意园 （图片来源：http://www.shundeidea.com/?lianxi/）	改造类 （由容奇食品厂活化，结合现代元素，集餐饮、文艺、展览、服饰、观光、悠闲于一体）	顺德区政府引导，统一规划，广东宏德富投资有限公司开发	产业规划（改造前）：旧工业厂房产业功能组成（改造后）：服饰、时尚、创意、文化、艺术
	 上海文化信息产业园 （图片来源：http://www.ikuku.cn/article/shanghai-wenhuaxinxi-chanyeyuan-b4b5dikuai）	新建型 （着力打造成一个运用立体化市场运作模式的新型产业集聚区）	由嘉定区马陆镇人民政府、上海东方网股份有限公司、上海鸿发集团联合开发	产业规划（建设前）：以文化、信息产业为核心的产业集聚区产业功能组成（建成后）：文化创意、信息产业为主

类型	案例名称/类型/说明		开发模式	产业定位
企业主导型	广州1850创意园 （图片来源：http://www.gz1850.cn/channel.asp?id=2）	改造类 （利用和改造旧厂房车间，打造艺术创作、设计、时常展览、文化交流、办公生活的品位空间）	广州化工集团和昊源集团开发；原广东珠江双氧水厂改造保留	产业规划（改造前）：双氧水厂房；产业构成（改造后）：文化、设计，艺术，创意
	杭州凤凰创意产业园 （图片来源：http://www.urbanchina.org/content/content_7321038.html）	改造类 （规划为现代设计区、艺术创作区、新媒体区、展示展览区、配套服务区等）	杭州之江创意园开发公司开发；周边分布10平方公里的山林绿地，紧邻钱塘江	产业构成（建成后）：艺术、设计、媒体、动漫、文化会展、创意信息服务类公司、工作室
	广州巨大创意产业园 （图片来源：http://www.vtrekpark.cn/index.html）	新建型 （园区规划分期开发四大组团，分别是创想设计区、创展商业区）	广州巨大创意产业园发展有限公司主导开发；位于广州市番禺区	产业配比（建成后）：创想设计区、创展商业区、创汇总部区、创业精英区
	北京中间艺术区 （图片来源：http://www.ikuku.cn/project/zhongjianjianzhu-yishujia-gongfang-cuikai）	新建型 （由剧场、音乐厅、美术馆、艺术中心等组成的文化场馆群，取"城市之外，艺术中间"之意）	企业主导 （北京市海淀区规划建设一条文化创意大道，由西山产业投资有限公司投资建设的"西山创意产业基地"）	中间艺术区策划的"艺术家驻留项目"，为艺术家提供工作与生活空间，希望营造出一个聚集多元文化的创作环境

12.2.3　土地开发条件

1．新建型文化创意产业园

新建型文创园不受城市既有空间条件的限制，其产业、区位、功能构成类型多种多样，但在土地开发利用环节，其总体原则是大致相同的。

（1）整体性。该类园区的土地利用，需要重点考虑园区使用者和附近居民的生活配套，以及交通的系统组织，整体考虑分期开发的时间与流程。

（2）集约性。由于部分园区位于近郊区，土地供应相对充足，地价相对适中，但依然需要规避大而空的园区景象。在空间结构、功能布局等方面，注重集约高效，从而促进园区经济发展。

（3）多样性。新建型文创园的用地类型，通常以产业用地为主，因此，在土地开发利用环节，需要注重其他功能之间的关系，如居住用地、商业用地甚至教育用地与产业用地之间的关系，统一布局。这样可以形成集聚效应，真正达到产城融合的效果；另外，丰富的业态有助于改善单一的产业环境，激发创意灵感。

2．改造类文化创意产业园

为鼓励利用旧工业建筑发展文化创意产业，国家及部分地方政府出台了相关土地政策。如《文化部"十三五"时期文化产业发展规划》对旧厂房、仓库改造成文化创意场所提出鼓励，并出台了一系列过渡性政策[1]；上海《关于加快本市文化创意产业创新发展的若干意见》鼓励提高存量文化创意产业用地的利用率，前提是符合城市规划、建设规范和严守安全底线[2]；《北京市推进文化创意和设计服务与相关产业融合发展行动计划（2015—2020年）》针对农村集体土地，提出在符合规划和用途的前提下，鼓励发展农业与文化创意和设计服务融合的项目[3]。因此，在国家及地方政府的政策支持下，改造类文创园，往往是依托城市既有工业厂房、仓储用房、传统商业街区存量土地进行开发建设。

12.2.4　区位选址

1．区位分类

改造类文创园的选址，受既有城市空间的影响较大；相较而言，新建型文创园受到的限制较少，根据所在城市的区位不同大体可分为城市型、郊区型、边缘型三类，并对应不同特点（表12-6）。

1）城市型

（1）优秀的文化创意环境。往往位于城市中心区，聚集有大量优秀的研究机构和高校，可以最快获得文化创意资讯。

（2）完善的配套服务体系。服务设施相对齐全，在园区建设中，可以省去高昂的服务设施建设费用。

（3）高强度的混合开发。用地比较紧张，用地指标控制严格。

2）郊区型

（1）较为低廉的土地成本。往往位于城市的近郊区，土地价格相对低廉，且大多可以不用拆迁直接使用，省下大量开发成本，园区的开发强度相对适宜。

（2）较好的生态环境。生态环境通常保存较好，形成有文创氛围的公共空间。

（3）政府政策的支撑。政府通常期望以此在城市发展方向上形成分中心，从而带动周边地区发展。

（4）利用城市公共设施。通常离市区不会太远，交通设施一般也较方便，往往可以利用部分城市中心区的服务设施资源。

3）边缘型

（1）更为低廉的土地成本。往往位于城市的远郊区，土地的获得成本更为低廉，部分甚至为政府划拨，其土地规模可以适应各种类型园区的要求。

（2）对大企业扶持力度大。由于远离市区，通常会通过政策优惠吸引大企业先期入住，通过带头作用解决园区早期人气问题。

---

1. https://www.mct.gov.cn/whzx/ggtz/201704/t20170420_695671.htm　文化和旅游部
2. http://wgj.sh.gov.cn/node2/n2029/n2031/n2064/u1ai154175.html　上海市文化和旅游局、上海市广播电视局、上海市文物局
3. http://kw.beijing.gov.cn/art/2015/4/9/art_2384_2464.html 北京市人民政府

（3）投资成本过高。相关服务设施较为欠缺，交通欠发达，在园区建设的同时，需进行大规模的基础服务设施建设和住宅公寓的建设，开发耗资相对较大。

不同区位选址特点及典型案例　　　　表 12-6

模式	模式特点	典型案例/说明
 城市型	1. 优秀的文化创意环境； 2. 完善的配套服务体系； 3. 高强度的混合开发。	 海上海文化创意产业园 （图片来源：http://blog.fang.com/24050701/8003587/articledetail.htm） 海上海涵盖了三种独具风格的物业形态：生态居、创意LOFT和创意商业街
 郊区型	1. 较为低廉的土地成本； 2. 较好的生态环境； 3. 政府政策的支撑； 4. 利用城市公共设施。	 杭州西溪创意产业园 （图片来源：https://www.poco.cn/works/detail_id3035179） "三大主力业态"即艺术创作及艺术经营类、创意设计类、总部基地类  广州番禺海伦堡创意园 （图片来源：http://www.hlbdc.cn/property/21/100） 以智能化、低密度、生态型的总部群楼，形成集办、科研、设计、中式、孵化于一体的企业总部聚集基地  南京紫东国际创意园 （图片来源：https://baike.baidu.com/item/%E5%8D%97%E4%BA%AC%E7%B4%AB%E4%B8%9C%E5%9B%BD%E9%99%85%E5%88%9B%E6%84%8F%E5%9B%AD/1696113） "总部天地，创意绿洲"准确概括了南京紫东国际创意园的双重产业定位

　　　　　　　　　　　　　　　　　　　　　　现代产业园规划及建筑设计

模式	模式特点	典型案例/说明
 边缘型	1. 更为低廉的土地成本； 2. 对大企业扶持力度大； 3. 投资成本过高。	 北京怀柔影视基地 （图片来源：http://pic3.40017.cn/zzy/lineimage/2015/02/27/11/DcDHxc.jpg） 兼具影视拍摄、后期制作、娱乐休闲、旅游观光等功能的综合性旅游区 上海文化信息产业园 （图片来源：http://www.ikuku.cn/article/shanghai-wenhuaxinxi-chanyeyuan-b4b5dikuai） 着力打造成一个运用立体化市场运作模式的新型产业集聚区

2. 选址原则

改造类文创园的选址，往往取决于既有改造建筑原有区位。新建型文创园的选址则可以遵循以下两条原则：

1）与产业发展背景相关联

新建型文创园的选址，应与所在区域、城市的产业发展背景相关联。园区应当在考察现有区位资源基础上，开展自身的产业定位，目的在于避免产业雷同。根据现有各项基础资源决定不同的产业定位后，再根据产业定位去决定不同区位的选择。比如定位为综合型园区，以高科技创意产业为核心的，往往需要选择用地较为充足，同时周边配套设施较为完善的地区；而定位为单一产业集聚型的，往往需要寻找能够配齐相关支撑和配套产业的地区，形成良好互动；而定位为艺术创意或游览消费的，可能会需求土地价格低廉，环境较好的地区。

2）与优势资源相关联

不同城市的优势资源存在差异，通过分析优势产业得出园区的产业定位后，应在城市中找到契合园区发展的区位。比如综合型文创园区可能倾向用地充足、交通便利性、配套设施齐全的区域；人才导向的诸如以网络、信息、数码等为主要产业的文创园，则更适合在高校附近，依托高校资源优势；而文化气息较为浓厚的诸如建筑设计、艺术品加工等可能需要处在城市中文化氛围较浓的地区，比如上海63号创意设计工场，依托同济大学，成为赤峰路建筑设计一条街的产业发展核心。

3. 功能配比

文创园的功能指标配比，根据其所在区位的不同有所变化。城市型的园区，因用地紧张等因素，通常呈现出开发规模小，开发强度高的特点，如海上海园区；郊区型和边缘型的园区，开发规模一般较大，开发强度较低。

12.3 新建型文化创意产业园规划与建筑设计策略

12.3.1 规划布局

各个文创园的产业特征和规模不尽相同，不同的功能组成通过不同的排列组合，会形成不同的规划布局，不同的布局具有不同的特点。在新建型文化创意产业园中，以轴带式、中心式、组团式几类布局模式居多，涵盖了规划与布局的基本类型，其模式特点如表12-7所示。

文化创意产业园规划布局　　　　　　　　　　　　　表12-7

模式	模式说明	模式特点	典型案例
轴带式	基于产业园区的规划范围，将生产研发、产业配套、生活配套三者沿主轴平行布置	1. 各区域平行发展； 2. 产业园区各部分的功能和空间结构呈带状展开； 3. 园区能耗较大，各区联系较弱； 4. 适合形状狭长的地块	北京二十二院街艺术区
中心式	基于产业园区规划定位，确立园区中心功能，其他各区环绕中心布局	1. 中心区与其他各区联系紧密，各区之间往返便捷； 2. 适用于方形用地	成都西村大院
组团式	生产研发、生产配套和生活配套形成明确组团，由若干组团构成整个产业园区的结构	1. 整个产业园区形成若干尺度较小的组团； 2. 各组团内部功能完整，联系紧密； 3. 适用于相对较大规模的产业园	南京紫东国际创意园

1. 轴带式

基于产业园区的规划范围，将生产研发、产业配套、生活配套三者沿主轴平行布置，各区域平行发展，产业园区各部分功能和空间呈带状展开。此种规划布局适合狭长的场地，园区能耗较大，各区联系较弱，如北京二十二院街艺术区。

【案例分析】

北京二十二院街艺术区

北京二十二院街艺术区选址于北京第一商务大道东，功能涵盖酒店式公寓、艺术家工作室及商业配套，为艺术家提供了良好的工作、生活环境，同时聚集各类精英人群在此生活消费。艺术区各功能沿中央街道展开，呈轴带式布局，契合基地狭长的地形（图12-2）。

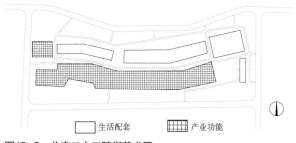

☐ 生活配套　▦ 产业功能

图12-2　北京二十二院街艺术区

2. 中心式

根据产业园区规划定位，确立园区中心功能，其他各区环绕中心布局。中心区与其他各区联系紧密，各区之间往返便捷。中心式布局适用于用地较为方正的文创园，如成都西村大院。

【案例分析】

成都西村大院

成都西村大院是成都西村创意产业园的三期工程，位于成都市主城区。园区以文化创意产业为主体、以现代服务业为核心。面向媒体公司、设计公司、旅游公司、软件设计公司、艺术家等创意产业和个人，提供现代办公区、展览交易空间、创意市集、演艺空间、设计酒店、图书馆、运动休闲等硬件设施，并提供高品质的现代服务功能。西村大院各功能围绕中心庭院布局，共享中央绿色景观（图12-3）。

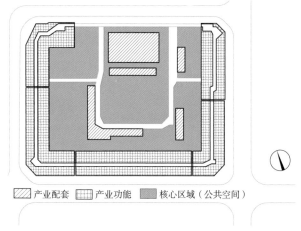

▨ 产业配套　▦ 产业功能　■ 核心区域（公共空间）

图12-3　成都西村大院

3. 组团式

生产研发、生产配套和生活配套形成明确组团，由若干组团构成整个产业园区的结构。整个产业园区形成若干尺度较小的组团，各组团内部功能完整，联系紧密。此种规划布局适用于相对较大规模的产业园，例如南京紫东国际创意园。

【案例分析】

南京紫东国际创意园

南京紫东国际创意园位于南京市栖霞区南部，是栖霞区建设"智慧新区"的重要组成部分。园区以发展总部经济和创意产业为主体，重点吸引研发设计行业总部、文化传媒业、咨询策划业等产业。园区以组团式布局功能，功能分区明确，结构清晰，各组团围绕各自的中心绿化景观打造景观园林式园区环境，提高园区品质（图12-4）。

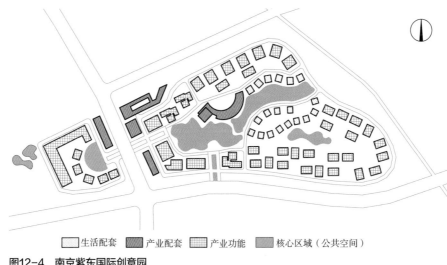

☐ 生活配套 ■ 产业配套 ▦ 产业功能 ▨ 核心区域（公共空间）

图12-4　南京紫东国际创意园

12.3.2　功能构成

1．功能要素

本章节将文创产业园的功能要素体系构成划分为产业功能和服务配套两大类，产业功能主要包括创意研发功能、服务交易功能、培训教育功能和宣传展示功能，服务配套主要包括产业配套和生活配套（表12-8）。

文化创意产业园的功能构成　　　　表12-8

功能类型		具体组成
产业功能		创意研发、服务交易、培训教育、宣传展示
服务配套	产业配套	后勤、管理、仓储等
	生活配套	居住、餐饮等

1）产业功能

（1）创意研发功能。创意研发是文化创意产业的基本要求，工作室等研发空间也自然成为文创园的核心功能。

（2）服务交易功能。许多园区将创意研发与交易服务空间组织在一起，尤其对于文化艺术产品的创作；独立设置的交易空间也是实现文化创意与市场经济结合的重要功能空间。

（3）培训教育功能。在文创园内提供一定的教育培训场所，提高就业者的整体素质，将为文化创意产业的发展打下良好的人力资源基础。

（4）宣传展示功能。文化创意产品有充分的展示空间被人们所接受和认识，能更好地产生经济效益。

2）服务配套

（1）产业配套。文创园内满足生产研发需求的园区附属设施，如后勤、管理、仓储等功能。

（2）生活配套。文创园内满足生活机能需求的园区附属设施，如居住、餐饮等功能。

2．功能布局

在上述规划布局模式的总体控制下，新建型文创园的功能布局模式主要有以下三类，具体见表12-9。

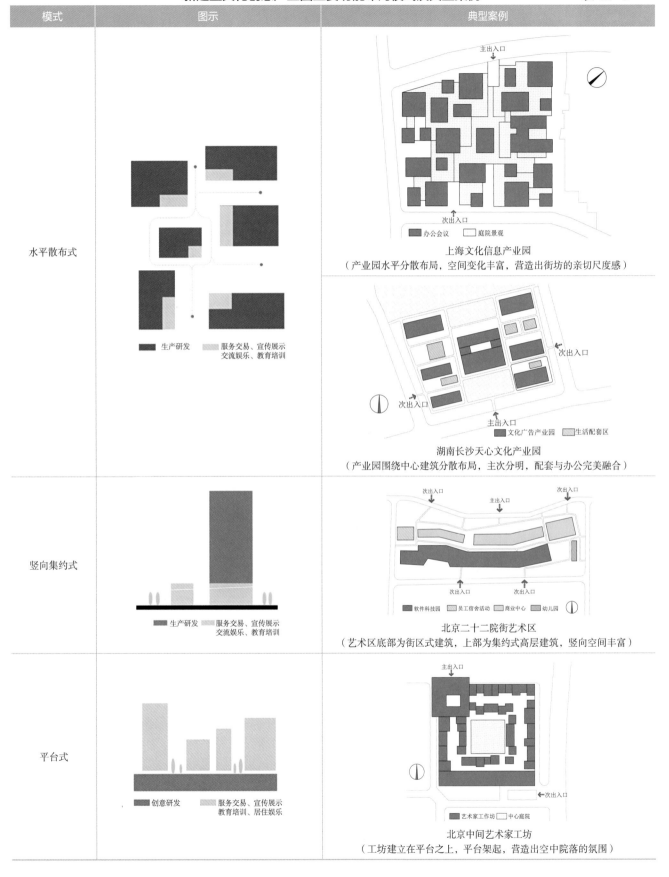

模式	图示	典型案例
水平散布式	生产研发　服务交易、宣传展示 交流娱乐、教育培训	上海文化信息产业园 （产业园水平分散布局，空间变化丰富，营造出街坊的亲切尺度感） 湖南长沙天心文化产业园 （产业园围绕中心建筑分散布局，主次分明，配套与办公完美融合）
竖向集约式	生产研发　服务交易、宣传展示 交流娱乐、教育培训	北京二十二院街艺术区 （艺术区底部为街区式建筑，上部为集约式高层建筑，竖向空间丰富）
平台式	创意研发　服务交易、宣传展示 教育培训、居住娱乐	北京中间艺术家工坊 （工坊建立在平台之上，平台架起，营造出空中院落的氛围）

1）水平散布式

（1）说明：生产、生活配套空间水平散布，服务各主要功能空间。

（2）优点：最大限度地满足规模中等偏大型园区，如组团式和中心式园区，对生产、生活配套空间的需求；同时，有效减少对创意研发等主要生产空间的干扰。

（3）缺点：生产、生活配套空间相对分散，不利于园区所有人员便捷使用。

2）竖向集约式

（1）说明：即主要利用竖向交通，组织主要功能空间和生产、生活配套空间。

（2）优点：能够较好解决中小型园区，如轴线式园区，对生产、生活配套空间的需求；配套空间相对集约布置，方便园区人员有选择性地使用相应功能空间。

（3）缺点：生产、生活配套空间与创意研发等主要生产空间在空间距离上过于接近，一定程度上影响园区人员的创意研发工作。

3）平台式

（1）说明：将生产、生活配套空间与创意研发等主要生产空间进行明确的竖向划分，并利用竖向划分所形成的屋面，形成空中平台；常用于城市居住综合体的集约型发展，在文创园中也有应用。

（2）优点：兼具水平散布式和竖向集约式优点的同时，较为有效地规避两者的缺点。

（3）缺点：单个园区的规划设计需要服从整体园区的规划控制，园区个性化减弱；同时，在技术手段上，需要严谨考虑各单个园区之间，平台结合的实操性。

12.3.3 交通组织

1．一般性原则

（1）注重接驳。新建型园区多数位于城市中心区和近郊区，在园区交通系统规划时应注重与周边城市公共交通站点诸如地铁、公交、停车场等之间的联系，便于园区与城市交通系统的融合。

（2）通而不畅。新建型园区内部道路有时也是城市道路中的一部分，因此在道路设计时应避免出现大量的过境车辆，对园区工作和生活造成干扰，营造安全、宁静的园区环境。

（3）丰富空间。道路系统应该能够联系园区内部各功能组团，为建筑物、公共绿地等的布置提供有利条件。

（4）倡导慢行。倡导步行、自行车等方式的慢行交通系统，作为一种体验园区绿色、生态、优美、和谐景观和创新氛围的路径。

2．车行系统

新建型文创园的车行系统规划需要注意以下四条设计要点：

（1）内外交通兼顾。园区内的道路网应该与园区外的城市道路有恰当的联系和连接，自身应该形成完整的交通系统，满足内外交通流量的需要。

（2）共行分流兼备。园区主干道可采用人车分流，其他道路车流量较少，则可一定程度的人车共行。

（3）创造景观环境。车行路网可与园区的整体环境结合，使道路成为景观体验带。

（4）引发交往空间。在新建型文创园中，道路的交流、休闲功能是其功能因素中的重要部分，可以结合广场等公共空间组成非正式交流的网络系统。

在上述原则的把控下，新建型文创园形成棋盘式、环形放射式、鱼骨式、复合式四种常见的车行道路布局形态，见表12-10。

类型	特点	模式图	典型实例
棋盘式	两组互相垂直、平行道路组成方格网状的道路系统	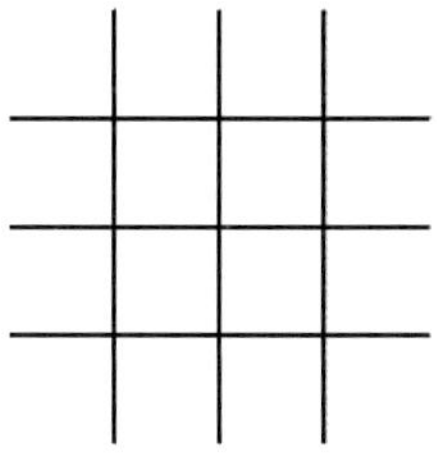	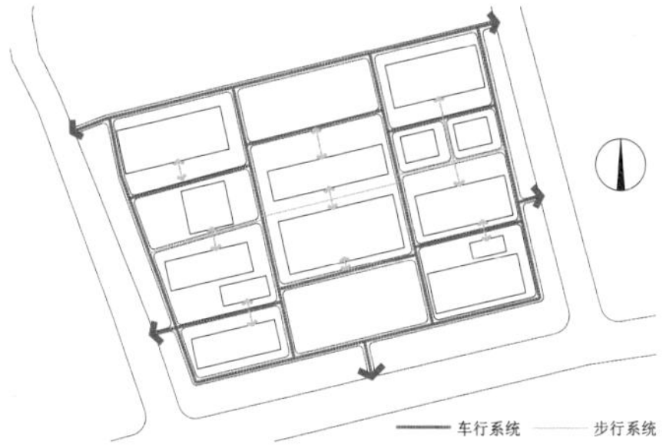 湖南长沙天心文化产业园（产业园道路呈网格式布局，交通便利，联系方便）
环形放射式	由产业园区中心向四周引出若干放射干道，利用环道将若干放射干道进行串联，形成环形放射式道路网	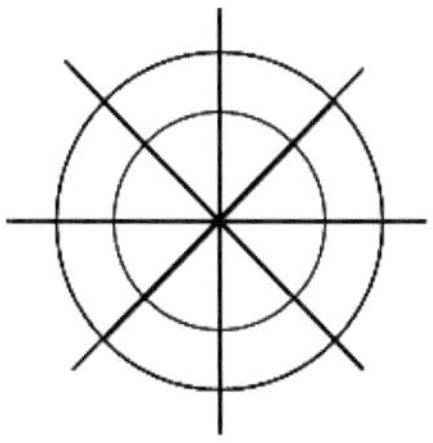	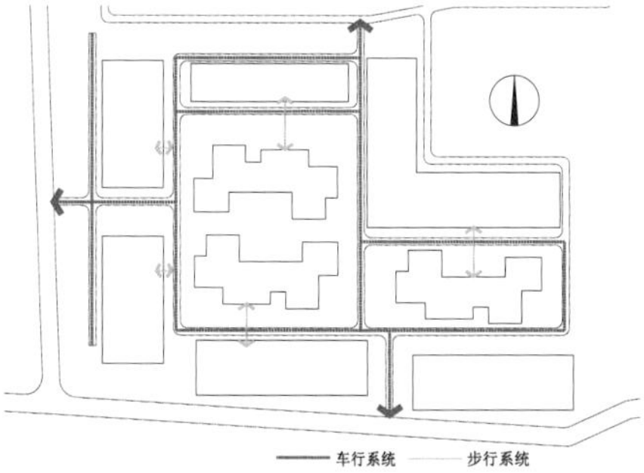 北京益园文创基地C区（道路围绕中心建筑展开，与周边干道串联组织，方便从各个方向到达）
鱼骨式	垂直于产业园区主要道路布置多组次要道路，主要道路与多组次要道路形成鱼骨式道路系统	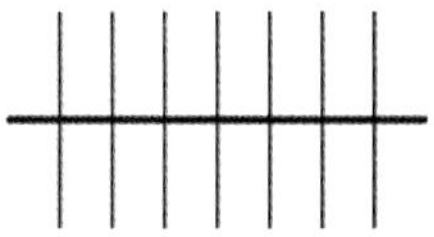	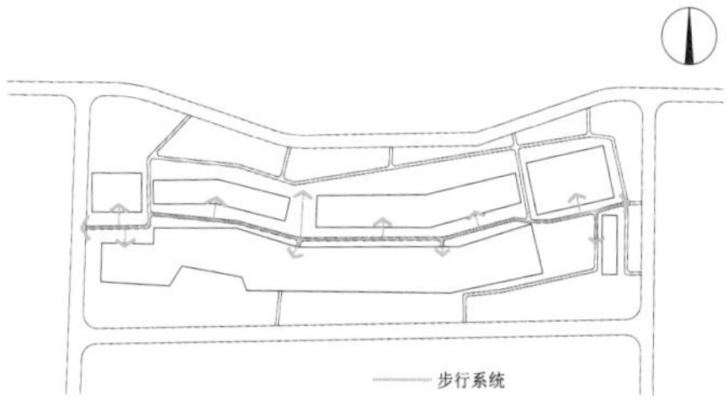 北京二十二院街艺术区（道路主次分明，主要道路、次要道路呈鱼骨式排布）
复合式	以上几种形式的综合利用，一般适用于高新科技园等大型产业园区	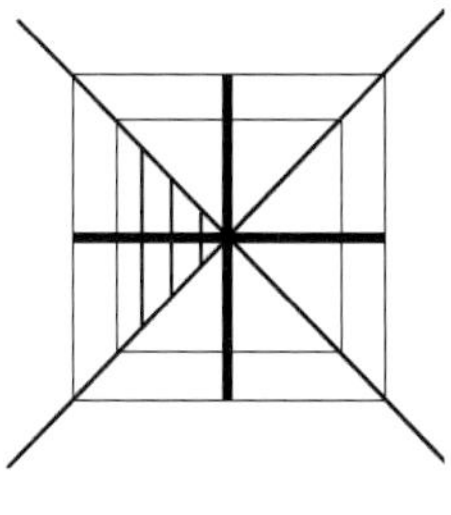	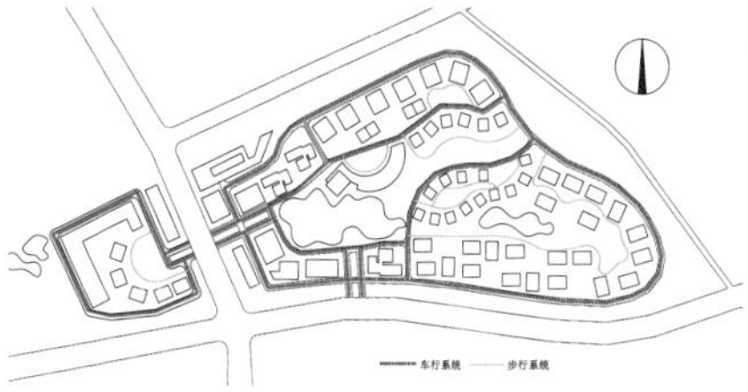 南京紫东国际创意园（产业园面积较大，综合运用多种方式组织交通，道路形态顺应地形，灵活多样）

3. 步行系统

新建型文创园的步行系统可以分为外围步行系统、内部步行系统和休闲步行系统三类：

（1）外围步行系统：指沿园区外围道路绿带分布，与交通道路平行的人行道。在设计上常常呈现流线型，与两侧的地形、草地、树木及灌木丛相结合，成为绿化道路的有机组成。

（2）内部步行系统：联系各创意研发办公、培训、展示、超市、餐饮场所、停车位、停车库及出入口之间的通道。以高效为目的，遵循两点最近距离原则。

（3）休闲步行系统：主要满足园区工作人员的心情放松所需，是园区调节、放松心情和休憩的重要场所。在设计时宜采用流线、自然的方式。

12.3.4　公共空间设计

公共空间作为新建型文创园区空间网络体系的重要组成部分，既具有城市公共空间的一般特点，又具有自身的独特性，其设计主要遵循以下原则：

（1）整体性原则。应该在城市整体空间体系的范围内进行设计，不仅要以园区自身的功能组织需求作为出发点，更要对城市整体空间体系做出进一步补充和完善。

（2）开放性原则。包括行为和形式上的开放性。行为上的开放性属于功能和管理层面的内容；形式上的开放性要求园区公共空间本身在视觉和感受上能够传达给人们该空间是公共空间的信息。

（3）主题性原则。文创园的公共空间最能反映该园区的产业特色，作为对外开放的窗口，具有明确的主题建构，能给人以清晰明确的形象特征，从而吸引同类产业入驻，形成产业链。

（4）关联性原则。园区公共空间形式上与建筑空间、城市空间构成连续的、统一的环境形象，关联性则提供了园区空间存在的环境背景和依据，提供了文创园公共空间所具有的独特魅力。

12.3.5　建筑立面设计

1．建筑风格控制

1）规模与体量

规模与体量是在宏观层面上进行的建筑风格把控。文创园区并不单纯是单体建筑的组合，各建筑单体之间通常存在潜在的联系。以北京二十二院街艺术区为例，园区有占地面积相差不大的高层大体量建筑群和紧凑低矮建筑群，两者在垂直方向上产生对比，形成较为丰富的园区天际线（图12-5）。

图12-5　二十二院街艺术区
（图片来源：http://blog.sina.com.cn/s/blog_8b6b486d0101e3th.html）

2）功能与形体

新建型园区的建筑充当了企业、艺术家的办公地点或工作室，建筑风格的把控是在功能基础之上讲求的有意味的建筑形式。从宏观层面来讲，建筑的形态对园区的天际轮廓线产生直接的影响；微观层面上，建筑作为园的主体部分对园区形态的塑造产生最直接的影响。图12-6展示了两种不同文创园的形体对园区天际线和形态的影响。

3）材质与色彩

建筑的材质与色彩是在新建型园区建筑体量的限定下对建筑表皮的深入表现。对于大部分新建型园区来讲，材质的选用多经深入考究，不仅期望通过材质体现建筑的品质，更希望通过材质自身的属性来引发人们的触感意愿；建筑色彩的选用很大程度上秉承了建筑所用的材质，或者说，材料本身的物理色彩就是建筑的色彩，以此表现建筑的情感与性格。

图12-6　上海文化信息产业园（左）、浙江白马城生态创意城（右）

（图片来源：http://www.ikuku.cn/article/shanghai-wenhuaxinxi-chanyeyuan-b4b5dikuai）

2. 立面设计手法

文创园的建筑外立面设计要求兼具时代性与传统性。在注重时代性的同时，往往融入传统经典片段，这样建筑才能更具文化性，体现园区特色，这一点在改造类文创园中尤为明显。

落实到新建型文创园中，总体来说，其立面的风格还是以简洁、现代为主。在设计手法上，可以归类为模数化、规整化的设计倾向，通过体块的穿插和堆叠做出变化；另外还有建筑形体的变化，以此来体现文化创意产业园的特点（表12-11）。

新建型文化创意产业园立面设计手法及典型案例　　　　表 12-11

设计手法	典型案例			
模数化、规整化	南京紫东国际创意园 （图片来源：https://baike.baidu.com/item/%E5%8D%97%E4%BA%AC%E7%B4%AB%E4%B8%9C%E5%9B%BD%E9%99%85%E5%88%9B%E6%84%8F%E5%9B%AD/1696113）	为维持绿色生态廊道的延续性，园区将打造高档园林景观，并大量运用生态科技手段，使园区处处充满创意	湖南长沙天心文化产业园 （图片来源：https://www.handfreemedia.com/h/100039/20160617/419417.html）	国家级文化产业试验园，着力扶持演艺娱乐、影视传媒、文化旅游、文化会展、出版发行、创意设计六大产业
	韩国坡州出版产业园 （图片来源：http://blog.sina.com.cn/s/blog_13ae2eedb0102v2zo.html）	将出版相关的行业集中一处，推动出版业发展的摇篮	韩国首尔数字媒体城 （图片来源：https://www.hanchao.com/contents/spot_photo.html?id=10524）	城市产业升级为导向，政策支持文化传媒企业为导入

设计手法	典型案例	
模数化、规整化	 北京中间艺术区 （图片来源：http://www.ikuku.cn/project/zhongjianjianzhu-yishujia-gongfang-cuikai）	建筑以6米高的深灰色压花钢板幕墙为基座，上部漂浮着错落的白色盒子群体
	 上海文化信息产业园 （图片来源：http://www.ikuku.cn/article/shanghai-wenhuaxinxi-chanyeyuan-b4b5dikuai）	建筑实体部分被设计为标准的矩形体块，采用统一的平面布局，使其符合利于成本控制并符合建造与销售的简单化原则
体块穿插	 澳洲昆士兰科技大学创意产业园区 （图片来源：https://www.archdaily.cn/cn/878894/kun-shi-lan-ke-ji-da-xue-chuang-yi-chan-ye-yuan-qu-er-qi-richard-kirk-architect-plus-hassell）	新建筑在一系列需要保护和加固的单层遗产建筑北侧半围合
	 马来西亚多媒体超级走廊 （图片来源：https://zhuanlan.zhihu.com/p/388996182）	建立以电子信息城(Cyberjaya)赛博加亚为中心，所有数码城市和数码中心相连的信息走廊
曲面、个性化	 浙江白马城生态创意城 （图片来源：http://www.supconit.com:82/index.php/profile/index/11.html）	诠释了城市有机更新理念，在建设过程中，始终把生态保护放在重中之重的位置
	 韩国坡州出版产业园 （图片来源：http://www.chinabuildingcentre.com/uploadfile/2012/1205/20121205091143764.jpg）	不造作，不显眼，是属于大自然里的建筑
传统元素应用	 杭州西溪创意产业园 （图片来源：https://www.poco.cn/works/detail_id3035179）	依托不同时期遗存的保留建筑，按照"生态化、功能化、差异化"的标准进行修缮、新建
	 上海文化信息产业园 （图片来源：http://www.ikuku.cn/article/shanghai-wenhuaxinxi-chanyeyuan-b4b5dikuai）	建筑实体部分被设计为标准的矩形体块，采用统一的平面布局，使其符合利于成本控制并符合建造与销售的简单化原则

12.3.6 景观环境设计

1. 一般原则

新建型文创园在景观环境设计上应当遵守以下三个原则:

（1）以人为本，注重体验。充分考虑人的体验，通过对尺度、材料、空间、文化元素应用等方面的控制和推敲，使园区景观空间合理化、人性化；再对园区景观进行趣味性设计，使景观空间更具参与性。

（2）因地制宜，尊重场所。充分尊重园区所处环境的结构稳定性和景观格局，使新建景观在景观结构、外形风格和功能上与原场地相互和谐。

（3）生态低碳，节约资源。选择一条低成本改造、生态环保、材料循环利用的建设之路，减少生产、加工、运输过程中消耗的能源。

2. 景观要素

在文创园的景观环境设计中，常采用以下要素（表12-12）:

新建型文化创意产业园景观要素及典型案例 　　　　表12-12

景观要素	典型案例及特点			
广场	 北京怀柔影视基地（图片来源：http://img8.zol.com.cn/bbs/upload/23691/23690080.jpg）	结合广场雕塑，体现园区的主题性	北京中间艺术家工坊（图片来源：http://www.ikuku.cn/project/zhongjianjianzhu-yishujia-gongfang-cuikai）	与建筑紧密结合，满足基本功能要求的同时，使园区尺度更为适宜
绿化	 南京紫东国际创意园（图片来源：http://blog.sina.com.cn/s/blog_7b9b6b640102wjfw.html）	通过增加园区垂直绿化，增加整体性的同时，打造绿色生态园区	 广州番禺海伦堡创意园（图片来源：http://www.hlbdc.cn/property/21/100）	人工打造园区整体绿色植被，使园区整体性更佳
水景	 上海文化信息产业园（图片来源：http://www.ikuku.cn/post/65523）	充分利用基地原有水景资源，园区建筑临水而建	 杭州西溪创意产业园（图片来源：http://blog.sina.com.cn/s/blog_565acd9a0101f4gr.html）	原有水景资源以湖的形态拥抱园区主体建筑
小品	 首尔数字媒体城（图片来源：https://windko.tw/seoul-cj-myct/）	园区小品数字科技概念	 海上海文化创意产业园（图片来源：http://www.shanghaichuangyiyuanqu.com/rent/2016-09-23/1193.html）	园区小品统一风格，以系统的方式体现园区主题

1）广场

（1）功能性。广场通常作为园区人流的主要集散点，应该满足基本功能性的要求，即人群的交汇、集散、逗留、等候、服务等。

（2）主题性。一般来说，广场空间是园区的对外展示平台，应明确地在广场设计中表达出文化创意产业园的主题性。

2）绿化

（1）整体性。应该考虑与周边地区环境相协调，并统筹好园区内的植物分布及植物种类的选择，保证绿化植被能够跟随季节变化而丰富多彩。

（2）特征性。可以与园区的产业主题选择相关联。

3）水景

多数为规则式构图，以"池"或"渠"的形式出现，常见的有镜面水池、小型叠水、人工湖这几种形式；也有利用场地原有自然水景的。

4）小品

（1）文化性。作为文化创意产业来说，其园区的小品构筑，除了满足功能属性之外，还需考虑外观形式与园区主题的联系，体现文化创意产业园的文化特征。

（2）系统性。要强调这些构筑物小品作为整体的精神内涵，即园区内所有构筑物小品的空间序列和内在精神联系，使之提升到整体的、影响园区整体形象的文化景观层面。

12.4 改造类文化创意产业园建筑设计策略

12.4.1 改造意义与设计原则

改造类文创园是我国存量规划背景下既有建筑空间更新再生的一个新出路。改造既有建筑空间，尤其是旧工业建筑，具有物理层面和精神层面的双重意义：

（1）环境保护与可持续发展。从环境角度考虑，旧厂房等工业建筑的推倒重建不仅会产生建筑垃圾，还会因此消耗大量的资源与能源。通过转变对旧工业建筑的处理方式，重新规划设计，对其进行功能转换，引进对环境无危害、危害小的文化创意产业，可以带动地区经济发展，激活地区文化活力。

（2）保留城市文化与记忆。对旧工业建筑进行适当改造，使其满足新的功能需求，此举措不仅可以保护建筑本身的物理空间形态，使工业社会的展品、城市发展脉络和历史足迹得以保留，也通过与人的互动，体现了其历史意义和改造本身的意义。将既有建筑空间改造为文创园时应以更宏观的视角来确定产业调整的方向与空间更新策略，总的来说，需要注意以下两个方面：一是经济效益。在制定改造原则时应重视对产业结构和市场经济规律的分析，最重要的是不能受经济利益的驱使，追逐短期获利和形象工程，为城市未来发展留下隐患。二是系统规划。不能将改造类文创园的建设作为局部性问题，而要从整体出发，使城市机能得以完善，综合功能得到提升。

12.4.2 既有建筑评估

既有建筑评估是改造类文创园的前期重点工作之一，通常从价值、环境、技术和效益四个方面切入评估，最终综合评价得出既有建筑的改造等级，指导施工改造。

1. 价值评估

（1）历史价值。当建筑的某一特性与重要历史事实相关联，则可以认为其具有一定历史价值。而历史价值的高低，可以根据与历史事实的吻合程度和历史事实本身的重要性进行判断。

（2）艺术价值。当建筑的形式反映了地域或时代艺术特征，或者与历史某一风格流派相吻合，则可以认为该建筑具有艺术价值。

（3）文化价值。可以存在于企业精神、文化和理念中，也可以存在于企业的工业记录和与工业相关的生活习惯里，并通过物质空间载体留下痕迹。

（4）社会价值。旧工业建筑具有认识、教育和公证作用，其建筑本身就是社会价值的体现。

2. 环境评估

（1）外部环境评估。在外部环境评估中，应该重点考虑既有建筑的区位、周边道路交通情况、停车状况、货运通道、周边绿化环境等。

（2）现场调研。调研的内容应分为现场记录和文献资料两个方面，成果包括文字、测绘图、原设计图纸、照片、录像等。从它的复杂性、专业性以及强指导性而言，一般应由政府支持，与当地有关机构和大专院校合作展开相关工作。

3. 技术评估

对旧工业建筑进行技术分析和质量评估能够得出可行的改造方向。在旧建筑结构鉴定的研究上，国内外已经有很多经验，我们可以加以借鉴。相关学者将一般历史建筑的结构鉴定报告分成以下几个部分[1]：

（1）概况。包括建筑的基本结构情况，长、宽、高、层高、面积以及地基基础等。

（2）现场结构与材料检测及鉴定。检测内容是与改造有关的梁、柱、楼板的现状，包括裂缝、偏移、损失情况。

（3）强度测试。目前对钢筋混凝土构件的强度测试一般采取超声法和取芯法两种。同济大学刘云教授在上海苏州河滨水区环境更新与开发研究中，对现状建筑的技术分析，采用了建筑质量评价和综合评价相结合的方法，将现状建筑质量评价尺度分为好、较好、一般、较差、极差5个级别[2]。

4. 效益评估

从本质上看，任何保护与再利用实践都是利益驱动的结果，改造类文化创意产业园也不例外。因此，在市场经济条件下，对预期经济效益的考察是开发者和设计者必须重点考虑的，包括以下几个方面：

（1）土地成本。旧工业建筑往往位于工厂或工业区内，土地价值对于市场的反应滞后，对其进行改造和再利用的土地成本低于一般性旧建筑改造，介于新开发地段和传统意义的旧建筑改造之间。

（2）建筑成本。旧工业建筑一般位于城市的良好地段，市政设施完善，政府和业主对于交通、能源、文教等方面的公共投资都要小于新建型园区。但是由于长期使用，需要对旧工业建筑的结构、基础等状况进行测定后再行设计，因此设计费用应有所增加。

（3）社会成本。社会成本包括与生态、历史文化环境有关的效益成本，是一种难以用货币表示的无形成本，但是它会在后续使用中以其他的方式反映出来。

（4）预期收益。将失去生产功能的旧工业建筑改造为文创园，应当对其预期收益进行评估。

5. 综合评价与改造等级

从价值分析、环境评估、技术评估和效益评估四个方面，对旧工业建筑进行综合评价，其结果决定了旧工业建筑的改造等级：维修、改建、拆除。

---

1. 朱伯龙, 陆洲导, 吴虎南. 房屋结构灾害检测与加固 [M]. 上海：同济大学出版社，1995.
2. 刘云. 上海苏州河滨水区环境更新与开发研究 [J]. 时代建筑，1999（03）：23-29.

12.4.3 改造策略

改造类文创园的功能要素与新建型文创园相近，也可分为产业功能和服务配套两大类。与新建型园区不同的是，由于改造类园区通常是依托旧工业建筑改建而成，其配套功能占比相对较低，改造的对象也主要集中在产业功能空间，具体改造方法可大体分为功能置换与空间重构两种：

（1）功能置换。功能置换是指新旧功能的替换，将建筑改作他用，由此带来交通流线、内外装修与设施等变更。此类改造中结构检测和加固必不可少，旧建筑经过多年的使用，其地基基础、排架柱、屋架、承重墙以及支撑系统的结构布置、截面尺寸、钢筋布置等方面可能已经达不到现行规范的要求，建筑功能的置换带来的荷载变化对原结构的影响等都需要结构工程师对其进行检测、验算，必要的时候做结构加固处理。

（2）空间重构。空间重构的改造力度较大，通常是在原有空间基础上对空间形态的二次塑造。主要包括水平分隔、垂直分隔、屋中屋、中庭（庭院）空间植入和局部扩建五种方式，具体见表12-13。

改造型文创园常见空间重构手法及典型案例 表 12-13

空间重构手法	示意图	说明	典型实例	
水平分隔		适用于多层框架结构的工业厂房、仓库，通常改造为办公用房	南京1865创意园 （图片来源：https://dcbbs.zol.com.cn/1/33970_4819.html）	创意园由工业厂房改造，空间尺度较大，水平分隔形成不同功能空间
垂直分隔		适用于层高6m以上的空间，结构坚固，需注重原建筑结构与新增结构构件之间的协调问题	深圳F518时尚创意园 （图片来源：http://www.cnf518.com/company-69-1.html）	创意园层高较高，为充分利用竖向空间进行垂直分隔，增加空间使用效率
屋中屋		指在主体空间内部区分出一系列子空间，容纳其他功能的存在	深圳OCAT （图片来源：https://www.sohu.com/a/125012999_428907）	建筑内部置入一系列小空间进行分隔，形成丰富多样的空间效果

空间重构手法	示意图	说明	典型实例	
中庭（庭院）空间植入		内部加入中庭空间，利用玻璃天窗，不仅可以活跃室内空间，还可以使自然采光条件得到改善	 南海意库三号楼 （图片来源：http://yun100.qfangimg.com/group1/1200x900/M00/F5/51/CvtcMVh4inCAT2JkAAebncDy5Ps234.jpg）	建筑内部融入中庭空间，不仅改善了室内采光，更加提高了内部空间品质
局部扩建		特指对旧建筑形体做适当的扩张，有别于室内进行的夹层扩建，主要用在入口扩建、沿街楼外扩及竖向加层	 北京七棵树创意园 （图片来源：http://wap.ty.pickfun.cn/zufang/qy2/h1544111984.html）	在原有建筑基础上局部加建，丰富了建筑形体，标识性更强

12.4.4 交通调整

旧厂区中的道路原先是以便于产业运输为目标进行设计的，尺度大、功能性强，但不适合人的活动。另外，一些经历了较长历史时期的老厂区经多次无序扩建后往往分布杂乱，这在很大程度上也损害了建筑物的交通流线组织和空间氛围。

因此，与新建型园区交通组织模式不同的是，改造类文创园的交通更多是在原有基础上做调整，使之更适宜人的尺度，更易与社会生活紧密联系，并且消除消防上的安全隐患，适当增加外部停车空间。交通调整需要注意以下方面：

（1）可达性及易达性设计。周围是否有便捷的交通，园区的入口位置及设计是否可识别并且容易到达。

（2）人流与货流的合理分配。人行与货物通行是否冲突，人流的导引和疏散是否合理。

（3）适当的停车位。停车位的数量是否合理，是否需要扩建地下停车位。

（4）及时消除消防隐患，确保消防通道的通畅。

如深圳华侨城创意文化产业园南区，原本的交通系统不能适应新的片区规划，在改造设计中，园区车行入口规划在西北侧恩平路上，并设置停车场，步行入口则设置在基地南侧，内部形成完善的、可达性好的步行系统，尺度也更为适宜，完全改善了园区的交通状况。在华侨城创意文化园北区规划中，北区规划面积较大，必须合理组织园内交通，包括园内步行交通与车行交通（图12-7、图12-8）。

由旧工业建筑改造而成的文创园，规模有大有小，如F518文化创意产业园区，规模偏大，设计中应重点考虑人流与物流的合理设置以及停车场的规模等；而设计之都，面积较小，交通规划中应重点考虑交通的易达性及通畅

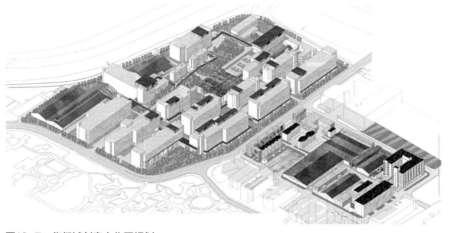

图12-7 华侨城创意文化园规划

（图片来源：http://www.urbanus.com.cn/projects/oct-loft/？t=renovation）

图12-8 华侨城创意文化园总平面

（图片来源：http://www.octloft.cn/map_type/shopping/）

性。通过上述典型实例，归纳出以上注意要点，并非都需要着重考虑，需根据规模大小以及区域位置等实际条件，有针对性地做出调整。

12.4.5 建筑细部改造

1. 建筑立面更新

改造类文创园的建筑立面更新设计手法主要有整旧如旧、整旧如新和新旧对比三种，典型案例见表12-14。

改造类文化创意产业园建筑立面更新设计手法及典型案例　　　　表12-14

景观要素	典型案例及特点			
整旧如旧	 上海南苏州路1295号 （图片来源：https://www.douban.com/photos/photo/2608651884/）	建筑改造后保留了原有建筑风貌，历史氛围浓厚	 北京798艺术区 （图片来源：https://www.vjshi.com/watch/3163404.html）	798艺术区改造后保留原有红砖立面，充满年代氛围
	 广州1850创意园 （图片来源：https://you.ctrip.com/travels/china110000/3398180.html）	园区改造过程中对环境进行优化，建筑基本保留原貌	 广州红砖厂创意园 （图片来源：https://www.meipian.cn/184rq8os）	改造后保留的传统建筑风貌成为园区的标志性元素

景观要素	典型案例及特点

建筑立面的大面积手绘、涂鸦、装饰构件为园区增添了时尚活力

深圳田面设计之都

（图片来源：http://images.0199.com.cn/data/attachment/portal/201405/16/102024ogpy6iiwr14bieiw.jpg）

建筑改造中植入大面积垂直绿化，绿色生态，极大改善了园区环境

深圳南海意库

（图片来源：http://qhsk.china-gdftz.gov.cn/fz/banner_y/content/post_4399570.html）

整旧如新

建筑改造中加入金属板、玻璃等现代元素，焕发建筑新的活力

广州TIT创意园

（图片来源：https://www.gooood.cn/TIT-Creative-Park-By-cnS.htm?lang=zh_CN）

运用全新的立面元素演绎传统建筑，现代时尚

南京世界之窗创意产业园

（图片来源：http://nanjingbaoyewenhuachuangyiyuan.haozu.com/nj/xuanwu_njxuanwumen/）

新旧材料的强烈对比增加了建筑的艺术氛围

深圳华侨城创意文化园

（图片来源：http://www.urbanus.com.cn/contact/?lang=en）

色彩斑斓的体块置入传统建筑中，充满活力

杭州loft49创意产业园区

（图片来源：https://ishare.ifeng.com/c/s/7yKArIMJY7f）

新旧对比

建筑表面运用鲜明的色彩装饰，新旧材料之间完美融合

苏州创意泵站

（图片来源：http://pic1.58cdn.com.cn/enterprise/appearance/big/n_v1bl2lwkgrzj2vo377jzqq.jpg）

建筑立面运用现代的玻璃与传统的红砖墙进行装饰

南京红山创意工厂产业园

（图片来源：http://www.soupu.com/UIPro/ProjectDetails.aspx?projectid=5248）

（1）整旧如旧的本质是保护旧建筑从诞生直到采取保护措施为止的整个过程的全部信息，在实操中，对原建筑肌理上的破损进行特征上的修补也称为整旧如旧。目前对于改造类文化创意产业园中旧工业建筑的表皮处理，采用较多的做法就是遵循整旧如旧的原则，经过做旧的手法进行外部更新。

（2）整旧如新即在立面修复中，对已经失去使用价值的非长久保存型材料，从美学角度出发，用新材料、材质来替代。

（3）新旧对比通过将新旧元素强烈对比，使新旧元素都十分明显。常见的对比手法有：一，材质对比：旧工业建筑大多运用混凝土等材料，新增部分则往往采用轻钢和玻璃，厚重与轻巧形成强烈对比；二，色彩对比：色彩可以明确区分新与旧，使改造后的立面变得焕然一新；三，尺度对比：传统的材料由于加工工艺的变更可以产生更大尺度的形体，如大面积的玻璃等。

2．建筑构件和细节保留

改造类文创园常对能够体现历史痕迹的元素进行保留，例如天窗、门和工业遗迹等（图12-9）：

（1）天窗。天窗是旧工业建筑最具标志性的构件，通常结合实际情况对天窗进行特征化的二次设计。

图12-9　天窗、门、材料和工业遗迹（北京798艺术区）
（图片来源：https://m.quanjing.com/imgbuy/QJ6120295270.html）

（2）门。门作为建筑物的出入口，其改造设计要点有：首先，需要注重形象性；其次，有其标志性，但不能破坏园区整体风格形象；最后，指向性和导入性要强。

（3）材料。在旧工业建筑改造中，运用不同材料进行材质对比，可以强调出独特的艺术效果。在国外，运用最多的是工字钢、玻璃以及木材。

（4）历史符号和工业遗迹。工业元素和历史痕迹是旧工业建筑不可复制的遗产，灵活运用这些元素，并通过不同的手法来强调，将会使建筑的场所精神更加突出，附加值增大。

12.4.6　结构与技术措施

1．既有建筑结构改造类型

旧工业建筑按其结构系统的不同大致可以划分为三类（表12-15）：

既有建筑结构改造类型及典型案例　　表 12-15

旧工业建筑类型	特点	典型案例	案例改造后功能	案例改造方法
大跨型	1．跨度15~30m居多； 2．屋顶多为桁架结构，大部分有天窗； 3．体型简单，立面简洁	成都红光电子管厂 （图片来源：http://xchengdu.com/）	1．艺术家工作室； 2．设计类公司； 3．宣传展示空间； 4．演艺中心等	1．水平分隔； 2．垂直分隔； 3．屋中屋； 4．中庭空间； 5．局部扩建

旧工业建筑类型	特点	典型案例	案例改造后功能	案例改造方法
常规型	1. 层高较低，一般在4.5m以下； 2. 屋顶构造简单，一般无天窗； 3. 多采用框架结构体系，柱网较密	 上海8号桥二期 （图片来源：http://d.youth.cn/newtech/201905/t20190531_11970056.htm）	1. 设计类公司； 2. 文化、传媒、出版等办公空间； 3. 生活配套空间	1. 水平分隔； 2. 局部扩建
特异型	1. 建筑具有一定的历史和美学价值； 2. 工业构筑物密集区，大量烟筒、水塔、管道等	 上海1933老场坊 （图片来源：http://travel.qunar.com/p-oi3710932-1933laochangfang-1-6?rank=0） 成都红光电子管厂 （图片来源：https://www.sohu.com/a/280929518_750225）	1. 休闲娱乐空间； 2. 标识性景观	尽量保留工业元素，简单修葺外观即可

（1）第一类为大跨型。为大型工业生产设计的旧厂房，其支撑结构多为拱、排架等，形成内部无柱空间。这种类型的旧工业建筑由于具有空间开敞、结构牢固等特点，在改造中存在较大的可塑性。

（2）第二类为常规型。大多为框架或砖混结构的多层建筑，空间较前者低，改造前多用作仓库和配套办公用房。这种类型的旧工业建筑由于受到层高、空间大小及结构承重的限制，在实践中往往被改造为小型办公、餐厅、娱乐场所等所需层高和空间相对较小的功能空间。

（3）第三类为特异型。指一些特殊形态的建、构筑物，如烟囱、冷却塔、水塔、传送带等，它们往往具有反映特定功能特征的外形。此类建、构筑物在改造过程中往往被视为特定工业景观的一部分而被保留，成为所在区域的标志物。

2．结构加固方法

旧工业建筑的结构通常分为混凝土结构、砌体结构和钢结构三种。由于我国需要改造的工业建筑多建于20世纪50—70年代，故而较少涉及钢结构类型。本章节就混凝土结构和砌体结构的加固方法进行探讨。

1）混凝土结构加固

混凝土结构加固可分直接加固与间接加固。

（1）直接加固。一般有加大截面、置换混凝土、黏结外包型钢、粘贴钢板、绕丝、锚栓锚固等措施。

（2）间接加固。一般有预应力加固和增加支承加固等措施。

2）砌体结构加固

砌体结构加固可分为直接加固、间接加固和构造性加固与修补。

（1）直接加固。一般有钢筋混凝土外加层加固、钢筋水泥砂浆外加层加固和增设扶壁柱加固等措施。

（2）间接加固。一般有无黏结外包型钢加固和预应力撑杆加固等措施。

（3）构造性加固与修补。一般有增设圈梁、砌体局部拆砌和砌体裂缝修补等措施。

3．设施设备改造升级

工业遗产中常具备工业管道等特有设备设施，如何保护和改造这些特有设施，并结合文创园特殊的氛围寻找一种适合的处置方式，将是一件既理性又极具创意思维的事情。

1）原位改造再利用

对于工业遗产中的特有设备和构筑物，可将其改造后重新融入新的建筑功能或园区景观规划中。如上海田子坊建筑外墙面的锈蚀管道，通过对其表面进行清洗、修补、上色，最终成为建筑墙面上具有历史韵味的装饰品。

2）"雕塑化"处理

对于因条件限制或设计需要不能在原有位置进行改造再利用，但具有历史文化特色的设施设备，可以考虑将其拆除并作为"雕塑品"异地置于新园区中，或者对其重新组合形成新景观或新的创意作品来表现园区特有氛围（图12-10）。

图12-10　　上海新十钢创意园区"雕塑化"构件
（图片来源：http://www.dianping.com/photos/118695771）

12.4.7　公共空间设计

1．空间设计原则

与新建型文创园相比，改造类园区公共空间的设计除遵循整体性、开放性等原则外，还需注意以下两条原则：

（1）原真性。所谓原真性，就是空间应该保留原有空间的气质。旧工业建筑的空间形制通常能够带给人们一些精神上的共鸣，所以在改造过程中应该注重原有建筑空间的原真性，尽量不改变一些具有明显特色的空间。

（2）新旧兼容。在进行空间的适应性改造时，旧工业建筑必然对新的功能提出要求。原有的空间和新建的空间要整体统一，就需要两者兼容，注重新旧协调与对比。

2．空间设计手法

1）化零为整

（1）连廊连接。在改造类文创园中，利用旧工业建筑已经形成的廊道、露台、平台以及室外楼梯，把各个单独楼栋的交通空间互相串联，形成整体。

（2）庭院连接。庭院把旧工业建筑形成的线性空间连接起来，形成内聚的空间。

（3）群体整合。改造时，一般是在建筑物邻接处加顶封闭，加顶之后的空间内可局部增建和拆减，也可用连廊、楼梯等把各建筑加以连接，使原来分离的单体建筑联结成整体，并满足交通、景观等多方面的需要。

2）化整为零

室外公共空间过于开敞，需要进行水平和竖向的分割。水平上通过景观种植分割大面积的场地，或者由地面材质将场地划分成小尺度的外部空间；竖向划分通过加建构筑物和局部建筑来阻挡视线，从而形成尺度宜人的较小的活动区域。例如，上海新十钢红坊创意园的公共空间采用草地划分中央雕塑广场，再利用特色景观的遮蔽来形成周边小尺度的活动区。

表12-16对改造类文创园空间设计的常用手法和典型案例进行了总结。

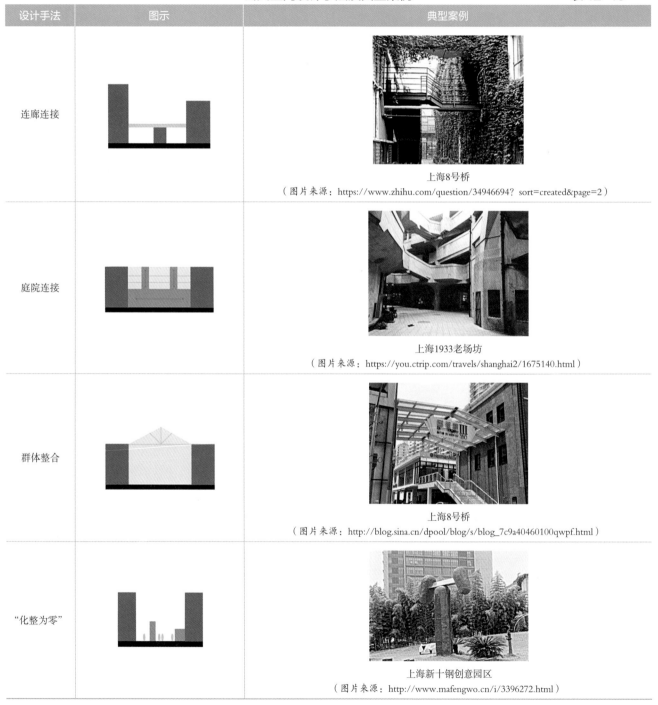

设计手法	图示	典型案例
连廊连接		上海8号桥 （图片来源：https://www.zhihu.com/question/34946694？sort=created&page=2）
庭院连接		上海1933老场坊 （图片来源：https://you.ctrip.com/travels/shanghai2/1675140.html）
群体整合		上海8号桥 （图片来源：http://blog.sina.cn/dpool/blog/s/blog_7c9a40460100qwpf.html）
"化整为零"		上海新十钢创意园区 （图片来源：http://www.mafengwo.cn/i/3396272.html）

12.4.8　后工业景观环境设计

1．景观系统

不同于新建型园区，改造类文创园的景观系统更多是对后工业景观元素的利用、改造和景观格局的调整、新元素的引入。

1）后工业景观元素的利用和改造

（1）对原始地表工业景观元素挖掘和保留。主要元素为具有象征性和代表性的高大烟囱、吊塔、高炉等旧工业建筑的设备设施。这些表征可以记录场地无法复制的工业文明历史，甚至是一种工业文明纪念碑式的景观，成为该区域的符号。

（2）对原始地表工业景观元素再造。

a．工业化元素：主要利用场地上的构筑物诸如钢构架、通气管道、钢管、混凝土板、断墙等元素，使其成为该文化创意产业园区的"商标"，如北京798艺术区。

b．历史化元素：在工业生产以及历史发展过程中，会留存一些诸如标语、招贴、宣传画以及生产痕迹等场景式的标识，这些斑驳的印记也能体现出历史，并能使人置身于一种历史语境中，如宋庄艺术区。

2）景观格局的调整和新元素的引入

在公共空间保留了最有标志性的工业元素的同时，还应该具有新的主题，以达到彰显空间特色的目的，可以通过景观格局重构，景观元素植入来实现。

（1）景观格局重构。在景观格局的重构中，需要对原有的空间格局加以利用，构建新的景观序列、景观视线、视线焦点以及景观标志物。例如上海8号桥利用不同的桥把园区的一期二期统一起来，形成新的视线焦点和景观标志物。

（2）景观元素植入。可以在公共空间中增加一些新的、不妨碍原有空间特质的景观元素，例如水景和植物草地、铺装等，增加空间的多样性。例如上海8号桥在园区入口引入水景作为入口广场的视线焦点。

表12-17对改造类文创园典型项目的后工业景观环境设计两大类手法中可能采用的元素进行了梳理。

后工业景观环境设计手法及典型案例　　　　　表12-17

设计手法	典型案例	
后工业景观元素的利用和改造	 北京798艺术区-原有钢构件 （图片来源：https://www.sohodd.com/archives/65796）	 成都红光电子管厂-冷却塔 （图片来源：https://www.163.com/dy/article/FAP7NEFQ0541AZVQ.html）

设计手法	典型案例	

后工业景
观元素的
利用和改
造

广州1850创意园-工业铁桶

（图片来源：https://www.poco.cn/works/detail_id3437606）

上海田子坊-牌坊

（图片来源：https://news.hexun.com/2019-09-12/198537368.html）

广州红砖厂-机械设备

（https://bbs.zol.com.cn/dcbbs/d17_17376_uid_lrk1201.html）

广州羊城创意产业园-机械设备

（图片来源：https://www.poco.cn/works/detail_id5999167）

深圳华侨城创意园-旧工业构件

（图片来源：https://www.sohodd.com/archives/65895）

姑苏69阁创意文化产业园-烟囱

（图片来源：https://www.sohu.com/a/456797437_349673）

南京1865创意园-旧工业设备

（图片来源：https://xxw7699.blogchina.com/2714204.html）

杭州凤凰创意产业园-生产设备

（图片来源：https://you.ctrip.com/travels/hangzhou14/2941210.html）

北京尚8文化创意产业园-室内装饰

（图片来源：https://ciid88.com/index.php/cases_detail/index/id=4375）

成都东郊记忆-高炉

（图片来源：https://www.douban.com/note/623827168/?type=collect）

设计手法	典型案例

	 北京798艺术区-雕塑 （图片来源：https://www.sohodd.com/archives/65796）	 上海8号桥-水景 （图片来源：http://www.danran-amc.com/index.php/2018/06/20/news180620/）
景观格局的调整和新元素的引入	 广州红砖厂-集装箱 （图片来源：https://m.duitang.com/blog/?id=735388256）	 广州星坊60文化创意产业园-动漫模型 （图片来源：http://www.china-tingtao.com/product/class/index.php?page=3&catid=0&myord=uptime&myshownums=&showtj=&author=&key=）
	 广州tit创意园-雕塑 （图片来源：https://dcbbs.zol.com.cn/2/33510_16177_1.html）	 深圳华侨城创意园-景观小品 （图片来源：https://www.sohodd.com/archives/65895）
	 南京1865创意园-雕塑 （图片来源：https://you.ctrip.com/sight/nanjing9/143980.html）	 上海田子坊-绿植 （图片来源：https://you.ctrip.com/sight/liancheng609/64755-dianpingCategory2-p3.html）

2．标识系统

标识系统是整体风格和形象的一部分，所以应该注重整体性和个性。标识一般都会联系园区的特点和旧工业建筑特点来设计，大致可以分为四类：

（1）地址型。使用建筑所在地地址或者原工业建筑名称或代号。例如M50（图12-11）、苏荷、四行仓库、同乐坊、田子坊等。

（2）特征型。使用旧工业建筑本身或者其局部工业特征、历史背景为社区的标识。例如1933老场坊（图12-12）、湖丝栈。

（3）主题型。以文创园区主要的表达主旨和开发理念为园区名称。例如上海8号桥的桥主题（图12-12），建筑的细节也与命名结合起来，相互呼应。

（4）内容型。以文化创意产业的开发内容为命名方式。如建筑工厂、天山软件园、工业设计园等。

图12-11　上海M50、上海1933老场坊、上海8号桥

（图片来源：https://baike.sogou.com/historylemma?lId=65361014&cId=155596850）

12.5　文化创意产业园典型案例分析

12.5.1　新建型：北京中间艺术家工坊

1．基本信息

北京中间艺术家工坊（图12-12）位于北京四季青镇西山地区，2008年建设，建筑面积2.42万平方米，占地面积约1.28万平方米，开发主体为西山产业投资有限公司。其开发背景为海淀区规划建设一条文化创意大道，其范围从紫竹桥向西延伸到西山脚下，功能涵盖演艺中心、美术馆、歌剧院等多种文化创意产业。园区包含中间剧场、中间影院、中间建筑艺术区等文化活动设施，具有很高人气。

2．规划设计

通过在建筑上做街道，建筑功能竖向叠加，将大尺度工作空间同小尺度生活空间紧密结合（图12-13）。单体设计融合了艺术创作与生活，群体组合在垂直方向上形成"艺术圈子"和"生活圈子"两个圈层。

3．建筑设计

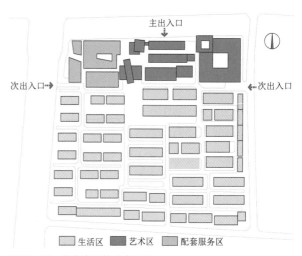

图12-12　北京中间艺术家工坊

地上四层为艺术家工作室，地下一层为车库、设备用房和储藏空间，平面呈"回"字形，中心为34.3米×34.3米内院，工作室基本开间为7米×14米，层高4到5.4米，主入口设西北角，四个角都设有垂直交通（图12-14）。

建筑造型设计特色。建筑以6米高的深灰色压花钢板幕墙为基座，上部漂浮着错落的白色盒子群体（图12-15）。钢板幕墙上门窗错落布置，每个白色盒子有一大面的落地窗，配木色百叶遮阳。西北角的主入口空间架空两

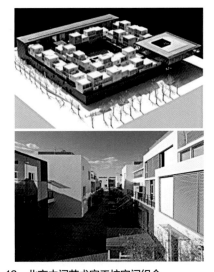

图12-13 北京中间艺术家工坊空间组合

（图片来源：http://www.ikuku.cn/project/zhongjianjianzhu-yishujia-gong
fang-cuikai?rsv_upd=1http://798.bjchy.gov.cn/sub/windex_123.htm）

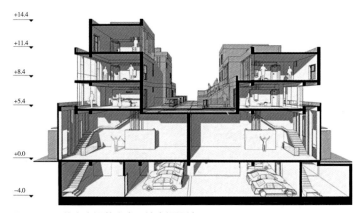

图12-14 北京中间艺术家工坊空间设计

（图片来源：http://www.ikuku.cn/project/zhongjianjianzhu-yishujia-gongfang-cuikai?rsv_upd=
1http://798.bjchy.gov.cn/sub/windex_123.htm）

图12-15 北京中间艺术家工坊空间设计

（图片来源：http://www.ikuku.cn/project/zhongjianjianzhu-yishujia-gongfang-cuikai?rsv_upd=1http://798.bjchy.gov.cn/sub/windex_123.htm）

层，采用钢结构。上部的展厅像是一个玻璃盒子，向上反射着天空，向
远反射着山野、树木，向下反射着入口广场和移动的行人，充满艺术感
染力。

4. 特色技术应用

设计中采用模数设计方法，使工作单元能够有秩序地组合、有规律地
变化。开间规格分别为：工作室7米×14米、白盒子7米×7米；窗户875毫
米×875毫米、875毫米×1800毫米（图12-16）。

总体上，项目选址充分考虑园区的聚集效应，沿紫竹院路主轴线分
布着马奈草地、中关村多媒体产业园等。多功能混合的空间结构，集聚人
气的同时也为中间艺术园区注入源源不断的艺术气息。随着中间影院、剧
场、创意街区、艺术家工作室的入驻，园区也将辐射周边地区，带动城市
整体的商业与艺术发展。

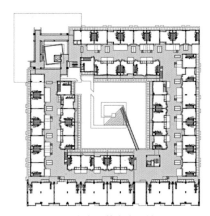

图12-16 北京中间艺术家工坊平面图

（图片来源：http://www.ikuku.cn/project/zhongjian
jianzhu-yishujia-gongfang-cuikai?rsv_upd=1http://
798.bjchy.gov.cn/sub/windex_123.htm）

12.5.2　改造类：广州红砖厂文化创意产业园

1．基本信息

广州红砖厂文化创意产业园（图12-17）位于广州市天河区，2009年建设，用地面积17万平方米，长度约500米（南北）、宽度约400米（东西），建筑层数1~6层，建筑高度小于20米，室内空间高度从4米到27米不等。开发背景为原广东罐头厂改造保留，产业功能组成为文化、设计、艺术、创意。

项目位于珠江新城CBD中轴线的东面，南面是琶洲会展中心，北临天河商业圈。通过对园区内保留的几十座苏式建筑进行改造升级，形成风格统一的街区模块。交通以人行为主，局部人车混行。

2．建筑细部改造

建筑总体特征保留苏式建筑三段式的划分，墙身、檐口、勒脚。整体呈对称式布局，单体平面规整，空间较大，走廊宽墙体厚，冬暖夏凉。建筑在保留旧厂房主体结构与历史痕迹的同时，对立面进行改造，使之更符合创意工作室的建筑形象。在细部及空间界面的处理上，延续原有空间的精神与历史价值，同时注入新的空间活力。

3．景观环境设计

园区强调公共空间与服务设施的打造，在旧厂房中不断注入新鲜的艺术元素，画廊、书店、咖啡厅、艺术家工作室等，打造整体的相互贯通的当代艺术群落。形式各异的艺术装置也最大限度地符合现代艺术经济的发展需求。

总体上，红砖厂创意产业园对原有厂房进行重新改造，在功能分区及业态组合上严格控制比例，合理组织业态分布，实现不同艺术领域的交流与对话，激发创意。在公共空间的处理上强调叠加和交叉，创造大量交流的空间和机会，使园区成为艺术与设计创造的新引擎。

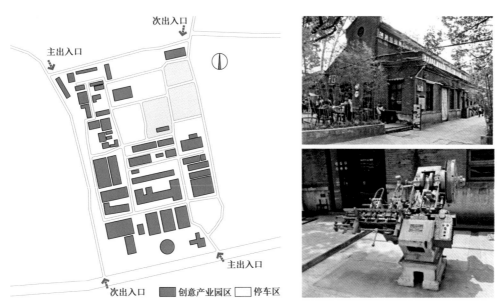

图12-17　广州红砖厂文化创意产业园

［图片来源：https://www.meipian.cn/184rq8os（右上）；http://www.octloft.cn/map_type/shopping/（右下）］

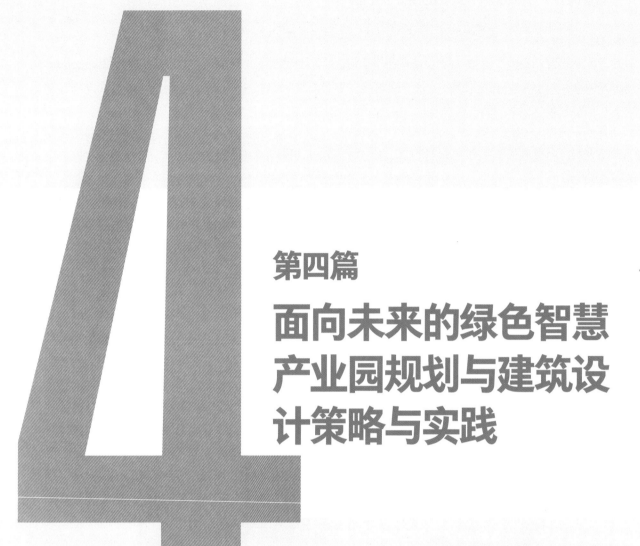

第四篇
面向未来的绿色智慧
产业园规划与建筑设
计策略与实践

迈向可持续发展的绿色产业园区

第 13 章

13.1 迈向绿色健康的产业园发展趋势

13.1.1 发展背景及政策环境

面对当下资源稀缺问题的严峻性和环境保护问题的迫切性，全球已经达成坚持可持续发展的共识。改革开放以后，我国产业园由粗放式发展背景下"先生产、后生活、再环境"的建设运营模式向精细化发展方向下"先生态、后生活、再生产"的模式转变。建设绿色产业示范园区是在面临日趋严峻的环境形势下的必然选择。从"既要绿水青山，也要金山银山"到"绿水青山就是金山银山"，舍粗放高耗能，得科技绿色生产，中国经济向着生态发展进军。2015年，中国步入经济发展新常态，同时各行业的"绿色十年"也悄然开启。作为发展绿色产业的载体，绿色产业园区在新常态的背景下也迎来发展的关键时期。

我国颁布了多项政策推进绿色园区的建设，更多的产业园将绿色化改造和建设作为发展目标。绿色产业园不仅是物理空间的绿色化建设，还涉及产业绿色节能升级的要求。下文将从国家对于产业绿色节能升级的政策要求、产业园区建设相关行业标准制定和国家对于绿色节能方面的政策鼓励等方面梳理我国发展绿色园区的政策环境（表13-1）。

1. 国家对于产业绿色节能升级的政策要求

2019年3月，国家发展改革委会同有关部门研究制定了《绿色产业指导目录》，公布6大类、30小类、211项细分产业为优先发展的绿色产业。除了优先发展以上绿色产业，该通知从园区产业链循环化改造、园区资源利用高效化改造、园区污染治理集中化改造和园区重点行业清洁生产改造四个方面指明了产业园区绿色升级的发展路径。

2. 产业园区建设相关行业标准制定

我国绿色产业的发展是从制造业开始的，在2015年5月由国务院发布的《中国制造2025》中首次提出绿色制造体系。2016年9月，工信部办公厅在关于开展绿色制造体系建设的通知中发布了《绿色园区评价要求》；同时，工信部、国家标准委联合印发了《绿色制造标准体系建设指南》，提出加快修订绿色园区等重点领域的标准。2020年3月，国家标准化管理委员会发布了《产业园基础设施绿色化指标体系及评价方法》，对产业园基础设施建设与改造提出绿色、循环、低碳的基本要求。2020年8月，中国工程建设标准化协会汇集全国行业顶级专家及翘楚企业，共同编制的《绿色智慧产业园区评价标准（试行版）》出炉，这也意味着我国绿色智慧产业园区建设有了行业标准。

3. 国家对于绿色节能方面的政策鼓励

我国目前对于绿色产业园的相关奖励与补助较缺乏，但聚焦于绿色建筑相关的政策优惠在一定程度上促进了产业园的绿色开发与建设。财政部和住房城乡建设部联合发布了关于加快推动我国绿色建筑发展的实施意见，以建立相应的评价指标来推进绿色生态城区的建设，并给予相应的财政奖励与补助。2013年，国务院发布了《绿色建筑行动方案》，各地方政府分别陆续出台推进绿色建筑发展的政策和法规，包括绿色建筑星级评定、财政补贴政策等（表13-1）。在国家与各地方省市的推动下，聚焦绿色建筑的政策优惠将辐射到产业园绿色化发展，成为未来发展的重要方向。

绿色产业园区相关主要国家政策　　　　　　　　　表13-1

时间	发布主体	政策/发文	相关指引
2012年5月	中共中央	《关于加快推动我国绿色建筑发展的实施意见》	中央财政支持绿色园区建设，给予符合条件的绿色建筑阶梯式量化财政补贴政策
2014年3月	中共中央、国务院	《国家新型城镇化规划（2014–2020年）》	明确了产业园区的循环化改造，国家绿色园区的发展目标已经明确
2015年5月	国务院	《中国制造2025》	首次提出绿色制造体系，强调"发展绿色园区，推进工业园区产业耦合，实现近零排放"。到2020年，建成百家绿色示范园区
2016年7月	工信部	《工业绿色发展规划（2016–2020年）》	提出以企业集聚化发展、产业生态链接、服务平台建设为重点，推进绿色工业园区建设
2016年9月	工信部、国家发展改革委、科技部、财政部	《绿色制造工程实施指南（2016–2020年）》	提出选择一批基础条件好、代表性强的工业园区，推进绿色工业园区创建示范
2016年9月	工信部办公厅	《关于开展绿色制造体系建设的通知》	发布《绿色园区评价要求》，部署绿色园区申报工作
2016年9月	工信部、国家标准化管理委员会	《绿色制造标准体系建设指南》	指出加快绿色园区等重点领域标准制修订，促进园区转型升级
2020年7月	国务院	《关于促进国家高新技术产业开发区高质量发展的若干意见》	明确打造一批具有国际竞争力的创新型企业和产业集群，建设绿色生态园区，营造高质量发展环境的发展目标

13.1.2　评价标准

绿色产业园区的相关评价标准分为绿色园区评价标准和绿色建筑评价标准两大类型。表13-2列举了国内外与绿色产业园区相关的主要评价体系。可以看出，国外常见的几大评价体系，如英国BREEAM、美国LEED、日本CASABEE等，均同时涵盖了建筑层面和园区层面的评价对象；国内则分别制定了专门针对建筑和园区的评价标准。

国内外主要绿色产业园区相关评价体系　　　　　　表13-2

评价体系	发布时间	发布机构	评价对象类型
BREEAM	1990年	英国建筑研究院	建筑、园区
HK-BEAM	1996年	中国香港BRAM Society Limited	建筑、园区
LEED	1998年	英国绿色建筑协会	建筑、园区
EEWH	1999年	中国台湾建筑研究所	建筑、园区
SBTool（原GBTool）	2002年	国际主动可持续建筑环境组织	建筑、园区
CASBEE	2002年	日本可持续建筑委员会	建筑、园区
Green Star	2003年	澳大利亚绿色建筑委员会	建筑、园区
Green Mark	2005年	新加坡建筑局	建筑、园区
绿色建筑评价标准（ASGB）	2006年	中国住房和城乡建设部	建筑
DGNB	2008年	德国可持续建筑协会	建筑、园区
绿色园区评价要求	2016年	中国工业和信息化部	园区
绿色智慧产业园区评价标准	2020年	中关村乐家智慧居住区产业技术联盟、青岛亿联信息科技股份有限公司等单位	园区

1．国外相关评价标准

1）英国BREEAM

1990年，英国研究院发布的BREEAM（Building Research Establishment Environmental Assessment Method）评价体系，是世界上第一部也是目前应用较为广泛的绿色建筑评价体系，目前，获得BREEAM认证的国家有30多个。该评价体系共有九大指标绩效，分别是管理、健康和舒适、能源、运输、水、原材料、土地利用和生态、废物、污染。在BREEAM评价体系中并无特别指定产业园建筑所应用的类别，可采用BREEAM For Office（针对新建办公建筑、办公建筑重大改造、办公建筑装修项目评价等而实施的评价标准）来进行研究和实践。

2）美国LEED

1995年美国绿色建筑委员会（USGBC）正式向全世界推行LEED（Leadership in Energy and Environmental Design）评价标准，并在之后不断地修改补充，目前最新的版本为LEEDV4，于2015年6月开始实施。LEED由于参考和借鉴BREEAM的体系，也为了更全面细致地进行评价，已经发展出了多个子类别，以更好地在不同建筑功能上进行绿色建筑的实施和推广，它的评估范围涵盖LEED-CS、LEED-NC等在内的9个产品体系，包含了办公类建筑、住宅类建筑、学校类建筑以及商用类型等建筑。同时，该评估体系涵盖的内容十分全面，对评估的对象充分细化，可以很好地满足当前国内外建筑市场上对于不同社区、建筑主体的评价需求。其可操作性及市场适应性均比较强。而LEED评价体系中并无特别指定产业园建筑所应用的类别，可采用LEED对新建建筑的评价体系来进行研究和实践，即LEED-NC（LEED for New Construction and Major Renovations）。

3）日本CASABEE

2001年，日本国土交通省主导成立了日本可持续建筑协会JSBC（Japan Sustainable Building Consortium），并开发、搭建CASBEE（Comprehensive Assessment System for Building Environmental Efficiency）框架，作为构筑可持续建筑理念、开发建筑物环境性能综合评价工具。该体系是在改进LEED和借鉴BREEAM体系的基础上建立的，其特点是对整个地区或区域的环境容量界限进行限定和评价，根据建筑物寿命周期和评价对象的不同而分为不同的类型，包括规划类、新建类、既有类、改造类、热岛类、住宅（独户独栋）和街区建设类等。

4）德国DGNB

2007年，德国可持续建筑委员会与德国政府共同开发研制了具有国家标准性质、覆盖建筑行业整个产业链的可持续建筑评估体系——DGNB（Deutsche Gesellschaft für Nachhaltiges Bauen），整个体系有严格全面的评价方法和庞大数据库及计算机软件的支持。DGNB从六个方面对建筑的可持续性做出评估：生态质量、经济质量、社会文化质量、技术质量、过程质量和区位质量。目前，DGNB证书的类型包括：办公和行政建筑（新建、现代化改造、完全整治和现状保护），新建的工业、商业和酒店建筑，教育和居住建筑以及混合利用的建筑物，乃至城市街区层面等不同的20种类型。

2．国内相关评价标准

1）绿色工业园区评价标准

2016年9月20日，工业和信息化部办公厅发布了《关于开展绿色制造体系建设的通知》，正式发布了绿色园区[1]的评价标准[2]，作用对象是以产品制造和能源供给为主要功能、工业增加值占比超过50%、具有法定边界和范围、具备统一管理机构的省级以上工业园区[3]。该评价标准包括能源利用绿色化指标、资源利用绿色化指标、基础设施绿色化指标、产业绿色化指标、生态环境绿色化指标、运行管理绿色化指标六个方面，具体见表13-3。

---

1. 工信部给出的绿色园区定义是"绿色园区是突出绿色理念和要求的生产企业和基础设施集聚的平台，侧重于园区内工厂之间的统筹管理和协同链接。推动园区绿色化，要在园区规划、空间布局、产业链设计、能源利用、资源利用、基础设施、生态环境、运行管理等方面贯彻资源节约和环境友好理念，从而实现具备布局集聚化、结构绿色化、链接生态化等特色的绿色园区。"
2. https://www.miit.gov.cn/jgsj/jns/gzdt/art/2020/art_db58aa7e972642948a1be9cb41280c7b.html　工业和信息化部
3. https://www.miit.gov.cn/jgsj/jns/wjfb/art/2020/art_2c85a24b6bf04c6a8de98be734bf9989.html　工业和信息化部

《绿色园区评价要求》评价指标体系

表13-3

一级指标	序号	二级指标	单位	引领值	类型
能源利用绿色化指标 EG	1	能源产出率	万元/te	3	必选
	2	可再生能源使用比例	%	15	必选
	3	清洁能源使用率	%	75	必选
资源利用绿色化指标 RG	4	水资源产出率	元/m³	1500	必选
	5	土地资源产出率	亿元/km³	15	必选
	6	工业固体废弃物综合利用率	%	95	必选
	7	工业用水重复利用率	%	90	必选
	8	中水回用率	%	30	4项指标选2项
	9	余热资源回收利用率	%	60	
	10	废弃资源回收利用率	%	90	
	11	再生资源回收利用率	%	80	
基础设施绿色化指标 IG	12	污水集中处理设施	—	具备	必选
	13	新建工业建筑中绿色建筑的比例	%	30	2项指标选1项
	14	新建公共建筑中绿色建筑的比例	%	60	
	15	500米公交站点覆盖率	%	90	2项指标选1项
	16	节能与新能源公交车比例	%	30	
产业绿色化指标 CG	17	高新技术产业产值占园区工业总产值比例	%	30	必选
	18	绿色产业增加值占园区工业增加值比例	%	30	必选
	19	人均工业增加值	万元/人	15	2项指标选1项
	20	现代服务业比例	%	30	
生态环境绿色化指标 HG	21	工业固体废弃物（含危废）处置利用率	%	100	必选
	22	万元工业增加值碳排放量消减率	%	3	必选
	23	单位工业增加值废水排放量	t/万元	5	必选
	24	主要污染物弹性系数	—	0.3	必选
	25	园区空气质量优良率	%	80	必选
	26	绿化覆盖率	%	30	3项指标选1项
	27	道路遮阴比例	%	80	
	28	露天停车场遮阴比例	%	80	
运行管理绿色化指标 MG	29	绿色园区标准体系完善程度	—	完善	必选
	30	编制绿色园区发展规划	—	是	必选
	31	绿色园区信息平台完善程度	—	完善	必选

（表格来源：《绿色园区评价要求》https://www.miit.gov.cn/cms_files/filemanager/oldfile/miit/n1146285/n1146352/n3054355/n3057542/n3057544/c5258400/part/5258439.pdf）

依据以上标准，各省市从国家级和省级产业园区中选择一批工业基础好、基础设施完善、绿色水平高的园区向工信部推荐申报绿色园区。至今已有五批共172家产业园区被认定为"绿色园区"，其中多数为经济技术开发区。从每一批的数量变化趋势可以看出，获得绿色园区认定的产业园区数量逐年增长。绿色园区的地区分布情况为华东地区最多，共61家，其中江苏省绿色园区数量居首位；东北地区最少，共4家，其中黑龙江暂无产业园获得绿色园区认证；其余地区分布较为均匀，华南地区16家、华中地区19家、华北地区21家、西南地区23家和西北地区28家（图13-1）。

　现代产业园规划及建筑设计

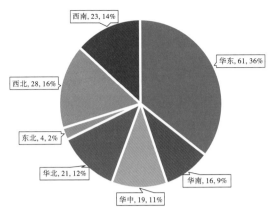
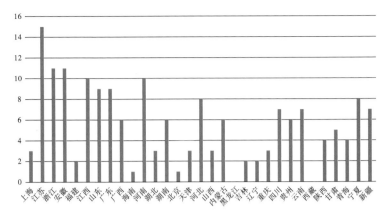

图13-1 工信部认定的绿色园区地区和城市分布情况
（数据来源：工业和信息化部）

2）绿色智慧产业园区评价标准

2020年11月25日，《绿色智慧产业园区评价标准》T/CECS 774—2020正式发布。该标准是由中关村乐家智慧居住区产业技术联盟、青岛亿联信息科技股份有限公司等单位联合编制而成的。该标准包括基础设施、生态与宜居、管理与服务和保障与运维四类一级指标。其中生态与宜居是与产业园绿色化评价有关的指标，具体见表13-4。

绿色智慧产业园区客观评价指标体系　　　　　　　　　　　表 13-4

一级指标	二级指标	三级指标	类型		
			控制项	一般项	优选项
生态与宜居	绿色生态	绿色建筑	√	√	√
		空气质量	√	√	√
		污染源管理	√	√	√
		水环境管理	√	√	√
		环境监测平台		√	√
	节能环保	节能	√	√	√
		环保	√	√	√
	舒适宜居	园区绿化		√	
		人文空间	√		√
		绿色交通	√	√	√

（表格来源：T/CECS 774—2020《绿色智慧产业园区评价标准》）

3）绿色建筑主要评价标准

我国首部具有绿色建筑评价性质的文件是《中国生态住宅技术评估手册》，是由中华全国工商业联合会、清华大学等多家机构和学府联合制定发布。由于发布时正值SARS在我国流行肆虐，针对空气环境和质量的内容在社会中得到了很好的评价并获得了很好的效益。随后，借由北京举办奥运会的历史背景，我国发布了《绿色奥运建筑评估体系》，应用于水立方、五棵松体育文化中心和运动员村等多个奥运新建、临建和改扩建项目中。

有了上述制定绿色建筑评价标准的探索和经验，2006年，在国内多家国有设计院和著名学府的联合努力下，我国首部适用于住宅、办公、商业、宾馆等公共建筑的《绿色建筑评价标准》出炉。此后，针对绿色建筑的标准越来越细分，根据建筑类型出台了具有针对性的标准、技术规范或细则，包括工业建筑、办公建筑、商店建筑、博览建筑、饭店建筑等建筑类型，和校园、智慧园区、生态城区等不同规模的城市区域。我国绿色建筑有关的评价标准体系见表13-5。

中国绿色建筑评价体系等级分类介绍　　表13-5

等级	名称
国标	绿色建筑评价标准
各类专项标准	绿色工业建筑评价标准
	绿色办公建筑评价标准
	绿色商店建筑评价标准
	绿色医院建筑评价标准
	绿色博览建筑评价标准
	绿色饭店建筑评价标准
	绿色校园评价标准
	绿色智慧产业园区评价标准（试行）
	绿色生态城区评价标准
	绿色铁路客站评价标准
	建筑工程绿色施工评价标准
	既有建筑改造绿色评价标准
技术规范和细则	民用建筑绿色设计规范
	绿色建筑运行维护技术规范
	绿色超高层建筑评价技术细则
	绿色数据中心建筑评价技术细则
	绿色保障性住房技术导则（试行）
地方标准	地方性绿色建筑评价标准

目前国内通用的绿色建筑标识评定，主要是依据《绿色建筑评价标准》GB/T 50378—2019，该标准分为安全耐久、健康舒适、生活便利、资源节约、环境宜居、提高与创新六大类，其中每个类别都包含控制项和得分项，通过每项在一般项中的满足个数来评级。标识评定分为设计评价标识和运行评价标识两大类，根据分数，分为一星、二星和三星，三星等级最高。通过文献搜索和案例研究可见，近年来国内主要城市中已经有一些产业园项目获得绿色建筑标识，典型案例见表13-6。

近年来国内获得绿色建筑标识的产业园典型案例　　表13-6

城市	案例名称	建设时间	总建筑面积（万m²）	用地面积（万m²）	获得绿色建筑星级情况
北京	北京中关村生命科学园	2008	27	250	生物技术研发中心6号楼获一星设计标识
深圳	深圳南海意库	2008	10	4.5	3号厂房获三星设计标识
北京	北京用友软件园	2009	40	45.52	2号研发中心获三星运行标识
深圳	深圳万科中心	2009	12	4.85	万科总部获三星运行标识
青岛	中德生态园	2011	730	1160	德国企业中心项目、被动房技术体验中心获得三星设计标识
北京	北京汽车产业基地	2012	17.4	—	综合研发办公大楼获三星设计标识、三星运行标识

城市	案例名称	建设时间	总建筑面积（万m²）	用地面积（万m²）	获得绿色建筑星级情况
深圳	深圳湾科技生态园	2012	120	20.31	1、2、4-7、9-12栋获二星设计标识 3、8栋获三星设计标识
成都	新川创新科技园	2012	—	1034	万科·新川荟获二星设计标识
深圳	深圳市天安云谷产业园	2013	289	76	一期1栋、2栋获二星运行标识
佛山	佛山生命科学园	2015	7.1	2.07	大布路南侧地块项目1号楼及地下室获一星设计标识
东莞	东莞生态园	2016	2.7	31	公租房获二星设计标识 办公楼获三星运行标识
上海	诺华制药上海园区	2016	20	10.25	二星运行标识
北京	北京华电产业园	2017	24.1	4.2	AB座办公楼获二星绿色建筑运行标识
上海	虹桥临空产业园	2017	3.5	—	江森自控亚太总部获三星设计标识
珠海	生物医药产业示范专区一期	2017	26.1	16.8	检测办公大楼、员工宿舍楼获二星设计标识
株洲	中国移动（湖南株洲）数据中心	2018	22.5	18.6	A01维护支撑用房获二星设计标识
珠海	金山软件园研发区（二期）	2018	9.7	7.69	9-12号楼获二星设计标识
金华	义乌国内公路港物流中心	2018	—	49.6	19号、20号楼获二星设计标识
肇庆	肇庆高新区创新创业科学园	2018	12.07	12.46	二-五期项目获一星设计标识
湖南	娄星工业集中区创新创业基地	2019	10	—	1栋配套用房获一星设计标识

3. 国内外相关评价标准比较分析

国外的绿色建筑评价体系工作开展较早，借鉴和学习他国的成熟框架和评价模式的先进之处是我国开展绿色评价体系必不可少的工作。又由于我国的独特国际环境和社会环境，以及丰富的自然环境等特点，结合好本国国情也是一个工作重点。以下将针对国内外可用于产业园区绿色建筑评价的评价体系来进行对比研究。

从体系构成来看，绿色建筑评价体系大多为三级结构。从指标大类来看，尽管名称不同，但国内外大多数绿色建筑评价体系中的指标大类都具有一定的相似性。整体来说，这些指标可分为三种类型：室内环境、本地环境和全球环境；再分为12个指标大类：生命周期环境影响、能源表现、水资源利用、废物处理、材料和资源、场地可持续、交通、健康和舒适、服务质量、文化性和艺术性、项目管理、经济性[1]（表13-7）。不同评价体系的侧重点不尽相同，但大多数体系都会涉及这些指标，并以权重不同来体现侧重点的差异。如LEED侧重环境和能源相关指标；而《绿色建筑评价标准》GB/T 50378—2019除了对资源节约等方面颇为关注，还新增了安全、健康和智慧建筑的相关内容，这符合我国在城镇化过程中，绿色建筑进程从技术推动到需求推动过程；DGNB则通过均质化的权重设置，体现了其在环境、社会和经济三方面的均衡性。

国内外主要绿色建筑评价体系所包含的指标大类 　　表13-7

	绿色建筑评价标准	BREEAM	LEED	CASBEE	DGNB
生命周期环境影响		√		√	√
能源表现	√	√	√	√	√
水资源利用	√	√	√	√	√
废物处理	√	√	√	√	√
材料和资源	√	√	√	√	√
场地可持续	√	√	√	√	√

---

1. 黄海静，宋扬帆. 绿色建筑评价体系比较研究综述 [J]. 建筑师，2019（03）：100-106.

続表

	绿色建筑评价标准	BREEAM	LEED	CASBEE	DGNB
交通	√	√	√		√
健康和舒适	√	√	√	√	√
服务质量		√		√	√
文化性和艺术性					√
项目管理	√	√	√		√
经济性		√			√

此外，通过指标大类下的指标分项进行对比，可以更清晰地识别出不同体系评价倾向的差异。整体而言，指标分项可以分为"措施型""过程型"和"效果型"三类，通过对国内外评价体系的对比可以发现，整体呈现出"措施型"指标越来越少、"效果型"指标越来越多的发展趋势。而通过评价体系中主要评价细则的对比（表13-8），可以看出不同的评价体系在同一指标内容下的评价内容往往差别巨大，从而表现出评分因子的明显差异。

国内外主要绿色建筑评价体系主要细则对比　　　　　　表13-8

分类	评估指标内容	绿色建筑评价标准	BREEAM	LEED	CASBEE
场地设计	室外场地的绿化	√	√	√	
	提倡地下停车，停车位的绿化与遮阳	√			√
	优化建筑布局，改善室外热环境和风环境	√			
	选择高反射率的地面铺装材料	√			√
	自行车停车位设计	√	√	√	
	选用渗水性地面铺装材料	√			
建筑单体设计	合理控制建筑规模	√		√	√
	减小建筑体型系数	√			
	降低围护结构传热系数	√	√	√	
	降低外窗传热系数	√	√	√	
	屋顶、立面等空间绿化	√		√	
	屋顶为高反射率低发射率	√		√	
	设置不同形式的外遮阳	√	√	√	
	合理设计采光，提高自然采光的质量和数量	√	√	√	
	保证规范要求的充足日照	√			
	合理平面设计控制室内外噪声	√	√	√	
	合理选用围护结构，优化室内热环境	√			
	合理被动式设计，自然通风降温	√		√	
	地爆、火灾等灾害对策与安全的设计	√			
	建筑入口和主要活动空间的无障碍设计	√			
	建筑物室内空间可变性	√			√
资源节约与能源利用	尽量采用当地材料，减少运输费用	√	√	√	√
	选用对环境不造成破坏的自然材料	√	√	√	√
	选用可再生材料	√		√	
	尽量对材料进行二次利用	√	√	√	
	使用速生木材和经过认证的木材	√	√	√	√

268　　　　　　　　　　　　　　　　　　　　　　　　　　　　　　　　现代产业园规划及建筑设计

分类	评估指标内容	绿色建筑评价标准	BREEAM	LEED	CASBEE
资源节约与能源利用	太阳能与建筑一体化设计	√		√	
	太阳能热水管道设计	√			
	地热能的利用	√		√	
	风能的利用	√		√	
	场地及建筑屋顶的雨水收集	√		√	
	屋顶蒸发降温用水的收集	√			√

4．关键评价指标

根据上文的绿色产业、绿色园区、绿色建筑的相关政策、标准和文献研究，本书在国内外绿色园区的相关标准的基础上建构绿色园区的评价体系（表13-9），包括绿色产业、绿色园区、绿色建筑三个层面。

1）绿色产业

绿色产业园区实现绿色化的第一步是多发展绿色产业，根据《绿色产业指导目录（2019年版）》，有211种产业为优先发展的绿色产业。参考《绿色园区评价要求》，绿色产业的总产值占园区总产值应达到一定的比例。除此之外，高新技术产业、服务业等占比也对产业绿色化有促进作用。

（1）绿色产业占比：属于《绿色产业指导目录（2019年版）》的产业类型的产值之和占园区所有产业总产值的比例。

（2）高新技术产业占比：园区内高新技术企业的总产值占园区工业总产值的比值。其中，高新技术企业是指依据《高新技术企业认定管理办法》认定的工业范畴的高新技术企业。

（3）服务业占比：为适应现代园区发展的需求，而产生和发展起来的具有高技术含量和高文化含量的服务业产值占比。

2）绿色园区

绿色园区是指在园区层面实现绿色化，包括园区的生态环境、场地设计、基础设施、能源利用、资源利用和运营管理六个方面。

（1）生态环境：考核指标围绕废弃物的处置利用率和排放量，包括固体废弃物（含危废）、碳、废水和各类污染物；园区空气质量优良率和道路、露天停车场的遮阴率也是考核指标之一。

（2）场地设计：主要包括园区绿化率、园区物理环境（风、光、热环境等）和地面铺装的材料。

（3）基础设施：包括污水集中处理设施和达到《绿色建筑评价标准》GB/T 50378—20194的绿色建筑面积占园区总建筑面积的占比。

（4）能源利用：从园区能源产出率、可再生能源使用比例和清洁能源使用率等方面考核。

（5）资源利用：考核园区资源的利用效率，包括水资源、土地资源、工业固体废弃物、工业用水、中水、余热资源、废弃资源和再生资源等。

（6）运营管理：包括绿色园区标准体系完善程度、编制绿色园区发展规划、绿色园区信息平台完善程度等方面。

3）绿色建筑

根据以上对国内外现有绿色建筑评价体系的研究，绿色建筑的评价包括生命周期环境影响、能源表现、水资源利用、废物处理、材料和资源、场地可持续、交通、健康和舒适、服务质量、文化性和艺术性、项目管理和经济性等指标（表13-9）。

目标体系	指标维度	指标细分
产业绿色化	绿色产业占比	属于《绿色产业指导目录（2019年版）》的产业类型的产值之和占园区所有产业总产值的比例
	高新技术产业占比	园区内高新技术企业的总产值占园区工业总产值的比值。其中，高新技术企业是指依据《高新技术企业认定管理办法》认定的工业范畴的高新技术企业
	服务业占比	为适应现代园区发展的需求，而产生和发展起来的具有高技术含量和高文化含量的服务业产值占比
园区绿色化	生态环境	工业固体废弃物（含危废）处置利用率、万元工业增加值碳排放量消减率、单位工业增加值废水排放量、主要污染物弹性系数、园区空气质量优良率、绿化覆盖率、道路遮阴比例、露天停车场遮阴比例
	场地设计	室外场地的绿化、提倡地下停车、停车位的绿化与遮阳、优化建筑布局、改善室外热环境和风环境、选择高反射率的地面铺装材料、自行车停车位设计、选用渗水性地面铺装材料
	基础设施	污水集中处理设施、新建工业建筑中绿色建筑的比例、新建公共建筑中绿色建筑的比例、500米公交站点覆盖率、节能与新能源公交车比例
	能源利用	能源产出率、可再生能源使用比例、清洁能源使用率
	资源利用	水资源产出率、土地资源产出率、工业固体废弃物综合利用率、工业用水重复利用率、中水回用率、余热资源回收利用率、废弃资源回收利用率、再生资源回收利用率
	运营管理	绿色园区标准体系完善程度、编制绿色园区发展规划、绿色园区信息平台完善程度
建筑绿色化	生命周期环境影响	全球变暖潜力、富氧化潜力、酸化潜力、平流层臭氧耗竭潜力、光化学臭氧制造、非生物矿物质资源耗竭、非生物化石能源耗竭、水提取、基础能量
	能源表现	可再生能源利用、能源需求、能源监测、低能耗大型用电器
	水资源利用	水资源循环利用、水资源消耗、水资源监测
	废物处理	施工期间废物处理、运营期间废物处理
	材料和资源	材料回收利用、循环利用物品、可再生原料、负责任的来源
	场地可持续	选址、土地利用、热岛效应、噪声控制、社区发展、地区生态/生物多样性
	交通	公共交通、自行车友好
	健康和舒适	热舒适、视觉宜人、声学质量、室内空气质量、通风质量、水质量
	服务质量	灵活度、无障碍友好、安全性、抗震性、维护管理、空间效率、用户控制、功能性、防火、循环利用、耐久性
	文化性和艺术性	文化遗产保护利用、美学质量
	项目管理	项目质量、施工周期、规划一体性、施工地影响
	经济性	全生命周期成本、价值稳定性

（1）生命周期环境影响：涵盖对建筑从规划设计、建材生产、施工建造、使用运行、维护、拆除到废弃物处理的全过程的绿色评价，评价维度包括全球变暖潜力、富氧化潜力、酸化潜力、平流层臭氧耗竭潜力、光化学臭氧制造、非生物矿物质资源耗竭、非生物化石能源耗竭、水提取和基础能量等。

（2）能源表现：包括可再生能源利用、能源需求、能源监测和低能耗大型用电器等指标。

（3）水资源利用：包括水资源循环利用、水资源消耗和水资源监测等指标。

（4）废物处理：分为施工期间废物处理和运营期间废物处理。

（5）材料和资源：包括材料回收利用、循环利用物品、可再生原料和负责任的来源等指标。

（6）场地可持续：包括选址、土地利用、热岛效应、噪声控制、社区发展和地区生态/生物多样性等指标。

（7）交通：包括公共交通和自行车友好两方面。

（8）健康和舒适：包括热舒适、视觉宜人、声学质量、室内空气质量、通风质量和水质量等。

（9）服务质量：包括灵活度、无障碍友好、安全性、抗震性、维护管理、空间效率、用户控制、功能性、防火、循环利用和耐久性等方面。

（10）文化性和艺术性：包括文化遗产保护利用和美学质量等方面。

（11）项目管理：包括项目质量、施工周期、规划一体性和施工地影响等。

（12）经济性：包括全生命周期成本和价值稳定性。

13.2 绿色产业园区规划设计策略

13.2.1 生态先导、构建整体生态安全格局

产业园作为城市中产业发展的集聚地，在城市的发展中扮演着重要角色。为了更好地保护城市生态环境，产业园在制定发展目标基础上，需要协调考虑生态、经济、社会等综合效益，因此产业园在规划中应采用生态先导策略，构建园区整体生态安全格局。

1．以保护生态环境作为园区建设的前提

在规划设计中将生态效益和环境效益作为首要考虑的要素。依据生态敏感性、建设适宜性、资源保护、工程地质等因素，在规划范围内划分禁建区、限建区、适建区和已建区，实行禁限建分区管制。常见策略包括：

（1）以生态环境保护作为园区建设的前提，优先保护和建构完整的生态绿地系统结构。

（2）优先保护湿地、山水、植被等自然资源环境，修复土壤、水体、山体等。

（3）与区域生态系统相衔接，并落实区域生态安全格局的要求。

（4）尊重当地自然地理条件，营造自然生态环境与人工生态环境和谐共融的生态系统。

2．园区应构建整体生态安全格局

生态安全格局是以"斑块—廊道—基底"[1]为基本模式，形成以自然优先的空间组织格局。在规划中应合理开发利用环境资源，保护生物多样性，建立生态安全格局常见策略包括：

（1）通过生态规划加强自然生态空间的连续性，保持区域生态安全；维持区域内景观的多样性和异质性。

（2）尽量保护利用已有的自然空间，形成自然空间网络体系，并与人为空间形成镶嵌性的空间组合结构。

（3）防止园区区域的建设和活动对自然系统的干扰和破坏，使两者彼此协调平衡；分析区域内原有的景观要素，予以重点设计。

（4）建立自然植被斑块；设置保护水道的宽阔蓝绿廊道；设置供物种在自然斑块之间漂移、扩散的连接廊道。

（5）建成具备多样性的小斑块和廊道，构建整体网络。

（6）保留、恢复、重建原有的景观要素，如山体、水体、岸线、湿地等作为生态稳定性的空间。

相关案例如集研发、测试为一体的新加坡JTC洁净生态园。

【案例分析】

新加坡JTC洁净生态园

洁净生态园（图13-2）占地面积50万平方米，是新加坡第一个集研发、测试为一体的绿色生态科技园。园区规划之初，对当地地形地貌、水资源、动植物等做了充分的调查研究，综合考虑经济、生态等因素后，在建设中尽可能保护湿地、生态栖息地等自然资源，同时形成新的绿色休闲步道和绿色休闲空间，与原有环境构成整体绿色网络。

---

1. 现代景观生态学把地球表面生态系统中的景观要素分为三大类，它们以点、线、面构成区域景观，即所谓斑块、廊道与基底的概念。斑块（patch，也称缀块）指在外观上与周围环境明显不同的均质非线性地表区域。廊道（corridor）是不同于两侧地带的狭长的线性地表区域。基底（matrix）是区域中的背景地域，它决定了景观的性质。

图13-2　洁净生态园

（图片来源：http://www.dreiseitl.com/cn/studio/）

13.2.2　提高土地利用效率和混合使用

　　园区用地布局在尊重生态格局的基础上，为提高土地利用效率，实现用地集约与兼容发展，园区功能空间布局建议倡导功能复合的组团式布局模式。其中，实施策略包括：注重产业紧凑布局，实现城市精明增长和重点区域高密度建设；整合产业空间，引导企业向相应类型的产业组团集中，提高产业布局的集聚度和集群化；构建完整的产业链，将各个生产环节紧密联系起来；同时产业配套与服务配套"相长"，以"生产、生活"服务设施为核心，与生态基底格局、交通设施、绿色公共空间系统融合渗透，形成若干个主导功能明确且用途多元化的复合组团；从土地开发利用拓展向混合型、立体化开发利用转变，注重复合功能与垂直开发。

　　相关案例如位于上海的紫竹高新区，建立了土地集约指标体系。

【案例分析】

紫竹高新区

　　紫竹高新区（图13-3）规划面积为13平方公里，由大学园区、研发基地和紫竹配套区三部分组成。紫竹高新区在规划上建立土地集约指标体系，产业规划上将多家企业的平台组团集中，实现产业集聚，同时利用有限的土地建设完善的公共配套设施，进行有效的资源配置，做到每一块土地的最大化利用。

图13-3　紫竹高新区研发基地与大学园区鸟瞰图

（图片来源：http://www.zizhupark.com/）

13.2.3　实现最高效和舒适的总体布局

　　从宏观角度来讲，园区要着眼于地区功能整合，联合周边以及腹地进行功能调整与整体开发布局，要统一协调相邻用地功能，在区域整体空间框架之下对园区周边的用地功能进行调整，重建园区与周边区域的有机联系，从而推进区域功能空间结构一体化进程。

从局部尺度来讲，园区功能布局以"场所设计""空间修补"为核心，通过场所环境的再造，为周边区域创造更多的交流机会和活动空间，增加城市的日常活力和生活氛围。常见策略包括：

（1）建设用地采用组团式布局。通过重要的生态廊道界定组团边界，居民日常出行大部分在组团内部采用步行与非机动车方式进行，以公共交通串联组团之间的联系。

（2）依托大运量公交系统来引导土地开发。在公交站点及其他重要区域，通过平面和竖向的混合用地实现高效的土地利用。

（3）保障园区中心区、滨水区等高价值区域的公共性和开放性。实现园区宜居环境对外部共享，促进与周边社区的交往活动，激发区域经济活力。

（4）改进园区安全设施，建设开敞式园区。完善非机动车路网、提高服务设施利用率，促进与周边社区居民的交往。

（5）将园区公共服务设施与绿地系统、开敞空间和公交站点结合布局。园区居民上班、购物、游憩等日常出行目的地在空间上集中布局，提高出行效率，激发园区社区活力。

（6）通过室外物理环境模拟优化建筑布局、空间形态。通过计算机可模拟场地风环境（流场、风速、风压）、日照环境、噪声环境及热环境分布情况，通过调整建筑的布局形态、空间形态，可有效优化园区整体环境。

相关案例如促进周边一体化发展的印度硅谷新兴科技园。

【案例分析】

印度硅谷新兴科技园

印度硅谷新兴科技园（图13-4）位于印度班加罗尔卡尔镇中心区，用地面积62亩，总建筑面积110万平方米。该科技园与城市环城干线、地铁线路直接相连，与周边的Manyata科技园共享著名的Nagavara湖景。硅谷新兴科技园将通过建立园区与周边区域的有机联系，打造为促进周边一体化发展的新型科技园区。

图13-4　印度硅谷新兴科技园
（图片来源：https://www.unstudio.com/）

13.2.4　多层次的绿色交通策略

园区交通体系的建设包括对外交通与园区内部交通。园区综合交通规划要在充分落实和保障生态安全基底格局基础上，与园区功能布局整合思考，实现交通与土地利用的复合开发；整个综合交通体系的规划以园区内外居民出行行为安排为主线，设计多层次的交通系统，大力提倡公共交通与步行，以绿色交通方式优先为导向。常见策略包括以下几个层面：

（1）建立从内到外、从慢行到机动、从内聚到开放的绿色交通方式为主导的布局理念。

（2）实现以人为本的内部交通系统与快速通达的对外交通系统之间的和谐过渡。

（3）尽量实现慢行交通网络与机动车网络在空间上的完全分离。

（4）以功能为设计导向，以人为本的道路空间尺度安排。

（5）鼓励新技术使用，促进社区出行方式共享的实现。

另外，还应从以下方面构建绿色复合型慢行系统：

（1）建立生态慢行区。主要结合规划区内的公共绿地设置。慢行主导区内应设置环境优美的慢行路径和设施，一般情况下禁止机动车进入该区域。鼓励发展高质量公交，使客货交通运输费用最低，对环境影响最小，保障公共交通安全，节省能源。

（2）规划慢行转换地区。主要集中在轨道交通站点、BRT站点周边地区，通过在站点周边设置非机动车停车设施，方便换乘，鼓励人们采用健康、环保的交通方式出行。

（3）设置慢行主导地区。主要位于各片区中心以及城市核心区域，以混合功能为主。

（4）倡导慢行鼓励地区。主要是在园区内的各功能组团内，采用适合非机动车和步行出行的道路断面，加强绿色慢行系统道路设施的建设，构成尺度适宜、设施完善的慢行系统，融合生态安全基底格局、公共空间系统、功能布局、景观系统等复合规划，建设高品质高服务的自行车、步行绿道系统。

相关案例如构建层次清晰的交通布局的中德生态园。

【案例分析】

中德生态园

中德生态园（图13-5）位于胶州湾高速的南侧，牧马山生态通道的北侧，规划用地总面积为11.6平方公里。中德生态园的主要目的旨在为中德两国在欧亚合作、高端产业、生态科技、可持续性城市规划方面，打造一个示范性项目。

园区内各区域的出入口均按照其核心区域的位置及区域和主要道路系统的交叉点进行设置。从各区域中心广场内延伸出的区域性道路系统均可明确提供交通方向，并实现与周边区域的直接联系。居住区内以行人和自行车交通为主导，区域性道路网络限制车辆的出入。从高速公路到主要道路、从区域性道路网络到单个地块，整个区域建立多层次的交通系统，表现出层次清晰的交通布局。

图13-5　中德生态园效果图
（图片来源：http://www.sgep.cn/index.htm）

13.2.5　构建园区绿色基础设施网格框架与绿色开放空间

绿色基础设施是一个服务于环境、社会和经济健康的生态学框架，是联系自然、人文生活的支持系统。绿色基础设施体系的建立是可持续产业园区规划建设的关键。

园区绿色基础设施网络框架落实到空间系统层面，包括：

（1）线性绿色基础设施，如绿色廊道、绿色街道等；面状绿色基础设施，如园区生态基底、湿地、公园等。

（2）点状绿色基础设施，如生态斑块、节点性空间。

可持续产业园区倡导以绿色基础设施网络框架模式构建园区绿色开放空间系统。常见规划设计策略包括：

（1）构建与生态安全基地格局融合的园区绿色基础设施系统，组织绿地与开放空间。

（2）结合用地布局建构绿地与景观系统本底空间。

（3）结合社区中心空间，以人的慢行活动为模数尺度，建立半径500～800米的开放空间领域绿圈，模数化、规律性地基本覆盖规划区建设用地。

（4）绿圈的边缘是慢行活动的通常极限，从整体需要出发，在这些边缘缝隙位置反而最需要强化绿地服务功能，在此布置线性的绿化廊道，形成多级网络覆盖。

（5）重要绿化廊道交会之处是活动最集中的位置，建立开放空间节点，为园区内外居民提供休闲、娱乐、聚会、健身的集中场所。

相关案例如构建绿色基础设施体系的榜鹅电子园区。

【案例分析】

榜鹅电子园区

榜鹅电子园区（Punggol）（图13-6）位于新加坡东北部，用地面积约50万平方米。榜鹅电子园区是新加坡最具代表性的高科技的办公园区。

园区保持了原有历史遗迹——老榜鹅步道，并且稍加改造和周边环境相融合，将湖边公园、滨水步道形成了新的绿色休闲空间；绿化园区内有大量无法使用的空间，例如屋顶和墙壁，这些空间被设计成为绿色屋顶和绿色墙面，种植了大量绿色植物和蔬菜，美化环境的同时，也给园区的餐厅提供了食物。

图13-6　新加坡榜鹅电子园区效果图

（图片来源：https://www.ura.gov.sg/Corporate/）

13.2.6　建设海绵园区

建设海绵园区能够在维护原有水文资源的前提下，通过对水资源收集储蓄利用，有效改善各种生态问题。常见策略包括：

（1）建设雨水花园。雨水花园本质上是一种人造洼地，它的作用在于提升水质，滋养雨水并能及时减少强降水的影响。通过一定的景观设计手法及渗透材料的运用，雨水花园能收集和储存雨水，从而形成一个"生物保留区域"。区域内的雨水能够被过滤，并被土壤缓慢地吸收。

（2）保护湿地。城市湿地并不仅仅着眼在一条河流、一片湖泊的治理，而是从生态学的角度，将水体、堤防、滩涂、湿地、植被、生物等作为一个整体生态系统，统一规划设计，最终实现生态恢复、防洪、防涝的综合目的。

（3）采用绿色屋顶。绿色屋顶是指在建筑物的顶面种植植物和草坪。绿色屋顶的出现对于雨水收集、管理具有积极的意义。在一定情况下，绿色屋顶甚至可以有效减少雨水带来的潜在污染。同时，绿色屋顶也能够明显减少建筑的能耗，一般情况下，绿色屋顶与绿色街道共同作用形成绿色基础设施雨水收集体系。

（4）利用洼地。洼地是指天然或人工形成的具有渗透性的自然土壤地面，它具备了传统的暴雨管理设施所没有的优点，如净化污染、造价与维护成本较低、减弱地表水峰流等。

（5）采用渗透铺装。渗透铺装能有效减少非渗透区域，及时将降水转换为地下水，改善水质。

相关案例如注重雨水的积蓄、渗透和净化的贵安生态文明创新园。

贵安生态文明创新园

贵安生态文明创新园（图13-7）位于贵州省贵安国家级新区，是第一个以生态文明为指引的国家级新区，用地面积6.9万平方米。园区通过洼地、湿地、渗透铺装等措施实现雨水的积蓄、渗透和净化，在低影响开发策略的指导下，对水资源收集储蓄利用，实现再生水循环利用。

图13-7　贵安生态文明创新园　鸟瞰图（左）

（图片来源：http://www.dreiseitl.com/cn/studio/）

13.3　绿色产业园区建筑设计策略

13.3.1　提高外围护结构热工性能

建筑外围护结构节能主要涉及外墙保温隔热技术、门窗节能技术、屋面节能技术和地面、楼板及楼梯间隔墙技术、建筑遮阳技术等。推广建筑节能，主要是要提高建筑围护结构的保温性能。常见策略包括：

（1）使用外墙保温隔热技术。建筑外墙作为建筑的良好保护层，避免由于紫外线、阳光、湿度等因素对建筑产生外墙开裂等不良影响，保证建筑的性能和结构完整；常用的外墙保温系统包括自保温系统、外保温系统、内保温系统及夹心保温系统等。常用的墙体保温材料有模塑聚苯板、挤塑聚苯板、岩棉、玻璃棉板、酚醛板、泡沫玻璃板、泡沫水泥板、硬泡聚氨酯板、胶粉聚苯颗粒保温浆料、玻化微珠保温砂浆等。

（2）使用节能门窗技术。根据不同的气候特点，设计适宜的节能型门窗，具体的设计要点包括：选择合适的框体型材和断面设计，如多空腔型材、断桥钢型材、断桥铝合金型材等；选择合理的玻璃材质和构造形式，如吸热玻璃、热反射玻璃、Low-E玻璃等材质，玻璃构造可采用双层、三层中空玻璃，进一步可采用中空Low-E玻璃等，严寒地区还可采用双层窗等形式；提高开启扇和洞口缝隙的密闭性能，门窗开启扇的密闭应使用耐老化性能好的密封条，边框与洞口缝隙应采用高效、易施工的材料封堵，如发泡聚氨酯等；提高门窗的隔热性能，除降低玻璃本身的遮阳系数外，还可增加外遮阳或内遮阳体系；提高门窗的气密和水密性能；玻璃幕墙的连接件应采用隔热型元件。

（3）使用节能屋面技术。提高建筑屋面的保温隔热能力，能够在室内外温差大的情况下有效抵御室外空气热传递，从而改善室内热环境。屋面保温隔热节能设计要点包括合理选择屋面面层形式及保温隔热材料和通过计算确定保温层厚度等两个方面。常见保温材料有模塑聚苯板、挤塑聚苯板、岩棉板、玻璃棉板等。常见的屋面节能技术有种植屋面、蓄水屋面等。

13.3.2 提高建筑环境舒适度

建筑环境舒适度主要包括自然通风量、自然采光、建筑噪声等方面，随着居民生活水平质量的提升，人们对于建筑环境的舒适度要求不断提高。根据《绿色建筑评价标准》，提高环境舒适度的常见策略有：

（1）增加建筑自然通风量。建筑设计采取自然通风的措施，如采取诱导气流、设置导风墙、拔风井等；同时保证建筑外窗可开启，占外窗总面积的比例满足规范要求，建筑幕墙具有可开启部分设有通风换气装置。此外还应分析风压和热压作用在不同区域的通风效果，满足功能的前提下调整室内分隔方式，保证主要功能房间换气次数满足规范要求。

（2）增强建筑自然采光效果。将主要用房布置在自然采光条件较好的方位，并对这些房间进行天然采光的模拟，对不满足照度要求的房间加大开窗面积，使其主要功能空间的室内采光系数满足现行国家标准；采用合理措施改善室内或地下空间的自然采光效果，如设置天井、导光管等。

（3）降低室内建筑噪声。根据不同的建筑功能进行动静分区，减少相邻空间的噪声干扰，同时静区应远离室外噪声源布置。对于靠近室外噪声源一侧的房间可以通过增加围护结构厚度及增强门窗的密闭性来降低噪声所带来的影响。

Garanti银行科技园是运用单元化立面系统提升舒适度的典型案例。

【案例分析】

Garanti银行科技园

Garanti银行科技园项目（图13-8）位于伊斯坦布尔的主要高速公路D-100和TEM之间，靠近伊斯坦布尔Pendik的机场，用地面积5.1万平方米，总建筑面积14.2万平方米。该建筑采用智能的单元化立面系统，将照明、冷却和加热系统集成在一起，在保证室内充足的自然采光的同时，同时隔绝室外高温和高速路产生的噪声，尽量减少资源浪费，将建筑的环境舒适度保持在较高水平。

图13-8 Garanti银行科技园实景图
（图片来源：http://www.era-arch.com）

13.3.3 提高能源利用效率

建筑能源消耗主要是与外部环境的热交换、建筑自身运行的能源消耗。因此，绿色节能技术主要包括采用智能化立面构件、节能电梯、高效灯具等节能设备。常见设计策略如下：

（1）针对各类设备，选用低能耗、低噪声的变压器；选用高效率、低排放柴油发电机组，做好减震、消音措施。

（2）电梯采用节能电梯，电梯控制系统应具备按程序集中调控和群控功能。

（3）照明光源及灯具的选择应在满足现行国家标准的基础上，根据使用场所的不同选择适宜的种类，例如公共区域、楼梯间照明开关采用红外感应自熄型（带火灾强迫点燃型）；车间、工艺、车库等照明采取车道、车位分区分片控制，室外景观照明采取光控或定时控制的太阳能LED灯具等。

相关案例如英国伦敦彭博总部办公园区，通过运用通风、调节温度、照明等节能技术减少能耗。

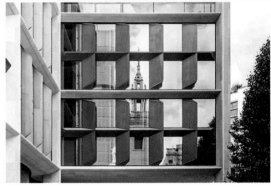

图13-9　伦敦彭博总部办公园区实景图
（图片来源：www.fosterandpartners.com）

【案例分析】

英国伦敦彭博总部办公园区

彭博办公园区（图13-9）占地3.2英亩，场地内的两座建筑由一座廊桥相连。建筑立面上的黄铜叶片随着太阳方位与光照强度变化而变化，保证室内光照与通风；建筑天花板整合了通风、调节温度、照明等功能，通过技术为整个园区节约了35%的能耗。

13.3.4　建筑节水及水资源利用

绿色建筑利用自然水资源的方式主要是收集并利用来自屋顶或其他集水区域的降水，并通过人工渗透来改善生态环境。常见策略包括：

（1）利用雨水收集技术。雨水收集利用技术包括屋面雨水收集利用系统与花园收集利用系统，既可以设置成单体分散式系统，也可以设置为集中系统，这种系统对于建筑来说能够起到改善建筑保温隔热性能，对于小区来说能够处理成为一处休闲绿化场所。

图13-10　万科中心实景图
（图片来源：https://www.cabr-sz.com/）

（2）利用污水回收技术。对污水在源头上进行分类，分质排水、中水回收、废水处理等技术，建立污水回收系统，提高水资源使用效率。

如深圳万科中心项目（图13-10），将水资源规划与环境景观相结合，取得了良好的生态综合效益。

【案例分析】

万科中心

万科中心是集办公、住宅和酒店等多功能为一体的大型建筑群，用地面积4.85万平方米，总建筑面积12.1万平方米，是深圳市建筑节能及绿色建筑示范项目。项目将水资源规划与给水排水结合，对雨水、污水等非传统水源进行利用，建立中水处理和雨水回收系统。

13.3.5　可再生能源利用

目前清洁能源主要包括水电、风电、光伏、潮汐、地热、核电等。以上几种能源中，建筑实际使用较多的是光电、地热等能源技术。主要应用技术包括：

（1）太阳能光热系统。太阳能供暖利用太阳能转化为热能，通过集热设备采集太阳光的热量，再通过热导循环系统将热量导入换热中心，然后将热水导入地板供暖系统，通过电子控制仪器控制室内水温。阴雨雪天气时系统自动切换至燃气锅炉辅助加热，让冬天的太阳能供暖也能正常运行。

（2）太阳能光电系统。独立运行的太阳能光伏发电系统由太阳能电池板、控制器、蓄电池和逆变器组成，若并网运行，则无需蓄电池组。目前，太阳能光伏发电系统应用场所主要包括建筑物部分用电设备、环境照明、道路照明。

（3）地源热泵技术。地源热泵技术是利用地下的土壤、地表水、地下水温度相对稳定的特性，通过消耗电能，在冬天把低位热源中的热量转移到需要供热或加温的地方，在夏天还可以将室内的余热转移到低位热源中，达到降温或制冷的目的。地源热泵不需要人工的冷热源，可以取代锅炉或市政管网等传统的供暖方式和中央空调系统。冬季它代替锅炉从土壤、地下水或者地表水中取热，向建筑物供暖；夏季它可以代替普通空调向土壤、地下水或者地表水放热给建筑物制冷，同时，它还可供应生活用水，可谓一举三得，是一种有效地利用能源的方式。

13.3.6　绿色建筑运营及信息化管理

绿色建筑全周期运营管理是指从建筑全寿命周期出发，从规划决策到设备系统的管理及日常的维护工作，直至回收再利用的过程，通过有效应用适宜的高新技术，实现节地、节能、节水、节材与保护环境的目标。常见策略包括：

（1）在规划决策阶段准备完善。这样不仅能够减少设计施工阶段的花费，而且能减少建筑运营阶段资金与能源的消耗。优秀的规划方案既包括与周边自然资源的契合，也包括与土地社会资源的合理利用，如建造前评估场地中湖泊、自然栖息保护地等，同时考虑周边基础设施、交通状况的实际情况，从而实现建筑走向"绿色"的第一步。

（2）在设计与施工阶段采用新技术与高能效设备。BIM技术在工程项目的施工阶段能够实现准确计划、全局控制、实时跟踪，从而保证项目按时竣工；同时建筑材料和设备上选经过国家认证的绿色建材与高能效设备，综合考虑后期运营成本及回收再利用。

（3）在后期运营阶段进行系统管理。绿色建筑的使用周期相较普通建筑更长，自控系统、能源管理、高能效灯具的选用从长远看能明显减少运行费用，节约能源。

（4）回收再利用。对建设使用的绿色建材进行合理的回收再利用以减少资源消耗。

13.3.7　典型案例分析——深圳南海意库

南海意库位于深圳市南山区蛇口太子路，由六栋四层工业厂房构成，占地面积约4.5万平方米，总建筑面积约10万平方米，每栋建筑面积约1.6万平方米。厂区建于20世纪80年代初期，是改革开放最早的"三来一补"厂房之一，见证了蛇口作为中国改革开放发源地的传奇历史。然而，随着深圳工业发展的快速转型和升级换代，南海意库所在的厂区也面临着"厂房改造、产业置换"的问题。作为该片厂区的开发商，招商地产决定保留旧厂房并进行功能改造，使旧厂区成为创意产业主导的科技园区，其中3号厂房作为园区最先启动的示范项目，采用了大量的绿色建筑技术，在节能、节材、节水、保护环境等方面做了许多尝试。

1．提高外围护结构热工性能

3号厂房在尽量保留原有建筑墙体的前提下，为提高原有建筑的围护结构热工性能，分别在不同外围护结构采取相应措施（图13-11）：

（1）针对墙体，在建筑内墙附砌加气混凝土砌块；东西山墙采用植物遮阳和窗扇遮阳结合方式，降低辐射热影响，减少空调运行能耗。

（2）建筑外窗全部采用中空玻璃和中空Low-E玻璃；少数房间采用可随着日光强度变化遮阳系数的智能玻璃；顶层加建的会议室采用滑拉式遮阳门窗，可关可开，既利用自然通风又利用自然采光，大大降低运行能耗。

（3）加建屋面采用聚氨酯夹芯压型钢板屋面，原有平顶屋面采用40厚聚苯挤塑保温隔热板。

（4）采用回风沟消除风幕地面散流效应，防止室内冷气外泄。

2．提高建筑环境舒适度

3号厂房通过建筑改造增加前庭、中庭，使其自然通风效果变化显著（图13-12）。前庭综合应用了热压通风原理；在过渡季实现不用空调而自然通风的效果。中庭在过渡季节时利用太阳能热压拔风原理，实现各层室内自然通风。过渡季节中，利用室内外热压差实现自然通风。空调使用期间，中空中庭内侧窗扇关闭，停止拔风。过渡季节使用中若热压作用较弱时，采用屋面轴流旁通风机进行辅助通风。

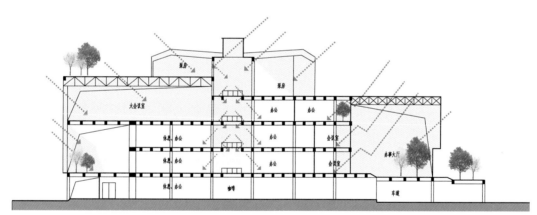

图13-11　深圳南海意库外围护结构热工性能分析示意图

（设计单位：（加拿大）毕路德国际设计公司、深圳市清华苑建筑设计有限公司）

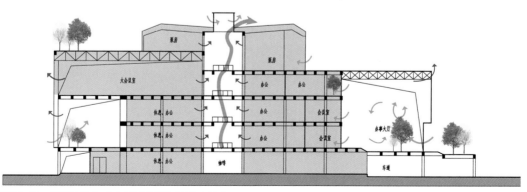

图13-12　深圳南海意库自然通风能力分析示意图

（设计单位：（加拿大）毕路德国际设计公司、深圳市清华苑建筑设计有限公司）

项目还在不同的场所空间使用相应的设备提高环境舒适度，例如，独立办公室采用高温水冷辐射吊顶，冷气柔和均匀，并采用置换式新风系统以保证室内空气品质；屋面大会议室采用独立的全空气空调系统，同时实现了空气降温、空气除湿、新鲜空气补充等功能。

3．提高能源利用效率

项目通过利用现有设备的改造和引入新的设备提高能源利用效率：

（1）利用原有电气设备：原3号、5号厂房共用一个变配电站，共有6台干式变压器和若干高低压配电柜，现基本可以用于整个改建项目中，节约了数百万元的投资。

（2）灯光照明方面：办公室照明灯具按外区、中区、内区方式布置，利用光感实现照度控制；部分办公室采用安装有高强光反射板的日光灯光盘，其节能效率高达30%；利用光导管将室外自然光传送到不能直接采光的室内作为辅助照明。

（3）节能电梯方面：采用无机房节能型电梯，既没有机械传动减速机构产生的能耗损失，又没有屋顶机房。

4．提高水资源利用效率

南海意库建有人工湿地，将生活废水、生活污水通过生化处理降解后用于景观补水、绿化用水和回用冲厕；建有埋地式100立方米的雨水调节池，经过砂过滤简单处理后用于1-3层办公楼卫生间的冲厕水、冲洗清洁用水、洗车用水。雨水是季节性补水源，稳定水源来自人工湿地出水。还通过采用渗水垫层、透水地面砖、渗水盲沟、渗水井等构筑物将地面的天然雨水原位渗透到地层中，解决海滨地区咸潮顶托问题和恢复土壤保水能力，实现温和的小气候。

5．可再生能源利用

该项目综合运用了多个可再生能源转换利用技术：

（1）太阳能光热系统：约100平方米的太阳能在晴天时每天可生产55℃的生活热水5吨，可以满足每天30人淋浴和400人的备餐食堂盥洗用热水的需要。

（2）太阳能光电系统：中庭屋面布置有效面积292平方米的太阳能光电板，既可以发电，又作为中庭的遮阳构件，其电力用于地下车库照明、消防疏散楼梯间照明、卫生间排风扇动力、电力自行车充电等。

（3）浅埋式地源热泵热水系统：U形换热管埋在地下车库底板下，利用土壤蓄能温度与户外空气间的温度差，通过换热管获取能量作为太阳能热水系统的辅助热源。

南海意库是文化创意产业园绿色可持续的典型案例，因其在节能环保方面的高标准大获好评，成为旧厂房改造项目的典范（表13-10）。经各项节能技术的应用，南海意库较传统建筑每年节约用水1万吨，年节电量240万度，年减排二氧化碳2000吨，综合统计每年各项技术节能运营费用合约240万元，5年内即可收回绿色增量成本。

深圳南海意库绿色技术参数表　　　　　　　　　　　　表13-10

技术名称	量化数据和效果
太阳能光伏发电系统	光伏板总面积有效面积292m²
	平均日发电量200kWh
	年发电量5万kWh
太阳能光热系统 （地源热泵辅助供热）	光热板面积约100m²
	每天生产55℃的生活热水约5000L
	可供应400人的餐厅和30位员工的淋浴用水
外墙隔热 ——在原有墙体内侧加砌100厚加气混凝土砖	墙体热传导系数$K \leqslant 0.8W/(m^2 \cdot K)$
屋面隔热技术 ——30mm厚聚苯挤塑板和75mm厚聚氨酯压型钢板屋面	屋面热传导系数$K \leqslant 0.8W/(m^2 \cdot K)$

技术名称	量化数据和效果
Low-E中空玻璃幕墙	隔声性Rw≥30Db（A）
	传热系数K≤3.0W/（m²·K）
中庭自然通风	太阳能拔风烟囱6个
	烟囱高度6m
温湿度独立控制系统	高温冷源18℃左右
	COP值提高70%以上
	新风除湿带热回收溶液除湿新风
	末端装置采用冷辐射吊顶和干式风机
中水利用	中水原水量约29.3m³/d
	雨水收集池100.0m³
	冲洗地面、绿化17.3m³/d
	景观补水8m³/d
	处理方法为人工湿地+砂滤
	非传统水源利用10%以上
节水器具	节水率8%以上
其他节能技术	自然采光、自然照明、前庭自然通风、半地下车库自然通风、人工照明节能、光导管采光等
综合节能率	65%以上

（资料来源：https://wenku.baidu.com/view/85d98cf9fab069dc502201bf.html?from=search）

产业园区装配式技术 应用与策略 | 第14章

14.1 产业园装配化应用发展概述

14.1.1 产业园建设装配式技术发展需求背景

建筑行业经过多年来的发展，已经成为我国国民经济的中流砥柱。但是现阶段相对粗放的建造方式具有能耗高、污染高、效率低等问题，与产业化、信息化以及可持续发展的要求相悖。在我国经济发展进入经济结构调整与转型升级新时期的时代背景下，产业园的建设需求及规模将进一步扩大，现有的产业园建设的弊端逐渐凸显，呈现出以下方面的问题：

（1）总量扩张降低了发展质量。我国产业园区发展时间短、速度快，大量的产业园项目追求短期经济效益与项目的快速推进，导致许多园区施工质量低、环境恶劣。

（2）传统的建造模式效率低，成本高。传统的低效率建造模式，很难满足项目快速推进的需求，其高昂的建设成本与产业园区追求的经济效益相悖。

（3）资源消耗与污染严重。在追求经济可持续发展的今天，传统产业园区建设过程中的资源消耗、建筑废料与环境污染等问题日益严重，产业园区的建设亟须技术提升。

在经济技术蓬勃发展新时期，国家经济建设任务的转变导致技术创新等要素成为经济增长的核心动力，绿色生态等要素成为经济持续发展的动力保障。在此背景下，产业园区建设面临转型升级的新要求：

（1）建设模式转型。传统的生产建造与管理模式建设质量低、效率低、成本高，无法满足新时代产业园区科技、生态、高效的要求，建设模式急需转型。

（2）建造技术转型。伴随着产业园区的创新化与科技化，园区建设需要高标准以及高精度建造，需要预留智慧插口、智能化接口进行智能化平台铺设等，更为节能、高效、智慧的建造技术成为产业园区转型的重点。

（3）可持续发展要求。为满足经济的可持续发展要求，未来产业园区将以新兴产业为主，秉承可持续发展理念，注重生态可持续，推行节能建筑，强调微更新等城市微循环理念，打造绿色与生态园区。

建筑工业化是通过新一代信息技术驱动，以工程全寿命期系统化集成设计、精益化生产施工为主要手段，整合工程全产业链、价值链和创新链，实现工程建设高效益、高质量、低消耗、低排放的建筑工业化[1]（图14-1）。建筑工业化与装配式技术的发展对于建筑的可持续发展具有革命性、根本性和全局性的作用。在产业园区的建设过程

---

1. http://www.mohurd.gov.cn/wjfb/202009/t20200904_247084.html 住房和城乡建设部

中实施装配式建筑技术，可以满足产业园区建设转型升级的要求，是产业园区建设实现"建筑工业化"的重要途径。

14.1.2 装配式建筑发展现状与特点

1. 装配式建筑的发展

以装配式建筑为代表的"建筑工业化"理论是西方国家在第二次世界大战后需要快速重建住房的背景下提出来的，通过推行设计标准化、配件工厂化、现场装配式施工为迅速重建提供坚实基础。这种方式大大提升了生产效率，迅速在国际上得到了广泛认同，国外装配式建筑技术发展至今已经较为成熟，形成了完备的产业体系。

我国在第一个至第五个"五年计划"阶段，也进行了装配化建筑的学习与实践，但由于国情等原因，没有得到长足发展，现浇混凝土方式因其造型灵活、抗震性能好延续到现在。不过在建筑可持续发展、建造效率以及建筑质量越来越受到重视的今天，传统现浇施工方式开始受到业内审视，作为建筑业主要发展方向的"建筑工业化"重新被行业关注，我国装配式建筑发展迎来新契机。2016年中共中央、国务院发布《关于进一步加强城市规划建设管理工作的若干意见》，大力推广装配式建筑，加大政策支持力度，装配式建筑在全国各地火热推行（图14-2、图14-3）。

值得一提的是，2020年初突发新冠肺炎疫情，武汉的两座应急医院因势而起，在短短数十天的工程期内凭借着装配式工程的高效模块化技术完成了应急医疗建筑的建设，为我国的装配式建造树立了里程碑式的实践成果。可以预见，装配式建筑在政策持续推动、建筑技术不断提升的时代大潮下，将具有巨大发展前景，装配式建筑将成为工业化的重要引领和技术变革与进步的重要途径。

2. 装配式建筑的优势与适用范围

装配式建筑区别于现场施工建成的传统建筑，是指（混凝土、钢、木）构件在预制工厂采用工业化的方式生产，并在现场装配而成的新型建筑[1]。装配式建筑相比于传统建造方式具有下列优点：

（1）建造方式的变革。装配式建筑将革新建造方式，其构件工厂生产与干法现场装配的建造方式使其生产效率高于手工作业，工程质量与安全大幅度提高，可降低人工依赖，节能降耗。

---

1. 李晓丹. 装配式建筑建造过程计划与控制研究 [D]. 大连：大连理工大学，2018.

图14-1 某装配式构件厂生产现场（上）、深汕湾项目信息管理平台（下）

[图片来源：http://epaper.pdsxww.com/pdsrb/html/2020-04/22/content_263910.htm（上）香港华艺设计顾问（深圳）有限公司深汕湾项目（下）]

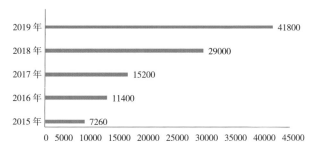

图14-2 2015年以来新建装配式建筑面积（万平方米）

（数据来源：http://www.mohurd.gov.cn/）

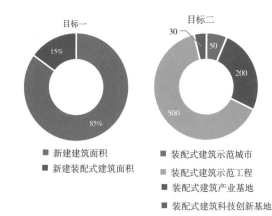

图14-3 住房城乡建设部《"十三五"装配式建筑行动方案》2020年装配式发展的目标

（数据来源：http://www.mohurd.gov.cn/wjfb/201703/t20170327_231283.html）

现代产业园规划及建筑设计

（2）建造技术的提升。装配式建筑会促进设计与技术、质量与管理体系的提升，促进建筑信息化进程，培育高附加值产业。装配式建筑能控制误差达毫米级，结构抗震性能更好，同时通过与数字化、BIM信息化等手段相结合（图14-4），在技术层面上总体把控项目过程，从而提高项目质量。

（3）节省资源，保护环境。装配式建筑的建造方式与实施方式，有助于节约能源、减少建筑能耗、降低废弃物排放，最终实现节能、环保、低碳的绿色建筑。同时国家推广绿色建材的使用，强调在装配式建筑中淘汰不节能环保、质量性能差的建筑材料。装配式建筑有利于建筑行业的健康可持续发展。

装配式建筑技术从结构材料、建筑高度、结构体系、预制率程度等方面可分为不同类型，根据现有相关研究[1-3]，装配式建筑技术主要的类型分类见表14-1。

装配式建筑技术常见分类　　　　　　　　　　　　　　　　　表 14-1

分类角度	装配式建筑类型	主要特点
结构材料	装配式混凝土结构	构件工厂预制，然后进行现场装配，在我国已经得到大量运用
	装配式钢结构	以型钢为主要材料进行工厂预制并在施工现场组装的建造方式，其工业化程度高、空间设计灵活、抗震性能好，是环保绿色的装配式建筑
	装配式木结构	以木材为建筑材料进行预制与组装的方式，其具有取材广、抗震性能好的特点，我国在上海、南京等地开始实施试点木结构建筑项目
建筑高度	低多层装配式	低多层建筑多可使用装配式轻钢结构以及装配式木结构
	高层装配式	高层建筑多使用装配式混凝土剪力墙结构
	超高层装配式	超高层建筑可使用装配式钢结构体系以及预制内隔墙和玻璃幕墙等
结构体系	装配式钢筋混凝土剪力墙结构	根据装配方式不同分为：装配整体式剪力墙结构、叠合板剪力墙结构、内浇外挂体系
	装配式钢筋混凝土框架—剪力墙结构	按照预制构件部位不同可分为：预制框架—现浇剪力墙结构、预制框架—现浇核心筒结构、预制框架—预制剪力墙结构
	装配式钢筋混凝土框架结构	采用预制框架梁、柱，按节点连接方式可分为：节点区后浇混凝土；梁柱节点预制，在梁柱构件上设置后浇段连接；预埋型钢等辅助连接；钢支撑或消能减震装置结合
	装配式钢结构	建筑主体结构基本预制，楼板也采用叠合板或压型钢板
预制率程度	全装配式	结构所有的构件在工厂预制，运至现场快速连接，其一般运用在低层或者防震设防要求底的多层建筑
	部分装配式	采用部分预制构件，运至现场后浇混凝土、灌浆形成整体。可以预制的构件有叠合梁、叠合板、柱、楼梯、外墙、内墙板、阳台等

14.1.3　产业园区建筑的装配式技术应用

我国产业园区的建设模式经历多年发展已经逐步走向成熟。园区的建设已经形成了结构体系成熟、功能相同或相近、建筑规模大、高度适宜、造型简单的特点，与装配式建筑规模化、模块化以及产业化的特点相符合（图14-4）。采用装配式技术建造能较好地满足产业园的空间及造型要求，能高质量、高效率、高环保、低能耗地完成产业园项目的快速建设。

基于本书第三篇中关于产业园建筑空间要素的论述，产业园建筑主要包括生产研发和服务配套功能，可分为生产、研发、办公、仓储、物

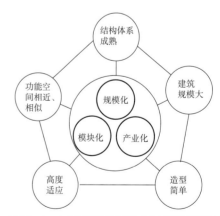

图14-4　产业园建筑的装配式应用匹配系统图

1. 廖惠. EPC模式下装配式建筑的成本控制研究 [D]. 成都：西南交通大学，2018.
2. 戴超辰，徐霞，张莉，王森. 我国装配式混凝土建筑发展的SWOT分析 [J]. 建筑经济，2015，36（02）：10-13.
3. 徐雨蒙. 我国装配式建筑的可持续性发展研究 [D]. 武汉：武汉工程大学，2015.

流、展陈、餐饮、居住、酒店、商业配套等建筑空间类型。下面从建设条件、空间类型、建筑高度三个方面，对不同类型的产业园建筑空间是否适宜采用装配式建筑进行归纳总结。

1．从建设条件来看

标准化程度高、建设规模大、建筑造型相对简单的建筑类型适宜采用装配式建造技术，如办公建筑、研发建筑、厂房建筑、物流建筑、居住建筑等。通过对现有相关理论以及装配式建设项目的分析，可以针对每种建筑类型，从建设角度出发分析装配式的适应性和应用方式，详见表14-2、表14-3。

从建设条件角度出发分析产业园建筑装配式的适应性　　　　表 14-2

产业园建筑类型	标准化程度	建设规模	建筑造型简单
办公建筑	●●●●●	●●●●	●●●
研发建筑	●●●●	●●●	●●●
厂房建筑	●●●●	●●●●	●●●●●
物流建筑	●●●	●●●	●●●●
居住建筑	●●●	●●●●	●●●

从建设条件角度分析不同类型产业园建筑装配式的适用性特点　　　　表 14-3

应用条件	应用类型	类型介绍
标准化程度高	办公建筑	最基本功能空间为办公空间，一般占半开间，是标准化程度很高的建筑空间类型，可以将重复办公模块排列组合
	研发建筑	主要由研发、办公和服务等空间组成，研发空间如工作室、实验室的标准化程度更高，管理办公以及研讨空间亦可模块化设计
	厂房建筑	由标准相同的生产厂房空间和管理配套、仓库等空间组成，组成简单，标准化程度高
	物流建筑	由物流仓库组成，物流仓库的平面组织模式与建筑形式标准化高
	居住建筑	多为配套宿舍，功能格局简单，是由标准的居室模块排列组合而成
建设规模大	办公建筑	多为高层，建设规模大，特别是近些年兴起的总部基地产业园越来越受到重视
	研发建筑	是产业园区中规模较为庞大的建筑类型，一般集中建设在高新技术产业园区中
	厂房建筑	是工业园区以及物流园区的主要建筑形式，在我国提出生态工业园建设以及现代物流产业迅猛发展的前提下，其规模依然持续扩大
	物流建筑	承载园区的产品储存与运输功能，广泛存在于各类型园区内，建设规模较大
建筑造型相对简单	办公建筑	建筑造型相对简单，多为高层方正体量，适合进行单元式玻璃幕墙的装配
	研发建筑	由于其标准化的研发空间模块，建筑造型也相对较为简单
	厂房建筑	建筑造型最为简单和粗放，模式单一，结构体系成熟，最适合进行装配式建造
	物流建筑	作为产业园的储藏配套，建筑造型基本不会特异与张扬
	居住建筑	作为产业园的宿舍配套，由模块化居室组成，建筑空间简单，其阳台凸窗等适合装配式建造

2．从空间类型来看

产业园建筑中的办公研发类建筑空间、居住类建筑空间、大跨度建筑空间适宜采用装配式建造技术，其他特定的功能空间如交通、仓储空间由于空间的特殊性，应视项目规模和建设情况来决定是否适宜采用装配式建造技术，详见表14-4。

从空间类型角度分析产业园建筑装配式的应用

表 14-4

适宜程度	空间类型	类型介绍
适宜程度高	办公研发类建筑空间	多由标准模数的办公以及实验室等模块组合形成，空间重复，标准化程度高
	居住类建筑空间	是产业园区的配套空间，一般不特异化展示，居室空间同样模块化与标准化
	大跨度建筑空间	厂房、展览等大跨度空间，多采用钢结构立体式的空间体系，钢结构因其工业化、模块化程度高，极其适合采用装配式建筑技术
适宜程度中等	交通空间	根据建筑规模和建筑形式而定，当产业园的规模较大，竖向交通较多时，可以用预制楼梯等方式进行装配式建造
	仓储空间	在不同产业园中的规模不同，如在工业园、物流园中占比较大，则适宜采用装配式技术建造
	卫生间等配套空间	卫生间、厨房等特定的功能空间，在规模大、模块化、标准化程度高的情况下适宜采用装配式建造技术
适宜程度低	商业空间	因其标准化程度低，规模小，且造型相对复杂，有一定的园区形象展示作用，不宜采用装配式技术建造
	交流空间	如办公研发类建筑中的交流、研讨类与大堂等空间，起着活跃以及提升形象等作用，复杂化特异化程度高，也不适合采用装配式技术建造

3. 从建筑高度来看

表14-5、表14-6中，通过对不同类型产业园建筑的高度分析，以及从建筑高度角度分析产业园建筑装配式的应用情况，针对各种建筑类型的空间特色与装配式的适配度进行研究。根据表中分析，多层建筑中的厂房、仓储、会展、办公、公寓等，高层建筑中的高层厂房、办公、公寓、居住等，超高层建筑中的办公、居住等类型的产业园建筑适宜采用装配式技术建造。

不同类型产业园建筑的高度

表 14-5

产业园建筑类型	单多层	高层	超高层
厂房	√	√	
仓储	√		
办公	√	√	√
研发	√	√	√
居住	√	√	√
旅馆	√	√	

从建筑高度角度分析产业园建筑装配式的应用

表 14-6

建筑高度	建筑类型	类型介绍
单多层建筑	厂房	多采用钢结构立体式空间体系，适合进行标准化、模块化建造
	仓储	由于其结构空间体系简单且规律，在仓储规模大的产业园区适合进行装配式建造
	办公、研发	空间规律化，模块化与标准化程度高，适合进行装配式建造
	居住、旅馆	居室空间的模块化与标准化程度高，适合进行装配式建造
	会展	大跨度空间适合采用钢结构立体式空间体系，但若其造型特异、复杂化程度高，则不适合
高层建筑	高层厂房	一般较少采用高层厂房，当采用高层厂房时，也可采用钢结构和框架剪力墙结构，使用装配式建造
	办公、研发	空间同质化、模块化与标准化程度高，可使用单元化玻璃幕墙、预制叠合板、预制内墙等方式建造
	居住、旅馆	其居室模块化与标准化程度高，可采用预制凸窗、阳台、预制内隔墙、预制外墙等方式建造
超高层建筑	办公	多出现在总部基地等产业园区中，在造型立面简单的情况下，同样适合装配式建造
	居住、旅馆	超高层住宅也具有模块化的特点，适宜装配式建造

14.2 产业园建筑装配式应用策略

14.2.1 产业园装配式建筑技术应用原则

产业园区的装配式技术应用"一体化建造"的技术方法，该理论由叶浩文在《一体化建造——新型建造方式的探索与实践》中提出，后得到建筑行业广泛认同。一体化建造即以设计为核心，通过设计先行和全系统、全过程的设计控制，统筹考虑技术的协同性、管理的系统性、资源的匹配性[1]，其主要体现在如下"五化"原则上：

1. 设计标准化

设计标准化包括平面、立面、构配件以及部品标准化。标准化设计是提高产业园建筑装配式建造质量、效率、效益的重要方式；是设计、生产、施工、管理协同的前提条件；是产业园建设实现高效率运行的保障。设计的标准化，有助于协调产业园建筑的建造技术与标准相统一；有助于设计、施工和管理一体化，实现专业化和集约化建造。

2. 生产工业化

生产工业化是产业园建筑产业现代化的重要途径，即构配件在工厂生产，生产活动不再发生在施工现场。生产的工业化需要流水线式衔接有序的生产工艺布局设计，需要建立完善的生产管理体系，采用信息化的技术，进行信息共享，实现设计、施工与生产协同管理。工业化生产能够很好地进行专业分工、协同以及系统集成，可以提高施工效率、节省资源，能够提高产品精度，提升产业园建造质量，还可以降低劳动强度，减少人工作业。

3. 施工装配化

装配化施工是产业园建筑装配式技术应用的主要体现与实施方式，其可以减少劳动力需求，降低劳动强度；减少湿作业，节能降耗；降低现场扬尘、噪声污染；提高施工的质量和效率。装配化的施工方式需要完善的装配式施工技术和科学完整可实施的施工组织方案，统一资源规划，实现精细化、数字化施工。施工装配化是产业园建筑装配式应用的原则与准则。

4. 装修一体化

装配式建筑不仅包括结构和构件部分，还包含装修与结构一体化，杜绝粗放式建造，进行高质量产品制造。一体化装修不同于传统方式，装修需要与结构、机电、设备同步设计与施工，利于提升质量与效率，节约能源，减少污染。装修一体化是产业园建筑行业发展的一种必然趋势。

5. 管理信息化

信息化管理可以实现产业园建筑的技术协同与运营管理，能提高效率，促进社会生产力提升。以BIM和信息化技术的手段，通过搭建共享化信息平台，实现设计、生产、施工、运输、装配、运维等全过程的信息传递共享，实现技术、机制、规范、流程等内容共享，达到高效运营与管控目的。信息化管理是产业园建筑装配式技术应用的必要原则。如图14-5是深汕湾智苑、科技

图14-5 深汕湾智苑、科技园项目信息化管理平台

（图片来源：香港华艺设计顾问（深圳）有限公司深汕湾智苑、科技园项目文本）

---

1. 叶浩文. 一体化建造方式的探索与实践 [J]. 智能建筑, 2020（01）: 35-39+44.

园项目建立的信息化管理平台，它大幅度提高了该项目的建设效率。

14.2.2 产业园建造装配式技术应用

1. 模数协调与模数系统

标准化、通用化、模数化、模块化是工业化的基础，装配式技术的应用需要标准化模数协调和模数系统。模数协调实际上就是将建筑构配件按照标准的规则尺寸来协同生产，通过建筑模数协调、功能模块协同、模块组合等协调预制构件之间、建筑部品之间以及构件与部品之间的尺寸关系，避免交叉和碰撞，实现结构、建筑、机电设备和装修的集成设计[1]。大批量规格化的部件可以稳定质量，缩减成本，提高市场竞争力。

模数协调的基础方法是"优先尺寸"，即从基本模数、导出模数和模数数列中事先挑选出来的模数尺寸[2]。产业园装配式建筑的模数尺寸规则如下：

（1）主体结构要与建筑功能空间尺寸相协调，结构构件要与建筑部品、设备等尺寸相协调。

（2）平面设计应统一使用轴线定位和单线模数网格，剖面设计应统一使用界面定位，平面与剖面模数应组成三维空间模数进行集成设计（图14-6）。

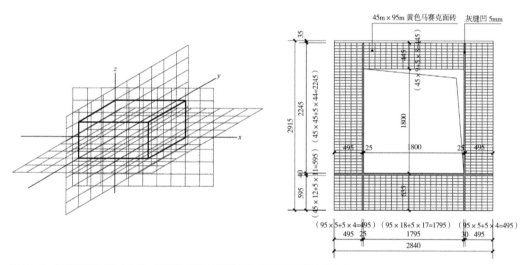

图14-6 模数空间网格（左）、预制构件排砖设计采用界面定界位法（右）
［图片来源：GB/T 50002-2013，建筑模数协调标准（左）；模数协调——装配式建筑集成设计规则，樊则森（右）］

（3）设备、管线综合以及装修设计要采用界面定位法，并协调建筑模数。

（4）制定平面轴网、剖面层高的总体尺寸控制模数规则。

模数协调能更好地实现构件、部品的协调，提高工程质量，推进产业园的工业化发展。以图14-7某产业园室内精装设计为例，一般选用陶瓷面砖装修，面砖尺寸一般为300mm×300mm，所以按照n×300mm进行模数协调，立面以及门窗洞口的尺寸也通过这套模数体系进行统一协调。

2. 装配式结构体系

装配式建筑结构体系可分为装配式混凝土剪力墙结构、装配式混凝土框架结构、装配式混凝土框架—剪力墙结

1. 刘长春，张宏，淳庆，孙媛媛. 新型工业化建筑模数协调体系的探讨［J］. 建筑技术，2015，46（03）：252-256.
2. 樊则森. 模数协调——装配式建筑集成设计规则［J］. 住宅与房地产，2018（29）：56-58.

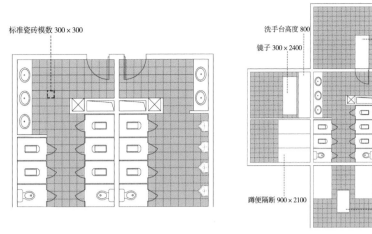

标准瓷砖模数 300×300
洗手台高度 800
镜子 300×2400
蹲便隔断 900×2100

图14-7 办公类产业园精装平面模数协调

构、装配式钢框架结构、装配式模块钢结构、装配式轻钢结构、装配式木结构及各类装配式混合结构等[1]。装配式建筑结构体系与普通的结构形式在结构受力上无太大区别，因此产业园的不同建筑类型可适用的装配式结构体系与原建筑结构体系有较强的相关性。表14-7中所示案例采用的七类装配式结构体系技术，适用于不同类型的产业园建筑，可较好地应用到产业园区的建设当中。

常见装配式结构体系应用案例　　　　　　　　　　　　　　　　　表 14-7

装配式建筑类型	适用产业园建筑类型	典型案例	
装配式混凝土剪力墙结构	居住配套类产业园建筑	沈阳名流印象项目 （图片来源：http://www.000667.com/news/detail-1613.html）	项目为装配式配套居住类项目，项目2号楼采用装配式混凝土剪力墙结构，从6层开始预制，主体装配单层工期为5天，较好地实现了装配式建造
装配式混凝土框架—剪力墙结构	研发办公、居住、旅店类产业园建筑	中海地产深圳清水河项目 （图片来源：香港华艺设计顾问（深圳）有限公司装配式）	项目包含现代物流园、配套商业写字楼及各类公共配套设施，设计引入标准化、模块化的设计手法进行工厂化生产、装配式施工

---

1. 娄霓，任祖华，庄彤，朱宏利，陈谋蒙. 装配式模块建筑的研究与实践 [J]. 城市住宅，2018，25（10）：109-115.

装配式建筑类型	适用产业园建筑类型	典型案例	
装配式混凝土框架结构	研发办公、厂房类产业园建筑	 合肥某办公综合楼 （图片来源：http://www.chinabuilding.com.cn/article-5371.html）	项目主要建筑功能为办公、展示及厂区配套服务用房，采用装配整体式框架结构，抗震等级为三级，单体建筑预制率83%左右
装配式钢框架结构	研发办公、大开间公共建筑及结构规整的公寓类产业园建筑	 南京中建总公司总部项目 （图片来源：香港华艺设计顾问（深圳）有限公司装配式项目）	项目为全钢结构装配式建筑，主要建筑结构构件采用门式钢架设计，装配式安装，外墙采用预制单元幕墙，预制率接近100%
装配式模块钢结构"盒子建筑"	酒店、公寓、住宅、办公楼类产业园建筑	 雄安市民服务中心企业临时办公区 （图片来源：装配式模块建筑的研究与实践，娄霓）	项目采用全装配化、集成化的箱式模块建造技术，装配率达95%
装配式轻钢结构	研发办公、低层厂房类产业园建筑	 冷弯薄壁轻钢结构 （图片来源：绿色装配式钢结构建筑体系研究与应用，郝际平）	项目为低层研发办公建造，其采用澳大利亚冷弯薄壁轻钢结构体系，具有造型新颖、结构受力合理、抗震性能好、施工速度快的优点
装配式木结构	条件适合的厂房、展厅等产业园建筑	 四川安仁OCT"水西东"林盘文化交流中心 （图片来源：http://www.precast.com.cn/index.php/subject_detail-id-12490.html）	展示中心的建筑结构运用钢柱实现了轻巧通透的空间，钢木复合结构屋顶则以变截面胶合木梁、方管和工字钢梁的组合实现了出挑与覆盖

3．功能单元模块体系

构建基于功能单元的模块体系是产业园建筑标准化设计的基础，"模块化"是由上而下的把系统划分为若干个子系统，子系统再通过一定的方式排列组合成具有高标准化又有一定灵活性的系统。针对办公、研发、居住、旅馆、仓房、仓储、展览类产业园建筑，进行产业园功能模块化分级体系的构建（表14-8）。它是以模块为基础，综合了通用化、系列化和组合化的特征，将具有同一功能属性的空间"模块化"，是处理复杂系统、类型多样化以及功能多变的一种标准化形式[1]，是产业园装配式建筑发展的一种重要集成策略。

产业园功能模块化分级体系   表 14-8

产业园建筑	办公	研发	居住	旅馆	仓房	仓储	展览
模块体系	1. 办公空间模块 2. 核心筒模块 3. 厕所模块 4. 交流模块	1. 研发空间模块 2. 核心筒模块 3. 厕所模块 4. 研讨模块	1. 居住空间模块 2. 核心筒模块	1. 居住空间模块 2. 核心筒模块 3. 仓储辅助模块	1. 仓房空间模块 2. 交通空间模块 3. 仓储厕所等辅助模块	1. 仓储空间模块 2. 交通空间模块 3. 厕所等辅助模块	1. 展览空间模块 2. 交通空间模块 3. 会议厕所等辅助模块

在产业园建筑中，办公、居住、厂房等标准化程度高的建筑类型，可以基于功能体系进行模块化设计，形成三个模块系统层级：以单一功能的功能单元组成一级模块系统；基于标准层空间功能需求，将一级模块系统排列组合成二级模块系统；将不同类型的二级模块系统垂直叠加或排列组合，形成具有完整功能的、独立的三级模块系统。整个设计过程中，基础功能单元的模块化要求以及与系统组合时的适应性要求是贯穿整个设计过程的一对相互制约因素。各模块系统通过标准化接口与界面，组合形成建筑产品。通过对某些产业园项目办公空间和厂房空间进行归纳总结（图14-8、图14-9），分析其功能单元模块体系的建立。

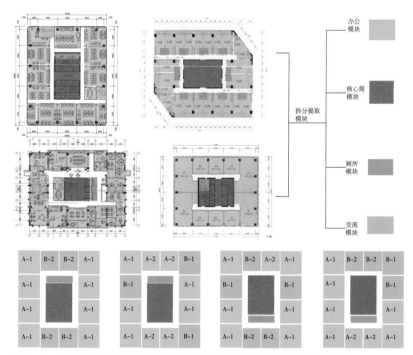

图14-8　产业园办公空间系统模块化拆分与组合而成的系列化、多样化空间
（图片来源：香港华艺设计顾问（深圳）有限公司装配式产业园项目设计文本）

---

1. 付允，林翎，吴丽丽. 基于模块化的循环产业链标准体系构建方法与应用［J］. 标准科学，2015（09）：38-41.

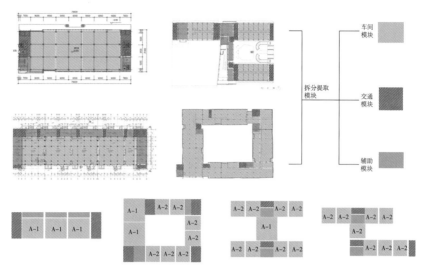

图14-9 产业园厂房建筑系统模块化拆分与组合而成的系列化、多样化空间

（图片来源：香港华艺设计顾问（深圳）有限公司装配式产业园项目设计）

产业园办公研发类建筑最主要的一级单元模块系统是单个办公室空间，其次是厕所、核心筒以及交流储藏等空间，厂房类建筑最主要的一级单元模块系统是单个厂房空间，其次是核心筒以及储藏等辅助空间。将一级子系统即厂房、办公模块进行标准化、模数化的集成处理，然后根据不同需求进行组合形成几种标准层平面，例如回字形、工字形、U字形、点式等标准层，一种或几种塔楼再规划组合成系列化又多样化的产业园建筑。

4. 装配式外围护体系

装配式建筑外围护体系可分为装饰保温一体化预制混凝土挂板、装饰保温一体化复合外墙挂板、各类幕墙、组合钢（木）骨架、系统窗、模卡墙类等[1]。其中预制外围护体系中的PC外挂墙板、三明治夹心外墙板、蒸汽加气混凝土条板已经发展较为成熟，在国内装配式建筑中得到大量推广。

在产业园建筑中，采用框架类结构的建筑如办公、研发、会议等建筑，外围护系统可使用幕墙或轻质挂板，其中预制幕墙在设计、生产、管理上较为方便，能承受较大安装误差同时利于立面形象打造。

【案例分析】

远东幕墙（珠海）公司厂房

在远东幕墙（珠海）公司厂房项目上，采用了全钢结构装配式，外墙采用预制单元幕墙，节能省时且打造了简洁现代的精装立面形象（图14-10）。

图14-10 预制单元式幕墙效果

（图片来源：香港华艺设计顾问（深圳）有限公司远东幕墙（珠海）公司厂房项目）

---

1. 娄霓，任祖华，庄彤，朱宏利，陈谋蒙. 装配式模块建筑的研究与实践 [J]. 城市住宅，2018，25（10）：109-115.

采用装配式剪力墙结构如居住类建筑空间等建筑，适合使用三明治外墙即维护系统与结构同时预制。采用装配式框架—剪力墙结构的居住类建筑空间则可采用预制外墙挂板、阳台、凸窗等方式，实现装配式建造。

【案例分析】

深圳京基水贝

在深圳京基水贝项目中，采用了预制凸窗、预制外墙板等方法，达到16.5%的预制率，同时打造了较好的立面效果（图14-11）。

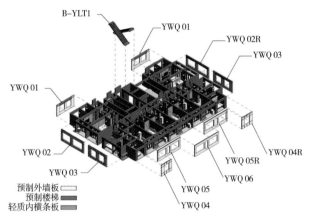

图14-11 深圳京基水贝项目与其预制外围护结构爆炸图
（图片来源：香港华艺设计顾问（深圳）有限公司深圳京基水贝项目）

采用装配式钢结构的大跨类建筑空间如厂房、仓储、展览等建筑，可采用预制幕墙、三明治外墙系统、预制复合外墙挂板、预制凸窗、预制阳台、轻质挂板等外围护系统。通过对相关案例的梳理，可以归纳出产业园装配式外围护体系常用范围，见表14-9。

产业园装配式外围护体系应用范围　　　　　　　　　　　　　　表 14-9

产业园建筑	预制幕墙	三明治外墙系统	预制复合外墙挂板	预制凸窗	预制阳台	轻质挂板
办公	√					
研发	√					
居住		√	√	√	√	
旅馆	√	√	√	√	√	
厂房						√
仓储						√
展览	√		√			√

产业园的装配式外围护体系在保证安全的基础上还应具备阻热、降噪、防潮、保温、耐火、耐久、耐氧化等环保特性，符合绿色可持续发展要求。同时进行立面设计时应统一在最初的模数系统之下进行，结合空间模块与装修进行一体化集成设计。

　　　　　　　　　　　　　　　　　　　　　　　现代产业园规划及建筑设计

联润大厦

在联润大厦投标项目中，项目组便设计了9米的办公空间开间，使单元幕墙与柱跨完全对应，同时适应卡座的布置要求（图14-12）。

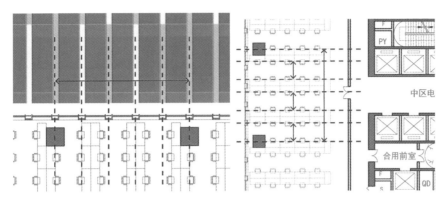

图14-12　立面幕墙关系卡座布置关系
（图片来源：香港华艺设计顾问（深圳）有限公司深圳联润大厦项目）

5. 装配式内装体系

将工厂化生产的部品系统按照标准程序进行现场装配的建造方式便是装配式装修。其采用全干法施工，施工过程简单、标准、周期短、寿命长、可持续性能好，有利于设计、生产与装配的协同。

装配式建筑的内装体系可分为隔墙系统、天花系统、地坪系统、厨卫系统、集成部品、装饰材料、设备管线等七大系统[1]。七大系统中，主要包含装配式隔墙、装配式地坪、集成天花、集成厨卫、生态门窗等产品，具有不同的适用特性（表14-10）。

产业园装配式内装体系　　　　　　　　　　　　　　　　　　表 14-10

装配式内装体系	介绍
装配式内隔墙系统	适用于室内隔墙，灵活度高，仿真性强，可精准调节
装配式天花系统	包括集成吊顶、铝扣板吊顶、金属吊顶等，龙骨与部品安装适合，利于调平
装配式地坪系统	由地脚支撑定制模块，地脚螺栓调平，架空布置管线以降低荷载，装修平整、坚固实用
装配式厨卫系统	包括集成卫浴与集成厨房系统等，卫生间采用工业化柔性整体防水底盘，实用稳固；厨房采用一体化设计，契合度高
装配式集成部品	集成装配式成品的基本部分，包括生态门窗等，具有生态环保、提高效率的作用
装配式装饰材料	包含各种装饰板、瓷砖以及涂料等，装饰材料与内装的各个系统统一设计、生产与装配
装配式设备管线系统	包括干式防水与地暖技术、快装给水系统与薄法排水系统等，架空层下铺设管线，创造友好干净的室内空间

在产业园建筑中，不同的建筑类型涉及的装配式内装体系是不同的，办公研发类建筑空间、居住类建筑空间、大跨度建筑空间等各自涉及的内装体系包括内隔墙系统、天花系统、地坪系统、厨卫系统、集成部品、装饰材料、设备管线系统等，见表14-11。

---

1. 娄霓，任祖华，庄彤，朱宏利，陈谋蒙. 装配式模块建筑的研究与实践 [J]. 城市住宅，2018，25（10）：109-115.

产业园建筑	内隔墙系统	天花系统	地坪系统	厨卫系统	集成部品	装饰材料	设备管线系统
办公	√	√	√		√	√	√
研发	√	√	√		√	√	√
居住	√	√	√	√	√	√	√
旅馆	√	√	√	√	√	√	√
厂房	√	√	√		√	√	√
仓储	√	√	√			√	√
展览	√	√	√			√	√

【案例分析】

中海慧智大厦A2户型宿舍

深圳中海慧智大厦A2户型宿舍项目采用装配式内装体系，其包含集成卫浴、集成厨房、装配化地坪、装配化墙面、装配化天花以及SI管线分离技术。

集成卫生间采用柔性底盘适应任意平面尺寸，能同时匹配同层排水及异层排水，具有整体防水底盘、整体防水墙面，无渗漏隐患、无平面限制的优势；集成厨房具有整体防水墙面，无渗漏隐患、无湿作业、无需降板、无平面限制的优势；装配化地面可应用预原楼板做好混凝土一次性成型的洁面，平整度不大于4mm/2m，具有无湿作业、安装快、荷载轻的特点；装配化墙面可取代室内墙顶面的涂料、壁纸、木饰面、硬包等表面装饰层，配套预制隔墙、墙板调平龙骨安装，具有无湿作业、安装快、防潮、耐刮擦、不开裂起翘、无醛、可资源回收的优势；装配化天花可取代室内顶面的乳胶漆安装作业，具有一体式成型、安装快、平整度高、防潮、无开裂隐患、无醛的特点；管线分离可取代PVC线管、钢管穿BV线/网线，适用于照明、动力及网络配线，具有安装快、强度高、空间占用小、免维护、可资源回收的优势（图14-13）。

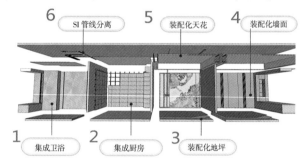

图14-13　中海慧智大厦A2户型宿舍项目装配式技术方案

（图片来源：香港华艺设计顾问（深圳）有限公司中海慧智大厦A2户型宿舍项目）

6. 构件生产与加工

狭义上对于装配式建筑而言，建筑便是由预制构件组成的，因此预制构件的工业化生产是产业园建筑装配式应用的关键，通过流水线的工厂加工流程，规模批量地生产预制构件（图14-14）。构件工业化生产的过程主要包括生产装备、定制模具、钢筋加工、模具拼装、预埋件安装、混凝土浇筑、密实成型、饰面材料铺设、养护与堆放、成品检验等[1]。

产业园建筑的装配式构件生产需要全周期性信息化的管理构件设计与生产，根据主体系统、设备系统、装饰系统与装配系统可对不同的装配式建筑构件进行分类，形成完整的构件系统（表14-12）。在设计阶段即对装配式构件进行分类编码，通过全过程信息集成实现一体化标准化生产。

---

1. 叶红雨. 构件工艺设计与建筑装配设计方法初探［D］. 南京：东南大学，2019.

图14-14 流水线（左）、养护系统（右）

［图片来源：构件工艺设计与建筑装配设计方法初探，叶红雨（左）；https://zhuanlan.zhihu.com/p/257345910（右）］

产业园装配式建筑构件分类　　　　　　表 14-12

系统	类别	子类
主体系统	混凝土类	预制柱、梁、板、墙、异性构件
	钢类	型钢柱、钢筋混凝土柱、钢梁、钢楼梯、钢板剪力墙、轻钢密柱板墙
	竹木类	木结构柱、木梁、木楼面、木屋面、木楼梯、木墙
	围护类	木墙、砌筑墙及其他
设备系统	电气类	桥架、照明、变配电、线管、安防、供电、智能化及其他
	给水排水类	管线、附件、设备、消防及其他
装饰系统	暖通类	热交换器、空气设备、冷热源、风口、风管、管件及其他
	门窗类	普通门、防火门、人防门、其他门、普通窗、防火窗、其他
	家具类	客厅、卧室、餐厅、厨卫、办公家具及其他家具
	套装类	集成厨房、集成卫生间及其他套装
装配系统	模板类	木模板、铝模板、钢模板、免拆模板及其他模板
	支撑类	竖向支撑、斜支撑、支撑附件及其他支撑
	防护类	脚手架、爬架及其他防护

7. 装配式施工过程

装配式施工主要指预制构件从工厂运输至施工现场，在现场完成预制构件组装的全过程。产业园建筑的装配式施工过程，主要包括了构件场外运输、构件现场堆放、构件场内运输、预制构件吊装、预制构件安装等内容。其中，施工现场的场地平面布置、进场与吊装等交通流线以及空间路线的规划是安全高效施工的前提条件（图14-15）。

装配式建筑对机械作业的安全管理要求更高，预制构件从场外运到场地内后（图14-16上），要对预制构件进行

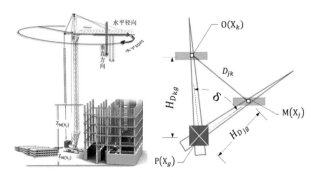

图14-15 吊钩运输暴露度模型示意图

（图片来源：面向安全的装配式建筑施工现场平面布置研究，杨哲慧）

装卸和调运，需避免起重机调运动作与周围构件、机械车辆以及人员的碰撞；预制构件的堆放场地要尽量开阔，同时布置在受力不薄弱的区域，调整布局利于吊装和运输，同时预制构件应按类型、次序分别堆放，避免混合；构件在场内运输与吊装（图14-16下）要注意机械的维护，保证安全，同时合理布置垂直运输机械使其具有良好的视野范围；构件安装过程中则要注意对安装人员的保护，防止高处坠物。

图14-16 预制构件场外运输（上）、预制叠合板吊装现场（下）

［图片来源：https://www.meipian.cn/1t01w866（上）；http://www.ahtjgroup.com/web/news/index.aspx?id=1428（下）］

14.3 产业园区装配式智慧建造发展趋势

14.3.1 基于BIM信息化技术的智慧建造

新型装配式建筑是设计、生产、施工、装修和管理"五位一体"的体系化和集成化的建筑[1]，而BIM技术是实现"系统和集成"的手段，BIM具有可视化性、协调性、模拟性、优化性以及可出图性的特点，可以实现信息协同化设计与装配可视化，通过串联起建造全过程，实现建筑全寿命周期管控，实现最终信息化集成与智慧建造。BIM技术的推广应用为产业园装配式建筑的发展提供了信息化集成基础，为园区的智慧建造创造了前提条件。

产业园装配式建筑的BIM技术通过全过程可视化实现全面协调和精细化设计。基于BIM技术的装配式建筑信息化体系可以贯穿产业园项目的各个环节，如在项目初期便进行构件的分类、整理与编码，将标准通用的构件统一在一起，形成预制构件库，实现信息共享，方便设计单位、构件厂以及施工单位之间的沟通，更适合产业园建筑标准化、模块化与高效建造的特点；又比如建立BIM运维平台，在后期运营过程中实现智能化导游、机器人生产、管理信息共享等智慧园区的建设，基于BIM技术的产业园装配式建筑信息化体系分为设计、施工、生产、装修、运营环节，在各环节的应用内容和示意见表14-13。

基于 BIM 技术的产业园装配式建筑信息化体系在各环节的应用   表 14-13

环节	应用	项目案例示意
设计	（1）绿色设计：通过实地气候地理等条件反馈设计，模拟分析。 （2）优化方案：通过模型对设计进行分析复核，预先碰撞检查。 （3）深化设计：多专业一体的BIM模型	［图片来源：香港华艺设计顾问（深圳）有限公司深圳市中小学教学楼标准化工业化产品研究项目］

---

1. 樊则森，李新伟. 装配式建筑设计的BIM方法［J］. 建筑技艺，2014（06）：68-76.

环节	应用	项目案例示意
施工	（1）施工模拟：计算工程量，模拟施工过程。 （2）模拟施工进度：模型关联现场，优化施工进度方案。 （3）指导构件生产和运输：模拟现场装配，避免位置碰撞，指导构件进场。 （4）施工信息的采集、传递与共享	 ［图片来源：香港华艺设计顾问（深圳）有限公司宝安人民医院整体改造（二期）项目］
生产	（1）建立构件库。 （2）辅助构件厂进行模具设计。 （3）建立信息平台，实时跟进构件信息。 （4）进行构件质量控制	 ［图片来源：香港华艺设计顾问（深圳）有限公司南山科创园05-05-07地块EPC工程项目］
装修	（1）内装与结构一体化设计。 （2）集成部品设计与生产。 （3）管线综合碰撞与检测	 ［图片来源：香港华艺设计顾问（深圳）有限公司标准化工业化产品研究项目］
运营	（1）物业管理 （2）设施管理 （3）节能减排管理 （4）智慧园区管理 （5）灾害应急管理	 ［图片来源：香港华艺设计顾问（深圳）有限公司工程综合管控平台项目］

通过装配式建筑信息化体系，可以实现产业园项目的设计、生产、施工、装修、运营管理等各个阶段的整体把控，利于整合产业园项目的全产业链，实现产业园建筑的智慧建造。

14.3.2 装配式集成建造技术的应用探索

集成制造，是指基于广泛的、专业化的社会分工与市场协作方式而实现的，以一个总装企业为核心但不局限于一个企业范围的制造过程[1]。引入制造业的集成制造理论是为了强调装配式建筑设计与建设过程的社会化和集成化，通过突破依靠自身生产线来制造部件，获得大范围、标准化的社会协作，实现建筑部品部件集成总装化。现阶段集成建造技术在装配式建筑行业的发展主要体现在用于我国新型城镇化以及新农村建设的集成房屋大规模建设和集成办公室、集成厨房、集成卫生间等集成部品上（图14-17）。

---

1. 刘禹. 集成建设系统研究［D］. 大连：东北财经大学，2009.

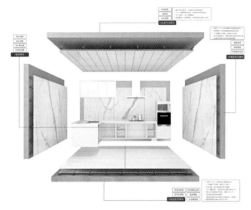

图14-17 集成卫生间（左）、集成办公室（右）

[图片来源：http://www.precast.com.cn/index.php/subject_detail-id-14888.html（左）https://www.sohu.com/a/374401214_776882（右）]

产业园装配式建筑集成建造即统一集成化与分工，实现建筑产品的最终总装。集成建造包括工艺流程、管理模式还有信息的集成，对应着装配式建筑推荐的模块化建造、EPC总承包管理模式以及BIM信息的集成，其能快速适应产业园建筑市场的发展与变化，大大改变建筑市场现状。这一模式突破了现有单一企业界限，形成产业供应链，是未来产业园装配式建筑发展的必经之途。相关案例如雄安新区市民服务中心企业临时办公区。

【案例分析】

雄安新区市民服务中心企业临时办公区

为满足快速建造要求，此项目采用了全装配化、集成化的箱式模块建造，以标准尺度的建筑箱式模块作为单位，组合成"十字"单元，装配率达到95%，极大地缩短了工期，减少了施工垃圾，实现建筑的可持续发展。由此可以看出，在产业园建设中，通过集成房屋、集成部品的应用，能大量提高建筑的装配化，更大程度缩短工期，从而促进产业园装配式建筑的快速发展以及实现产业园短期高效收益的目标，并最终实现产业园建筑的工业化转型（图14-18）。

图14-18 雄安新区市民服务中心企业临时办公区施工现场图

（图片来源：装配式模块建筑的研究与实践，娄宽）

14.3.3 装配式数字建造技术的应用探索

现有的装配式技术难以实现非标准、复杂形态的建筑要求，对于异性模板和弯曲钢结构等产品精度要求高的构件，则需要运用数字化的加工工具对构件进行精确加工，满足特定的建筑形态与结构要求。装配式的数字建造技术包含了数字建筑设计、数字加工与生产以及数控建造三个部分，前者作为后两者的软件支持，后两者是前者的技术实现手段，最终实现建筑全周期的数字化。

数字化建筑设计的手段不仅包括通过信息化和共享化的信息平台实现标准化与一体化建造，还包含通过参数化的表皮建造实现复杂化与精细化的个性化建造。现在数字软件发展越来越快，从计算机辅助设计（CAD）应用在建筑行业领域到草图大师（Sketchup）软件辅助建筑建模再到现在3Dmax、Digital Project、ArchiCAD、Revit、Rhinoceros等参数化、精细化、全方位化的建模软件广泛推广，数字化设计已经开始引领建筑设计的发展。数字加工生产与数控建造主要是通过计算机辅助制造（CAM）使计算机数字空间与机械设备相连接，实现设计师与生产、建设部门的互动，提高建筑完成度。现阶段数字加工技术的主要成果是数控机床的普及和机械臂的应用，在建筑领域上也不断涌现出造楼机、铺砖机器人等机械辅助设备，推动着数字建造技术不断进步。

产业园装配式建筑的应用主要是对传统信息模型进行编译、计算与分割，使用数字化手段对其塑形，实现建筑构件、结构、内装、管线的一体化成形，进而拼装组合成集成化的完成体。数字建造的手段不仅仅适用于标准化的产业园建筑，例如产业办公、厂房、物流等产业园，它对于更强调建筑个性、文化含义表达的文创园、企业总部等类型的产业园以及园区内展馆的建设具有更明显的优势，其昭示性、精确化、高效率的建造是产业园装配式技术应用的重要推广手段，能有力促进产业园装配式建筑技术的发展。相关案例如扎哈·哈迪德公司设计的香奈儿流动艺术展馆。

【案例分析】

香奈儿流动艺术展馆

香奈儿流动艺术展馆是由扎哈·哈迪德设计的小型展览建筑，展馆通过参数化手段将圆环体变形形成，并且加入了贝克造型以及菱形网格。该建筑采用钢结构形式，先建立建筑数字模型，后细分总体模型成为单个曲面模型，再通过数字切割的方式制作纤维增强塑料（FRP）外墙所需的模具，PVC屋顶面板是通过模具热压形成，屋顶充气ETFE膜则是根据曲面展开面裁切制作而成。现场先进行钢结构装配安装，后FRP板材采用连接节点和钢结构螺栓连接，屋面PVC板和ETFE膜采用铝合金龙骨组成的单元幕墙板块现场安装（图14-19）。

 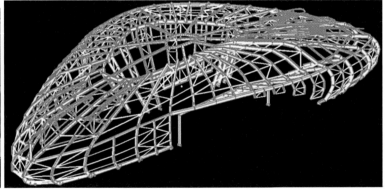

图14-19 香奈儿流动艺术展览馆（左）、展馆结构模型（右）

[图片来源：http://www.333cn.com/shejizixun/201124/43497_108242.html（左），梅玥. 基于数字技术的装配式建筑建造研究［D］. 清华大学，2015（右）]

第 15 章 | 迈向数字信息化时代的智慧产业园区发展

15.1 智慧产业园区的概念及建设状况

15.1.1 相关概念

　　智慧产业园（简称"智慧园区"）起源于智慧城市概念的兴起，是近年人类社会对于物质世界的探索朝向智慧化、数字化发展的产物。智慧化探索可追溯至1998年美国前副总统戈尔提出的"数字地球"。2008年，IBM首席执行官彭明盛提出了"智慧地球"的概念，并将其实际操作落实到城市层面，智慧城市概念应运而生。IBM与中国合作发布的《智慧的城市在中国》白皮书中指出：智慧城市能够通过信息技术将城市运行产生的所有数据收集并整合，从而对运行活动的各种需求做出响应，以提高城市生活品质[1]。

　　产业园区是城市的重要组成部分和单元，智慧城市乃至智慧地球战略目标的最终实现，必然要落实到智慧园区这一层面。近年来，随着智慧城市建设的进程加速，以及新一代信息技术的涌现和更新，各类园的建设和管理方式亟须智慧化升级，智慧园区的概念在智慧城市的推进中应运而生。2012年11月，党的十八大提出智慧城市、智慧园区的建设是国家城市化发展的大势所趋。2013年1月，"创建国家智慧城市试点工作会议"介绍了智慧化园区的试点建设工作。2014年2月，工信部授予中关村软件园等10家软件园为中国首批"智慧园区试点"。随后，智慧园区的概念在国内逐渐兴起。

　　目前，不同领域的学者和业界人士对于"智慧园区"提出不同解释。有学者指出，智慧园区是数字化园区的智能化升级，通过新一代信息技术对园区的各个关键环节作出反应[2]。随着研究深入，智慧园区的概念不再局限于园区基础设施的智能化升级，还包括园区的管理、服务和人文环境等软实力的智慧化建设[3]。2019年，由全国智能建筑及居住区数字化标准化技术委员会和华为技术有限公司合作发布的《中国智慧园区标准化白皮书》，在一般产业园的基础上定义了智慧园区是利用新一代信息技术的、贯通园区建设和管理的新型园区发展模式，具备"互联互通、开放共享、协同运作、创新发展"等能力[4]。

　　从以上定义可以看出，智慧园区是依托大数据、云计算、物联网等为代表的新一代信息技术，能够迅速信息采集、高速信息传输、高度集中计算、智能分析处理，并对园区的建设和管理进行及时感知、监测、反馈，从而实现

---

1. IBM. 智慧的城市在中国 [R]. 2009.
2. 马梅彦. 我国智慧园区研究综述 [J]. 电脑知识与技术, 2016, 12（33）: 174-176.
3. 艾达, 刘延鹏, 杨杰. 智慧园区建设方案研究 [J]. 现代电子技术, 2016, 39（02）: 45-48.
4. 全国智能建筑及居住区数字化标准化技术委员会, 华为技术有限公司. 中国智慧园区标准化白皮书 [R]. 2019.

全面信息化协同运作和高效智能创新服务与发展的先进园区。狭义的智慧园区主要针对产业园区，广义的智慧园区中的"园区"不仅包括产业园区，而是包含具有特定管理边界的建筑群体，如住区（社区）、学校、各类办公、产业、商业等建筑群体。

15.1.2 发展背景

1．通信技术发展的影响

科学技术是第一生产力。纵观世界近代史，人类的技术发展大致经历了三次技术革命，目前正处于第四次技术革命发端期，即人类正步入"智能时代"（图15-1）。第四次工业革命带来的信息技术等新技术的迭代与更新，使人类进入新一轮生产加速期和历史变革期。

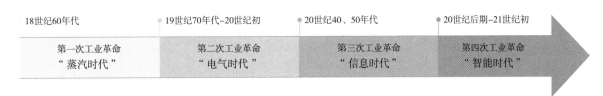

|18世纪60年代|19世纪70年代-20世纪初|20世纪40、50年代|20世纪后期-21世纪初|
|第一次工业革命"蒸汽时代"|第二次工业革命"电气时代"|第三次工业革命"信息时代"|第四次工业革命"智能时代"|

图15-1 四次工业革命的时间历程

信息技术的发展，重点是对信息采集、信息存储、信息编码、信息传输与过滤、信息解码、信息接收等环节的持续优化和迭代。对智慧园区而言，与信息采集相关的技术，包括物联网技术、GIS技术、视频监控技术等；与信息存储相关的技术，主要有云计算和大数据技术；而传输过程主要涉及通信技术、移动互联网技术、5G、架构技术、信息安全技术等；此外，BIM能够更好地对信息进行整合和建模，也是智慧园区建设不可或缺的重要技术。以上信息技术的发展，催生了智慧园区的巨大潜在需求，并为其实现提供了各种软硬件技术依托和手段。

2．宏观经济和政策的推动

1）宏观经济背景

自国际金融危机以后，传统经济持续低迷，以数字化知识和信息作为生产要素的数字经济异军突起，成为驱动国民经济发展和技术变革的中坚力量。根据图15-2可知，我国数字经济规模持续增长，2018年已突破30万亿元，2019年已超GDP占比的三分之一，我国已迈入数字经济发展成熟期。

现代信息技术与智能技术的逐步融合使得我国经济时代从数字化向智慧化进阶。智慧城市是数字经济智慧化的重要市场，是加快经济发展转型的重要战略。截至目前，我国已有超300个国家级智慧城市试点，智慧城市的市场规模已突破20万亿元。在此背景之下，智慧园区行业市场前景大好。据前瞻产业研究院统计，园区信息化费用所占比重约为园区投资开发成本的10%~15%[1]。据统计，我国园区信息化市场规模于2015年已突破2000亿元，并呈现持续增长的趋势。随着智慧产业园区逐渐占据高端产业园建设的主流，新建园区智慧化市场规模总量预计可达千亿级（图15-3）。

2）国家与地方政策背景

自2012年起，国家从多个维度出台了多项政策推进智慧园区发展。表15-1摘录了国家层面有关智慧园区建设的主要政策，智慧园区是国家实施新型城镇化的重点任务之一，是落实智慧城市建设的重要基石，还与创建绿色生活息息相关；智慧园区的推进要联动相关产业或技术的改革与发展，如互联网+、建筑信息模型、人工智能、新基建等。

---

1. 前瞻产业研究院. 2019-2024年中国智慧园区建设规划布局与招商引资策略分析报告［R］. 2019.

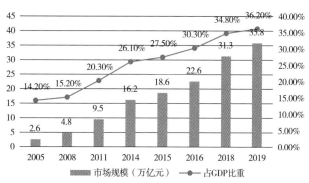

图15-2 2005-2019年我国数字经济规模及占GDP比重
（数据来源：中国信息通信研究院）

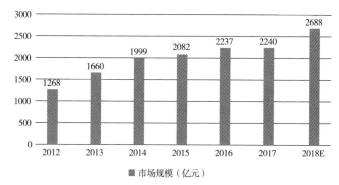

图15-3 2012-2018年我国园区信息化市场规模
（数据来源：前瞻产业研究院）

国家层面智慧园区建设的主要政策摘录　　　　　表 15-1

时间	发布主体	政策/发文	相关指引
2012年11月	国务院	党的十八大提出"全面建设小康社会"	指出智慧城市、智慧社区的建设是国家城市化发展过程中的必然选择
2013年1月	住房城乡建设部	创建国家智慧城市试点工作会议	会议介绍了包含苏州工业园区、上海漕河泾开发区和西安高新区智慧化园区建设等项目
2014年3月	国家发展改革委	《国家新型城镇化规划（2014-2020）》	强调要推进智慧化城市建设、智慧化的信息服务和新型信息支持，推进产业发展向现代化转型
2015年6月	住房城乡建设部	《关于推进建筑信息模型应用的指导意见》	要求自2020年末，在以国有资金投资为主的大中型建筑、申报绿色建筑的公共建筑和绿色生态示范小区中，新立项项目的勘察设计、施工和运营维护过程中，集成应用BIM的项目比率应达到90%
2015年7月	国务院	《关于"积极推进互联网+指导意见"》	强调要将互联网与传统行业深度融合，创造新的发展生态
2016年12月	国家发展改革委	《新型智慧城市评价指标（2016年）》	将智能设施、信息资源、网络安全、改革创新4个引导性指标列入智慧城市评价体系
2017年2月	国务院办公厅	《关于促进开发区改革和创新发展的若干意见》	明确应推进实施"互联网+"行动，建设智慧、智能园区
2017年8月	住房城乡建设部	《住房城乡建设科技创新"十三五"专项规划》	指出建筑业要以向工业化、绿色化、智能化转型升级为主要目标，重点发展物联网支撑的智能建筑技术，实现建筑设施和设备的节能、安全管控智能化
2018年6月	国家发展改革委	《关于实施2018年推进新型城镇化建设重点任务的通知》	要求分类推进新型智慧城市建设，以新型智慧城市评价工作为抓手，引导各地区利用互联网、大数据、人工智能推进城市治理和公共服务智慧化
2018年12月	国务院	国务院总理李克强在第十二届亚欧首脑会议上发言	中国愿与亚欧各方积极开展科技创新和新经济合作，包括开展数字经济、智慧城市、车联网等领域合作
2019年10月	国家发展改革委	《绿色生活创建行动总体方案》	强调要开展节约型机关、绿色家庭、绿色学校、绿色社区、绿色出行、绿色商场、绿色建筑等创建行动
2020年3月	中共中央	中共中央政治局召开常务委员会会议	提出要加快5G网络、数据中心等新型基础设施建设进度
2020年4月	中共中央、国务院	《关于构建更加完善的要素市场化配置体制机制的意见》	要求加快培育数据要素市场，推进政府数据开放共享，提升社会数据资源价值，加强数据资源整合和安全保护

　　在地方层面，当地政府对智慧园区的重视程度和财政投入，直接影响该地区智慧园区的建设和发展。继国家战略定位和顶层部署之后，各地方政府积极结合本地实际情况陆续出台和发布了与智慧园区建设相关的政策及指导意见，各省市以选取既有产业园作为试点进行智慧化升级，通过财政补助、奖励办法或制定标准推动和规范智慧园区的建设（表15-2）。

时间	发布主体	政策/发文	相关指引
2013年7月	上海市经信委	《关于加快本市智慧园区建设的指导意见》	到"十二五"期末，建设8-10家示范性智慧园区，制定一批智慧园区技术标准和评估标准
2015年8月	深圳市宝安区科技创新局	关于开展智慧园区信息化项目资助申报工作的通知	按项目建设投入的50%给予补贴，一般项目补贴最高30万元、重点项目补贴最高100万元
2015年11月	江西省工信委	《关于有序推进我省智慧园区建设的指导意见》	"十三五"期间，建成10-15个示范性智慧园区
2018年6月	广州市工信委、城市更新局	《广州市产业园区提质增效试点工作行动方案（2018—2020年）》	每年选取20家左右产业园区作为试点，实现试点产业园区主导产业集聚发展、创新能力显著提升、园区服务优化完善、单位面积效益倍增
2018年7月	重庆市经信委	《重庆市智慧园区建设总体方案》	到2020年底，全市47个工业园区将形成智慧园区全覆盖
2020年1月	安徽省发改委、科学技术厅、商务厅	《安徽省创新型智慧园区建设方案》	"十四五"期间，全面建设创新型智慧园区，并建成"省—市—开发区"三级联动的智慧管理平台，实现开发区基础设施现代化、政务服务高效化、企业管理智能化、社会服务精细化

15.1.3   建设状况

我国智慧园区正式落地的实践时间较短，最初是以软件园为改造升级对象来进行智慧园区建设的早期实践的。2014年1月，在"中国软件园区发展联盟2014年会暨智慧软件园区建设工作会"上，我国工信部软件服务业司正式公布了首批智慧园区试点名单，包括上海浦东软件园、北京中关村软件园、成都天府软件园、厦门软件园、杭州东部软件园、沈阳国际软件园等10家软件园。随后，其他行业的产业园也相继开展试点评选工作，例如，自2016年起，中国石油和化学工业联合会组织评选多批智慧化工园区的"试点示范（创建）单位"，截至目前已公布共50家[1]。

除了在各专类产业园中开展智慧园区试点工作，全国多地市也广泛推进智慧园的试点建设工作。以上海市为例，以建设"公用信息通信网络高速泛在、精细管理高效惠企、功能应用高度集成、智慧产业高端集聚"的智慧园区为目标，上海从2014年开始先后发布了三批共30家智慧园区试点单位，园区类型多种多样，涵盖了科技园、文创园、高校和旅游度假区等，计划到2020年，基本确定高端化、智慧化、生态化的新型园区发展模式[2]。重庆市经信委在2019年1月确定港城工业园区等12个园区为重庆市第一批智慧园区试点园区，在重大信息基础设施建设、市级工业和信息化专项资金扶持、特色智能产业布局、行业公共服务平台建设等方面向试点园区重点倾斜[3]。

在中国产学研合作促进会等机构联合发布的《中国智慧园区发展蓝皮书（2018）》中，2019年全国省级及以上各类开发区中超过60%提出正在或即将建设智慧园区。根据前瞻产业研究院的研究，我国智慧园区建设已经初步呈现出集群化分布特征，"东部沿海集聚、中部沿江联动、西部特色发展"的空间格局[4]。环渤海、长三角和珠三角地区以其雄厚的工业园区作为基础，成为全国智慧园区建设的三大聚集区；中部沿江地区借助沿江城市群的联动发展势头，大力开展智慧园区建设；广大西部地区依据各自园区建设特色，正加紧智慧园区建设。未来一段时间，中国中西部地区智慧园区建设或将来迎来全新的建设浪潮。

---

1. http://www.cpcip.org.cn/page.asp?pagecode=200203 石油和化工园区网
2. http://www.sheitc.sh.gov.cn/cyfz/20130722/0020-660389.html 上海市经济和信息化委员会
3. https://jjxxw.cq.gov.cn/zwgk_213/fdzdgknr/zcwj/qtwj/202003/t20200321_5931822.html 重庆市经济和信息化委员会
4. 前瞻产业研究院. 2019-2024年中国智慧园区建设规划布局与招商引资策略分析报告［R］. 2019.

15.2 智慧产业园区的特征及构成

15.2.1 传统产业园区智慧升级需求

改革开放后大量建设的产业园长期面临着信息化水平低、运营管理效率低和成本高、业务创新与拓展难等问题，园区发展模式亟须转型。与传统园区相比，智慧园区从规划设计、建设落地、服务管理、扩容发展等方面，展现出明显优势和特征。针对以上弊端，传统产业园区具有以下智慧升级需求：

（1）加强园区顶层规划设计：坚持面向未来、问题导向和以人为本的智慧化规划和顶层设计。

（2）完善信息基础设施建设：信息基础设施建设是产业园区智慧化建设的基石，信息基础设施规划要满足高效节约原则。

（3）实现园区智慧综合管理：淡化"人为"干预，采用高素质运营人员与智能管理系统结合的"人机"智慧管理方式。

（4）开发智慧化、人性化服务：利用大数据定点推送企业所需信息，以及为园区工作人员提供多渠道的人性化服务。

（5）促进园区能源高效利用：加强各系统之间的协同和能源的循环利用，拓宽即插即用的场景覆盖面。

（6）增强园区产业链协同应用能力：最大化发挥既有优势、精准吸纳欠缺人才和企业，实现产业链上下游企业业务高效协同。

15.2.2 相关评价标准及主要特征

目前智慧园区行业、协会和地方政府发布了多个有关智慧园区的评价模型或标准，大致可以分为两类。一类是由地方政府发布的，用以指导智慧园区建设的规范标准，例如，上海市《智慧园区建设与管理通用规范》DB31/T 747—2013、《江西省智慧园区建设基本内容指导目录（试行）》和《重庆市智慧园区评价标准（暂行）》等。另一类由行业团体或社会企业发布的、用以推进智慧园区相关产业发展的标准或评估模型，例如，由中关村乐家智慧居住区产业技术联盟等企业编制的《绿色智慧产业园区评价标准》T/CECS 774—2020，和华为技术有限公司与埃森哲（中国）有限公司在《2020未来智慧园区白皮书》中设计的"园区成熟度评估模型"等。

在地方政府发布的一系列规范标准中，上海市《智慧园区建设与管理通用规范》DB31/T 747—2013是全国首个官方发布的、用于指导智慧园区建设的地方标准，包括设施、管理、服务、产业等在内的完整的智慧园区总体框架（图15-4），并创新性地对基于园区内主要建筑的类型和功能划分的生产制造型园区、物流仓储型园区、商办型园区以及综合型园区四类提出了差异化的信息化配置要求。

《绿色智慧产业园区评价标准》T/CECS 774—2020是智慧园区行业的首个行业标准，其包括主客观两个部分的评价内容。主观评价以调研问卷的形式展开，对象是园区入驻企业及工作人员，评分结果占总分的20%；客观评价占总分的80%，由5个一级指标、10个二级指标、68个三级指标构成（表15-3）。根据以上指标进行评分确定绿色智慧产业园区的评价等级为一星级（50~60分）、二星级（60~80分）、三星级（80~100分）、四星级（100~110分）和五星级（110~120分）五个等级。该标准适用于各类已建成产业园区，包含新建、改建和扩建的智慧产业园区，其中新建园区只进行客观评价。

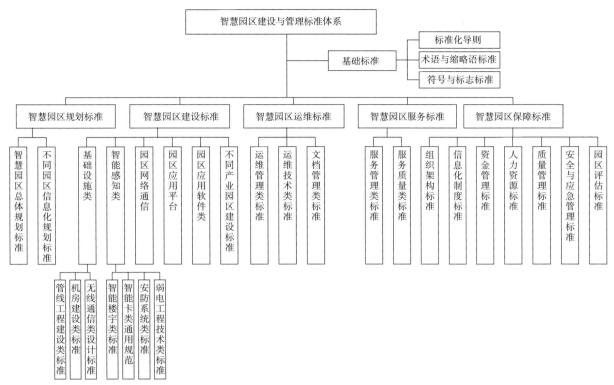

图15-4 《智慧园区建设与管理通用规范》体系结构

《绿色智慧产业园区评价标准》客观评价指标体系　　　　表 15-3

一级指标	二级指标	三级指标	类型		
			控制项	一般项	优选项
基础设施	智能化基础设施	综合布线系统	√	√	
		计算机网络系统	√	√	
		无线网络系统		√	√
		无线对讲系统	√	√	
		公共广播系统	√	√	
		电子会议系统		√	√
		信息发布系统	√		
		信息接入系统	√		
	公共安全系统	视频安防监控系统	√	√	√
		入侵和紧急报警系统	√	√	
		电子巡查系统	√		
		停车库（场）管理系统		√	√
		出入口控制系统	√	√	√
	建筑设备及能耗监控系统	建筑设备监控系统	√		
		建筑能效监管系统	√		
	机房工程	智能化系统机房	√		
		运营中心		√	√

一级指标	二级指标	三级指标		类型		
				控制项	一般项	优选项
基础设施	智能化基础设施	其他智能化	访客管理系统			√
			智慧交通系统			√
			智慧管廊			√
	物联网基础设施		智慧路灯			√
			智能灌溉系统			√
			智慧气象站			√
			智能垃圾桶			√
			智能井盖			√
			智能公厕			√
	数字化技术平台		物联网平台	√	√	
			集成通信平台		√	√
			大数据平台		√	√
			视频分析平台		√	√
			集成管理平台	√	√	√
			建筑信息模型平台			√
			统一认证平台			√
			技术中间件平台			√
生态与宜居	绿色生态		绿色建筑	√	√	√
			空气质量	√	√	√
			污染源管理	√	√	√
			水环境管理	√	√	√
			环境监测平台		√	√
	节能环保		节能	√	√	√
			环保	√	√	√
	舒适宜居		园区绿化		√	
			人文空间	√		√
			绿色交通	√		√
管理与服务	管理	基础管理	基础信息管理系统	√	√	
			资产管理系统	√	√	
			信息发布管理系统	√	√	
		综合管理	园区物业管理系统	√	√	
			园区门户管理系统		√	√
			园区安全管理系统		√	√
			第三方系统接入管理系统		√	√
		运营管理	招商管理系统	√	√	
			租赁合同管理系统	√	√	
			园区企业服务管理系统	√	√	√
			园区个人服务管理系统	√	√	√
		数据分析	数据展示模块		√	√

一级指标	二级指标	三级指标		类型	
			控制项	一般项	优选项
管理与服务	服务	企业服务 — 物业服务	√		
		政务服务	√	√	
		公共服务	√	√	
		企业信用服务			√
		个人服务 — 生活服务	√		
		工作服务		√	√
		个人信用服务			√
保障与运维	机制保障	制度建设	√	√	√
	系统运维	智能运维系统	√	√	√
		信息安全管理系统	√	√	√
		设施设备全生命周期管理系统	√	√	√
		园区数据库建设系统	√	√	√

（表格来源：T/CECS 774—2020《绿色智慧产业园区评价标准》）

华为与埃森哲合作设计的"园区成熟度评估模型"（表15-4），包括7个一级评分项、23个二级评分项、63个三级评分项和103个四级评分项。根据以上评分项进行打分评估，园区的智慧化水平大致分为基础级（60分）、规范级（61-80分）、管理级（81-100分）和领先级（101-120分）。该模型适用于评估各种类型的园区智慧化建设成熟度，既可用于指导园区的规划设计，也可指导园区的具体建设和运营。

以上三个标准各有侧重，第一个侧重于对智慧园区整体框架的系统性建构，第二个侧重于园区在业务拓展和经营层面的创新，第三个增加了对智慧园区绿色环保的要求，但三个标准针对智慧园区的核心评价指标具有相似性，即高品质的智慧园区是实现建设和管理全过程智能化的新型园区，其具有以下四大特征：

（1）基于信息技术的园区顶层规划设计。前期进行顶层规划设计是实现全局视角管理园区，避免传统园区中存在信息孤岛、碎片化等现象的保障。智慧园区通过顶层设计将多个原本独立的信息设施系统全面整合成单一体系，达到互联互通的效应。

（2）实现园区资源配置和管理智慧化。基于顶层设计和系统性规划，智慧园区在建设过程中可对各种资源进行优化配置，提高资源利用效率。而建

"园区成熟度评估模型"评价指标体系　　表15-4

一级评分项	基础控制项分数/加分项分数	二级评分项
战略规划	5/5	战略敏捷度
		战略清晰度
客户体验	11/9	主动服务管理
		客户体验管理
		客户价值实现
智慧运营	10/10	业务数字化支撑
		数字化转型能力
		业务协同
		资源运营能力
		运营支撑平台
		远程移动办公
业务创新	6/9	新服务开发及运维
		新业务创新
数据管理	11/9	数据价值管理
		数据战略和治理
		数据安全与隐私
基础设施	12/13	数字化基础设施
		网络基础设施
		环境监控
		能源管理
		安全管理
保障体系	5/5	机制文化
		智慧化运营团队

（表格信息来源：华为技术有限公司，埃森哲（中国）有限公司. 2020未来智慧园区白皮书［R］. 2020.）

成落地之后，智慧园区依托大数据，为园区运营者提供全方位实时状态数据，从而为管理决策提供更可靠的辅助支撑，为后续资源配置和决策节约了时间和能耗成本。

（3）基于信息技术实现园区空间管理和服务人性化。智慧园区以云计算、物联网、人工智能、北斗系统、5G+等运营支撑三大平台为基础，整个园区共享云计算数据中心和覆盖网络，园区各功能区之间可实现数据的无缝接入，能够更加快速、及时地响应用户的需求，实现实时按需、全程在线、精准便捷、自助个性的管理和服务。

（4）空间适配与运营管理上，实现园区信息化生态圈的开放互联和可持续扩展。相比传统产业园区，智慧园区具有智能扩容和智慧升级能力。智慧园区全过程的数字化运用使整个智慧园区系统保持开放和自更新的状态；一般来说，智慧园区在规划初期将预留扩容空间，这将为智慧园区未来需求和发展预留了一定的空间。

15.2.3　建设架构

相比于传统园区各司其职的独立系统管理模式，智慧园区体系的主要区别在于，把"智慧化"系统融入园区建设和运营管理的全生命周期过程中，以全面整合、互联互通的视角来统筹智慧园区建设的全过程。本书将智慧园区建设架构划分为五个阶段：

（1）前期策划阶段：制定园区智慧化顶层设计框架。在该阶段，智慧园区的定位、规模、生命周期长短、可拓展性等通过顶层设计框架进行决定。顶层设计框架（图15-5）包括基础设施层的搭建、智能感知层的选用、数字平台层的搭建与协同，同时，不同的顶层设计对应不同的制度标准，也涉及不同的应用客户和应用系统[1]。

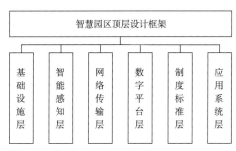

图15-5　智慧园区顶层设计框架

（2）总体规划阶段：制定智慧园区基础设施规划。智慧园区内的基础设施层建设既包括传统园区中的道路交通、水电管网等基础设施，同时也包括移动通信网、基站、互联网、机房及相关智能终端等，尤其是5G和大数据等新基建（图15-6）。

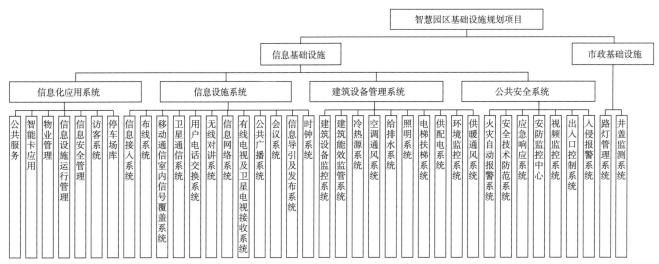

图15-6　智慧园区基础设施规划项目

（图片来源：改绘自全国智能建筑及居住区数字化标准化技术委员会，华为技术有限公司. 中国智慧园区标准化白皮书［R］. 2019.）

---

1. 肖岳. "智慧园区"顶层设计的研究与探索［J］. 硅谷，2012，5（15）：99-100.

（3）建筑设计阶段：智慧园区空间设计。空间设计与空间智能化使用的交互程度是决定智慧园区智慧程度的决定因素之一，为了提高智慧化表达，空间设计应采用基于信息技术的全过程建筑设计与信息基础设施设计；并针对产业园的集聚功能的特征进行通用的智慧空间场景设计和针对差异化需求提出产业园运用的智慧产业空间场景设计策略。

（4）施工阶段：智慧园区基础设施施工安装调试。智慧园区的施工建设可采用"智慧工地"的理念，围绕施工过程建立全过程信息化管理的平台，通过可视化管理实现施工过程的绿色化和智慧化。

（5）运营管理阶段：智慧园区运维、管理。智慧园区的运营管理将依托数字平台搭载统一的园区智能运营中心来管控。该智能运营中心可以将安防、设备和能耗管理、通行管理、服务管理、资产管理等多个子系统集中到一个平台，实现智慧园区的集可视、可管、可控于一体的智慧化管理。

15.2.4　行业生态体系

1．运营生态

园区的运营主体包括政府、运营商和企业等，过去常以单一主体主导的运营模式已经逐渐被多方共建所取代，各类主体优势互补。随着园区数字平台的建立，第三方服务的接入也逐渐变为可能。表15-5总结归纳了目前智慧园区出现的各类运营模式的资金来源和优缺点。

不同运营模式的优缺点比较　　　　　　　　　　　　　表15-5

建设运营模式	资金来源	决策主体	优点	缺点
政府主导型	政府财政支出	地方政府领导	宏观调控更佳、优惠政策和财政资金更多	政府必须承担建设费用及运营风险
运营商主导型	运营商（+政府有限的基建）	运营商	运营商资源优势多、政府承担风险低	政府缺乏管理权
企业主导型	企业自筹	企业	贴近市场、专业性强、运作效率高	企业规模和实力有限、服务性和共享性稍弱
共建型	政府、运营商、企业	政府、运营商、企业	资源共享、优势互补明显、公益性及实用性较强	对共建主体的合作要求较高

（表格信息来源：马梅彦. 我国智慧园区研究综述 [J]. 电脑知识与技术，2016，12（33）：174-176.）

2．用户生态

产业园的内外部用户一般包括园区管委会、园区企业、园区居民、园区物业和园区访客（图15-7）。一般来说，不同类型的用户对园区的需求存在一定差异，用户生态对产业区园区空间增值和保证用户黏性具有至关重要的作用。因此，在智慧园区解决方案中对于用户生态的定位和打造是必不可少的。

图15-7　智慧园区用户生态圈

15.2.5　规划设计面临的痛点

尽管智慧园区有多种显而易见的优势，但传统园区向智慧园区发展的过程不是一蹴而就的，例如，信息平台的搭建和技术的运用、园区各方直接的对接、协同等都需要一定的过程。目前，智慧园区建设主要存在以下几个问题：

（1）跨行业瓶颈突出。智慧园区规划建设需要传统建筑设计建造行业与信息化产业的跨界整合。目前有关智慧园区的相关研究和讨论，从信息行业角度的居多，能充分结合园区物理空间建设的，仍然非常匮乏。

（2）智慧化顶层设计缺乏。现有智慧园区的发展水平还比较低，整体来说大多缺乏顶层设计，园区建设缺乏标准化规范和指导。目前已有的智慧园区规划中，多为传统园区规划中关于物理或技术架构层面上的系统设计，依旧缺乏全局视角。

（3）建设标准实施的技术不完善。尽管已有行业标准规范智慧园区的建设，但实际操作依托的技术仍在开发。从数据信息平台搭建上看，统一的信息资源库和基础数据库的工作量和难度较大，各类数据的整合和共享障碍较大，同时数据信息的安全保障也有限，因此智慧园区在技术层面上也存在痛点。

（4）基础设施落后。传统园区中采用的信息网络和数据机房等基础设施，明显和智慧园区所要求的技术水平不相匹配。5G技术的出现，对新基建提出了硬性要求。传统有限和无线网络部署，相互之间的融合较为有限。

（5）高素质人才不足。传统园区对人力资源的使用较为简单粗放，依靠大量人力管理和服务。人员分工较单一，人员素质和能力要求相对有限。而智慧产业园区主要依靠智能中枢系统进行监测和运维，需要具备理解和熟练应用智能管理系统的能力。

15.3 智慧产业园区规划设计的重点发展领域

15.3.1 全过程建筑信息化管理平台（信息基础设施）构建

1. 国土空间规划下信息基础设施构建

在我国坚持"多规合一"的背景下，构建统一的基础信息平台，整合包括自然资源要素、人类空间利用要素和国土空间规划要素，实现"一张图"建设的基础工作是构建信息基础设施规划。信息基础设施是对国土空间规划中各类要素进行数据化处理的媒介，包括数据采集、传输、分析等过程。

智慧园区的信息基础设施规划分为片区、用户和机构三个层面，包括数据传输网、数据采集端、数据平台、数据库四个方面（图15-8）。其中数据采集要依托大数据技术，收集用户需求和行为习惯，并借助地理信息系统获取位置信息，从而形成智慧园区的数据库。

2. 基于建筑信息数据的设计平台整合

智慧园区的设计平台在建筑层面依托建筑信息模型技术，即BIM。BIM的核心是对园区内每一栋建筑或建筑群进行虚拟的三维模型的建构，并借助数字化技术将建筑物的空间状态和运动行为等非构件对象的状态信息与建筑物本身的数据信息进行匹配、整合，最终形成一个完整的建筑工程信息库。该信息库包括设计阶段多个专业的设计模

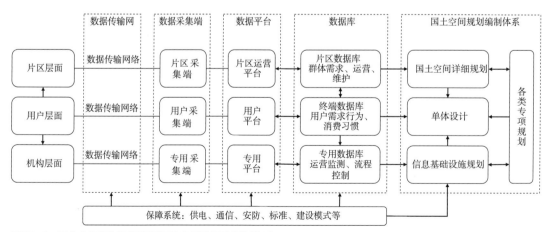

图15-8 国土空间规划下智慧园区信息基础设施规划体系

现代产业园规划及建筑设计

型，还涵盖建筑全生命周期的每个阶段的模型，如施工模型、进度模型、成本模型和运营模型等。BIM显著提高了建筑工程的信息集成化程度，而且可以实现在多个利益相关方、不同目的用户间的数据共享与交换，从而大大缩短智慧园区的建设周期，并贯通智慧园区从设计到施工到运营的全流程高效协同（图15-9）。

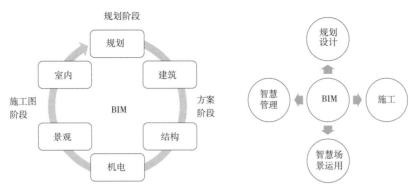

图15-9　基于BIM的全生命周期、全产业链模式

智慧园区的设计平台在园区层面依托城市信息模型技术，即CIM。CIM是集成了单栋建筑或建筑群的建筑工程信息，和园区以基础设施为主的公共空间数据信息，并融合GIS、物联网等新一代信息技术的多维度城市模型。CIM的本质是大场景的GIS数据+小场景的BIM数据+物联网的有机结合，在深度集成前三项技术后，同时应融合应用云计算和大数据等技术[1]。基于智慧园区顶层架构的核心特征，相较于BIM，CIM所容纳的语义信息维度更广、空间尺度层级更多。依托CIM，智慧园区可实现高仿真可视化的表达、动态协同管理和实时预警预测等目标[2]。

15.3.2　智慧化空间场景设计

一般来说，智慧园区与传统园区普遍的差异体现在安防、交通、运营、管理上，但智慧园区还有些智慧场景是与该园区所聚集的产业功能息息相关的。本书将智慧园区可能出现的智慧场景划分为通用场景和产业园运用场景。

1．通用场景

1）智慧生活空间场景

在以人为本的理念指引下，智慧园区运用数字化技术，整合各类资源，完善园区生活配套和基础设施。在万物互联的时代，家居用品都将拥有独立的通信能力，如将照明、门锁、电视机、空调、报警器、电动窗帘、传感器等家居设备，通过物联网连接在一起，再通过智能手机连接和操作，就可以实现自动控制和远程管理（图15-10）。

2）智慧办公空间场景

未来智慧园区中的智慧办公空间场景的核心特征是"云办公"。云办公是指将办公业务所需

手机间、手机大屏互传　　屏幕共享、亲情关怀　　线上逛街、智能推荐

手机内容 VR 体验、多应用　　　沉浸式健身　　跨设备智慧协同、无缝体验
同时投屏

图15-10　智慧生活空间场景应用

（图片来源：华为技术有限公司，埃森哲（中国）有限公司. 2020未来智慧园区白皮书［R］. 2020.）

---

1. 全国智能建筑及居住区数字化标准化技术委员会，华为技术有限公司. 中国智慧园区标准化白皮书［R］. 2019
2. 耿丹. 基于城市信息模型（CIM）的智慧园区综合管理平台研究与设计［D］. 北京：北京建筑大学，2017.

的软硬件设备进行统一智能化管理，从而满足企业快速部署和灵活拓展的需求，在此基础上还将打破办公场地的空间限制，实现随时随地的远程移动办公。智慧办公空间场景的普及有利于增强企业数据的安全性、提高办公效率。以云会议为例，通过无线视频软件技术，参会者仿佛同处一室，在此基础上借助人脸识别和语音识别等技术，自动识别参会者身份信息实现无感签到以及自动生成会议纪要（图15-11）。

4K 超高清，多流视频

电子白板，双向随意批注

多终端互联互通

无线投屏，不受"线"制

智能银幕，专属空间

资料云端储存，随时随地共享

语音追踪，保持C位

人脸识别，电子名牌

全球窗，信息一键下达

图15-11　智慧办公空间场景应用

（图片来源：华为技术有限公司，埃森哲（中国）有限公司. 2020未来智慧园区白皮书［R］. 2020.）

3）智慧环境空间场景

智慧园区的环境空间场景的实现依赖于广泛分布在园区中的智能设施（图15-12）。例如，路灯杆可充当园区的无线网络发射器，通过科学布局实现园区网络全覆盖；在搭载网络的基础上，可增加应急求救、广播摄像、环境传感器等插件，进行一体化设计，打造智能灯杆。传统园区中常见的、必不可少的公共设施都可以通过技术的加持和智能化改造创造智慧环境空间场景。例如园区内的休息长椅除了充当休息的作用之外，还可以通过搭载太阳能充电板为用户提供充电服务。

2. 产业园智慧空间场景运用

每个类型的产业园因其产业功能的不同，所需的专项应用场景也不尽相同。目前，随着智慧园区在不同类型产业园中的推广加大，和产业园智慧化升级的技术不断迭代更新，产业园专项空间场景在各类产业园中的应用越来越成熟。考虑到本书所研究的六类产业园中，生态工业园、物流产业园和文化创意产业园的产业特性较为鲜明，而高新技术产业园和总部基地产业园是以办公为主要产业功能的产业园，专业产业园所覆盖的产业类型较宽泛，下文以生态工业园、物流产业园和文化创意产业园的专项应用场景为例，分别介绍产业园智慧空间场景的典型应用。

1）生态工业园

部分生态工业园的原产品生产加工的过程具有一定的危险性，例如采矿、冶炼和化工等。智慧生态工业园可充

AR识物
- **手机扫描**：智能识别建筑及文物信息，让游客了解更多文化知识
- **历史影像**：查看景点历史影像或历史事件信息，游客可以感受到历史
- **多功能灯杆**：部署包含照明、WIFI、信息展示、紧急报警、视频监控功能的智能灯杆；
- **自动化照明**：路灯可根据季节、天气、时间和区域道路使用状态自动调节灯光强度

智慧照明

互动拍照

智能长椅
- **WIFI充电**：使用太阳能充电板，在行人休憩时，提供手机充电和Wi-Fi服务
- **环境感知**：对城区噪音、二氧化碳、温度和湿度进行监控
- **沉浸式互动拍照**：游客可以通过站在指定位置，触动沉浸系统，与虚拟美景融为一体，同时数字照相机将自动抓拍，给游客一个真实的效果作为纪念

图15-12　智慧环境空间场景应用

（图片来源：华为技术有限公司，埃森哲（中国）有限公司. 2020未来智慧园区白皮书［R］. 2020.）

现代产业园规划及建筑设计

分利用超清视频监控和物联网技术，实时监测自动化生产制造的过程；并通过AR技术架接远程专家和现场工作人员的沟通桥梁，实现远程专家的"现场"操作，使机器设备、现场工作人员和远程专家三者间的协同工作更加精准（图15-13）。

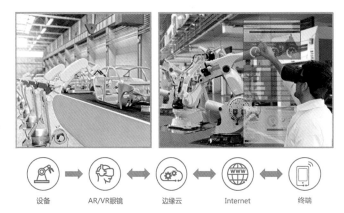

图15-13　智慧生态工业园中的远程"现场"操作

（图片来源：华为技术有限公司，埃森哲（中国）有限公司. 2020未来智慧园区白皮书［R］. 2020.）

2）物流产业园

在物流产业园区，信息化建设是提高物流行业运转效率的决定性因素。物流产业园对智能调度、人车布控和资产管理等要求极高。智慧物流园的信息化建设需要覆盖到全园区以及园区内的人、车和物，使各要素的移动信息都能通过GPS、GIS等技术采集并传输至统一的系统平台进行管理（图15-14）。

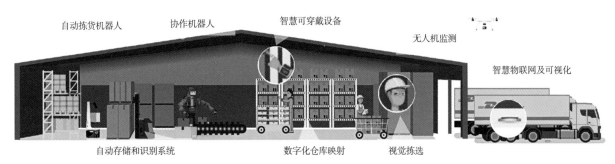

图15-14　智慧物流产业园全信息化建设

（图片来源：https://e.huawei.com/cn/material/event/HC/ebe05f620f4e4dc9ae9eaeb7cefb511a 华为）

3）文化创意产业园

在文化创意产业园中，智慧场景的运用集中体现在展览和教育两个方面。通过4D成像、AR、VR和MR等数字化技术，将历史的元素制作成数字影像（文字图片、影片和声音等），与现实空间进行无缝叠加（图15-15）。在文化创意产业园区，打造沉浸式的历史展示和互动性的文化活动，提升游览代入感，使人能够身临其境地体验园区的历史文化。

图15-15　文化创意产业园中的远程教育场景

（图片来源：华为技术有限公司，埃森哲（中国）有限公司. 2020未来智慧园区白皮书［R］. 2020.）

15.3.3 面向园区智慧运营管理的智慧系统设计

智慧园区通过多技术手段的集成和多源数据的融合打造的智慧运营管理平台是智慧园区建设的"中枢",目标是实现园区状态可视、园区作业可管和园区运营可控[1](图15-16)。根据产业园区运营管理的智慧化需求,智慧运营管理平台主要由四个子系统组成:安防、设备及能耗管理系统,通行系统,园区服务系统,资产管理系统。

1.安防、设备及能耗管理系统

安防、设备及能耗管理系统将多项业务融合和数据整合,为园区管理方提供实时信息的展示和决策管理的平台。安防管理系统主要包括七大板块:消防应急、视频周界、告警联动、人脸识别闸机、黑白名单布控、视频巡逻和指挥调度,覆盖园区日常和重要紧急时刻的安全管理领域。设备管理系统首先是实现所有设备的信息自注册和携带地理数据的信息更新,再对所有设备运行过程进行监控和维护,尤其是对设备异常情况的预警和自动处理。能耗管理系统提供园区运作各环节的能效数据采集、监测和分析,对于异常情况进行告警并提供解决方案,对于既往能效数据优化能源运营。

2.通行系统

通行系统的智慧化升级目标是实现园区无感便捷通行。园区内所有常驻人员和临时访客及其车辆的身份信息纳入统一的数据库,并打通和联动不同身份认证系统,提升园区便捷通行体验。在便捷通行的基础上,加强大数据、物联网和人工智能技术的集成和平台建构,支撑人员和车辆的无感通行,以及人、车流统计和移动轨迹的查询。

3.园区服务系统

园区服务系统是针对园区的整体环境、空间使用和空间服务三大板块来提供绿色化、智能化和人性化的服务。在整体环境层面,通过环境传感器采集数据,并根据用户需求和环境变化实时调控;在空间使用层面,借助物联网、5G、AI等技术,通过园区内传感器、监控和智能设备等实现跨系统联动,实现设备及系统的主动服务;在空间服务层面,创造数字孪生的空间体验。

4.资产管理系统

园区资产管理系统是指通过RFID技术主动获取资产信息(包括数量、位置等),通过物联网将海量资产进行连接、通过大数据一键盘点资产,并与报警、门禁、GIS和视频监控等系统联动,在资产进行异常活动时告警等一系列流程的管理,实现资产从入库、储存到盘点的全过程管理。

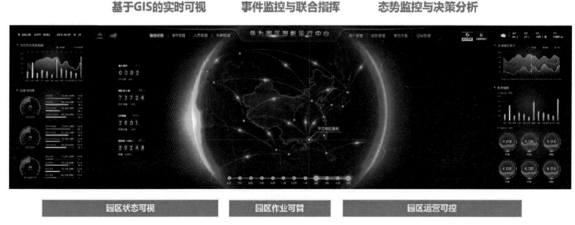

图15-16 智慧园区的智慧运营管理平台可视化界面示例

(图片来源:https://www.hainayun.net/solution/smart-area 海纳云)

---

1. 李岩,孙亮,郭中梅等. 智能运营管理平台(IOC)助力打造园区"智能中枢"[J]. 邮电设计技术,2020(02):72-76.

15.4 智慧产业园区典型案例分析

15.4.1 全过程建筑信息化管理平台构建——山东青岛海尔云谷

1. 项目概况

海尔·云谷定位于"全国工业互联网先行示范区""国家级新旧动能转换示范区""青岛市产城融合示范基地",项目占地面积456亩,总建筑面积121万平方米,地上建面83万平方米,其中产业面积44万平方米(图15-17)。在海尔·云谷,海尔产城融合了5G、BIM、AIoT、大数据等先进技术,打造"AIoT+三大智慧体系+X大科技系统",实现了园区运营的全面感知、智能协同、精准运营和个性服务。

图15-17　山东青岛海尔·云谷效果图
（图片来源：http://www.haierhouse.com/estate/yungu/）

2. 基于BIM的建筑全生命周期AIoT&IOC平台

海尔·云谷的开发主体海纳云科技建构了基于BIM的建筑全生命周期平台,贯穿咨询、规划、设计、实施、运营和优化的全过程,在各个阶段与全球行业标杆,如在咨询规划阶段与麦肯锡等咨询公司、在设计实施阶段与阿特金斯等设计企业、在运营优化阶段与亿达未来等运营公司进行合作,建立基于全球行业经验的知识库体系,实现规划、建设、管理一体化的运维模式(图15-18)。

海纳云推动BIM+AIoT技术在数字园区的应用,将物理世界在数字世界进行还原。三维模型及数据在虚拟现实环境中1:1沉浸式立体展示,直接使用虚拟外设与立体环境进行交互操作,支持多种格式模型导入和获取,快速搭建场景,仿真模拟真实的各种操作,为产品可视化管理提供逼真的立体展示环境(图15-19)。此平台整合并实时可视化表达人、事、物的状态,从而为园区管理者提供综合运营、安防通行、人车流动、能源管控、设备保养等六大方面的智能化主动运营态势。六大态势汇聚园区生产生活全部典型场景,构建起数字园区的底层操作系统,为园区用户打造出智慧化、人性化、绿色化的智慧园区。据统计,该智慧园区实现了如下效果:能耗降低20%、服务收益增加23%、检测效率提升60%、人工成本下降30%、资产利用率提高20%、人员盘点效率提升47%、运维成本降

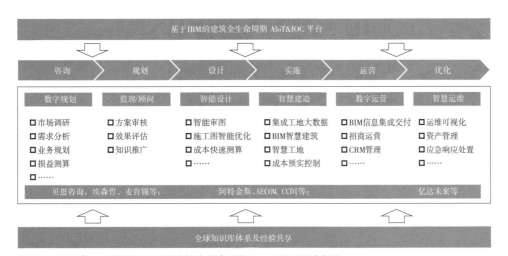

图15-18　海尔·云谷基于BIM的建筑全生命周期AIoT&IOC平台架构
（图片来源：改绘自海纳云科技宣传册）

低35%、寿命延长15%、建设成本降低50%、施工周期缩短80%。

（1）综合态势：连接各个子系统、整合多业务数据，通过同一界面管理对园区全局进行把握，从而为智慧园区总体运营提供决策依据（图15-20）。

（2）安全态势：包括对人员进出管理、移动轨迹记录和死角区域的视频巡更等功能（图15-21）。

（3）人员态势：包括人脸识别、园区人员数据统计和分析等功能，以安全、便捷、无感通行为目标（图15-22）。

图15-19　海尔·云谷基于BIM的建筑全生命周期AIoT&IOC平台界面
（图片来源：海纳云科技宣传册）

图15-20　海尔·云谷综合态势管理界面
（图片来源：海纳云科技宣传册）

图15-21　海尔·云谷安全态势管理界面
（图片来源：海纳云科技宣传册）

图15-22　海尔·云谷人员态势管理界面
（图片来源：海纳云科技宣传册）

现代产业园规划及建筑设计

（4）车辆态势：对车辆出入、流动、停放进行实时统计与定位，快速分析计算车流量、实时调整车辆管理策略（图15-23）。

（5）能源态势：实现所有能源设备的智能启停，通过既往水电用量分析监测，提出能源管理优化策略（图15-24）。

（6）设备态势：实现所有设备终端的运行状态监测、保养维护提醒和异常使用告警（图15-25）。

图15-23　海尔·云谷车辆态势管理界面
（图片来源：海纳云科技宣传册）

图15-24　海尔·云谷能源态势管理界面
（图片来源：海纳云科技宣传册）

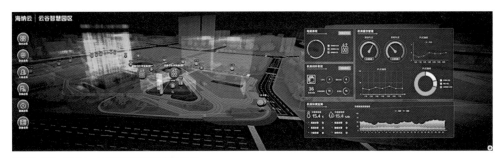

图15-25　海尔·云谷设备态势管理界面
（图片来源：海纳云科技宣传册）

15.4.2　智慧化空间场景应用——上海康桥物流园区

1．项目概况

在产业转型升级的大背景下，物流企业也都将数字化建设作为争夺市场的"利器"，如何打造一个智慧物流园区成为众多企业需要考虑的问题。在这样的背景下，物流行业巨头顺丰DHL与ICT行业巨头华为联手，结合各自的行业经验和技术能力，打造了智慧物流园区的示范案例——上海康桥物流园区。

2．智慧化空间场景应用

在上海康桥物流园中，所有的智慧化空间场景的后台管理是通过统一的运营中心实现的，园区安防监控、车辆调度安排、仓库运行状态等数据可实时反馈在IOC大屏上（图15-26）。

物流产业园区是产业特性很强的一类园区，人、车、货和仓之间需要高效协同运转。华为与顺丰DHL确定上海康桥物流园的需求是视频的巡逻、人车布控、告警联动、远程监控、刷脸通行、访客管理、车辆识别自动放行、资产管理、资产盘点、轨迹追踪、资产超区域报警、智能调度、泊位状态可视化等。这些需求可以归纳为四大场景。除了一般智慧园区内常见的综合安防、便捷通行等场景之外，针对物流行业的特性，物流产业园内智慧化场景应用最为突出的是泊位管理和资产管理场景。

（1）泊位管理：物流园区内通常有大量的停车泊位，如果依靠人工对每个泊位的实时状态进行统计需要耗费大量的时间或人力。在智慧物流园区，每个泊位配置传感器，自动上传泊位的状态信息，IOC运营中心可对这些数据进行统计分析，实时调度进场车辆的泊车路线，降低人工成本、提高泊位管理效率（图15-27）。

（2）资产管理：物流园区内资产数量庞大且流动性极高，人工盘点资产的效率低下且失误概率大。智慧物流园区可实现资产的自管理。资产管理的核心技术是使用RFID技术，即在货物入库前建立货物身份信息库并粘贴电子标签，可以实时定位货物的地理信息并追踪其流向，还可提供货物异常移动时报警的功能。由于货物进出场的轨迹数据被大量监测，基于作业数据分析，还可为后期仓库资产存储布局、叉车流线的优化调整提供依据。

图15-26 上海康桥物流园区运营中心界面

（图片来源：https://e.huawei.com/cn/material/local/6d7b10fd701e45a5b3e72eb1e3cc11cc 华为）

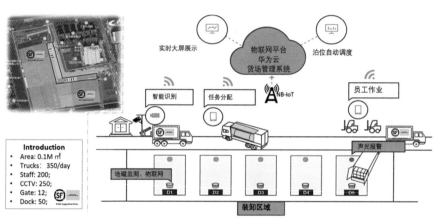

图15-27 上海康桥物流园区泊位管理场景示意图

（图片来源：https://e.huawei.com/cn/material/local/6d7b10fd701e45a5b3e72eb1e3cc11cc 华为）

15.4.3 智慧运营管理集成平台与应用——深圳坂田天安云谷

1. 项目概况

天安云谷位于广东省深圳市龙岗区坂田街道，占地面积为76万平方米，总建筑面积为289万平方米（图15-28）。天安云谷采用"互联网+园区"的理念，聚焦新一代信息技术和智慧型产业，目标是打造国内首个人才安居和产业发展并行的、实现产城融合的智慧园区。

2. 智慧运营管理集成平台与应用

坂田天安云谷项目可以说是国内首个充分运用智慧园区一体化平台优势的落地项目。天安云谷不仅是产业园区更是一个社

图15-28 天安云谷鸟瞰效果图

（图片来源：https://www.archdaily.cn/cn/922543/shen-zhen-tian-an-yun-gu-mao? ad_source=search&ad_medium=search_result_all M.A.O.）

现代产业园规划及建筑设计

区，因此其智慧运营管理的平台端分为主要针对园区管理者和园区所有用户的两个便捷、移动化平台。主要针对管理者的运营平台是依托物联网技术，集成园区各子系统业务，包括消防管理、安防管理、信息设施、楼宇自控、能效管理、设备管理、运维支撑、运维服务等板块而形成的天安云谷物联网运维平台，具体架构如图15-29所示。

针对园区所有用户的平台是由天安骏业开发的"CC+"手机应用，涵盖了园区内活动的个人、企业所需的几乎所有服务，在应用里分为人才关爱、政务直通车、云谷警务、党群服务等个人服务和园区物业服务、企业创新资源协同、企业非核心外包等企业服务，真正实现了"一网通"的智慧化运营管理模式，做到了人、事、物的互联互通，助力天安云谷成为集工作、生活和休闲于一体的智慧产城社区（图15-30）。

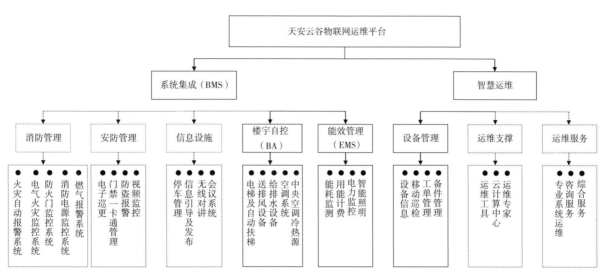

图15-29 天安云谷物联网运维平台架构
（图片来源：中国物业管理协会，全国智能建筑及居住区数字化标准化技术委员会. 绿色智慧物业蓝皮书［R］. 2020.）

图15-30 天安云谷"CC+"手机应用功能架构
（图片来源：http://open.yuanqu.cc/index.html### ）

产业园规划设计实践案例

16.1 案例一：中国移动南方基地——低密度绿色生态高新园

16.1.1 项目概况

中国移动南方基地位于广州市天河区高唐路333号，坐落在中国十大软件产业基地——广东省广州市天河软件园内（图16-1）。中国移动南方基地总规划规模近2000亩，计划分四期建设。作为中国移动与广东省、广州市政府联合打造的国际化高新技术产业园，项目是中国移动面向未来、部署"集中管理"战略、推动转型升级发展的综合创新基地。项目与北方信息港相呼应，形成南北两大集中与科研中心，共同打造世界一流的信息服务与创新研发中心，为中国移动网络和业务全球化做好IT支撑和研发的准备。

截至2019年，一期工程640亩已运营投产，投产大楼18栋、建筑面积17万平方米（表16-1）。整体规划协调统一，生态环境优越，为在此工作的人员提供了良好的工作、研究和生活环境。

中国移动南方基地是低密度绿色生态园区的代表，基地内绿荫满目，四季如春。建筑围绕地块内的山体、湖泊、林荫大道如珍珠串联布置并点缀其中，建筑与景观有机结合，相得益彰（图16-2）。

中国移动南方基地项目概况 表16-1

地点	项目基本信息		一期工程经济技术指标表	
建成时间	2007-2010年（办公建筑/机房中心/呼叫中心） 2007-2013年（研发、办公建筑） 2007-2019年（展示中心）		总用地面积	426500m²
投资单位	中国移动通信集团公司		总建筑面积	179596m²
规划与建设设计单位	gmp国际建筑设计有限公司、广州市城市规划勘测设计研究院		计容建筑面积	160243m²
核心产业	IT产业支撑、研发、交流		不计容建筑面积	19352m²
物业构成	6个功能区和1个配套生活区		建筑容积率	0.79
面积与业态	一期：总建筑面积17万m²，包括产品研发中心、合作交流中心、呼叫中心、客服中心、IT支撑容灾中心、产业集群推进中心及网管监控中心 二期：总建筑面积7.4万m²		绿化率	43.9%
			停车位	303个

中国移动南方基地的规划与建筑设计上遵循以下设计理念：

（1）理性与浪漫相结合：项目是创意型人才的集散地，因此规划、建筑及景观设计既追求合理高效的理性主义，又强调人性化、生活化、艺术化，富有创意性。

（2）生态与科技相结合：在南方基地的规划及建筑设计中注重生态，强调对基地自然环境的维护和能源节约。

（3）基于大地景观艺术的设计构思：借鉴中国客家土楼这种建筑与自然的和谐统一以及强烈的尺度关系、土地关系，力求设计出富有时代感和地域性的大地景观艺术作品。

图16-1 中国移动南方基地鸟瞰图
（图片来源：gmp提供）

图16-2 中国移动南方基地俯视图
（图片来源：gmp提供）

16.1.2 规划布局

中国移动南方基地规划设计方案是基于整体性考虑形成的，它将景观空间、生态方案、建筑设计和功能要求融为一个有机的整体（图16-3）。规划方案以"一心一谷四片，山环水抱绿连"为概念的规划结构与布局。"一心"是指将位于基地中部的自然山体规划为中央公园，使之成为基地的绿心；"一谷"是指设计结合场地地形设置一条环绕中央景观山体，串联区内各功能组团，连接区内东南及西南侧主入口的环形公共空间与景观带；"四片"指区内设有IT支撑中心区、产品研发中心区、业务合作交流中心与生活服务区四大片区。

图16-3 中国移动南方基地总平面图
（图片来源：gmp提供）

16.1.3 交通设计

交通设计方案考虑了地块的条件并照顾企业自身的要求，使基地内部流线的组织达到最佳。

（1）机动车及停车：机动车交通流线以基地的三个出入口作为出发点，主入口与东南面的主干道衔接。环形道路由此分叉向两个方向延伸并环绕中间的绿色山体。环形道路汇入两条道路，其在北面与研发合作中心连接，在南面与产品研发中心连接。这两条支路的终端同时设有另外的入口作为维护、送货及消防车辆的通道。机动车的停车位大部分设在产品研发中心和研发合作中心的地下停车库中，在某些特定位置沿道路和在三个入口大门处设有地上停车位。

（2）步行交通：景观大道是南方基地的中心交通轴线。这条作为林荫大道设计的道路为行人提供了通往基地各个功能区的便捷路径。各个重要建筑的主入口均设在该道路一侧，保证了最佳的总体清晰性和交通衔接。这条仅供行人使用的林荫步行道，使人们可不受干扰地往来于各个建筑。步行交通还设计了通过山体绿色景观的步行道，使员工有条件去欣赏景观，散步休闲。

16.1.4　建筑设计

本项目规划由多栋研发办公楼建筑、机房中心、呼叫中心以及会议区域和培训区组成。

（1）会议中心和研发合作中心：该交流中心包括一座会议中心（4.1号建筑）和两座研发合作中心（4.2号、4.3号建筑），三座建筑由圆弧形顶棚连接（图16-4）。会议中心建筑主要包括一个容纳210人的大会议厅（图16-5）。研发合作中心建筑共有78间单独办公空间。

（2）网管监控展示中心：网管监控展示中心（2.1号建筑）选址于基地核心位置，主要功能为网络信息的监管。中心高4层，总建筑面积6000平方米。外形设计类似莲花，采用大量玻璃幕墙，建筑外立面时尚、现代，材料简洁明快（图16-6）。圆形的中庭通高十几米，在此可配置超大的屏幕拼接墙，以保证监控系统和电信网络的运行（图16-7）。

（3）研发交流中心：由5栋专家办公楼组成（4.4号和4.5号两种类型），内部设有会议中心、研发办公等。功能

图16-4　中国移动业务合作交流中心实景
（图片来源：gmp提供）

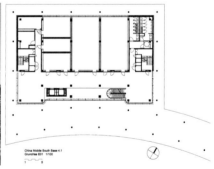

图16-5　4.1栋平面图
（图片来源：gmp提供）

图16-6　网管监控展示中心实景图
（图片来源：gmp提供）

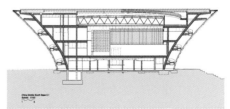

图16-7　网管监控展示中心平面图及剖面图
（图片来源：gmp提供）

现代产业园规划及建筑设计

区滨水而建，立面统一，具有现代建筑的美感与韵律（图16-8）。合作交流中心为搭建信息产业互动合作的国际交流平台，提供培训、交流、认证及技术支撑等服务，全力推动中国移动及其产业的升级提速。

（4）IT支撑容灾中心和产业集群推进中心：建筑主要用来容纳控制和操作移动通信运营的设备和设备用房。其中IT支撑容灾中心（2.2号、2.3号建筑）高5层，面积约26000平方米，中心通过网管支持系统、业务支持系统、统一信息平台建设，支撑全国的网络管理、业务生产、办公等需求，推行集中化支撑、容灾应急中心、呼叫中心等业务，成为三大支撑体系对内服务和对外拓展的重要基地（图16-9）。产业集群推进中心（3.1号建筑）总建筑面积为33000平方米。其构建基于云计算的IDC平台，打造现代信息服务产业链，成为全国七大IDC中心之一。

图16-8　研发交流中心实景图
（图片来源：gmp提供）

（5）产品研发中心：由3栋建筑（1.1号、1.2号、1.3号建筑）组成，将建立面向全业务运营和3G运营的业务创新前沿阵地。各楼层办公及实验用房均可灵活划分组合，允许设置不同的用房形式（图16-10）。

（6）生活配套用房：包括2栋建筑（6.1号、6.2号建筑），分别为5层和4层，依次设置消防控制、安全保卫和监控中心、餐厅、运动区和物业管理用房，为高新技术从业人员提供舒适宜人的工作环境。

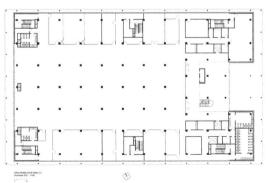

图16-9　IT支撑中心效果图及2.2栋平面图
（图片来源：gmp提供）

图16-10　产品研发中心1.1栋平面图
（图片来源：gmp提供）

16.1.5 景观设计

园区含有水体、山丘、多样化植被等多种景观区域，为企业员工提供了美丽宜人的工作环境，各功能区的建筑像一串珍珠一样沿弧线形的林荫道布置，建筑群体与景观环境有机结合，相得益彰（图16-11）。

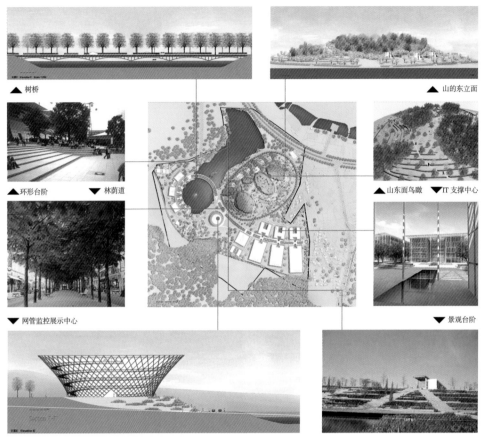

图16-11 景观规划图

16.1.6 节能技术

对待自然环境持保护态度是本设计在技术方面的重要特色，项目主要通过以下措施大量降低建筑物的能量消耗：

（1）在通风，空调和电器设备领域安装节能的建筑设备；

（2）安装高隔热玻璃和在立面墙体以及屋顶外面安装厚的隔热板；

（3）林荫道上的以及沿道路的树木植被以自然方式改善小气候；

（4）屋顶朝南的部分安装了太阳能光电板可以提供一部分电能满足电力需求；

（5）有喷泉和人工瀑布的大水面会产生冷辐射，同样起到改善小气候的作用；

（6）通过使用桩基液体循环管道利用地热能源；

（7）部分屋顶设计了浅层屋顶绿化层，墙体和窗户采用高效保温隔热材料，窗户的玻璃应采用无色彩的透明遮阳玻璃。

现代产业园规划及建筑设计

16.2 案例二：深圳湾科技生态园——高密度立体复合高新园

16.2.1 项目概况

深圳湾科技生态园位于深圳市南山区白石路与沙河西路交汇处，地处南山深圳湾片区的核心地带，项目紧邻前海港深合作区、后海开发中心和大沙河高尔夫球场，周边路网完善，轨道交通便利，交通极为便捷，区位条件优越。项目占地20.3万平方米，总建筑规模约187.6万平方米，功能包括产业研发办公以及商业、酒店和公寓在内的配套服务（图16-12、表16-2）。

图16-12　深圳湾科技生态园整体鸟瞰图

（图片来源：深圳市建筑设计研究总院有限公司提供，深圳罗汉摄影工作室拍摄）

深圳湾科技生态园项目概况

表 16-2

地点	项目基本信息		经济技术指标表		
建成时间	2015年		总用地面积		20.3万m²
投资单位	深圳市投资控股有限公司		总建筑面积		187.6万m²
规划单位	深圳建筑科学研究院		计容建筑面积		121万m²
设计单位	一区：深圳市建筑设计研究总院有限公司 二区：北京中外建筑设计有限公司深圳分公司+重庆贝尔拉格建筑工程顾问有限公司+深圳坊城建筑设计顾问有限公司 三区：深圳市国际印象建筑设计有限公司+深圳市库博建筑设计事务所有限公司 四区：香港华艺设计顾问（深圳）有限公司+泰思金建筑师事务所		计容建筑面积包含	研发	85.29万m²
				办公	12.18万m²
				酒店	6.09万m²
				公寓	11.55万m²
核心产业	电子信息、生物医药类、新能源等战略性新兴产业			配套设施	0.64万m²
物业构成	研发、办公、酒店、商业、公寓、配套设施		建筑容积率		6.0

深圳湾科技生态园是深圳"十二五"期间战略性新兴产业基地和集聚区建设的重点工程和引领高新产业园区转型升级的标杆项目，也是深圳市政府以打造高科技企业总部和研发基地、战略性新兴产业培育发展平台为目标的重点项目。

项目在深圳高密度的情况下，通过多层策略的分层式设计，将功能进行了有效的混合和分层，创造出空间立体、功能复合、人性化、生态化的城市空间，实现了产业生态、经营生态和环境生态的深度融合。建成后，通过公共交通系统的优化、商业配套设施的完善、产业功能的合理布局、周边环境品质的提升，实现了生态、经济和人居的和谐发展（图16-13）。

深圳湾科技生态城在规划与建筑设计上，遵循以下设计理念：

（1）产城融合的规划理念：本项目集生产、生活、生态三位一体的新型产业园，其中70%为产业用房，吸引高科技

图16-13　深圳湾科技生态园鸟瞰效果图

（图片来源：http://www.sihc.com.cn/garden_detail.php? cid=10&id=289）

企业总部、战略性新兴产业研发基地入驻，30%为园区配套，包括综合办公、商业、酒店和公寓等功能，改变了传统产业园区只有生产的单一式功能规划。

（2）垂直城市策略，提供多层地面：利用垂直城市设计。位于9.3米、24米和50米的屋顶花园，将产业功能、产业配套、生活配套等功能复合起来，在容积率高达6的基础上，提供了近10万平方米的空中花园。

（3）绿色交通策略，推行人车分离：项目根据"公交优先+慢行系统"的绿色交通策略，构建出"人车分离、连续便捷、美观舒适"慢行交通系统。

（4）创新的公共综合服务平台：深圳湾科技生态园将提供大量配套服务空间和设施，为入驻企业提供公共信息平台、全过程金融服务平台、公共技术平台、行政服务中心、人才交流中心、会议展示平台等公共综合服务平台。

16.2.2　规划布局

项目整体布局水平方向上按照"两横两纵"的步行通道布局，同时将园区划分为四个功能区域（图16-14、图16-15）；垂直方向上，以地面层、裙房层为界，划分为5个层次（图16-16）。

1．水平分区

（1）一区：办公楼和公寓为1-5栋，1栋和5栋B座为公寓、3栋为展示会所，其余皆为研发办公楼；

（2）二区：办公楼和公寓为6-9栋，8栋为活力中心、9栋A座为公寓，其余皆为研发办公楼；

（3）三区：办公楼和星级酒店为10-11栋，10栋和11栋B座为办公楼，11栋B座为深圳湾万怡酒店；

（4）四区：12栋为两座超高层写字楼建筑，分别由B座54层和A座58高层塔楼和9层裙楼组成，A座包含深圳湾万丽酒店和研发办公楼。

2．垂直分区

在深圳湾高容积率、功能复杂高度混合的情况下，水平维度的功能分区无法解决一系列功能和交通问题，垂直分区的方式使产业配套和生活配套在每个组团均匀地分布，在垂直分层上划分为五个层次。

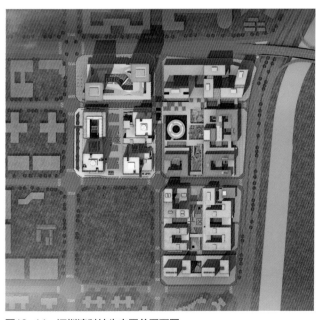

图16-14　深圳湾科技生态园总平面图
（图片来源：深圳市建筑设计研究总院有限公司提供）

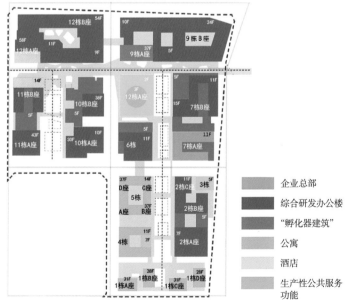

图16-15　深圳湾科技生态园楼栋编号及功能

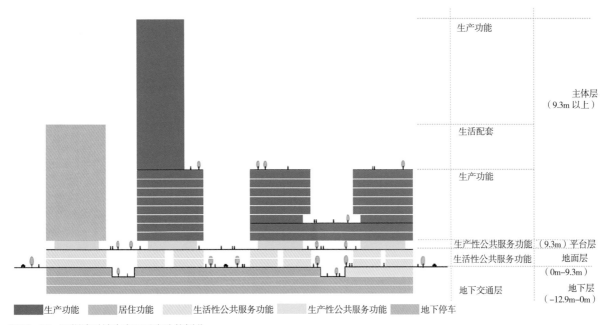

图16-16 深圳湾科技生态园垂直功能划分

（1）地下交通层（-12.9m-0m）：包含城市轨道交通层（连接地铁9号线和11号线）、地下车行交通（地下二、三层为地下停车场）、地下人流通道及部分地下商业。

（2）生活性公共服务功能（0-9.3m）：首层、二层布置大量以商业服务为主的各类功能区，如餐饮、银行、超市等。

（3）生产性公共服务功能（9.3m）：9.3米平台层是项目重要的公共空间系统，提供了近50000平方米的公共场地。在该平台的核心位置，设计了近8000平方米的广场，并在广场上规划了一个小型的集新技术展示、产品发布等功能为一体的特色建筑。

（4）生产性功能（9.3m以上）：包含两种类型的生产型建筑，一类是高度在50米以下的合院式办公，一类是高度在100米以上的高端企业研发办公塔楼。

（5）生活配套（9.3m以上）：包括公寓及酒店类具有居住性质的功能。

16.2.3　景观设计

项目在高密度开发中采用绿化院街和立体绿化设计增加园区的绿化面积，提高人员的绿视率。通过各处乔灌草复层绿化的合理配比，园区内总绿量可以达到约20万平方米，绿容率为1.0，为项目高密度开发实现有效的生态补偿。10万平方米以上的空中花园，让人可以在花园中办公，随时享受清风、细水、碧野、柔光（图16-17）。

图16-17　深圳湾科技生态四区公共服务用房
（图片来源：深圳市建筑设计研究总院有限公司提供，深圳罗汉摄影工作室拍摄）

16.2.4　交通设计

1．绿色交通，人车分行

整个园区是以分层设计概念为导则，即在垂直方向，划分为–10～0米的地下空间层、0～9.3米为商业及公共服务的配套层、9.3～15.3米为完全开放的自由通行的架空大平台层、15.3～50米是灵活的中小企业层及其屋顶花园、50米往上则主要是具有良好景观的大企业高端办公塔楼。此分层设计导则的优点在于将整个用地的四个标段做了统筹性的垂直功能划分，利用9.3米层的连廊体系将整个园区开放地联系起来，并且尽可能做到人车分行（图16-18）。

2．公交优先，慢行系统

项目通过合理设置轨道交通站点、公交首末站和公交停靠站，实现园区周边公交站点300米范围100%覆盖的规划目标，项目公交分担率达到75%，并形成由第一地面层和第二地面层9.3米高花园层构成的步行环状通廊，构建"人车分离、连续便捷、美观舒适"的空中二层慢行交通系统。

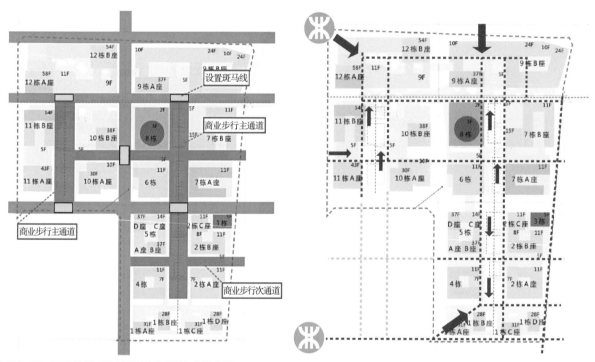

图16-18　商业步行环线示意及9.3米平台人行交通

16.2.5　建筑设计

依据深圳湾科技生态园的功能，其总体建筑类型可以分为各类产业研发办公用房、产业服务用房以及生活配套用房。

1．产业用房

深圳湾科技城的产业用房位于垂直分层中的9.3m以上，包含中小企业研发用房和大型企业用房。

（1）50米合院式产业办公单元：办公平面以500～600平方米的办公单元为主，适用于中小企业单元。造型设计上，以玻璃加铝合金栅格板为主要材料，统一模数控制整体形态，形成统一效果（图16-19）。

（2）100米以上塔楼：塔楼型研发办公设置在地块的三区及四区，为100~250米的高层塔楼，适用于高端企业研发办公，造型上以玻璃幕墙为主要材料（图16-20）。

图16-19　50m合院式产业办公单元

（图片来源：深圳市建筑设计研究总院有限公司提供，深圳罗汉摄影工作室拍摄）

图16-20　深圳湾科技生态园四区产业办公

（图片来源：香港华艺设计顾问（深圳）有限公司+泰思金建筑事务所，曾天培拍摄）

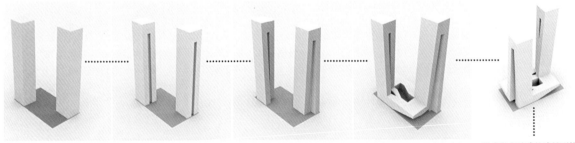

1. 以板式塔楼为原型；　　2. 中间开槽，消减建筑体量；　　3. 形体由上至下的错位变化　　4. 适当高低变化，底部裙房的　　5. 形成富有动感的建筑群体形延续连接　　象，正如踏歌而来的二位舞者。

图16-21　四区塔楼体块演化过程

（图片来源：香港华艺设计顾问（深圳）有限公司）

四区位于科技生态园区的西北角，占地约2万平方米，总建筑面积约30万平方米，包含两栋250米的超高层塔楼及9层的裙房。作为园区的重要建筑乃至深圳湾片区的标志性建筑，塔楼的整体形象设计至关重要。塔楼设计以一组南北向的相互错动的塔楼形成"双人舞"的灵动形态，立面设计则以舞者的百褶裙为灵感，连续的竖向线条犹如裙摆在空中起舞（图16-21）。整体设计从表皮到建筑形体意象相互呼应，是对整体设计理念的进一步统一与升华（图16-22，图16-23）。

2. 产业配套用房

主要位于9.3米层，包含公共信息平台、全过程金融服务平台、公共技术平台、行政服务中心、人才交流中心、会议展示平台等（图16-24）。

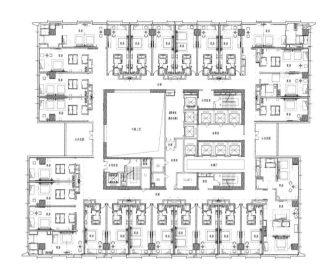

图16-22　办公标准层平面（左）、酒店客房标准层平面（右）

图16-23　四区塔楼实景图

[图片来源：香港华艺设计顾问（深圳）有限公司+泰思金建筑事务所，曾天培拍摄]

图16-24　深圳湾科技生态园四区公共服务用房

（图片来源：深圳市建筑设计研究总院有限公司提供，深圳罗汉摄影工作室拍摄）

3．生活配套用房

（1）商业和服务配套：位于-10米到9.3米之间，其中地面首层包括创意街、社区轻商业、沿街商业、综合服务用房、停车楼等。地下层包括地下停车，并且与二号线接驳。本项目商业功能主要是作为社区配套，除大型超市、餐饮以外，以小型的餐饮、社区店为主要业态。街巷空间在平台下按30米左右街网进行控制，尺度以8~16米为主，高度9.3米，能形成较为宜人的空间（图16-25）。

（2）居住和酒店配套：包含公寓和酒店功能，在二区设置了7栋公寓，三区11栋B座为万怡酒店，四区12栋A座高层区域为万丽酒店。

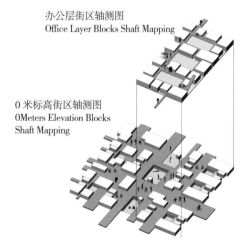

办公层街区轴测图
Office Layer Blocks Shaft Mapping

0 米标高街区轴测图
0Meters Elevation Blocks Shaft Mapping

图16-25　竞赛阶段概念分析图—商业街巷立体分析

（图片来源：深圳市建筑设计研究总院有限公司提供）

现代产业园规划及建筑设计

16.3 案例三：创维石岩科技工业园二期——高效增长的复合型高新园

16.3.1 项目概况

深圳创维石岩工业园位于深圳宝安区石岩街道塘头一号路，距离宝安中心40公里，是创维集团重要的生产、研发基地。工业园一期于2007年投入使用，是以彩电、显示器等的生产、研发、物流、仓储、营销为主的传统工业制造园（图16-26）。宝安石岩二期建于2014—2016年，项目弥补了原厂区研发办公及商业配套的不足，打造了集研发、生产、办公、商务于一体的国际化全功能产业园，并由此引领和带动周边地区产业的全新发展。二期用地面积约10.9万平方米，地上建成面积约35万平方米（图16-26、表16-3）。

图16-26　创维石岩科技工业园二期航拍图

[图片来源：香港华艺设计顾问（深圳）有限公司]

创维石岩科技工业园二期项目概况　　　　表16-3

地点	广东省深圳市宝安区石岩镇
交通	毗邻南光高速、沈海高速、宝石路
建设周期	2014年11月—2016年12月
规划及设计单位	香港华艺设计顾问（深圳）有限公司
建设单位	深圳创维集团有限公司
核心产业	以彩电、显示器等的生产、研发、物流、仓储、营销为主
物业构成	研发厂房、生产厂房、人才公寓、培训中心、商业配套等
建成后实施效果	提升整个石岩工业园的硬件实力和综合服务能力，引领和带动周边地区产业的全新发展
二期经济技术指标表	
总用地面积	109683.40m²
总建筑面积	436838.44m²
计容建筑面积（不含核增）	349475.73m²

创维石岩工业园二期所在的石岩工业区是深圳传统的工业聚集区，原工业区存在功能单一、环境不佳、配套老旧等问题，近年来，随着宝安工业区综合整治的推进，区域的生态、居住及产业环境有了较大提升。本次创维工业园二期的落成，顺应了石岩工业区旧工业区提升改造的背景，规划建设拓展了原一期单一的以生产为主的产业空间，以弥补不足；同时还为周边中小型企业释放了更多的产业资源与空间服务，打造了一个绿色生态的综合型园区，是石岩街道2016年度十大重点产业项目（图16-27）。

创维石岩科技工业园二期在规划与建筑设计中，遵循以下设计理念：

（1）功能缝补：打造高效共享的"都市型产业综合体"

图16-27　项目总平面示意图

[图片来源：香港华艺设计顾问（深圳）有限公司]

从宏观尺度上，项目以清晰的规划结构、紧凑的功能布局，形成一个可便捷共享各种产业设施资源及自然景观资源的综合群体。

（2）生态营造：营造"企业绿洲"的诗意空间

从微观尺度上，利用原始地形的自然条件，引入一个"数字绿脉"的平台为核心统领，积极创造出各种绿色生态空间，并穿插于人们的生产、生活环境之中，构建出整体化的企业绿洲形象。

16.3.2　规划布局

项目二期及数字地块用地邻近松白公路和宝石公路交会处，松白公路连接石岩与深圳中心区的主干道，交通条件优越。项目用地南侧为塘头一号路，西侧紧邻工业园主干道，东侧紧靠开放的市政公共绿地，与松白公路之间存在一定的原始地形高差，整个园区视野开阔，自然环境舒适。

（1）空间规划：考虑到二期与数字地块规划的完整性，两地块采用整体化设计。通过南北中心强烈的中轴带状形态及商业配套功能（数字绿脉），串联起内部空间，将规划空间聚集起来。在与一期厂区的关系上，通过东西向连接主轴的次轴线，产生视觉与空间联系（图16-28）。

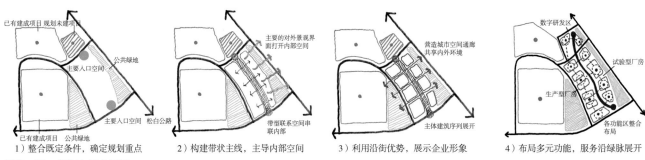

图16-28　规划布局分析图
（图片来源：香港华艺设计顾问（深圳）有限公司）

（2）功能布局：考虑到二期与一期功能规划的关联性与差异性，北部数字地块规划为宿舍等居住功能。二期中部东侧靠白石路为高端研发办公，内部西侧为研发生产功能，靠近一期生产用房。南部端头是培训中心（酒店），为园区及周边提供相应服务（图16-29）。

（3）场地处理：原场地与市政道路存在约10米的高差，本案利用地形高差将整个场地设计为39.5米、45.1米、50.2米三个台地，减少土方开挖，同时以50.2米标高作为上盖平台，上盖以上为产业功能，上盖以下为商业步行街与配套。

图16-29　规划理念及分区示意图
（图片来源：香港华艺设计顾问（深圳）有限公司）

16.3.3　交通设计

车流分别由塘头一号路和松白公路进入场地，并沿场地外围39米及50米两个标高组织。人流从用地南侧和东北角进入场地，分别在场地的三个标高活动，并通过连廊及台阶相联系，使其便捷地往来于各功能区域，实现人

　现代产业园规划及建筑设计

车分流（图16-30）。

（1）普通车流分析：车流通过场地东侧城市主干道松白路及南侧的次干道塘头一号路进入园区，内部车行道围绕各分区设置。

（2）货运车流分析：货车通过50米和39.5米两个不同标高面分别进入场地，并根据场地标高的不同，分区设置内部货运流线及卸货点。

（3）人行流线：人行流线围绕各功能分区设置，并以绿轴上的景观节点为连接中心，充分考虑东西向人行道路与一期园区的连接。

（4）消防流线：消防流线主要围绕园区外部的车行道形成环道，内部利用绿轴及车道满足消防需求，登高面均沿外侧布置。

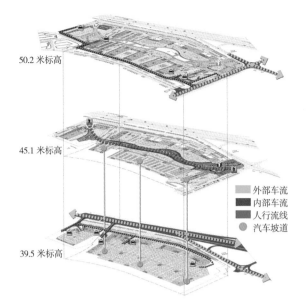

图16-30　不同标高下的交通流线示意图
（图片来源：香港华艺设计顾问（深圳）有限公司）

16.3.4　建筑设计

本次规划建设分为以下几大功能，产业功能、产业配套和生活配套，产业功能主要是研发办公和生产厂房，产业配套主要是培训中心，生活配套以宿舍、食堂为主。

1. 试验性厂房

将试验型厂房布置在用地东侧及南侧，沿城市道路展开形成连续的空间和界面，其鲜明的建筑形象将成为该片区的全新地表，通过"科技魔方"的灵活搭接，以形成动感的城市形象界面，直接传达出企业的科技文化特质。

工业园中2号A座和B座即为实验和研发型厂房。A座楼采用了传统的塔式布局方式，而B座则由南北两部分组成，通过搭接处理方式形成了非常规的塔楼模式，搭接处设置空中花园（图16-31）。

2. 生产厂房

生产型厂房布置在二期用地的西侧，与一期厂房邻近形成完整的生产区。同时沿"数字绿脉"在试验型厂房及生产型厂房底层布置可供参观的整机生产车间，既能满足工业旅游的要求，又与厂房紧密联系，满足工业生产的需要。

厂房标准层面积约2260平方米，柱网尺寸9.5米×9.0米，能较好地满足不同类别工业生产的需求。厂房立面以简洁、科技、工业化的美学原则和强调立体构成的设计手法为主，表达建筑功能的生产性特点和高效化特性（图16-32）。

3. 产业配套

在本案南部端头是1号楼培训中心，主要作为办公及员工培训使用，在形态上采用弧线、镂空、露台等方

图16-31　试验厂房平面图及沿街立面
（图片来源：香港华艺设计顾问（深圳）有限公司）

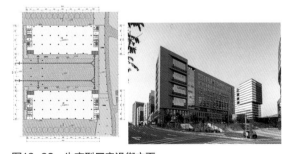

图16-32　生产型厂房沿街立面
（图片来源：香港华艺设计顾问（深圳）有限公司）

法，面向沿街以及园区入口广场，呈环抱状，具有较强的设计感和标识性，立面设计采用统一的模数化分隔，并在水平方向强化楼层分隔，形成完整统一又不失活泼的建筑形象，强调其昭示性。

平面上，上部为培训宿舍，在裙房部分，主要是会议中心及培训教室。建筑的4~13层为标准层，面积在1800~2000平方米，主要功能为培训宿舍，以满足外地员工来深圳培训的住宿需求（图16-33）。

4．生活配套

宿舍及其裙房配套商业则设置在二期用地北侧，与一期成熟的员工生活区连成整体，实现新的资源互补与共享。建筑立面通过色彩和立面线脚的变化，形成了极具特色的立面形象，也与园区其他建筑取得了统一（图16-34）。

图16-33 培训中心标准层平面图
（图片来源：香港华艺设计顾问（深圳）有限公司）

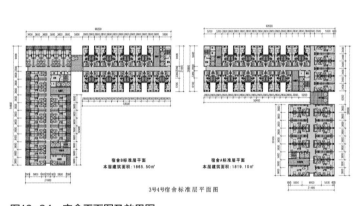

图16-34 宿舍平面图及效果图
（图片来源：香港华艺设计顾问（深圳）有限公司）

16.4 案例四：满京华深圳国际艺展城——复合型文化创意产业园

16.4.1 项目概况

深圳市沙浦巨帆投资有限公司拟将宝安区松岗街道沙浦工业区片区更新单元打造为"艺展新天地"。规划改造目标和功能定位为：以艺术饰品的设计、制造和展示为核心，形成集设计研发、制造车间、展示中心、商务办公于一体的国际艺展城（图16-35）。

该项目位于深圳市宝安区松岗街道沙浦工业片区，总占地面积为24万平方米，总规划建筑面积142万平方米；其中，项目一期（02-06、02-12、02-13地块）及项目三期（02-16、02-17）为产业地块，性质为M1+C1（即工业加商业），占地14.3万平方米，规划建筑面积71万平方米（图16-35、表16-4）。目前项目已建成一期及二期。

凭借着优越的区位及全体系高端的配套资源，以"建筑+艺术+人文+产业"的多维碰撞，本项目打造出华南最大的集高端住宅、高端甲级写字楼、艺术商业小镇、星级酒店、企业总部、服务式公寓、国际会展于一体的都会超体，在人流量、成交量和商家自主创新能力方面均取得不俗的成就（图16-36）。

满京华深圳国际艺展城项目概况

表16-4

地点	广东省深圳市宝安区		
交通	毗邻深圳地铁9号线		
开业时间	2018年11月		
开发商	深圳市沙浦巨帆投资有限公司		
规划设计	许李严建筑师事务所有限公司		
建筑设计（产业地块）	02-06：许李严建筑师事务所有限公司+源计划（国际）建筑师事务所有限公司+深圳市开朴建筑设计顾问有限公司+香港华艺设计顾问（深圳）有限公司		
	02-07：许李严建筑师事务所有限公司+深圳汤桦建筑设计事务所有限公司+香港华艺设计顾问（深圳）有限公司		
	02-08：许李严建筑师事务所有限公司+香港华艺设计顾问（深圳）有限公司		
核心产业	艺术饰品的设计、制造和展示为核心，集设计研发、制造车间、展示中心、商务办公于一体的国际艺展城		
物业构成	国际艺术小镇、总部办公创意文化产、国际会展、住宅、甲级商务、主题酒店、购物中心		
经济技术指标表（02-06、02-12、02-13、02-16、02-17产业地块）			
总用地面积	143389m²	计容建筑面积	703293m²

满京华项目区别于传统的专业市场，用具有生活化和艺术化的场景与空间打造出项目的核心产业空间——家居艺术的设计、展示和销售。在规划与建筑设计上通过以下设计手法，即：①比例人性化的大街小巷；②不同尺度与气氛的广场；③引导方向的地标性建筑，创造出具有人性化和活力的公共空间。

图16-35 满京华深圳国际艺展城项目鸟瞰图
（图片来源：香港华艺设计顾问（深圳）有限公司）

图16-36 满京华深圳国际艺展城总平面图
（图片来源：香港华艺设计顾问（深圳）有限公司）

16.4.2 规划布局

满京华地块功能布局围绕家居艺术的"设计、制造、展销"产业为核心，并配置相应的商业和生活配套（图16-37）。

（1）产业功能：核心为家居艺术的设计研发和展销功能，包含国际艺展MALL、设计SOHO、总部办公、设计

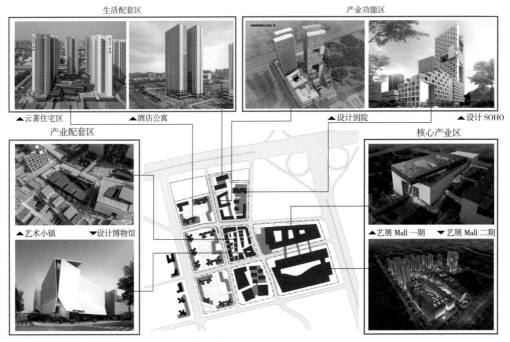

图16-37 满京华深圳国际艺展城项目功能分布图

（图片来源：云著住宅区来自http://www.cyarchi.com/touch/project/Detail.aspx?id=10000616# C&Y开朴艺洲设计机构；艺术小镇、设计博物馆来自深圳汤桦建筑设计事务所有限公司；艺展中心Mall来自许李严建筑师事务所有限公司；其余来自香港华艺设计顾问（深圳）有限公司）

别院、设计小栈、艺术小镇中的产业功能。

（2）产业配套：包含艺术小镇和设计别院中的商业空间、展览馆等。

（3）生活配套：包含云著住宅区、精品酒店公寓。

16.4.3　建筑设计

1．国际艺展MALL（02-13地块）

国际艺展MALL将成为整个沙浦工业区中心的核心产业及地标建筑，是世界级装饰艺术专业采购主体的大型商业综合体，设计突破传统单调的产业用房概念，在建筑物中引入更多的公共空间，供用户交流沟通，并带给消费者"一步一景"的艺术体验。（图16-38、图16-39）。

图16-38　满京华深圳国际艺展城项目鸟瞰图
（图片来源：李蔚荣拍摄）

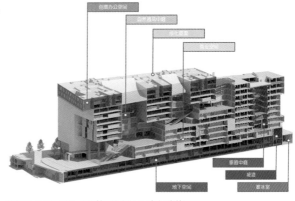

图16-39　02-06艺展MALL空间剖切图
（图片来源：香港华艺设计顾问（深圳）有限公司）

现代产业园规划及建筑设计

艺展MALL一期（02-13地块）平面布局围绕中庭环绕设置，平面中部功能房间逐层收进，形成中庭退台，起到扩大中庭的效果（图16-39、图16-40）。

会展MALL建筑体量巨大，东西向总长度达216米，室内空间形态复杂。在整体空间处理上，具备以下空间设计特色（图16-41、图16-42）。

（1）东西向阶梯广场：设计把西面的主要广场空间引入产业用房之内，自西向东呈阶梯式布置了一系列的广场，使艺展MALL的每个主题区域都拥有自己的主题广场。人们在西面的广场可向上看到每层广场上的活动，有利于不同主题区之间的产业交流，亦使室内空间丰富多变。每个主题广场上均设有特色产业用房，房屋悬挑至广场上空，使室内空间更加丰富有趣。

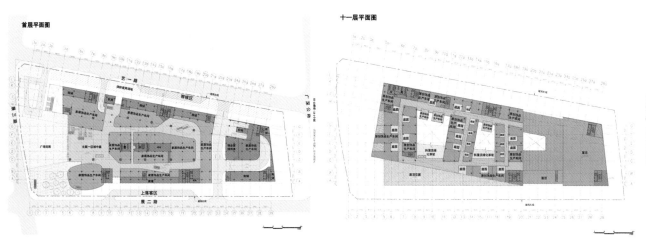

图16-40　满京华深圳国际艺展城项目平面图
（图片来源：香港华艺设计顾问（深圳）有限公司）

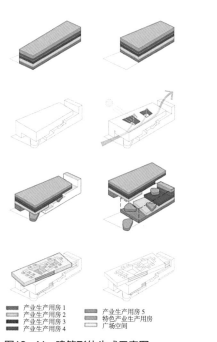

图16-41　建筑形体生成示意图
（图片来源：香港华艺设计顾问（深圳）有限公司）

图16-42　室内实景图
（图片来源：由满京华集团提供）

（2）广场采光中庭：设计把每个室内广场上空设计成采光中庭，使阳光可透过中庭渗透入到广场之上。配合广场周边可开启的门户及中庭顶部的侧窗设计，可更有效地把东南及西南面的季风引入至中庭内，形成自然对流通风，大大优化室内微气候，把一连串的广场空间连成一体，成为一个连续的半室外立体环保公共空间体系。

（3）屋顶空中小镇：十一及十二层的产业用房以空中小镇的形式坐落于主要产业生产用房的屋顶上。空中小镇的体块于东面及南面往后退，以减小体量、使沿街空间更人性化。西面主要广场上的小镇体块则向外悬挑，以凸显其独特性，为广场空间带来惊喜。

建筑造型由上下两部分的体块互扣而成，上部分是设计师创意部落的空中小镇，下部分为美术馆式的MALL，结合主题展览馆配有设计中心、主题咖啡厅和餐饮等，为客户提供多重体验和一站式采购服务（图16-43）。

图16-43　满京华深圳国际艺展城项目鸟瞰图
（图片来源：许李严建筑师事务有限公司（左）、建筑摄影-李蔚荣（右））

2．艺术街区——巷道空间（02-12地块）

02-12为艺术小镇和部分商业街区，整体用小镇街巷的尺度进行打造，使人们置身于此能够拥有更多的亲切感（图16-44）。

在进行艺术街区设计前，设计方对街区的空间尺度进行了研究（图16-45、图16-46），以确定本项目有更为人性化的空间尺度。

通过上述对于城市广场以及现代商业的尺度和形态研究，得出通过人性化比例的大街小巷，不同尺度的氛围广场及引导性地标性建筑，打造出连续性视野，创造出更人性化的公共空间（图16-47）。

街区整体建筑以商铺为主，地面设计为全开放空间，从人性尺度出发，利用街区、广场加强变化及行人感受，布局充分考虑商铺的商业价值（图16-48、图16-49）。

图16-44　满京华深圳国际艺展城项目鸟瞰图
（图片来源：深圳汤桦建筑设计事务所有限公司）

• 小镇街道：3-6m
• 主要大街：11-18m
• 建筑高度：小街高宽比 6：1至3：1
  大街高宽比1.5：1至1：1
• 广场尺度：35m×60m、70m×80m、70m×170m

• 小镇街道：3-8m
• 建筑高度：街道高宽比 2.5：1至3：1
• 广场尺度：26m×48m 至 40m×48m

图16-45 意大利广场形态研究（1. 佛罗伦萨大教堂；2. 万神庙；3. 圣马可广场）

（图片来源：香港华艺设计顾问（深圳）有限公司）

图16-46 国内现代商业形态研究（1. 北京三里屯太古里；2. 上海田子坊；3. 上海新天地）

（图片来源：香港华艺设计顾问（深圳）有限公司）

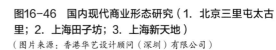

图16-47 02-12-02地块实景图

（图片来源：深圳汤桦建筑设计事务所有限公司）

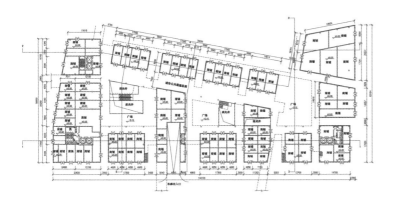

图16-48 02-12-01地块平面图

（图片来源：香港华艺设计顾问（深圳）有限公司）

图16-49 02-12-02地块平面图

（图片来源：香港华艺设计顾问（深圳）有限公司）

第四篇 面向未来的绿色智慧产业园规划与建筑设计策略与实践

小镇南侧面设置小镇博物馆（图16-50），博物馆以"即将开启的盒子"为设计灵感，向四方溢射，凸显个性。不同的主题馆自然融入灵动变化的空间之中，西侧紧邻艺展城中央步行街，主要容纳艺展零售商铺、轻餐饮和艺术家工作室等功能。

3. 设计SOHO（02-06地块东侧）

02-06地块东侧为设计SOHO，是为设计师、艺术家提供工作与生活相结合的设计工作坊，也是资源共享、创投孵化的集结平台。总高28层，2～20层层高5.4米，21～28层高4.5米。塔楼部分垂直分成了四个不同区域，每个区域均以不同的空间围合空中花园，有如把四个小型传统板楼车间建筑垂直地叠加起来，并且每个区域均转向90度，以创造独一无二的视觉景观与体验，激发产业设计灵感（图16-51）。

4. 精品酒店公寓（02-06地块西侧）

02-06地块西侧为精品酒店公寓及部分配套商业。平面上酒店公寓为居中式核心筒布局，商业部分呈街区式。建筑造型简洁大方，与城市空间协调、合理，营造出富有现代时尚感的建筑语言（图16-52）。

图16-50 艺术小镇意大利式立面（上）、iADC设计博物馆（下）
（图片来源：http://www.archcollege.com/archcollege/2020/07/47786.html）

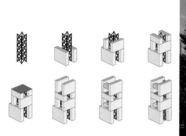

图16-51 设计SOHO实景图及体块生成
［图片来源：香港华艺设计顾问（深圳）有限公司］

图16-52 酒店公寓及裙房实景图
（图片来源：https://www.sohu.com/a/251935716_214365）

16.4.4 技术特色

国际艺展MALL的设计使用绿色建筑概念，以创造一个可持续发展的产业社区。建筑在中庭上方设计有侧身采光天窗并在室内广场周边设置可开启式户门，让产业用房中央的一连串呈阶梯式布置的半室外公共广场可享有自然通风及采光。经电脑初步模拟，设计可大大降低室内广场的空调耗电量，更可以在某些月份完全以自然通风取代空调而无损室内的热舒适度（图16-53）。

此外，设计还引入了其他多项环保设计系统。其中，空中小镇设计有屋顶绿化，有效地提高屋顶的隔热及保温功能；而空中小镇内不同大小尺度的空中花园则使小镇内的产业用房可拥有对流通风及采光；屋顶部分亦可装设太阳能光伏板及太阳能热水器，以善用再生能源。立面上局部亦设计有垂直遮阳格栅，有助减少西面及南面玻璃部分的日晒。

小镇中的产业用房均有自成一角的私人空中花园，既可做不同产业的展示用途，亦能使工作空间更多元化。而南面沿街的后退范围亦自然地形成了一个大型公共绿化平台，供小镇用户在开阔的空中花园中交流沟通。

绿色建筑概念

太阳能光伏板

空中花园

全开启式通风摺门

Natural Ventilation
自然通风

天窗

绿化屋顶

立面遮阳系统

图16-53　艺展MALL建筑生态技术分析图
（图片来源：香港华艺设计顾问（深圳）有限公司）

						生态工业园	
案例名称	建设时间（年）	总用地面积（万㎡）	总建筑面积（万㎡）	开发主体	主要产业功能	主要特点	本书位置
上海张江高科技园区	1992	2500	1350	上海市张江高科技园区开发股份有限公司	生物医药、集成电路、软件、文化创意和新能源、新材料等	·被誉为中国硅谷。 ·集成电路产业拥有中国大陆产业链最完整的集成电路布局。生物医药产业是中国研发机构最集中、研发链条最完善、创新活力最强、新药创制成果最突出的标志性区域	P92
河南郑州经济技术开发区	1993	15870	—	郑州市人民政府	汽车制造、装备制造、现代物流、食品及农副产品加工业、电子信息等	·聚焦重点行业构建生态产业系统/链条，补充完善静脉产业链环节，引导园区产业复合化、低碳化、高端服务化发展	P104
江苏苏州工业园区	1994	27800（中新合作区8000）	—	苏州市人民政府、新加坡贸易及工业部	生物医药、纳米技术、云计算等新兴产业	·中国首个中外合作开发区项目，是中国与新加坡的重点合作项目，2008年园区通过绿色技术与产业提升，成为首批通过验收的综合类国家生态工业示范园区	P91
上海青浦工业园区	1995	5620	—	上海市人民政府	电子信息、新材料、精密机械、印刷传媒等	·持续推进产业链延伸和高端转型，扎实开展生态设计，完成了多项水资源循环利用工程，建立了废物收集体系和节约化循环激励体系	P92
山东滨州鲁北企业集团	1996	2366	—	鲁北企业集团	化肥、水泥、盐业、甲烷氯化物和钛白粉等产业板块	·创建的中国鲁北生态工业模式成为我国循环经济发展的一面旗帜，是联合国环境规划署亚太组织在中国的典型生态工业园	
广东佛山南海国家生态工业园	1998	667	—	国家环保总局	汽车零部件、新能源车、精密机械、节能环保等	·集环保科技产业研究、开发、应用、生产、孵化、技术扩散和技术创新等诸多功能于一体的国家环保科技产业园，国家环保总局批准成立的全国首个国家级生态工业示范园区	
广西贵港国家生态工业（制糖）示范园区	2001	3053	—	贵糖集团	制糖产业、电子信息、糖纸循环、电力能源、纺织服装	·全国第一个批准设立的循环经济试点园区。 ·通过将上游产业链环节生产的废弃物资源化再利用，作为下游产业链环节的原材料，实现整个产业链环节的闭合与循环再生利用	P103
天津子牙环保产业园	2008	2100	—	天津市政府	废旧机电产品、废弃电器电子产品、报废汽车、橡塑回收加工、精深加工再制造和节能环保新能源产业	·目前我国北方规模较大的经营进口废弃机电产品集中拆解加工利用的专业化园区。 ·园区实行封闭管理，对入园的废弃机电产品从拆解、加工，到拆解后各种成分的去向实行全程监管	P105
山东青岛中德生态园	2011	1160	约730	青岛市政府、德国经济和技术部	节能环保、绿色能源、环保建材、高端装备制造、新能源应用、现代服务	·中德两国政府建设的首个可持续发展示范合作项目。围绕生态标准的制定和应用、低碳产业的配置和发展、绿色生态城市建设与推广"三大领域"实施绿色产业合作	P99

							专业产业园	

案例名称	建设时间	总用地面积（万㎡）	总建筑面积（万㎡）	开发主体	主要产业功能	主要特点	本书位置
浙江义乌国际商贸城	2002	145.7	417	义乌商城集团	综合品	·我国最早发展的商贸市场； ·分期建设，不断扩展原有市场规模	P117
广东广州国际玩具礼品城	2003	32	40	长江实业、和记黄埔与广州国际玩具中心有限公司	玩具礼品	·全球最大的玩具礼品商流中心	P110
广东深圳李朗珠宝产业园	2009	12	51	深圳市中盈贵金属股份有限公司	珠宝	·国际一流的珠宝产业平台	P119
上海电子商城	2010	40	50	中国电子商城有限公司	电子数码	·区域一流的电子产品交易中心	P110
广东深圳荔秀服饰文化街区	1980	—	20	深圳南山区政府	服装	·集服饰研发、创意设计、商业展示、商务信息等功能为一体的时装创意产业区，以培育发展高端女装品牌为主导方向	P113
广东深圳华南城	2002	100	264	华南城集团有限公司	综合品	·集展示交易、会议展览、电子商务、信息交流、仓储配送、金融结算、人才交流及商务、生产和生活等配套服务于一体的大型综合商贸物流平台	P115
广东广州沙湾珠宝产业园	2003	22.5	26.5	广州威乐珠宝产业园有限公司	珠宝	·集珠宝生产、加工、贸易、物流、展览、旅游等为一体的珠宝园区	P114
广东深圳光明国际汽车城	2019	92.5	26.8	深圳光明区政府	汽车	·集交易展示、文化休闲、科技研发、体验消费、综合服务为一体的湾区高端汽车体验消费新中心	P114
福建福州海峡汽车文化广场	2011	97	116.4	福州新榕城市建设发展有限公司	汽车	·集生产、销售、服务于一体的海峡西岸汽车产业群	P120
广东佛山乐从家具城	2011	86	200	佛山乐从家具城有限公司	家具	·由四家主力家居城构成的家具中心	P110
重庆国际五金机电城	2014	40	45	重庆模具产业园区开发建设有限公司	建材	·中国西南五金机电集散基地	P110
湖北荆州百盟光彩商贸城	2014	53	140	百盟光彩商贸城有限公司	小商品	·华中地区规模最大，业态最全，配套最高端，设计最先进的额专业市场之一	P118
江苏南京天益国际汽车城	2019	3.56	10.5	南京天益国际汽车城有限公司	汽车	·南京溧水地区首个以汽车为主题的大型综合体	P118
广东深圳中国丝绸文化产业园	2020	3.6	4.2	中国同源有限公司、广东省丝绸纺织集团	丝绸布料	·积聚设计制作、科研创新、展示交易、旅游休闲、情景购物、青少年素质教育、互动体验等功能为一体的国家级高档丝绸与刺绣制品及其延伸产品的时尚创意园区	P111
陕西西安大明宫建材市场综合体	规划中	135.2	448.6	西安大明宫实业集团	家具建材	·以建材家居为主，集经营展示、综合服务、商务办公、会展中心、休闲娱乐、数码港、物流、大型建材交易加工生产等配套为一体的现代家居物流商贸城	P124

							物流产业园		

案例名称	建设时间	总用地面积（万㎡）	总建筑面积（万㎡）	开发主体	主要功能服务	主要特点	本书位置
广东广州南沙国际物流园	2018	4949	—	广州南沙国际物流园开发有限公司	仓储服务、增值加工、物资配送、分拣、国际中转、国际贸易、国际采购等	·以国际物流为主、区域物流为辅，是功能完善的国际重要物流枢纽	P147
广东深圳航空物流园	2000	120	—	深圳航空物流有限公司	国际货物处理、货物消杀处理等	·是辐射华南，带动区域经济发展的现代化、国际化物流基地及第四方航空物流平台	P135
上海外高桥保税物流园区	2006	103	38	上海外高桥保税物流中心有限公司	国际中转、国际配送、国际采购、国际转口贸易等	·是国务院特批的全国第一家保税物流园区，享有保税区政策优势和港口区位优势	P149
广东深圳盐田港现代物流中心	2008	19.66	48.73	盐田港集团有限公司	进出口货物储存、国际采购、国际配送、国际中转、检测维修、商品展示、增值物流等	·目前国内最大单体物流中心，所有集装箱卡车均可驶入物流中心各层，24小时工作。提供恒温、冷冻、无尘等各种类型保税仓储和商品存储、展示和交易等服务	P134
广东深圳清水河物流园	2007	237	473.8	深业物流、深圳物资集团、深圳城建梅园公司、深圳建材公司	专业化商品批发、配送、储存、运输、展示、交易等	·服务于深圳市中心区和香港的城市消费型货运枢纽和配送中心型物流园区	P136
四川南充现代物流园	2012	1160	—	南充现代物流园投资建设开发有限责任公司	物流、配送、存储等	·四川省唯一的集公路、铁路、水运、航空运输"四位一体"的综合性现代物流园	P129
江苏南京龙潭综合物流园	2015	265	—	南京龙潭物流基地开发有限公司	集装箱辅助作业、物流分拨、增值服务、港口加工服务等	·以南京港龙潭集装箱港区为依托，集仓储、配送、贸易、信息、金融、保税等于一体的国家级示范物流园区	P129
浙江嘉兴现代综合物流园	2015	6	7.3	嘉兴农产品交易中心开发建设有限公司	企业物流、配送物流、第三方物流	·华东地区商业零售企业区域配送中心、三大经济圈制造业原材料分拨中心、嘉兴及浙北地区的第三方物流中心	P129
江苏连云港上合组织国际物流园	2014-2020	4489	—	连云港市政府	多式联运、国际贸易、保税物流、加工增值等	·基础物流、公共物流、增值物流国家级示范物流园区	P129
浙江宁波象山现代物流园	2014	10	18	宁波交运建设有限公司	物流管理、信息交易、仓储等	·该园区是集普货运输、普货仓储、专业仓储、信息中心、物流培训、配套居住、配套设施等功能于一体的综合物流中心	P129
陕西西安新筑铁路综合物流园	2018	166.7	1.25	中国铁路总公司、陕西省政府	加工、仓储、配送和综合服务	·在西安形成以运输物流、贸易服务为主的国家级综合物流枢纽节点，在此实现国内面向"丝绸之路经济带"沿线物资的快速集散中转	P129

							高新技术产业园		

案例名称	建设时间（年）	总用地面积（万㎡）	总建筑面积（万㎡）	开发主体	主要产业功能	主要特点	本书位置
上海浦东软件园郭守敬园	1998	11.3	17.3	上海浦东软件园发展公司	软件研发	·国家软件产业基地和出口基地，中国最早的软件园之一。 ·绿化率达60%的低密花园式布局，建筑单体散落于园区中	P171
苏州国际科学园一至四期	2000	77	32	苏州工业园区科技发展有限公司	软件研发集成电路设计数码娱乐	·中国科技企业孵化器、国家软件产业基地、国家动画产业基地、中国服务外包示范基地	P161
广东广州国际生物岛	2000-2011	80.9	200	广州市政府	生物技术研究及生产基地	·作为未来生物科技的CBD，与香港的"中药港"计划相呼应，最终形成以广州、深圳、香港为轴线的亚太地区，乃至全球具有一定影响的医药、生物技术产业集群	P168
上海浦东软件园三期	2000-2006	46.3	58	上海浦东软件园发展公司	软件研发	·国家软件产业基地和出口基地，中国最早的软件园之一。 ·绿化率达60%的低密花园式布局，建筑单体散落于园区中	P169
北京中关村生命科学园一期	2010-2012	130	54	北京中关村生命科学园发展有限公司	生物医药	·国家软件产业基地和国家软件出口基地。 ·绿化率达60%的低密花园式布局，建筑单体散落于园区中	P190
湖北武汉光谷生物城	2008年至今	3000	—	武汉光谷生物产业基地建设投资有限公司	生物医药	·是中国光谷以"千亿产业"思路建设的第二个国家级产业基地。在基因工程药、干细胞治疗、基因检测、数字医学影像、智慧医疗方面加强了培育力度，形成了一定的比较优势	P161
四川成都天府软件园	2008建成	220	130	成都天府软件园有限公司	软件产品、通信技术	·是首批国家软件产业基地之一，国家级科技企业孵化器，中国西部创新创业的核心聚集区，是成都高新区打造的国际创新创业中心的重要基地	P163
广东深圳坪山生物医药创新产业园	2009	12.4	22	深圳市坪山区产业投资服务有限公司	医疗器械、生物制药、生命健康、综合研发	·打造中小型生物科技企业提供专业研发生产载体，以及完备的产业配套、产业服务和特色生活服务的科技创新生态小城，正逐渐成为坪山区乃至全市生物产业发展的重要助推器	P169
广东深圳蛇口网谷	2010-2015	23	42	南山市政府、招商蛇口工业区	互联网、电子商务	·定位于"中国互联网南方总部基地和应用示范基地""深圳市具有示范效应的战略新兴产业基地""中国传统工业区成功转型升级的示范区"	P172
广东广州天河中国移动南方基地（一期）	2007-2019	42.65	17.96	中国移动通信集团，广东省、广州市政府	移动互联网、物联网	·中国移动面向未来、部署"集中管理"战略，推动转型升级发展的综合创新基地，中国移动最核心的IDC接入点	P170
深圳湾科技生态城	2012-2015	20.3	187.6	深圳市投资控股有限公司	国家级实验室、公共技术平台、行政服务、企业管理、人才交流、物流咨询和中介	·是集生产、生活、生态三位一体的新一代园区，以城市层、社区层、企业层三重公共、半公共界面组织交通和空间，创造空间立体、功能复合、人性化、生态化的城市空间	P173
深圳市软件产业基地	2013-2014	12.3	61.8	深圳湾科技发展有限公司	软件产业、信息服务	·深圳市创客中心和深圳湾世界级超级总部基地的重要载体	P183

高新技术产业园							
案例名称	建设时间（年）	总用地面积（万㎡）	总建筑面积（万㎡）	开发主体	主要产业功能	主要特点	本书位置
香港科技园	2001-2014	22	33	香港科技园公司	人工智能和机器人技术、生物医学、智慧城市以及金融科技	·作为香港目前最大的科研基地，集中为本地和海外市场进行转化研究、产品开发和市场推行的工作	P162
广东东莞华为松山湖研发基地	2014-2018	126.7	38.8	华为技术有限公司	信息与通信技术	·华为终端公司新总部。 ·仿照欧洲小镇欧式小镇，一共分为12个建筑组团。按照松山湖的自然地型，因地制宜地分别模仿了欧洲的牛津、温德米尔、卢森堡、布鲁日、弗里堡、勃艮第、维罗纳、巴黎、格拉纳达、博洛尼亚、海德尔堡、克伦诺夫十二个小镇，容积率0.5-0.8	P195
广东深圳天安云谷	2013-2015	76	289	深圳天安骏业投资发展有限公司	云计算、互联网、物联网	·打造集合产业研发、配套商业、配套居住及便利服务于一体、面向全球竞争的新兴产业综合体和国家级的战略性新兴产业示范基地	P192
浙江金华菜鸟电商产业园	2015-2017	49.72	14	金华市传云物联网技术有限公司	电子商务	·国内首个电子商务专业产业园。以电子商务为核心，承载庆典、集散、展销、商业配套、电商网络交流、休闲互动的复合型社区。 ·规划呈线性式（动态时间轴）布局，建筑设计功能灵活、经济适用，景观设计一体化	P163
成都天府国际生物产业孵化园	2018建成	30.86	26.5	成都高新区管委会、双流区政府	生物医药、生物医学工程、生物服务、智慧健康	·集研发、办公、商业于一体的综合性生物孵化产业办公园区。 ·建筑群落以"街道"式空间相互连接，并与园区绿化融为一体，整个园区的空间模式得以转变，使办公场景生活化	P170
北京中关村高端医疗器械园	2014-2017	19.19	28.79	中关村医疗器械园有限公司	高端医疗器械产业	·集研发、孵化、生产、服务为一体的高端医疗器械产业研发企业集群。 ·以"智慧谷"和"中国庭院"概念进行规划布局	P165
上海北杨人工智能小镇	2019	54.3	74	上海市漕河泾新兴技术开发区发展总公司、上海汇成集团有限公司、徐汇区华泾镇人民政府	人工智能云计算	·人工智能产业族群和人工智能全域应用的示范基地，以及宜居宜业的科创小镇	P163
广东广州中国南方电网生产科研综合基地	2011年至今	18.07	35.67	中国南方电网有限责任公司	投资、建设和经营管理南方区域电网	·南方电网覆盖五省区，并与香港、澳门地区以及东南亚国家的电网相连，供电面积100万平方公里，不断加强与周边国家电网互联互通，持续深化国际电力交流合作	P166
广东深圳腾讯企鹅岛	设计进行中	80.9	200	深圳市腾讯计算机系统有限公司	互联网	·全球顶级的滨海企业总部园区。 ·目标是建成一个包括办公区、为年轻员工提供的公寓、商业单元、公共设施、学校和会议中心的完整科技园	P162

总部基地产业园							
案例名称	建设时间（年）	总用地面积（万㎡）	总建筑面积（万㎡）	开发主体	主要产业功能	主要特点	本书位置
北京丰台总部基地	2003–2005	65	106	总部基地（中国）控股集团	高科技	·我国首个总部基地项目。 ·规模宏大、配套完善：500幢独栋总部楼可容纳近千家大中型国内外企业聚集和集办公、研发、产业于一体的总部经济新区	P203
四川成都青羊工业总部基地	2004–2010	72.6	110	青羊工业建设发展有限公司	高技术型工业	·我国西南地区具有领先型的总部基地项目。 ·完善的配套和花园式园区景观。 ·模块化组合式办公空间设计	P218
四川成都龙潭裕都总部基地	2007–2016	180	300	龙潭裕都实业有限公司	环保低碳产业	·成都市中心城区最大的总部经济新城。 ·项目分3区，2个综合总部城区和1个住宅配套区，综合总部城区含苏州园林式水乡风格配套区	P209
广东深圳后海中心区总部基地	2010年至今	226	603	深圳市南山区政府主导	金融和高科技	·后海总部企业、科创、金融等产业集群优势明显，是促进大湾区产业资源融合的中心枢纽。后海被定位为深圳国际门户和国际金融区，主打总部经济、科技创新和金融服务	P216
北京百度科技园	2012–2015	6.48	25.16	百度在线网络技术（北京）有限公司	高科技	·在3块分散基地上设计的5栋单体研发楼，形成环通的建筑群体关系。	P211
上海浦东浦江智谷	2006–2013	73.33	88	上海鹏晨联合实业有限公司	信息技术、生物医药和文化创意	·采用绿色节能建筑设计能耗节约75%。 ·整体园区生态景观设计：雨水循环、物种多样性	P213
江苏南京苏宁易购总部园区	2013–2014	11.27	24	苏宁易购	零售业	·园区包括高层总部办公、培训中心、研发实验室、房地产办公、商业，以及一家五星级酒店和一个久留的供参观的设施	P218
浙江杭州天目里·江南布衣总部园区	2016–2019	4.34	23.4	江南布衣集团、goa大象设计	服装和建筑设计	·既是两个业主公司的总部，又是集写字楼、美术馆、艺术中心、秀场、影院、酒店、设计师品牌买手店个性商业于一体的综合性艺术园区	P204
广东广州琶洲互联网创新集聚区	2016年至今	37	320	广州市海珠区政府主导	互联网	·互联网领军企业总部云集、产业服务体系完善、创新创业环境优越的新型CBD核心区。规划50个地块，分为示范区、配套区、拓展区3个区域	P208
浙江杭州阿里云计算总部园区	2017–2021	19.82	44.96	阿里云计算公司	云计算	·世界级云计算、大数据技术发源地和杭州智慧城市新引擎，是世界第三、亚洲第一云计算公司总部。建筑组团以阿里云的LOGO为意向进行设计	P213
浙江杭州阿里巴巴达摩院全球总部	2020–2023	22.8	49.71	阿里达摩院	前沿科技	·承载阿里巴巴科技研发、战略性创新产业培育、未来城市的科技试验场、浙江科技研发人才集聚地。设计以"一叶浮生"为灵感，将建筑与周围景观环境完美融合，与杭州民俗文化巧妙呼应	P204
浙江杭州余杭菜鸟总部及产业园区	2020–2024	11	29.6	菜鸟网络科技有限公司	物流	·作为菜鸟网络全球总部及阿里经济体、菜鸟上下游产业集聚园区，结合自有业务场景，重点布局科技物流、智慧物流下的科技研发工作，打造成为杭州重要产业发展高地。由三大部分组成：总部大楼、办公园区及访客中心	P211
广东深圳湾超级总部基地	2020年至今	117	450–550	深圳市南山区政府主导	综合类	·城市设计空间结构为"一心双核，十字生境"，构建集全球总部聚集区、都会文化高地、国际交流中心、世界级滨海客厅为一体的未来城市典范，是打造全球城市"巅峰之作"	P210

						文化创意产业园		
案例名称	建设时间	总用地面积（万m²）	总建筑面积（万m²）	开发主体	主要产业功能	主要特点		本书位置
上海黄浦8号桥	2003	3.0	6.4	启客集团	教育培训、文化艺术	·打造开放、交流、共享的高品质生活空间，融入办公、展览、交流等多种功能空间。 ·以现代智慧园区为发展目标，在产业化、集群化、品牌化等方面着力打造主线产品，加速经济发展的转型		P226
北京798艺术区	2006	60	50	北京798文化创意产业投资股份有限公司	当代艺术、文化产业	·北京乃至中国最为著名的当代艺术文化创意产业聚集区。 ·具有国际化色彩的"SOHO"式艺术聚落和生活方式		P250
广东广州红砖厂创意园	2006	17	14.7	广州集美组室内设计	设计、艺术、文化及生活等	·打造集文化、创意、艺术、生活为一体的文化产业综合体。 ·最大程度保护原有建筑主体结构、主题色调，同时融入具有活力的创意产业，使老建筑焕发生机		P259
广东深圳华侨城创意园	2007	15	20	华侨城集团	设计、摄影、动漫创作、教育培训、艺术等	·根据政府的相关政策指引，强调存量空间的更新发展，将老旧厂房改造成为LOFT文化创意产业园区。 ·文化与商业的融合，不仅吸引各类设计相关企业的入驻，同时也满足了现代生活人群的休闲参观体验需求		P248
北京中间艺术家工坊	2008	1.28	2.42	西山产业投资有限公司	文化艺术、演艺展览等	·涵盖演艺中心、美术馆、歌剧院等多种文化创意产业。 ·造型设计通过在建筑上做街道，建筑功能竖向叠加，将大尺度工作空间同小尺度生活空间紧密结合		P257
山东济南D17文化创意产业园	2009	6.66	8	高力仕达国际投资有限公司与济南啤酒厂集团	啤酒文化、艺术创意、休闲商务、婚庆中心等	·以原有啤酒厂为基础，对园区进行整体改造，延续历史文化底蕴。 ·园区融入啤酒文化、创意工作室、艺术中心，打造休闲商业为一体的文化产业园区		P225
湖北武汉楚天181文化创意产业园	2011	4	6.1	湖北日报传媒集团	文化传媒	·顺应国家创意文化发展，打造现代传媒新高地。 ·通过置入多种文化活动，促进园区企业创意展示、交易，实现共同发展		P227
北京中国动漫游戏城	2013	82.7	120	北京首钢房地产开发有限公司	动漫	·功能定位是形成服务、引导、促进中国动漫游戏产业发展的，集动漫创作、生产、交易于一体的动漫产业园区。 ·以"基地+企业集群"的模式，建成集创意、研发、生产、展览、交易于一体的国家级文化产业园区		P225
四川成都西村文化创意产业园	2016	6.6	20	成都贝森投资集团有限公司	教育培训、文化艺术、手工制作等	·西村创意产业园注重经营模式及管理方式的探索，从园区规划到企业管理，创意的生活方式始终贯穿其中。 ·西村强调园区内部价值的创造，整合设计、艺术、人才等多种资源，同时为周边城市及人群创造舒适的休憩体验空间，带动其他片区发展		P225

				文化创意产业园			
案例名称	建设时间	总用地面积（万m²）	总建筑面积（万m²）	开发主体	主要产业功能	主要特点	本书位置
陕西西安丝路国际创意梦工场	2015	11.5	2.59	西安世园置业有限公司	工业设计、文化艺术、创意体验	·西安浐灞新一代文化创意产业园。集展示空间、艺术文创、商业交易、生活商务配套为一体的文创产业立体生态平台。 ·规划布局采用中心式样	P227
云南大理文化创意产业园	2015	5.3	2.3	玉溪城市房屋发展投资有限公司	文创、展览等	·强调建筑与室外空间的融合，模糊室内外空间界限，为使用者打造多种可参与各种活动的室外平台。 ·场地为坡地空间，建筑空间顺应场地高差，单层商业空间与文化办公空间通过通高的中庭连接，满足最大化采光需求与自然通风	P227
江西景德镇陶溪川文化创意产业园	2016	11	8.9	江西省陶瓷工业公司	围绕陶瓷文化的艺术设计、展示、销售等	·对历史遗留的窑洞及工业厂房进行修复保护，最大程度延续历史记忆，创造一体化的运营管理模式。 ·强调文化旅游业态的发展，打造工业遗产博物馆，集精品酒店、餐厅、咖啡厅等商业配套设施于一体	P227
重庆金山意库文化创意产业园	2018	10	13.7	重庆两江新区和招商蛇口	文化艺术、创意设计、观光休闲等	·设计方通过打破原有建筑环境布局，打造了全覆盖、立体化、互通互融的文化创意休闲环境。 ·围绕文化产业持续打造儿童艺术节、青年艺术节、金山意库设计节、两江创意活动月等系列IP活动，逐步定调园区的艺术气质	P227
北京西店记忆文创小镇	2017	16	17	北京梵天地产	文创办公、销售中心、酒店	·为企业提供订制化的服务，独一无二的办公空间能够更好地适应企业发展模式。 ·完善的配套服务设施，智能化的体验服务，特色美食及观影体验	P225
上海静安临港新业坊	2019	10	15	上海临港新业坊投资发展有限公司	影视制作、时尚创意、文化传媒	·新业坊对历史工业文脉进行梳理，通过对厂房的更新改造，打造城市新地标。 ·产业配套以影视制作、时尚创意、文化传媒为主体，强调产城融合，满足社区居民的文化需求	P226
上海国际文化创意园	2020在建	13.4	33.6	港城集团	工业设计、建筑设计、创意设计、媒体、出版等	·上海国际文化创意园区项目的核心在于文化枢纽的打造。 ·地下整体联通，地上有机组合，通过健康、智慧的规划设计与绿色社区打造，使项目更具竞争力	P226
江西南昌东湖意库文创园	2020	5.95	5.51	招商蛇口	教育、体育、设计、传媒、生活美学等	·项目利用现状老旧厂房、铁道线路等独具特色的历史遗存。 ·导入教育、体育、设计、传媒、生活美学等综合康体娱乐产业，打造成为具有南昌特色的文化创意园区，形成"城市文创名片"	P227

参考文献

[M]书籍

[1] 彼得·霍尔. 城市和区域规划（第4版）[M]. 邹德慈，李浩，陈熳莎，译. 北京：中国建筑工业出版社，2008.

[2] 彼得·萨伦巴等. 区域与城市规划：波兰科学院院士萨伦巴教授等讲稿及文选[M]. 城乡建设环境保护部城市规划局. 1986.

[3] 程工，张秋云，李前程. 中国工业园区发展战略[M]. 北京：社会科学文献出版社，2006.

大卫·李嘉图. 政治经济学及赋税原理[M]. 北京：华夏出版社. 2005.

[4] 范晓屏. 特色工业园区与区域经济发展：基于根植性网络化与社会资本的研究[M]. 北京：航空工业出版社，2005.

[5] 韩妤齐，张松. 东方的塞纳左岸：苏州河沿岸的艺术仓库[M]. 上海：上海古籍出版社，2004.

[6] 霍利斯·钱纳里. 工业化和经济增长的比较研究[M]. 上海：格致出版社. 1969.

[7] 劳爱乐[美]，耿勇. 工业生态学和生态工业园[M]. 北京：化学工业出版社，2003.

[8] 理查德·弗洛里达. 创意阶层的崛起[M]. 北京：中信出版社，2010.

[9] 李悦. 产业经济学[M]. 北京：中国人民大学出版社，2008

[10] 刘军，阎芳，杨玺. 物流工程[M]. 北京：清华大学出版社，2014.

[11] 陆大道. 区域发展及其空间结构[M]. 北京：科学出版社，1995.

[12] 罗宏，孟伟，冉圣宏. 生态工业园区-理论与实证[M]. 北京：化学工业出版社，2004.

[13] 吕丹，王振. 中国科技园空间结构探索[M]. 北京：中国建筑工业出版社，2016.

[14] 马克思·韦伯. 工业区位论[M]. 北京：商务印书馆，1909.

[15] 迈克尔·波特. 竞争战略[M]. 北京：华夏出版社，2005.

[16] 迈克尔·波特. 国家竞争优势[M]. 北京：中信出版社，2007.

[17] 牛维麟. 国际文化创意产业园区发展研究报告[M]. 北京：中国人民大学出版社，2007.

[18] 同济大学发展研究院. 2018中国产业园区持续发展蓝皮书[M]. 同济大学出版社，2018.

[19] 王建国. 后工业时代产业建筑遗产保护更新[M]. 北京：中国建筑工业出版社，2008.

[20] 吴维海，葛占雷. 产业园规划[M]. 北京：中国金融出版社，2015.

[21] 伊安·麦克哈格. 设计结合自然[M]. 北京：中国建筑工业出版社，1992.

[22] 张鹏. 总部经济时代[M]. 北京：社会科学文献出版社，2011.

[23] 赵弘，总部经济[M]. 北京：中国经济出版社，2004.

[24] 郑勇军，袁亚春. 解读"市场大省"——浙江专业市场现象研究[M]. 杭州：浙江大学出版社，2002.

[25]《建筑设计资料集》编委会. 建筑设计资料集 第7分册：交通·物流·工业·市政（第三版）[M]. 北京：中国建筑工业出版社，2007.

[26] Donald Waters. Global Logistics and Distribution Planning[M]. Florida：CRC Press，1999.

现代产业园规划及建筑设计

[27] Homer Hoyt. The structure and growth of residential neighborhoods in American cities [M]. Washington：Federal Housing Administration，1939.

[28] William Mitchell. E-Topia [M]. Cambridge：MIT Press，1999.

[D] 论文

[1]   鲍丽洁. 基于产业生态系统的产业园区建设与发展研究 [D]. 武汉理工大学，2012.

[2]   曹蓉. 新产业空间视角下的创意产业园规划研究 [D]. 重庆大学，2015.

[3]   耿丹. 基于城市信息模型（CIM）的智慧园区综合管理平台研究与设计 [D]. 北京建筑大学，2017.

[4]   李晓丹. 装配式建筑建造过程计划与控制研究 [D]. 大连理工大学，2018.

[5]   廖惠. EPC模式下装配式建筑的成本控制研究 [D]. 西南交通大学，2018.

[6]   刘文静. 现代物流园区建筑外部空间设计研究 [D]. 湖南大学，2014.

[7]   刘洋. 基于产业发展视角高新区用地分类与用地构成比例的研究 [D]. 华中科技大学，2012.

[8]   刘颖. 物流园区选址与总体布局研究 [D]. 西安建筑科技大学，2005.

[9]   刘禹. 集成建设系统研究 [D]. 东北财经大学，2009.

[10] 柳振勇. 基于功能复合化的现代物流园规划设计研究 [D]. 北京交通大学，2018.

[11] 江梦云. 总部基地开发项目选址及其影响因素研究 [D]. 重庆大学，2011.

[12] 龙涛. 产业集群导向的工业园区产业可持续发展对策研究 [D]. 中南大学，2011.

[13] 陆蓉. 我国工业园区集群优势及集群发展研究 [D]. 上海东华大学，2005.

[14] 聂帅. 产业园区循环经济发展模式的实证研究 [D]. 山东师范大学，2009

[15] 盛秀秀. 基于多尺度分析的文化创意产业园空间特征对比研究 [D]. 华南理工大学，2018.

[16] 石鹏. 基于绿色建筑评价标准的办公建筑设计研究 [D]. 北方工业大学，2016.

[17] 王博. 新建型文化创意产业园规划设计研究 [D]. 东南大学，2015.

[18] 王芳. 传统建筑改造类型创意产业园设计研究 [D]. 湖南大学，2013.

[19] 王少华. 基于网络的工业园区持续发展研究—以浙江为例 [D]. 浙江大学，2004.

[20] 翁建成. 生态工业园区环境绩效管理方法 [D]. 浙江大学，2006.

[21] 熊珍. 科技产业园管理模式创新研究 [D]. 中南民族大学，2013.

[22] 徐雨濛. 我国装配式建筑的可持续性发展研究 [D]. 武汉工程大学，2015.

[23] 闫振英. 物流园区功能布局及其道路交通的研究 [D]. 北京交通大学，2008.

[24] 杨巧玲. 生态工业园空间规划方法研究 [D]. 大连理工大学，2009.

[25] 叶红雨. 构件工艺设计与建筑装配设计方法初探 [D]. 东南大学，2019.

[26] 张卫东. 基于企业集群的工业园区总体规划理论研究西安 [D]. 西安建筑科技大学，2006.

[27] 褚劲风. 上海创意产业集聚空间组织研究 [D]. 上海：华东师范大学，2008.

[28] Sybrand Tjallingii. Ecological Conditions Strategies and Structures in Environmental Planning [D]. Delft University of Technology，1996.

[29] Kombe Estomih Martin. Manufacturing Feasibility Evaluation Frame Work for Competitive Position Developing Countries [D]. Arizona State University，1995.

[J] 期刊

[1] 阿伦·斯科特. 文化产业：地理分布与创造性领域 [J]. 马克思主义与现实，2003（04）：39-46.

[2] 艾达，刘延鹏，杨杰. 智慧园区建设方案研究 [J]. 现代电子技术，2016，39（02）：45-48.

[3] 蔡莉，彭秀青，Satish Nambisan，王玲. 创业生态系统研究回顾与展望 [J]. 吉林大学社会科学学报，2016，56（01）：5-16，187.

[4] 陈剑锋，唐振鹏. 国外产业集群研究综述 [J]. 外国经济与管理，2002（08）：22-27.

[5] 陈益升. 经济技术开发区在中国的发展 [J]. 科技管理研究，2000（06）：1-4.

[6] 程世东，荣建，刘小明. 城市物流园区及规划 [J]. 城市交通，2004（03）：21-23.

[7] 崔冠杰. 美国高技术产业园区成功的经验 [J]. 中国软科学，1993（03）：28-31.

[8] 戴超辰，徐霞，张莉，王森. 我国装配式混凝土建筑发展的SWOT分析 [J]. 建筑经济，2015，36（02）：10-13.

[9] 戴越，郑宏富. 物流园区出入口规划设计及其优化 [J]. 中国工程咨询，2017（03）：47-49.

[10] 杜宁睿，郑新. 第四代产业园内涵的剖析与思考 [J]. 城市建筑，2015（05）：279-279+281.

[11] 樊则森. 模数协调——装配式建筑集成设计规则 [J]. 住宅与房地产，2018（29）：56-58.

[12] 樊则森，李新伟. 装配式建筑设计的BIM方法 [J]. 建筑技艺，2014（06）：68-76.

[13] 房静坤，曹春. "创新城区"背景下的传统产业园区转型模式探索 [J]. 城市规划学刊，2019（S1）：47-56.

[14] 冯根尧. 长三角创意产业集聚区经济空间的治理问题 [J]. 当代经济，2009（07）：93-95.

[15] 弗朗索瓦·佩鲁. 略论增长极概念 [J]. 经济学译丛，1988(9)：112-115.

[16] 付允，林翎，吴丽丽. 基于模块化的循环产业链标准体系构建方法与应用 [J]. 标准科学，2015（09）：38-41.

[17] 顾哲，夏南凯. 空港物流园功能区块布局 [J]. 经济地理，2008（02）：283-285.

[18] 郭立新，孙慧. 巴拉宪章 国际古迹遗址理事会澳大利亚委员会关于保护具有文化意义地点的宪章 [J]. 长江文化论丛，2006（00）：220-250.

[19] 胡亮，李茜，杨一帆. 我国产业园区及其规划技术方法的发展与转变——基于改革开放以来的文献综述 [J]. 城市规划，2020，44（07）：81-90.

[20] 胡德巧. 政府主导还是市场主导——硅谷与筑波成败启示录 [J]. 中国统计，2001（06）：16-18.

[21] 黄海静，宋扬帆. 绿色建筑评价体系比较研究综述 [J]. 建筑师，2019（03）：100-106.

[22] 黄林，佟艳芬，王盛连. 产业集群的产业集聚度测度：理论与实践——以我国南部海洋产业集群为例 [J]. 企业经济，2020（03）：123-131.

[23] 黄斌，黄少锐. 战后日本产业政策的发展 [J]. 国际关系学院学报，1998（02）：7-11.

[24] 贾冰，接晓婷. 高度城市化区域开发区建设生态工业园区路径探讨 [J]. 科技经济导刊，2020，28（36）：128-129.

[25] 江洪龙，张艳，赵坤. 生态工业园设计规划思路探究与实践经验总结 [J]. 资源节约与环保，2021（02）：139-140.

［26］雷明，钟书华．国外生态工业园区评价研究述评［J］．科研管理，2010，31（02）：178-184，192.

［27］李春海，缪立新．区域物流系统及物流园规划方法体系［J］．清华大学学报（自然科学版），2004（03）：398-401.

［28］李金华．我国创新型产业集群的分布及其培育策略［J］．改革，2020，313（03）：98-110.

［29］李靖，魏后凯．基于产业链的中国工业园区集群化战略［J］．经济精纬，2007（02）：68-71.

［30］李岩，孙亮，郭中梅等．智能运营管理平台（IOC）助力打造园区"智能中枢"［J］．邮电设计技术，2020（02）：72-76.

［31］梁静，刘亚静，葛明，柳宏程，郭其锦．基于城市韧性理论的资源型城市废旧工业厂区更新与改造研究——以大庆市0459文化创意产业博览园概念规划为例［J］．城市建筑，2020，17（24）：71-74.

［32］梁启东，李天舒．产业园区建设发展模式的现实特征和创新途径———以辽宁省为例［J］．经济研究参考，2014（53）：67-69.

［33］刘长春，张宏，淳庆，孙媛媛．新型工业化建筑模数协调体系的探讨［J］．建筑技术，2015，46（03）：252-256.

［34］刘月明．基于区域竞争力分析的工业园区产业规划研究［J］．经济与管理．2013.

［35］刘云．上海苏州河滨水区环境更新与开发研究［J］．时代建筑，1999（03）：23-29.

［36］娄霓，任祖华，庄彤，朱宏利，陈谋蒙．装配式模块建筑的研究与实践［J］．城市住宅，2018，25（10）：109-115.

［37］鹿磊，韩福文．文化创意产业视域下大连工业遗产旅游开发探讨［J］．旅游论坛，2010（1）：39-43.

［38］卢杰．国内外生态工业园发展的实践对鄱阳湖生态经济区的启示［J］．改革与战略，2011，27（10）：115-117.

［39］马梅彦．我国智慧园区研究综述［J］．电脑知识与技术，2016，12（33）：174-176.

［40］毛汉英．日本第五次全国综合开发规划的基本思路及对我国的借鉴意义［J］．世界地理研究，2000（01）：105-112.

［41］庞静静．创业生态系统研究进展与展望［J］．四川理工学院学报（社会科学版），2016，31（02）：53-64.

［42］邱德胜，钟书华．生态工业园区理论研究述评［J］．科技管理研究，2005（02）：175-178.

［43］宋扬．现代物流园区停车场规划设计探讨［J］．交通世界（运输.车辆），2011（11）：131-133.

［44］田锋．工业园区道路网规划［J］．化学工业，2007（05）：30-34.

［45］王博，吴天航，冯淑怡．地方政府土地出让干预对区域工业碳排放影响的对比分析——以中国8大经济区为例［J］．地理科学进展，2020，39（09）：1436-1446.

［46］王晶，甄峰．城市众创空间的特征、机制及其空间规划应对［J］．规划师，2016，32（09）：5-10.

［47］王缉慈．关于中国产业集群研究的若干概念辨析［J］．地理学报，2004，（S1）：47-52.

［48］王利，韩增林，李亚军．现代区域物流规划的理论框架研究［J］．经济地理，2003（05）：601-605.

［49］王缉慈．地方产业群战略［J］．中国工业经济，2002（03）：47-54.

［50］王艳华，苗长虹，胡志强等．专业化、多样性与中国省域工业污染排放的关系［J］．自然资源学报，2019，34（03）：586-599.

[51] 魏后凯. 区域开发理论研究 [J]. 地域研究与开发，1988（01）：16-19.

[52] 温锋华，沈体雁. 园区系统规划：转型时期的产业园区智慧发展之道 [J]. 规划师，2011.

[53] 文娜，杨国斌. 工业园区产业规划循环经济模式分析与改进研究——以银川望远工业园区开展循环经济模式为例 [J]. 中国环境管理干部学院学报，2009（4）：12-13.

[54] 吴神赋. 科技工业园的基础理论及其意义探讨 [J]. 中国科技产业，2004（05）：39-42.

[55] 向乔玉，吕斌. 产城融合背景下产业园区模块空间建设体系规划引导 [J] 规划师，2014，30（06）：17-24.

[56] 肖岳. "智慧园区"顶层设计的研究与探索 [J]. 硅谷，2012，5（15）：99-100.

[57] 谢奉军，龚国平. 工业园区企业网络的共生模型研究 [J]. 江西社会科学，2006（11）：165-168.

[58] 解学芳，黄昌勇. 国际工业遗产保护模式及与创意产业的互动关系 [J]. 同济大学学报：社会科学版，2011（01）：52-58.

[59] 熊艳. 生态工业园发展研究综述 [J]. 中国地质大学学报（社会科学版），2009，9（01）：63-67.

[60] 徐澄栋. 城市工业园区实践发展与理论演进概述 [J]. 城市建设理论研究：电子版. 2012（33）.

[61] 杨大海，肖瑜. 物流园区开发建设布局规划研究 [J]. 城市发展研究，2003（03）：38-42.

[62] 叶浩文. 一体化建造方式的探索与实践 [J]. 智能建筑，2020（01）：35-39，44.

[63] 翟俊生，丁君风，孙伟. 区域转型中的空间发展战略：国际趋势与苏州模式 [J]. 江海学刊，2013（03）：79-84.

[64] 战洪飞，邬益男，林园园等. 数据驱动的产业集群产品布局设计方法研究 [J]. 科研管理，2020，41（06）：98-108.

[65] 张丽君. 产业园区土地利用政策模式的比较分析及改革建议 [J]. 广东土地科学，2005，04（02）：18-23.

[66] 张蔷. 中国城市文化创意产业现状、布局及发展对策 [J]. 地理科学进展，2013（08）：1227-1236.

[67] 张润丽，王文. 对科技工业园区产业集群发展的思考 [J]. 科技管理研究，2006（10）：65-68.

[68] 赵旭. 区域开发中"三角增长极"初步探讨 [J]. 国土开发与整治，1994，04（03）：30-36.

[69] 郑季良，陈卫萍. 我国生态工业园生态产业链构建模式分析 [J]. 科技管理研究，2007（09）：131-133.

[70] 钟书华. 创新集群：概念、特征及理论意义 [J]. 科学学研究，2008，26（1）：178-184.

[71] 周莉. 新传媒时代文化产业园区创新发展路径研究——以江苏为例 [J]. 南宁师范大学学报（哲学社会科学版），2020，41（04）：67-81.

[72] 朱宁，丁志刚. 江苏沿江地区化工园转型思考——基于德国莱茵河流域化工园发展的启示 [J]. 现代城市研究，2020（09）：93-100+108.

[73] 联合国工业发展组织中国投资与技术促进处运作绿色产业示范区实施框架 [J]. 中外科技信息，2001（10）：14-16.

[74] 广州市人民政府关于提升城市更新水平促进节约集约用地的实施意见 [J]. 广州市人民政府公报，2017（18）：1-11.

[75] 上海市人民政府印发关于进一步提高本市土地节约集约利用水平若干意见的通知 [J]. 上海市人民政府公报，2014（06）：10-13.

现代产业园规划及建筑设计

[76] 深圳市人民政府关于加强和改进城市更新实施工作的暂行措施 [J]. 深圳市人民政府办公厅，2016年12月29日.

[77] 深圳市宝安区人民政府关于加快城市更新工作的若干措施 [J]. 深圳市宝安区政府办公室，2018年4月20日.

[78] Athakom Kenpol. Design of a Decision Support System to Evaluate the Investment in a New Distrubution Center [J]. Production Economics，2004（90）：59-70.

[79] Ann Markusen，Gregory，Wassall，Doug Denatale. Defining the creative economy：Industry and occupational approaches [J]. Economic Development Quarterly，2008，22（1）：24-45.

[80] Cong jun Rao，Mark Goh，Yong Zhao，Junjun Zheng. Location selection of Urban logistics centres under Sustainability [J]. Transportation Research Part D，2015（36）：29-44.

[81] Ehrenfeld J. Putting a Spotlight on Metaphors and Analogies in Industrial Ecology [J]. Journal of Industrial Ecology，2010，7（1）：1-4.

[82] Frosch，R.A.，Gallopoulos，N.E. Strategies for Manufacturing [J]. Scientific American，1989，261（3），144-152.

[83] Harris CD，Ullman EL. The Nature of Cities [J]. The ANNALS of the American Academy of Political and Social Science. 1945，242（1）：7-17.

[84] Marcus G. van Leeuwen，Walter J. V. Vermeulen，Pieter Glasbergen. Planning Eco-industrial Parks：an Analysis of Dutch Planning Methods [J]. Business Strategy and the Environment，2003（12）：147-162.

[85] Thomas Hutton. The New Economy of the Inner City [J]. Cities，2004，21（2）：89-108.

[86] Tumilar Aldric S.，Milani Dia，Cohn Zachary，Florin Nick，Abbas Ali. A Modelling Framework for the Conceptual Design of Low-Emission Eco-Industrial Parks in the Circular Economy：A Case for Algae-Centered Business Consortia [J]. Water，2020，13（69）：1-26.

[87] Paul Jeftcott，Andrew Pratt. Managing Creativity in the Cultural Industries [J]. Creativity and Innovation Manage Ⅲ ent，2002：87—93.

[88] Stuart Rosenfeld. Art and Design as Competitive Advantage：a Creative Enterprise Cluster in the Western United States [J]. European Planning Studies，2004，12（6）：89l-904.

[R] 报告

[1]　IBM. 智慧的城市在中国 [R]. 2009.

[2]　前瞻产业研究院. 2020-2025年中国专业市场建设深度调研与投资战略规划分析报告 [R]. 2020.

[3]　前瞻产业研究院. 2019-2024年中国智慧园区建设规划布局与招商引资策略分析报告 [R]. 2019.

[4]　全国智能建筑及居住区数字化标准化技术委员会，华为技术有限公司. 中国智慧园区标准化白皮书 [R]. 2019.

[5]　深圳市城市发展研究中心. 深圳市高新技术产业发展研究报告 [R]. 2015.

［6］ 盛世华研. 2020-2025年中国TOF行业基于产业本质研究与战略决策［R］. 2020.

［7］ 中国物流与采购联合会，中国物流学会. 第五次全国物流园区（基地）调查报告［R］. 2018.

［8］ 周春山. 产业园区的规划与布局理论与实务［R］. 中山大学地理科学与规划学院，2011.

［9］ 王启魁. 产业园区规划思路及方法-基于国内外典型案例的经验研究. 中国投资咨询-城镇化研究系列. 2013.5.

［10］ 王旭，贺传皎. 基于"适度混合"的产业空间规划管理模式探索——以深圳市为例［A］. 中国城市规划学会、贵阳市人民政府. 新常态：传承与变革——2015中国城市规划年会论文集（11规划实施与管理）［C］. 中国城市规划学会、贵阳市人民政府：中国城市规划学会，2015：10.

现代产业园规划及建筑设计